(Conserver la Couverture)

THERMODYNAMIQUE

ET

CHIMIE

LEÇONS ÉLÉMENTAIRES A L'USAGE DES CHIMISTES

PAR

P. DUHEM

CORRESPONDANT DE L'INSTITUT DE FRANCE

PROFESSEUR DE PHYSIQUE THÉORIQUE A L'UNIVERSITÉ DE BORDEAUX

PARIS

LIBRAIRIE SCIENTIFIQUE A. HERMANN

ÉDITEUR, LIBRAIRE DE S. M. LE ROI DE SUÈDE ET DE NORVÈGE

6 et 12, rue de la Sorbonne, 6 et 12

—

1902

THERMODYNAMIQUE ET CHIMIE

LEÇONS ÉLÉMENTAIRES A L'USAGE DES CHIMISTES

DU MÊME AUTEUR

Cours de Physique Mathématique. — Hydrodynamique, Élasticité, Acoustique. 2 vol. in 4°, lith., 670 p., 1891-92. . . . . **20 fr.**

Chaque vol. séparément . . . . **10 fr.**

Leçons sur l'Électricité et le Magnétisme, 3 vol. grand in-8°.

Tome I : Les corps conducteurs à l'état permanent. 1 vol. grand in-8° de 560 pages, 1891 . . . . **16 fr.**

Tome II : Les aimants et les diélectriques. 1 vol. grand in-8° de 480 pages, 1892. . . . . **14 fr.**

Tome III : Les courants linéaires. 1 vol. gr. in-8° de 528 pages, 1892. **15 fr.**

Théorie thermodynamique de la viscosité, du frottement et des faux équilibres chimiques. 1 vol. gr. in-8°, 1896 . . . . . . **6 fr.**

Traité élémentaire de Mécanique chimique fondée sur la Thermodynamique. 4 vol. gr. in-8°, 1897-99 . . . . **35 fr.**

Séparément :

Tome I : Introduction. — Principes fondamentaux de la Thermodynamique. — Faux équilibres et explosions. 1 volume grand in-8° de 300 pages, 1897 . . . . **10 fr.**

Tome II : Vaporisation et modifications analogues. — Continuité entre l'état liquide et l'état gazeux. — Dissociation des gaz parfaits. 1 vol. gr. in-8° de 386 pages, 1898 . . . . **12 fr.**

Tome III : Les mélanges homogènes. — Les dissolutions. 1 vol. grand in-8° de 400 pages, 1899 . . . . **12 fr.**

Tome IV : Les mélanges doubles. — Statique chimique générale des systèmes hétérogènes. — Index alphabétique des auteurs cités dans cet ouvrage. — Index alphabétique des substances chimiques étudiées dans cet ouvrage. 1 vol. grand in-8° de 384 pages, 1899 . . . . **12 fr.**

Les Théories électriques de J. Clerk Maxwell. — Étude historique et critique. 1 vol. gr. in 8° de 235 pages, 1901 . . . . **8 fr.**

SAINT-AMAND, CHER. — IMPRIMERIE BUSSIÈRE

THERMODYNAMIQUE

ET

CHIMIE

LEÇONS ÉLÉMENTAIRES A L'USAGE DES CHIMISTES

PAR

P. DUHEM

CORRESPONDANT DE L'INSTITUT DE FRANCE
PROFESSEUR DE PHYSIQUE THÉORIQUE A L'UNIVERSITÉ DE BORDEAUX

PARIS

LIBRAIRIE SCIENTIFIQUE A. HERMANN

ÉDITEUR, LIBRAIRE DE S. M. LE ROI DE SUÈDE ET DE NORVÈGE

6 et 12, rue de la Sorbonne, 6 et 12

1902

PRÉFACE

Le développement que la Thermodynamique a subi depuis cinquante ans sollicite l'attention d'hommes qui se sont voués aux études les plus diverses.

Les opinions, naguères admises sans conteste, touchant l'objet et la portée des théories physiques, ont été bouleversées; la Mécanique a cessé d'être l'ultime explication du monde inorganique; elle n'est plus qu'un chapitre, le plus simple et le plus parfait, d'une discipline générale qui régit toutes les transformations de la matière brute; ces transformations, d'ailleurs, il ne s'agit plus d'en découvrir la nature et l'essence, mais seulement d'en coordonner les lois au moyen d'un petit nombre de postulats fondamentaux. Le philosophe suit, anxieux, les phases de cette évolution, l'une des plus considérables qu'ait subies la Cosmologie.

La Physique mathématique, au début du XIXe siècle, avait fourni aux géomètres les problèmes les plus beaux et les plus féconds; les efforts tentés pour résoudre ces problèmes avaient fait germer plus d'une branche de l'Analyse moderne; mais on pouvait craindre que les filons exploités par tant de génies ne fussent épuisés. La nouvelle doctrine généralise extrêmement les énoncés des problèmes autrefois abordés; elle en pose d'entièrement nouveaux, et, par là, elle ouvre de vastes carrières aux recherches du mathématicien.

Les diverses branches de la Physique semblaient isolées les unes des autres; chacune d'elles invoquait ses principes propres et relevait de méthodes particulières. Aujourd'hui, le physicien reconnait qu'il n'a point affaire à un faisceau de branches indépendantes les unes des autres, mais à un arbre dont les rameaux divers sont issus d'un même tronc; toutes les parties de la Science qu'il cultive lui apparaissent solidaires, comme le sont les membres d'un corps organisé.

Enfin, les lois formulées par la Thermodynamique imposent un ordre rationnel aux chapitres les plus confus de la Chimie; des règles nettes, simples, peu nombreuses débrouillent ce qui n'était qu'un chaos; les circonstances dans lesquelles se produisent les diverses réactions, les conditions qui les arrêtent et assurent l'équilibre chimique, sont fixées par des théorèmes d'une précision géométrique.

Aussi le philosophe, le mathématicien, le physicien, le chimiste sont-ils également avides de connaître la Thermodynamique actuelle, de saisir, en une claire vue, ses principes, ses méthodes, ses résultats. Mais en cette Science, chacun d'eux est intéressé par un aspect différent; à chacun d'eux, il faudrait un Traité différent.

C'est au chimiste que nous destinons ces *Leçons*.

Ce que le chimiste attend surtout de la Thermodynamique, ce sont des règles simples, nettes et aisées à manier qui lui servent de fil conducteur dans l'effroyable dédale des faits chimiques déjà connus, qui le guident au cours de ses recherches, qui lui marquent exactement, en chaque réaction, les conditions variables dont il peut disposer et les circonstances essentielles qu'il est tenu de déterminer.

Ces règles, nous nous sommes efforcés de les formuler avec rigueur et clarté. Nous avons accompagné chacune d'elles de nombreux exemples; par là, nous avons voulu non seulement en signaler l'importance et la fécondité, mais encore mettre en lumière les précautions qu'il faut prendre lorsqu'on la veut appliquer.

Suffit-il, cependant, au chimiste qu'on lui formule les propositions auquel aboutit la Thermodynamique, sans analyser, avec lui, les principes dont elle part? Beaucoup le pensent; certains le disent; nous ne pouvons le croire.

Outre qu'il est indigne d'un homme qui pense de prendre certains aphorismes pour guides de son activité scientifique sans chercher à connaître les titres dont ces aphorismes se réclament, les sources d'où découle leur autorité, cette paresse intellectuelle aurait, dans la pratique, de désastreuses conséquences.

On dit souvent qu'il n'est pas de règles sans exception. Touchant les règles que la Thermodynamique trace à la Mécanique chimique, il serait plus juste de dire que toute règle découle d'hypothèses et qu'aucune hypothèse n'est légitime en dehors de certaines conditions précises et déterminées. En Physique, il n'est point de principe qui soit vrai en tout temps, en tout lieu, pour toute circonstance. Or, le champ dans lequel une règle s'applique avec sécurité a pour bornes les limites d'exactitude des hypothèses dont la règle découle. Celui donc qui ne sait d'où vient une règle, risque de l'employer en des cas où son usage est proscrit et de trouver en elle, non point un guide sûr, mais une conseillère d'erreur.

Voilà pourquoi, avant de formuler les lois de la Statique et de la Dynamique chimiques, nous avons tenu à examiner les fondements sur lesquels reposent ces sciences.

A cet examen sont consacrées nos cinq premières Leçons; nous avons mis tous nos soins à dégager l'exposé des idées premières de la Thermodynamique de tout appareil algébrique compliqué; *en fait, nous n'avons supposé, à notre lecteur, aucune connaissance mathématique ou physique qui ne figure explicitement au programme des divers baccalauréats.*

C'est l'algèbre qui, des hypothèses fondamentales, tire les règles utiles au chimiste ; le mécanisme de cette déduction ne peut donc être séparé des formules mathématiques par lesquelles, seules, il fonctionne ; ne voulant pas écrire pour le géomètre, nous n'avons pu en analyser les rouages ; mais cette omission n'importe guère au chimiste ; lorsque celui-ci a pris une connaissance exacte des conditions dans lesquelles il est légitime d'user d'un principe, lorsqu'il voit clairement les conséquences pratiques qui se relient à ce principe, il peut, avec une entière assurance, se fier à la chaine dont il tient les deux bouts d'une main ferme ; car les maillons intermédiaires, qu'il n'a pas éprouvés, ont la rigidité de l'Algèbre.

D'ailleurs, si quelque esprit curieux et armé pour cette étude désirait combler cette lacune et suivre, en tout son développement, cet enchainement de la Mécanique chimique, il trouverait, aisément, à satisfaire son avidité de connaître ; en d'autres circonstances, nous nous sommes efforcé de l'y aider.

Nous avons donné une large place aux applications les plus récentes de la Thermodynamique à la Chimie. Nous avons, particulièrement, développé les applications de cette admirable *Loi des Phases*, théorème d'Algèbre enfanté par le génie de J. Willard Gibbs et dont les chefs de l'École Hollandaise, Van der Waals, Bakhuis Roozboom et Van't Hoff, ont su faire l'une des règles directrices les plus précieuses de la Chimie moderne.

Nous avons étudié avec grand soin ces systèmes aux fallacieuses propriétés qui ont longtemps passé pour des composés définis : cristaux mixtes, conglomérats eutectiques, états indifférents des mélanges doubles. Nous n'avons rien négligé de ce qui peut mettre l'expérimentateur en garde contre ces simulateurs de l'analyse chimique.

Nous n'avons pas voulu, toutefois, que l'exposé de ces chapitres, si nouveaux et si pleins de promesses, de la Mécanique chimique, fit tort à l'étude des découvertes qui ont reçu la sanction du temps et qui sont aujourd'hui classiques. Disciple de Moutier, de Debray, de Troost, de Hautefeuille, de Gernez, nous n'avons voulu ni oublier, ni laisser oublier, que l'union de la Thermodynamique et de la Chimie s'était accomplie en France, au laboratoire de l'immortel Henri Sainte-Claire Deville.

Bordeaux, 2 Janvier 1902.

P. DUHEM.

THERMODYNAMIQUE ET CHIMIE

PREMIÈRE LEÇON

—

LE TRAVAIL ET LA FORCE VIVE

1. Travail d'une force appliquée à un point mobile. — On définit dans les éléments ce qu'on doit entendre par travail, en supposant remplies les conditions simples que voici :

Sous l'action d'une force F, constante en grandeur et en direction (*fig.* 1), un point matériel se déplace d'une longueur $MM' = l$ dans la direction de la force.

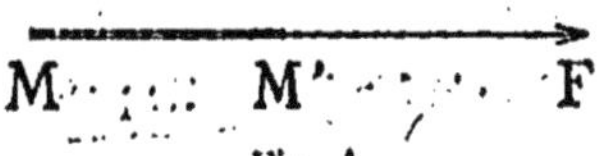

On nomme alors *travail* de la force F le produit Fl affecté du signe + si le point matériel se meut dans la direction de la force et du signe — si le point matériel se meut en sens contraire de la force.

M M' F

Fig. 1

Cette définition suffit à fixer l'unité de travail. Lorsqu'un point matériel soumis à l'action d'une force constante égale à l'unité de force se déplace, dans la direction de la force, de l'unité de longueur, le travail accompli est égal à l'unité.

Dans le système métrique de la Convention Nationale, où l'unité de longueur est le mètre et l'unité de force le gramme-force, l'unité de travail est le *gramme-mètre.*

Dans le système C. G. S, où l'unité de longueur est le centimètre et où l'unité de force est la dyne, l'unité de travail est le *dyne-centimètre* ou *erg*. Un mètre valant 100 centimètres et un gramme-force valant 981 dynes, le gramme-mètre vaut 98 100 ergs.

On généralise la définition précédente de telle manière qu'elle s'applique au cas où sous l'action d'une force F, constante en grandeur et en direction (*fig.* 2), un point matériel se déplace d'une longueur $\overline{MM'} = l$ sur une droite qui fait un certain angle avec la direction de la force. Dans ce cas, on projette la force F sur la trajectoire du point matériel ; soit f la projection. On nomme travail de la force F le produit fl, affecté soit du signe +, soit du signe —, selon que le point se meut soit dans la direction de la force f, soit en sens contraire.

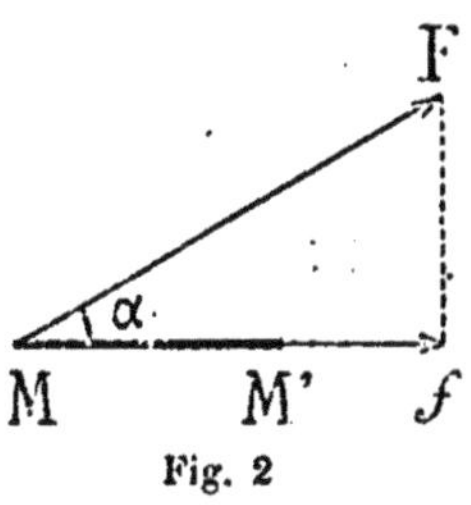

Fig. 2

Soit α l'angle (inférieur à deux angles droits) que fait la direction de la force F avec la direction $\overline{MM'}$ du déplacement du point matériel ; par définition même du *cosinus* d'un angle, le travail que nous venons de définir sera représenté, en grandeur et en signe, par la formule

$$\mathcal{E} = l\,F \cos\alpha. \tag{1}$$

Cette formule peut s'interpréter autrement.

$l \cos \alpha$ représente la projection du déplacement $\overline{MM'}$ sur la direction de la force F, cette projection étant affectée de signe suivant les conventions habituelles, c'est-à-dire comptée positivement ou négativement selon qu'elle est dirigée dans le sens de la force F ou en sens contraire. On peut donc dire que lorsqu'un point, soumis à l'action d'une force constante en grandeur et en direction, se meut en ligne droite, le travail de la force est, en grandeur et en signe, le produit de la grandeur de la force par la projection du déplacement du point matériel sur la direction de la force.

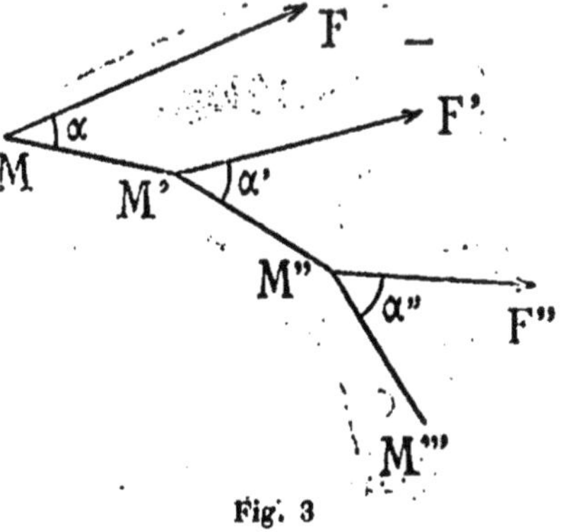

Fig. 3

Imaginons qu'un point matériel décrive un premier segment rectiligne $\overline{MM'} = l$ (*fig.* 3) sous l'action d'une force F qui demeure constante en grandeur et en direction pendant ce déplacement ; qu'il décrive ensuite un second segment rectiligne $\overline{M'M''} = l'$ sous l'action d'une autre force F', également constante en grandeur et en direction ; puis un troisième segment $\overline{M''M'''} = l''$ sous l'action d'une troisième force F'', et ainsi de suite. Le travail accompli pendant que le point matériel décrit le chemin brisé MM'M''M'''..... est, par définition, la somme des travaux accomplis pendant le parcours de chacun des chemins rectilignes qui composent ce chemin brisé ; ce travail a donc pour valeur

$$\text{(2)} \qquad \mathcal{E} = Fl \cos \alpha + F'l' \cos \alpha' + F''l'' \cos \alpha'' + ...$$

Considérons maintenant un point matériel qui décrit une trajectoire curviligne MN (*fig.* 4) tandis que la force à laquelle il est soumis change continuellement de grandeur et de direction.

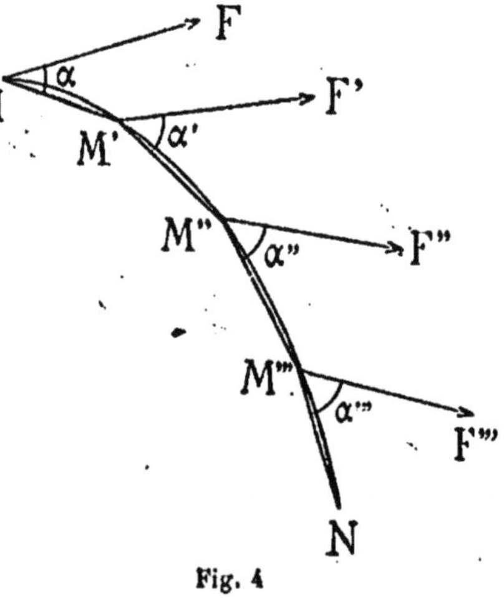

Fig. 4

Dans la courbe MN, inscrivons une trajectoire rectiligne MM'M''M''' . . . N. Soient F, F', F'', F''' les états de la force variable aux instants où le point matériel occupe les positions M, M', M'', M'''. Soient α l'angle des deux directions F et MM', α' l'angle des deux directions F' et M'M'' et ainsi de suite.

Si le point matériel considéré décrivait le segment rectiligne MM' sous l'action de la force constante F, le segment M'M'' sous l'action de la force F', enfin le segment M''M''' sous l'action de la force F'', enfin le segment $M'''N$ sous l'action de la force F''', le travail accompli aurait pour valeur, d'après la formule (2),

$$Fl \cos \alpha + F'l' \cos \alpha' + F''l'' \cos \alpha'' + F'''l''' \cos \alpha'''.$$

Supposons maintenant que l'on augmente indéfiniment le nombre des points de division M', M'', M''',..... marqués sur la courbe MN, en faisant tendre vers 0 chacun des segments $\overline{MM'}$, $\overline{M'M''}$, $\overline{M''M'''}$,..... La trajectoire brisée $MM'M''M'''$.....N tendra vers la trajectoire curviligne MN. En même temps, la somme précédente tendra vers une limite. Cette limite est, par définition, le travail accompli pendant que le point matériel parcourt la trajectoire curviligne MN.

2. Application au cas de la pesanteur. — Appliquons ces définitions au cas très simple d'un point mobile sous l'action de la pesanteur.

Soit M un point matériel pesant ; si l'on désigne par m sa masse et par g l'intensité de la pesanteur, son poids P est une force constante, verticale, dirigée de haut en bas et ayant pour grandeur $P = mg$.

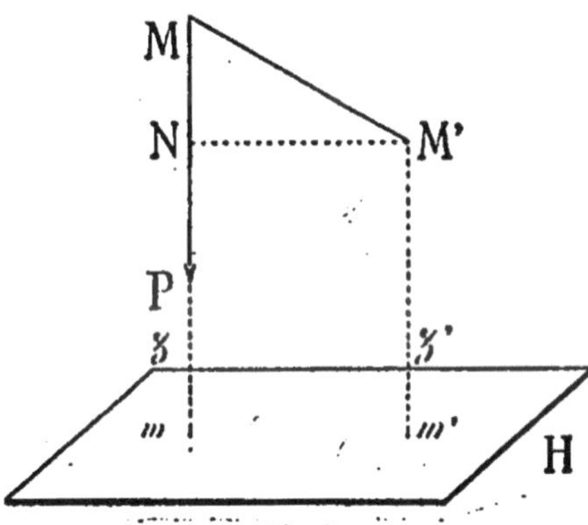

Fig. 5

Supposons que sous l'action de son poids, le point décrive le chemin rectiligne MM' (*fig.* 5). Soient z la cote du point M et z' la cote du point M' au-dessus d'un plan horizontal arbitraire H ; il est clair que la projection $\overline{MN}$ du chemin MM' sur la direction de la force P, c'est-à-dire sur la verticale dirigée de haut en bas, est représentée en grandeur et en signe par la différence $(z - z')$. Le travail accompli durant le déplacement rectiligne MM' du point matériel pesant a donc pour valeur

$$P(z - z') = mg(z - z').$$

Il est égal au produit du poids du point matériel par la hauteur de chute.

Considérons maintenant un point pesant qui se meut suivant un chemin brisé ; par définition, le travail accompli sera la somme des produits obtenus en multipliant le poids du point matériel par la hauteur de la chute partielle relative à chacun des segments rectilignes qui composent la trajectoire brisée ; il est clair, dès lors, que le travail accompli lorsqu'un point matériel pesant décrit une trajectoire brisée s'obtient en multipliant le poids du point matériel par la hauteur de chute totale.

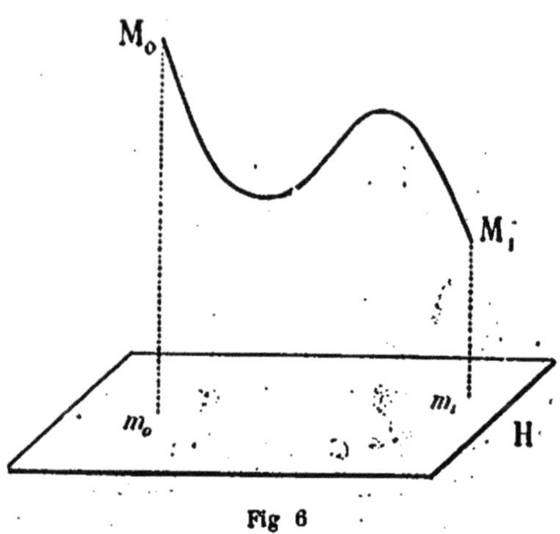

Fig 6

Par la méthode des limites, ce résultat s'étend immédiatement au cas d'un point matériel pesant qui décrit une trajectoire curviligne quelconque M_0M_1 (*fig.* 6). Soient z_0 la cote initiale $\overline{M_0m_0}$ et z_1 la cote finale $\overline{M_1m_1}$ de ce point au-dessus d'un plan horizontal arbitraire H ; le travail accompli par la pesanteur durant le déplacement du point matériel aura pour valeur

$$\mathcal{T} = mg\,(z_0 - z_1). \tag{3}$$

3. Travail des forces appliquées à un système. — Lorsqu'un système mécanique, composé d'un certain nombre de points matériels, se déplace et se déforme sous l'action des forces qui sollicitent ces divers points, le travail effectué est, par définition, la somme des travaux effectués dans le déplacement des divers points matériels.

4. Cas de la pesanteur. — Appliquons cette définition au travail effectué lorsqu'un système de points matériels se déforme et se déplace sous l'action de la pesanteur.

Soient : $m, m', m'', \ldots$ les masses des divers points matériels qui sollicitent le système ;

$z_0, z'_0, z''_0, \ldots$ les cotes de ces divers points, au-dessus du plan horizontal arbitraire H, au début du déplacement ;

$z_1, z'_1, z''_1, \ldots$ les cotes de ces mêmes points au-dessus du plan H, à la fin du déplacement.

En vertu de l'égalité (3) et de la définition précédente, le travail accompli aura pour valeur

$$\mathfrak{E} = mg\,(z_0 - z_1) + m'g\,(z'_0 - z'_1) + m''g\,(z''_0 - z''_1) + \ldots..$$

Mais

$$mgz_0 + m'gz'_0 + m''gz''_0 + \ldots..$$

est la somme des moments, par rapport au plan *H*, des poids des divers points matériels, pris dans leur position initiale ; on sait que cette somme est égale au moment par rapport au plan H du poids total du système, ce poids étant appliqué à la position initiale du centre de gravité.

Si donc on désigne par $M = m + m' + m'' + \ldots..$ la masse totale du système, par Z_0 la cote initiale du centre de gravité du système au-dessus du plan H, on a

$$mgz_0 + m'gz'_0 + m''gz''_0 + \ldots.. = MgZ_0.$$

De même, si l'on désigne par Z_1 la cote finale du centre de gravité du système au-dessus du plan H, on a

$$mgz_1 + m'gz_1 + m''gz''_1 + \ldots.. = MgZ_1.$$

On a donc

$$\mathfrak{E} = Mg\,(Z_0 - Z_1) \tag{4}$$

Lorsqu'un système matériel pesant se déforme et se déplace d'une manière quelconque, le travail effectué est le produit du poids du système par la hauteur de chute du centre de gravité.

5. Cas d'un système soumis à une pression uni-

forme. — Prenons un autre exemple où il soit facile de calculer le travail effectué dans une déformation du système.

Un récipient R (*fig.* 7) renferme un fluide aériforme ; un conduit, que nous supposerons cylindrique, est soudé à ce récipient ; ce conduit renferme un liquide qui exerce sur le gaz une certaine pression ;

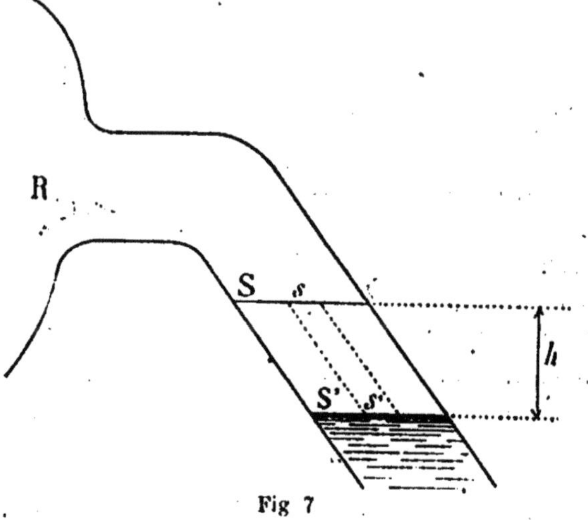

Fig 7

S est le niveau du liquide ; en tout point de la surface S, la pression exercée sur le gaz est verticale, dirigée vers le haut, et a une même valeur P ; nous supposerons que cette valeur demeure invariable pendant que le niveau du liquide baisse de S en S' et nous nous proposons de calculer le travail effectué.

Prenons, sur la surface S, une aire très petite *s* ; elle est soumise à une force verticale, dirigée vers le haut et ayant pour valeur P*s*. Dans le déplacement de la surface S, les divers points de la surface *s* suivent des trajectoires parallèles aux génératrices du cylindre, ce qui amène la surface *s* en *s'* ; la projection sur la direction de la force du déplacement d'un point de la surface *s'* sera, en grandeur et en signe, égale à — *h*, en désignant par *h* la hauteur du cylindre compris entre S et S'. La force appliquée à la surface *s* effectue donc un travail — P*hs*. Pour obtenir le travail total, il faudra former les divers travaux partiels relatifs aux aires *s* en lesquelles on peut décomposer l'aire S et faire la somme de ces travaux partiels. Or, pour les divers termes de cette somme, $-Ph$ sera facteur commun ; si l'on remarque que la somme des aires telles que s est égale à l'aire S, on voit que le travail cherché a pour valeur $-PhS$. Mais hS est le volume du cylindre compris entre les surfaces S et S′ ; c'est donc l'accroissement éprouvé, durant la modification considérée, par le volume du gaz ; si V_0 est la valeur initiale de ce volume et V_1 la valeur finale, nous aurons $hS = V_1 - V_0$ et le travail cherché aura pour valeur

$$\mathfrak{E} = P\,(V_0 - V_1).$$

Ce sera le produit de la pression que le gaz supporte par la diminution (ou l'augmentation changée de signe) du volume qu'il occupe.

Le résultat que nous venons d'obtenir est susceptible d'une généralisation que nous nous bornerons à énoncer sans la démontrer.

Toutes les fois qu'un corps passe du volume V_0 au volume V_1 pendant que sa surface est soumise à une pression normale, uniforme, de valeur constante P, le travail effectué a pour valeur

$$(5) \qquad \mathfrak{E} = P\,(V_0 - V_1).$$

Imaginons maintenant qu'un corps change de volume tandis qu'il est soumis à une pression qui est encore normale et uniforme, mais dont la grandeur varie de la manière suivante :

Tandis que le volume du corps passe de la valeur V à la valeur V′, la pression garde la valeur invariable P ; elle garde la valeur P′ pendant que le volume passe de la valeur V′ à la valeur V″, la valeur P″ pendant que le volume passe de la valeur V″ à la valeur V‴, et ainsi de suite. Le travail effectué dans une semblable modification est la somme des travaux effectués durant les modifications partielles dont chacune est accomplie sous pression constante ; il a pour valeur

$$(6) \qquad \mathfrak{E} = P\,(V - V') + P'\,(V' - V'') + P''\,(V'' - V''') + \ldots..$$

Ce travail s'obtient en multipliant chacune des diminutions de volume qu'éprouve le système par la pression constante qu'il supporte durant cette diminution de volume et en faisant la somme des produits ainsi obtenus.

Par la méthode des limites, ce résultat s'étend au cas où la valeur de la pression varie d'une manière continue pendant le changement de volume qu'éprouve le système.

6. Représentation géométrique des résultats précédents. — Prenons un angle droit VOP (*fig.* 8) dont les côtés OV, OP se nommeront les *axes de coordonnées* et le sommet O l'*origine des coordonnées*. L'un des axes, OV, est censé dirigé horizontalement de gauche à droite; l'autre axe, OP, est censé dirigé verticalement de bas en haut; le premier se nomme *axe des abscisses* et le second *axe des ordonnées*.

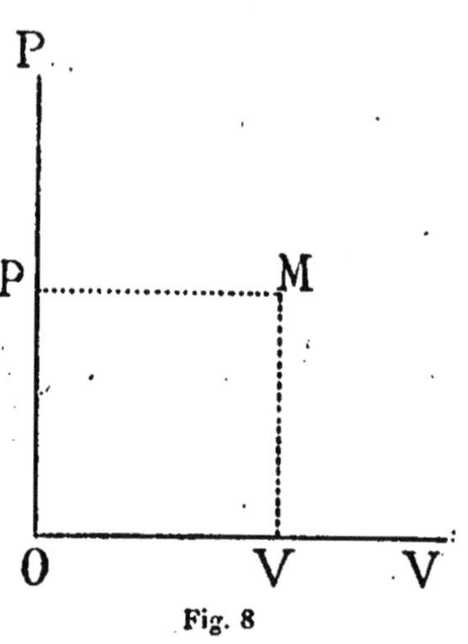

Fig. 8

Prenons un système occupant le volume V sous la pression P. Sur l'axe des abscisses portons, à partir du point O, une longueur OV, mesurée par le nombre V; sur l'axe des ordonnées portons, à partir du point O, une longueur OP, mesurée par le nombre P; par le point V, menons une parallèle à OP et par le point P une parallèle à OV; ces deux lignes se rencontrent en un point M qui se nomme le *point figuratif* du système; on dit que ce point a pour *abscisse* le nombre V, pour *ordonnée* le nombre P, et que ces deux nombres sont ses *coordonnées*.

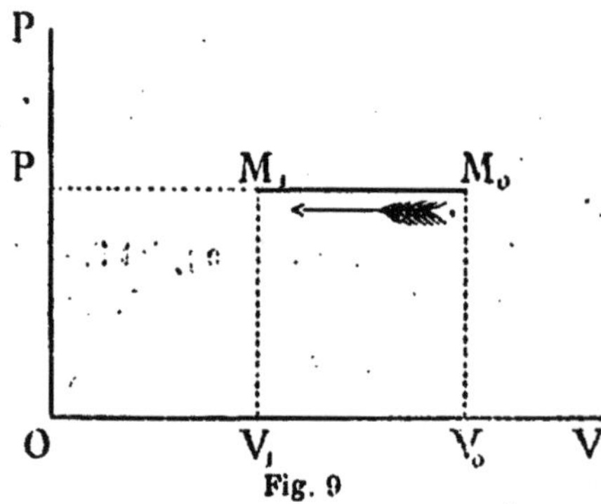

Fig. 9

Supposons que, sous une pression qui garde une valeur invariable P, le volume d'un système passe de la valeur V_0 à la valeur moindre V_1. Le point figuratif du système, dont l'ordonnée gardera la valeur invariable P, décrira (*fig.* 9) une ligne droite parallèle à OV; il la décrira de droite à gauche, depuis le point M_0, d'abscisse V_0, jusqu'au point M_1, d'abcisse V_1. Le travail effectué aura pour valeur, selon la formule (5), $\mathfrak{G} = P(V_0 - V_1)$, en sorte que l'on aura, en grandeur et en signe,

$$\mathfrak{G} = \text{aire } M_0M_1V_1V_0M_0.$$

Supposons, derechef, que le volume du système aille en diminuant sans cesse de V_0 à V_1 ; mais ne supposons plus que cette diminution ait lieu sous une pression invariable; imaginons que le volume décroisse de V_0 à V' sous la pression constante P, de V' à V'' sous la

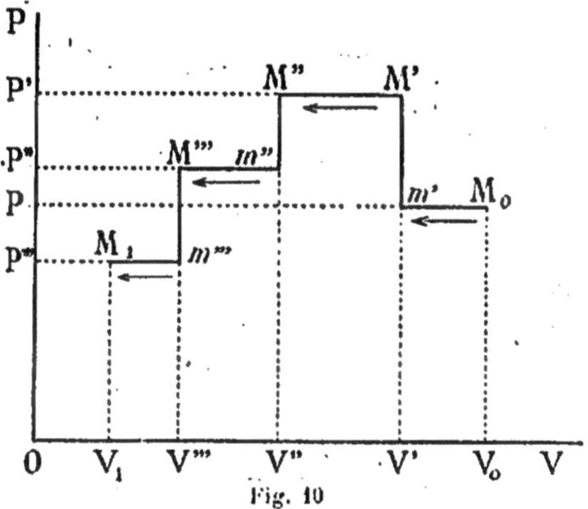

Fig. 10

pression constante P', de V'' à V''' sous la pression constante P'', enfin de V''' à V_1 sous la pression constante P'''. Le point figuratif du système (*fig.* 10) décrira la ligne brisée $M_0m'M'M''m''M'''m'''M_1$. Le travail effectué a pour valeur, selon la formule (6),

$$\mathfrak{G} = P(V_0 - V') + P'(V' - V'') + P''(V'' - V''') + P'''(V''' - V_1).$$

Cette égalité peut encore s'écrire :

$$\mathfrak{G} = \text{aire } M_0m'M'\ldots\ldots M'''m'''M_1V_1V_0M_0.$$

Imaginons enfin que chacune des diminutions de volume subies par le système entre les valeurs extrêmes V_0, V_1, soit de plus en plus petite ; que ces diminutions soient de plus en plus nombreuses ; que de l'une de ces diminutions de volume à la suivante, la pression subisse une variation de plus en plus faible ; le volume du système tendra à diminuer d'une manière continue sous une pression variable d'une manière continue : le chemin brisé $M_0m'M'.....M_1$, décrit par le point figuratif (*fig.* 11), tendra vers le chemin curviligne $M_0M'....M_1$, décrit *de droite a gauche.*

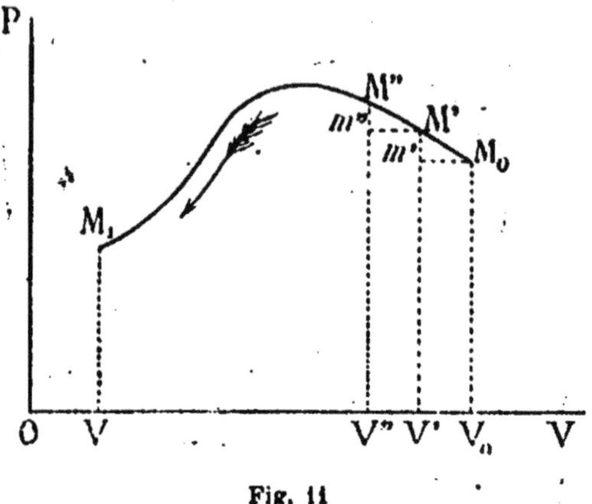

Fig. 11

Selon ce qui a été dit au n° 5, le travail effectué durant cette modification continue sera représenté par l'aire curvilatère que nous avons tracée :

(7) $\varepsilon =$ aire $M_0M_1V_1V_0M_0$.

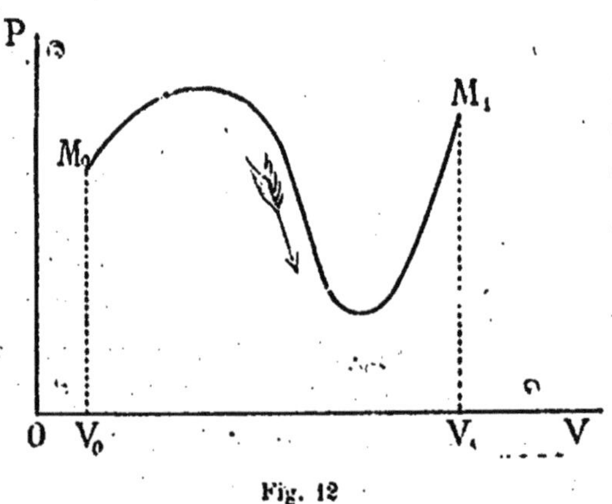

Fig. 12

Au lieu de diminuer sans cesse, le volume du système pourrait augmenter sans cesse de la valeur V_0 à la valeur plus grande V_1, tandis que la pression varierait d'une manière continue ; le point figuratif du système (*fig.* 12) décrirait *de gauche à droite* la ligne courbe M_0M_1. Une suite de considérations analogues aux précédentes montrerait que le travail effectué a pour valeur :

$$(7^{bis}) \qquad \mathcal{E} = - \text{aire } M_0M_1V_0V_1M_0.$$

Ainsi, lorsque le volume du système a un seul sens de variation entre ses deux valeurs extrêmes V_0V_1, l'aire $M_0M_1V_0V_1M_0$ fait toujours connaître la valeur absolue du travail effectué ; mais cette valeur absolue doit être affectée du signe + ou du signe — selon que le point figuratif décrit la courbe M_0M_1 de droite à gauche ou de gauche à droite.

Le volume d'un système qui se modifie peut ne point varier toujours dans le même sens ; il peut, par exemple, diminuer d'abord de V_0 à V_1, augmenter ensuite de V_1 à V_2 et diminuer enfin de V_2 à V_3. Le point figuratif (*fig.* 13) décrira d'abord la courbe M_0M_1 de droite à gauche, puis la courbe M_1M_2 de gauche à droite, enfin la courbe M_2M_3 de droite à gauche, les points M_0, M_1, M_2, M_3 ayant pour abscisses respectives les nombres V_0, V_1, V_2, V_3.

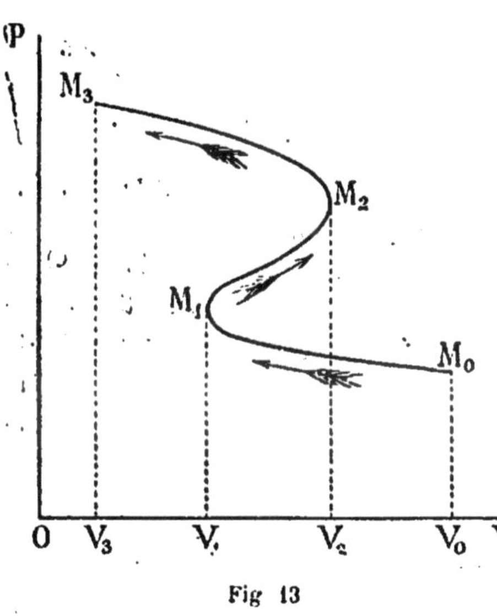

Fig 13

A chacune des trois modifications partielles où le volume a un sens unique de variation, l'un ou l'autre des deux théorèmes précédents est applicable ; d'ailleurs le travail effectué dans la modification totale est la somme des travaux effectués dans chacune des trois modifications partielles ; ce travail a donc la valeur suivante :

$$(8) \qquad \begin{aligned} \mathcal{E} = & \text{ aire } M_0M_1V_1V_0M_0 \\ & - \text{aire } M_1M_2V_2V_1M_1 \\ & + \text{aire } M_2M_3V_3V_2M_2. \end{aligned}$$

On voit sans peine qu'une évaluation de ce genre sera toujours applicable, même dans les cas les plus compliqués.

Appliquons ce mode d'évaluation au cas où le système, occupant tout d'abord le volume V_0 sous la pression P_0, subit une modification qui le ramène au même volume et à la même pression. Le point figuratif décrit alors une courbe ermée.

Supposons, comme en la *fig.* 14, que cette courbe se compose d'une seule boucle, décrite par le point figuratif *en sens inverse du mouvement des aiguilles d'une montre.* Nous aurons, selon la formule (8) :

$$\begin{aligned}\mathfrak{T} &= \text{aire } M_0M_1V_1V_0M_0 \\ &\quad - \text{aire } M_1mM_2V_2V_1M_1 \\ &\quad + \text{aire } M_2M_0V_0V_2M_2\end{aligned}$$

ou, en réunissant les deux aires affectées du signe +,

$$\begin{aligned}\mathfrak{T} &= \text{aire } M_2M_0M_1V_1V_2M_2 \\ &\quad - \text{aire } M_1mM_2V_2V_1M_1\end{aligned}$$

ou enfin

(9) $\mathfrak{T} =$ aire embrassée par la courbe fermée.

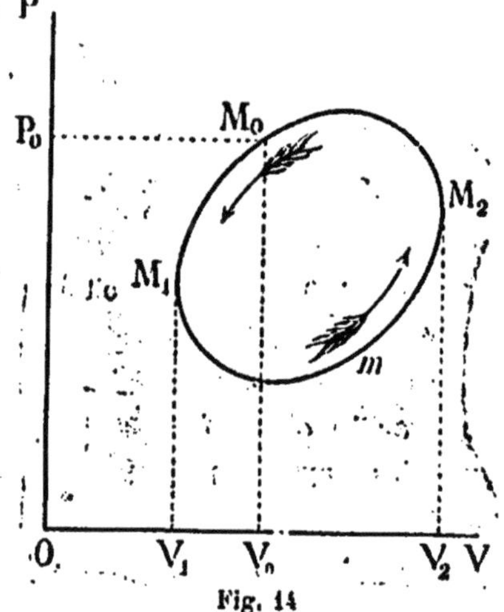

Fig. 14

Si, comme en la *fig.* 15, la trajectoire fermée du point figuratif se composait d'une seule boucle décrite *dans le sens du mouvement des aiguilles d'une montre,* on trouverait d'une manière analogue que le travail effectué a pour valeur :

(9bis) $\mathfrak{T} = -$ aire embrassée par la courbe fermée.

7. Application à un gaz qui suit la loi de Mariotte. — Imaginons que l'on comprime du volume V_0 au volume moindre V_1 une masse de gaz dont la température est maintenue invariable et que ce gaz suive la loi de Mariotte.

Soit P_0 la pression supportée par ce gaz au moment où il occupe le volume V_0; lorsqu'il occupera le volume V, compris entre V_0 et V_1, il supportera une pression P donnée par l'égalité

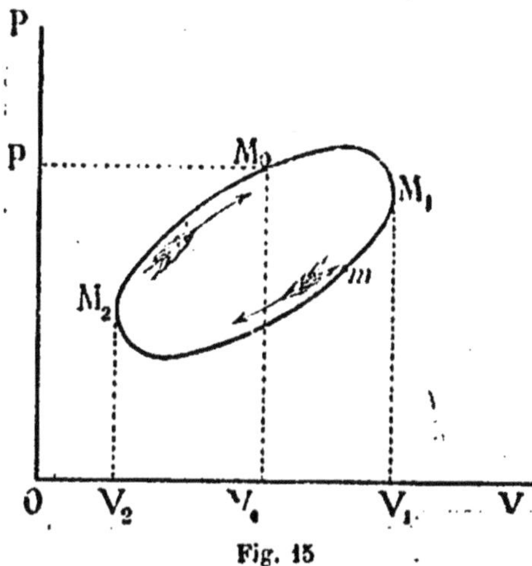

Fig. 15

$$(10)\qquad P = \frac{P_0 V_0}{V}.$$

Cette égalité fait connaître l'ordonnée du point figuratif M dont V est l'abscisse (*fig.* 16); on voit que cette ordonnée est d'autant plus grande que V est plus petit; elle croît au-delà de toute limite lorsque V tend vers 0 et tend vers 0 lorsque V croît au-delà de toute limite. La courbe lieu du point M, est ce que les géomètres nomment une *branche d'hyperbole équilatère* ayant pour *asymptotes* les deux axes OP, OV.

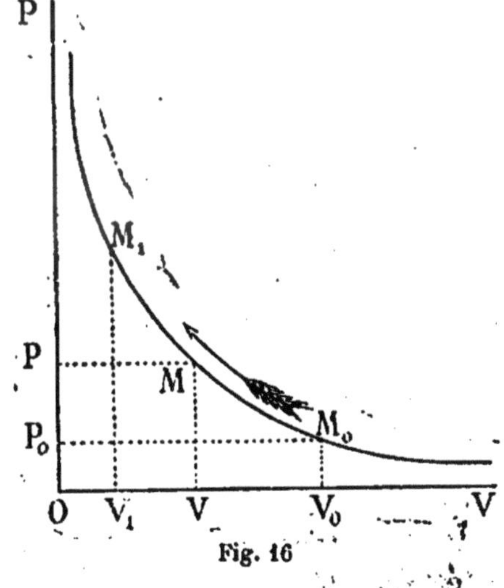

Fig. 16

D'après ce qui a été vu au n° **6**, le travail effectué par la pression lorsque l'on comprime le gaz du volume V_0 au volume moindre V_1 est mesuré par l'aire que limitent les quatre lignes suivantes :

1° L'arc M_0M_1 de l'hyperbole équilatère que définit l'égalité (10);

2° et 3° Les deux lignes V_0M_0, V_1M_1 parallèles à l'axe des ordonnées;

4° La partie V_0V_1 de l'axe des abscisses.

Or la géométrie sait évaluer cette aire, qui a pour valeur

$$\mathfrak{G} = 2,325\ P_0V_0 \log. \frac{V_0}{V_1} \tag{11}$$

le symbole *log.* désignant un logarithme vulgaire, que l'on trouve dans les tables.

8. Dans certains cas, le travail des forces appliquées à un système dépend seulement de l'état initial et de l'état final de ce système. — La comparaison de l'égalité (4), qui fait connaître le travail de la pesanteur, avec l'égalité (6), qui fait connaître le travail d'une pression normale et uniforme, va nous conduire à l'une des notions les plus importantes de la mécanique.

Pour connaître le travail effectué par la pesanteur agissant sur un système de masse donnée, il suffit de connaître la cote initiale et la cote finale du centre de gravité ; il est absolument superflu de connaître la forme de la trajectoire que le corps a suivi dans sa chute et les changements de figure ou de dimensions qu'il a pu éprouver durant cette chûte. *Le travail de la pesanteur dépend exclusivement de l'état initial et de l'état final du système sur lequel elle agit.*

9. En général, le travail accompli par les forces appliquées à un système, dépend de toute la modification imposée à ce système. — Il n'en est pas du travail de n'importe quelle force comme du travail de la pesanteur.

Imaginons qu'un système, soumis à une pression normale et uniforme, passe d'un état initial, où il occupe le volume V_0 sous la pression P_0, à un état final où il occupe le volume V_1 sous la pression P_1.

De l'état initial à l'état final, il peut passer d'une infinité de manières ; choisissons-en deux et calculons, pour chacune d'elles, le travail de la pression :

1° Le système se dilate sous la pression constante P_0, du volume V_0 au volume V_1 ; puis, sans changement de volume, on fait passer la pression de la valeur P_0 à la valeur P_1 ; des changements convenables de la température permettent d'accomplir ces deux opérations ; durant la première partie de l'opération, la pression effectue, selon l'égalité (5), un travail $P_0(V_0 - V_1)$; durant la seconde partie, le point figuratif décrit une droite parallèle à OP, en sorte que le travail est nul. Le travail accompli par la pression, dans la modification considérée a pour valeur :

$$\mathfrak{E}_1 = P_0(V_0 - V_1).$$

2° Sous le volume constant V_0, on fait passer la pression de la valeur P_0 à la valeur P_1 ; puis, sous la pression constante P_1, le volume passe de la valeur V_0 à la valeur V_1 ; durant la première partie de la modification, la pression n'accomplit aucun travail ; le travail qu'elle accomplit durant la modification se réduit donc à celui qui est accompli durant la seconde partie et il a pour valeur, selon l'égalité (5) :

$$\mathfrak{E}_2 = P_1(V_0 - V_1).$$

Comme P_1 est différent de P_0, le travail $\mathfrak{E}_2$ accompli par la pression, durant la seconde modification, n'est pas égal au travail $\mathfrak{E}_1$ accompli durant la première modification.

Supposons que le système soit, dans l'état initial et dans l'état final, porté à la même température ; du premier au second, nous pourrons le faire passer sans que la température éprouve aucune variation ; cette troisième modification différera, en général, des deux précédentes ; si le système est un gaz qui suit la loi de Mariotte, nous connaîtrons la valeur du travail effectué durant cette dernière modification ; cette valeur, donnée par l'égalité (11), différera encore des deux précédentes.

Ainsi *la valeur du travail effectué lorsqu'un système, soumis, en tout point de sa surface, à une pression normale et uniforme, passe d'un état initial donné à un état final donné ne dépend pas seulement de ces deux états, mais encore de toute la suite des états intermédiaires par lesquels le corps a passé.*

Les deux exemples que nous venons de traiter justifient les propositions que voici :

En général, lorsqu'un système matériel, soumis à certaines forces, subit une certaine modification, il ne suffit pas, pour connaître le travail accompli par ces forces durant cette modification, de connaître l'état initial et l'état final du système ; il faut encore connaître la suite des états intermédiaires que le système a traversés et les forces qui sollicitaient le système en chacun de ces états.

Toutefois, *si les forces qui sollicitent le système appartiennent à certaines catégories particulières, pour connaître le travail effectué durant une modification, il suffit de connaître l'état initial et l'état final et toute connaissance des états intermédiaires est superflue.*

10. Potentiel. — C'est aux forces particulières dont nous venons de parler, et dont la pesanteur nous offre un exemple, que nous allons donner un instant notre attention.

Considérons un système soumis à de telles forces et faisons choix, une fois pour toutes, d'un certain état de ce système que nous nommerons l'état α.

Supposons que le système passe à cet état α, à partir d'un autre état x ; les forces considérées effectuent un travail qui est entièrement déterminé par la connaissance de l'état initial x et de l'état final α ; pour changer la valeur de ce travail, il faudrait changer l'un au moins des deux états α ou x ; puisque nous supposons l'état α choisi d'une manière irrévocable, nous pouvons dire que la valeur de ce travail ne dépend absolument plus que du choix de l'état x ; nous la désignerons par Ω_x.

Proposons-nous de calculer le travail $\mathfrak{G}$, accompli par les forces considérées, lorsque le système passe d'un état initial quelconque 0 à un état final quelconque 1 et, dans ce but, considérons la modification suivante :

Le système passe d'abord de l'état 0 à l'état 1, puis de l'état 1 à l'état α ; par définition, les forces considérées accomplissent, durant la première partie de la modification, le travail $\mathfrak{G}$ et, durant la seconde partie, le travail Ω_1, soit, en tout, le travail $(\mathfrak{G} + \Omega_1)$.

Mais la modification considérée fait passer le système de l'état 0 à l'état α ; le travail accompli a aussi pour valeur Ω_0.

On a donc l'égalité :

$$\mathfrak{G} + \Omega_1 = \Omega_0,$$

ou

$$\mathcal{E} = \Omega_0 - \Omega_1. \tag{12}$$

Lorsque le travail des forces appliquées à un système est entièrement déterminé par la connaissance de l'état initial et de l'état final, on peut, à chaque état du système, faire correspondre une certaine grandeur Ω, variable d'un état à l'autre ; le travail effectué au cours d'une certaine modification est égal à l'excès de la valeur initiale de Ω sur la valeur finale de cette même grandeur.

La grandeur Ω se nomme le *potentiel des forces* qui agissent sur le système.

Au lieu de dire que le travail des forces qui agissent sur un système ne dépend que de l'état initial et de l'état final du système, on dit que ces forces *admettent un potentiel.*

11. Potentiel de la pesanteur. — La comparaison des égalités (4) et (12) nous montre que la pesanteur dépend d'un potentiel et que ce potentiel est :

$$\Omega = MgZ, \tag{13}$$

M étant la masse totale du corps et Z la cote du centre de gravité au-dessus d'un plan horizontal arbitraire H.

12. Forces qui admettent un potentiel en vertu des restrictions imposées au système. — Un système de forces qui, en général, n'admet pas de potentiel, peut, dans certains cas, en admettre un pourvu que l'on impose certaines restrictions aux modifications qui seront étudiées.

Ainsi nous avons vu que si la surface d'un corps était soumise à une pression normale et uniforme, cette pression, en général, n'admettait pas de potentiel.

Mais, supposons que l'on astreigne la pression à garder une valeur P absolument invariable ; le travail des forces, qui sollicitent le système, sera donné par l'égalité (5), dont la comparaison à l'égalité (12) fournit la proposition suivante :

Lorsque les forces qui sollicitent un système se réduisent à une pression normale, uniforme et constante P, *ces forces admettent le potentiel :*

$$\Omega = PV, \tag{14}$$

où V *est le volume variable du système.*

Supposons, d'autre part, qu'un système soumis à une pression normale et uniforme soit enfermé dans un récipient de volume invariable. D'après l'égalité (6), une modification accomplie dans ces conditions n'entraîne aucun travail de la pression. Partant, *lorsqu'un système, soumis à une pression normale et uniforme, garde un volume invariable, les forces qui le sollicitent admettent* 0 *pour potentiel.*

13. Force vive. — Les notions de travail et de potentiel ont une extrême importance dans toutes les parties de la Mécanique, aussi bien en statique qu'en dynamique; nous allons en avoir une idée en nous occupant d'une des propositions fondamentales de la dynamique, le *Théorème de la force vive.*

Considérons un système formé de points matériels dont m, m', m'',... sont les masses; supposons ce système en mouvement et soient, à un instant donné, v, v', v'',... les vitesses des divers points; multiplions la masse de chaque point par le carré de sa vitesse; faisons la somme des produits ainsi obtenus; enfin, prenons la moitié de cette somme; nous formerons la grandeur

$$W = \frac{1}{2}(mv^2 + m'v'^2 + m''v''^2 + \ldots).$$

C'est cette grandeur que l'on nomme *force vive* du système à l'instant considéré.

La masse d'un point matériel est essentiellement positive; il en est de même du carré de sa vitesse, à moins que le point ne soit au repos; par conséquent, *la force vive d'un système est une grandeur essentiellement positive, à moins que le système ne soit immobile, cas auquel la force vive est égale à* 0.

Le théorème de la force vive s'énonce de la manière suivante :

Si l'on considère, pendant un laps de temps quelconque, un système en mouvement, l'accroissement de la force vive, pendant ce temps, est égal au travail effectué par les forces qui sollicitent le système.

Supposons que, pendant le laps de temps considéré, la force vive passe de la valeur W_0 à la valeur W_1 ; soit $\mathfrak{C}$ le travail effectué par les forces qui agissent sur le système ; le théorème précédent s'exprime par l'égalité

$$\mathfrak{C} = W_1 - W_0. \tag{15}$$

14. Principe des déplacements virtuels. — De ce théorème, nous tirons immédiatement un corollaire important.

Supposons que les vitesses initiales des différents points du système soient toutes nulles ; W_0 sera égal à 0 et l'égalité (15) se réduira à $\mathfrak{C} = W_1$. Si les vitesses des divers points du système ne sont point toutes nulles dans l'état final, W_1 est positif, en sorte que l'on peut énoncer la proposition suivante :

Lorsqu'un système, partant d'un état initial où les vitesses de ses divers points sont égales à 0, se met en mouvement et atteint un état où les vitesses de ses divers points ne sont pas toutes nulles, le travail effectué par les forces qui le sollicitent est assurément positif.

Lorsqu'un système part d'un état 0 où ses divers points ont des vitesses nulles et se met en mouvement, il se peut que ce mouvement l'amène en un autre état 1 où ses divers points ont encore des vitesses nulles. Ainsi, lorsqu'on écarte un pendule de sa position d'équilibre en le tirant vers la gauche d'un certain angle, et qu'on l'abandonne sans vitesse initiale, il retourne vers sa position d'équilibre, la dépasse et, au moment où il s'en écarte à droite d'un angle égal à celui dont on l'avait dévié vers la gauche, les vitesses de ses divers points reprennent toutes la valeur 0. Mais il est clair qu'entre ces deux états où les divers points ont des vitesses égales à 0, le système traverse toute une suite continue d'états où certains de ses points ont des vitesses différentes de 0; en d'autres termes, un système ne peut quitter un état où les vitesses de ses divers points sont nulles qu'en traversant d'abord une suite d'états où ces vitesses ne sont pas toutes nulles.

Si, du théorème précédent, on rapproche cette remarque, on voit que l'on peut énoncer la proposition suivante :

Placé sans vitesse initiale dans un état donné, un système ne peut se mettre en mouvement, à moins que le début de ce mouvement ne corresponde à un travail positif des forces appliquées au système.

Cette proposition va nous fournir un moyen pour reconnaître si un système matériel, soumis à des forces données, est sûrement en équilibre dans un état donné.

Considérons les diverses manières dont on le pourrait faire sortir de l'état donné, les divers déplacements que l'on pourrait imaginer qu'il prenne à partir de cette état ; chacun de ces déplacements imaginables se nomme un *déplacement virtuel.*

Si le début de tout déplacement virtuel imposé à un système, à partir d'un certain état, correspond à un travail nul ou négatif des forces appliquées au système, celui-ci, placé sans vitesse initiale dans l'état considéré, y demeurera forcément en équilibre.

Cette proposition porte le nom de *Principe des déplacements virtuels.*

15. Conservation de la force vive. Systèmes conservatifs. — Les diverses propositions que nous venons d'énoncer prennent une forme simple et remarquable lorsque le système étudié est soumis à des forces qui admettent un potentiel Ω. Dans ce cas, en effet, le travail effectué par ces forces s'exprime au moyen de l'égalité (12) et l'égalité (15), qui traduit le théorème de la force vive, devient :

$$W_1 - W_0 = \Omega_0 - \Omega_1. \tag{16}$$

Lorsqu'un système, soumis à des forces qui dépendent d'un potentiel, est en mouvement, l'accroissement de la force vive pendant un certain temps est égal à la diminution du potentiel pendant le même temps.

L'égalité (16) peut encore s'écrire

$$\Omega_1 + W_1 = \Omega_0 + W_0 \tag{16bis}$$

et le théorème précédent s'énoncer ainsi :

Lorsqu'un système est en mouvement sous l'action de forces qui admettent un potentiel, la somme du potentiel et de la force vive garde une valeur invariable pendant toute la durée du mouvement.

Considérons un système animé d'un mouvement qui, au bout d'un certain temps, le ramène à son état initial : tel un pendule, après une oscillation double ; le potentiel reprendra sa valeur initiale ; d'après la proposition précédente, il en sera de même de la force vive ; de là le nom de *principe de la conservation de la force vive* donné à la proposition précédente et de *systèmes conservatifs* donné parfois aux systèmes soumis à des forces qui dépendent d'un potentiel.

A titre d'exemple, appliquons l'égalité (16bis) à un système formé d'un seul point matériel pesant, de masse m. D'après l'égalité (13), nous aurons $\Omega = mgz$, z étant la cote du point au-dessus d'un plan horizontal arbitraire, tandis que la force vive se réduira à $W = \frac{1}{2} mv^2$. Si l'on observe que la masse m du point matériel est une grandeur invariable, on voit que l'égalité (16 bis) deviendra

$$gz_1 + \frac{v_1^2}{2} = gz_0 + \frac{v_0^2}{2}$$

et entraînera la proposition suivante :

Toutes les fois qu'un point matériel pesant repasse au même niveau, il y repasse avec une vitesse dont la direction peut avoir changé, mais dont la grandeur reprend la même valeur.

10. Principe des déplacements virtuels pour les systèmes conservatifs. Stabilité de l'équilibre. — Pour que les forces qui sollicitent un système conservatif effectuent un travail positif, il faut et il suffit que le potentiel du système éprouve une diminution. Dès lors, partant d'un certain état où les vitesses de ses divers points sont toutes nulles, un système conservatif ne peut parvenir à un autre état où quelques unes au moins de ces vitesses sont différentes de 0, à moins que le potentiel n'ait une valeur moindre dans le second état que dans le premier.

En particulier, un système conservatif ne peut quitter un état où ses divers points ont des vitesses nulles, à moins que le potentiel ne décroisse, au moins au début du mouvement. Si donc tous les déplacements virtuels que l'on peut imposer à un système conservatif à partir d'un état donné, commencent par faire croître le potentiel ou par lui laisser une valeur constante, le système est assurément en équilibre.

Tous les déplacements virtuels imposés au système à partir d'un état donné commenceront forcément par faire croître le potentiel si, dans cet état, le potentiel a une valeur plus petite que dans tous les états voisins ; d'où le théorème suivant :

Un système conservatif est assurément en équilibre lorsqu'il est placé, sans vitesse initiale, dans un état où le potentiel a une valeur minimum.

On démontre en mécanique, par des considérations que nous ne pouvons exposer ici, la proposition suivante :

Un système conservatif est assurément en équilibre STABLE *lorsqu'il se trouve, sans vitesse initiale, dans un état où le potentiel a une valeur minimum.*

Appliquons ces dernières propositions à un système pesant. Le potentiel d'un tel système est donné par l'égalité

$$\Omega = MgZ, \tag{13}$$

où M est la masse du système et Z la cote du centre de gravité au-dessus d'un plan horizontal arbitraire ; le poids Mg du système étant une quantité positive, de valeur invariable, les théorèmes précédents nous donnent les propositions suivantes qui ont joué un grand rôle dans le développement de la mécanique :

Un système pesant, placé sans vitesse initiale dans un certain état, ne le peut quitter que son centre de gravité ne commence par descendre.

Un système pesant est assurément en équilibre stable lorsque son centre de gravité se trouve aussi bas que possible.

DEUXIÈME LEÇON

—

LA QUANTITÉ DE CHALEUR ET L'ÉNERGIE INTERNE

17. Perte de force vive et dégagement de chaleur dans une machine abandonnée à elle-même. — Prenons ce que l'ancienne mécanique nommait une *machine*, c'est-à-dire un agencement plus ou moins compliqué de corps dont chacun peut se mouvoir, mais en gardant une grandeur, une forme et un état invariables.

Mettons cette machine en mouvement ; ses diverses parties ayant des vitesses différentes de 0, sa force vive aura, elle aussi, une valeur W_0 assurément positive.

Abandonnons cette machine à elle-même ou, pour parler d'une manière plus précise, laissons le système se mouvoir sans qu'aucune force agisse sur lui ; la machine va-t-elle se mouvoir indéfiniment ?

Si, pour répondre à cette question, nous consultons les théorèmes énoncés dans la leçon précédente, nous serons amenés à conclure que le mouvement de notre machine se conservera indéfiniment ; en effet, les forces qui agissent sur le système, étant toujours nulles, n'accompliront aucun travail ; la force vive du système gardera donc toujours une valeur invariable ; positive au début, elle ne pourra jamais devenir nulle et, partant, notre machine présentera toujours quelque partie en mouvement.

Or, cette réponse est visiblement contraire à l'expérience qui nous enseigne que toute machine, abandonnée à elle-même, s'arrête au bout d'un temps plus ou moins long. La force vive du système, bien loin de demeurer constante, diminue sans cesse. Si l'on veut entretenir la machine en mouvement, si l'on veut que la force vive en demeure invariable, il faut soumettre cette machine à l'action de forces qui effectuent sans cesse un travail positif.

Nous voyons par ces observations que les machines réelles diffèrent notablement des machines idéales auxquelles s'appliquent les théorèmes de la 1re leçon. D'autres différences peuvent encore être mises en évidence ; ces machines idéales sont composées de corps dont l'état est invariable ; au contraire, les corps qui composent une machine réelle éprouvent une modification : ils s'échauffent, leur température s'élève ; pour les maintenir dans un état invariable, pour garder à leur température une valeur constante, il faut les refroidir, les obliger à céder une certaine quantité de chaleur à des corps étrangers.

On est amené ainsi à reconnaître à tout système en mouvement, qui est formé de corps maintenus dans un état et à une température invariables, les deux propriétés suivantes, dont la première contredit le théorème de la force vive et dont la seconde ne peut être prévue par les principes exposés en la 1re leçon :

1° Le travail $\mathfrak{E}$, effectué par les forces qui sollicitent le système pendant un laps de temps déterminé, surpasse l'accroissement $(W_1 - W_0)$ que la force vive subit pendant le même temps :

$$\mathfrak{E} - (W_1 - W_0) > 0.$$

2° La quantité de chaleur Q dégagée par le système durant le même laps de temps est positive :

$$Q > 0.$$

18. Équivalent mécanique de la chaleur. — Une hypothèse simple et naturelle consiste à supposer que les deux quantités $(\mathfrak{E} - W_1 + W_0)$ et Q, dont le signe est toujours le même, sont dans un rapport constant ou, en d'autres termes, à supposer qu'*il existe un nombre fixe et positif* E, *tel que l'on ait*

$$\frac{\mathfrak{E} - W_1 + W_0}{Q} = E. \tag{1}$$

Ce nombre E se nomme l'*équivalent mécanique de la chaleur*.

L'exactitude de la proposition précédente est subordonnée aux conditions que voici : les corps qui forment le système sont mobiles, mais la grandeur, la forme, l'état, la température de chacun demeurent invariables ; $\mathcal{E}$ représente le travail de toutes les forces qui sollicitent le système, aussi bien des forces qui émanent des corps extérieurs au système que des forces par lesquelles les diverses parties du système agissent les unes sur les autres.

10. Principe de l'équivalence entre la chaleur et le travail. — La portée du principe précédent se trouve singulièrement restreinte par l'obligation de ne considérer que des assemblages de corps dont chacun garde une grandeur, une forme, une température et un état invariables : aussi trouve-t-on grand avantage à remplacer ce principe par un autre qui lui est analogue, mais non point identique.

Pour énoncer ce nouveau principe, nous ferons usage d'une notion que nous rencontrerons bien souvent par la suite, la notion de *cycle fermé*.

Lorsqu'à la fin d'une modification, les corps qui composent un système reprendront la disposition, la grandeur, la forme, la température, l'état physique et chimique qu'ils présentaient au début de la modification, nous dirons que, par l'effet de cette modification, le système a décrit un cycle fermé.

Les diverses parties du système peuvent ne pas être animées des mêmes vitesses au début et à la fin d'un cycle fermé, en sorte que la force vive peut ne pas reprendre sa valeur initiale au moment où le système achève de décrire un cycle fermé.

Supposons qu'un système décrive un cycle fermé pendant lequel il dégage une quantité de chaleur Q tandis que sa force vive passe de la valeur W_0 à la valeur W_1 ; désignons par $\mathcal{E}_e$ LE TRAVAIL EXTERNE, *c'est-à-dire le travail effectué par les forces que les corps étrangers au système exercent sur ce système ; nous admettrons que l'on a l'égalité*

$$\frac{\mathcal{E}_e - W_1 + W_0}{Q} = E. \tag{2}$$

Cette égalité peut aussi s'écrire :

$$(2^{bis}) \qquad \mathcal{E}_e - W_1 + W_0 = EQ.$$

Cette hypothèse fondamentale est ce que nous nommerons le *Principe de l'équivalence entre la chaleur et le travail mécanique.*

20. Valeur de l'équivalent mécanique de la chaleur. — En se fondant sur ce principe et sur les résultats de diverses expériences dont la description est étrangère au plan de cet ouvrage, Robert Mayer, Joule et un grand nombre d'autres physiciens se sont préoccupés de déterminer la valeur de l'équivalent mécanique de la chaleur E ; ils ont trouvé que l'on a sensiblement

$$E = 425$$

lorsque l'on prend pour unité de travail le *gramme mètre* et pour unité de quantité de chaleur la *calorie-gramme* ou *petite-calorie.*

Si l'on prend pour unité de travail non plus le gramme-mètre, mais l'*erg*, qui est 98100 fois plus petit, le numérateur de l'égalité (2) est représenté par un nombre 98100 fois plus grand ; la valeur du dénominateur ne change pas si l'on conserve la *petite calorie* pour unité de chaleur ; la nouvelle valeur de l'équivalent mécanique de la chaleur est donc :

$$E = 425 \times 98100 = 41\,692\,500.$$

21. Extension du principe de l'équivalence entre la chaleur et le travail à une modification non fermée. — Le principe de l'équivalence entre la chaleur et le travail, tel que nous l'avons énoncé au n° **19**, exige que la modification à laquelle on prétend l'appliquer soit un cycle fermé ; cette restriction est, parfois, gênante ; nous allons la faire disparaître en transformant l'énoncé du principe.

Pour abréger le langage, désignons par c la quantité

$$Q - \frac{\mathcal{E}_e - W_1 + W_0}{E}.$$

Le principe de l'équivalence pourra alors s'énoncer ainsi : Si un système décrit un cycle fermé, la quantité e, calculée pour ce cycle fermé tout entier, est égale à 0.

Cela posé, imaginons qu'un système passe d'un état initial déterminé 0 à un état final 1, par une suite déterminée de modifications ; la quantité e, calculée pour cette première transformation, prend une certaine valeur que nous désignerons par ε ; supposons ensuite que le système revienne de l'état 1 à l'état 0 par une suite de modification également bien déterminée ; la quantité e a, pour cette seconde transformation, une certaine valeur η ; pour la transformation totale, la quantité e a la valeur $(\varepsilon + \eta)$; mais comme cette transformation totale est un cycle fermé, on a :

$$\varepsilon + \eta = 0.$$

Imaginons maintenant que le système passe du même état initial 0 au même état final 1, mais par une autre série de modifications que dans le cas précédent ; pour cette transformation, la quantité e aura une valeur ε' ; puis ramenons-le de l'état 1 à l'état 0 par la même transformation que dans le cas précédent, transformation pour laquelle e a la valeur η ; nous aurons cette fois :

$$\varepsilon' + \eta = 0.$$

Les deux égalités précédentes entraînent celle-ci :

$$\varepsilon = \varepsilon',$$

en sorte que le principe de l'équivalence entre la chaleur et le travail conduit à cette conséquence : de quelque manière qu'un système passe d'un état initial donné à un état final donné, la quantité e garde la même valeur.

Il est clair, d'ailleurs, que cette proposition entraîne à son tour le principe de l'équivalence entre la chaleur et le travail ; en effet, si le système décrit un cycle fermé, e aura, pour ce cycle, la même valeur que pour toute autre modification qui prendrait le système dans le même état initial et l'y ramènerait ; donc la même valeur que si le système ne se modifiait pas du tout, et cette dernière valeur est visiblement 0 ; ainsi, pour un cycle fermé quelconque, $e = 0$; c'est précisément l'énoncé primitif du principe de l'équivalence entre la chaleur et le travail.

Nous voici, dès lors, autorisés à donner l'énoncé suivant du PRINCIPE DE L'ÉQUIVALENCE ENTRE LA CHALEUR ET LE TRAVAIL :

La quantité

$$e = Q - \frac{\mathcal{E}_e - W_1 + W_0}{E} \tag{3}$$

a une valeur qui dépend de l'état initial et de l'état final du système, mais point de la nature des modifications subies par le système pour passer de cet état initial à cet état final.

22. Énergie interne. — Il suffit maintenant de reprendre un raisonnement semblable à celui qui nous a donné la notion de potentiel (n° **10**) pour transformer l'énoncé précédent en celui-ci :

A chaque état x *du système, on peut faire correspondre une grandeur* U_x *telle que l'on ait, pour toute modification qui fait passer le système de l'état initial* o *à l'état final* **1**, *l'égalité*

$$e = U_0 - U_1$$

ou bien encore, en remplaçant e par sa valeur, définie en l'égalité (3),

$$EQ - \mathcal{E}_e = W_0 - W_1 + E(U_0 - U_1). \tag{4}$$

Telle est la forme donnée en 1850, par R. Clausius, au principe de l'équivalence entre la chaleur et le travail.

A la grandeur U_x, Clausius a donné le nom d'*Énergie interne* du système dans l'état x.

Les égalités précédentes nous montrent que U_x est une grandeur de même espèce que e et Q, partant une grandeur qui se mesure en unités de chaleur.

Certains auteurs, au lieu de réserver un nom particulier à la grandeur U_x, préfèrent considérer le produit EU_x, qu'ils nomment *énergie potentielle* du système dans l'état x; l'énergie potentielle est alors une grandeur de même espèce que $\mathcal{E}_e$ et W, partant une grandeur qui se mesure en unités de travail ; on peut dire que l'*énergie potentielle est l'équivalent mécanique de l'énergie interne.*

Les mêmes auteurs donnent, en général, à la force vive le nom d'*énergie actuelle* ou d'*énergie cinétique* ; à la somme

$$EU_x + W_x,$$

ils donnent le nom d'*énergie totale* du système dans l'état x.

23. Principe de la conservation de l'énergie. — L'intérêt de ces dénominations apparait dans les considérations suivantes :

Imaginons un système isolé dans l'espace, soustrait, par conséquent, à l'action de tout corps extérieur.

Aucun corps extérieur n'exerçant de force sur ce système, toute modification qu'il éprouve est accompagnée d'un travail externe égal à 0 : $\mathfrak{E}_e = 0$.

Aucun corps extérieur ne peut ni prendre de chaleur à ce système, ni lui en céder ; quelque modification qu'il éprouve, la quantité de chaleur qu'il dégage ne peut être ni positive, ni négative ; elle est nulle : $Q = 0$.

Dès lors, pour un tel système, l'égalité (4) devient

$$EU_1 + W_1 = EU_0 + W_0$$

et s'énonce ainsi :

Quelque modification qu'éprouve un système isolé, cette modification laisse invariable l'énergie totale du système ; ce qui est perdu en énergie potentielle est gagné en énergie actuelle et inversement.

Cette proposition porte le nom de *principe de la conservation de l'énergie*. Il faut bien se garder de lui accorder je ne sais quelle origine mystérieuse, je ne sais quel sens métaphysique ; c'est simplement un cas particulier d'une *loi physique*, la loi de l'équivalence entre la chaleur et le travail.

24. Gaz qui suivent la loi de Mariotte. Température absolue. — Avant d'appliquer le principe de l'équivalence de la chaleur et du travail aux divers problèmes de la calorimétrie chimique, nous allons en faire une application au cours de laquelle nous rencontrerons diverses notions utiles par la suite.

Tout le monde connaît ([1]) l'énoncé de la loi de Mariotte : à une même température, le produit de la pression que supporte une masse de gaz par le volume qu'elle occupe et un nombre constant. Tout le monde sait aussi que cette loi ne s'applique rigoureusement à aucun gaz, mais que les gaz fort éloignés des conditions où ils se liquéfient se soumettent approximativement à cette loi.

Il résulte de cette loi, comme on l'enseigne dans tous les cours élémentaires, que les deux coefficients de dilatation, sous pression constante et sous volume constant, d'un gaz qui lui obéit ont la même valeur et cela quel que soit le thermomètre, dont on fait usage ; en outre, selon les observations de Charles et de Gay-Lussac, cette valeur est la même pour tous les gaz qui suivent sensiblement la loi de Mariotte ; enfin, si l'on prend pour thermomètre un thermomètre construit avec l'un de ces gaz, la valeur dont il s'agit ne dépend évidemment plus de la température.

Si la température choisie est une température centigrade, le coefficient des dilatations des gaz qui suivent la loi de Mariotte est sensiblement, selon les observations de Regnault, $\alpha = \frac{1}{273}$.

A deux températures différentes, t et t', et sous deux presions différentes P et P', une même masse de gaz occupera des volumes V et V', liés entre eux par la relation

$$\frac{PV}{1+\alpha t} = \frac{P'V'}{1+\alpha t'}. \tag{6}$$

Cette relation peut encore s'écrire :

$$\frac{PV}{\frac{1}{\alpha}+t} = \frac{P'V'}{\frac{1}{\alpha}+t'}.$$

Les expressions

$$T = \frac{1}{\alpha} + t, \qquad T' = \frac{1}{\alpha} + t'$$

que nous voyons figurer dans cette égalité, se nomment, pour des

([1]) Le lecteur désireux de revoir ces principes relatifs à la compressibilité et à la dilatation des gaz n'en saurait trouver un exposé plus parfait que celui qu'en donne J. Moutier (*Cours de physique*, tome I, Paris, Dunod, 1883).

raisons que nous ne pouvons approfondir ici, les *températures absolues* correspondantes aux températures centigrades t et t'. La température absolue qui correspond à une température centigrade donnée s'obtient donc en ajoutant à cette température centigrade un nombre fixe $\frac{1}{\alpha}$ égal, à peu près, à 273. La différence de deux températures absolues est égale, par définition, à la différence des deux températures centigrades correspondantes :

$$T' - T = t' - t. \tag{7}$$

Moyennant l'emploi des températures absolues, l'égalité (6) peut s'écrire :

$$\frac{PV}{T} = \frac{P'V'}{T'}. \tag{6bis}$$

25. Détente d'un gaz dans le vide. Observation de Gay-Lussac. — Les gaz qui suivent approximativement la loi de Mariotte suivent aussi, d'une manière approchée, une autre loi que met en évidence une ancienne expérience de Gay-Lussac, reprise ensuite par Regnault, par W. Thomson et par Joule.

Deux récipients R, R' (*fig.* 17), l'un de volume v, l'autre de volume v', sont plongés dans un calorimètre ; une tubulure, munie d'un robinet r, permet de les mettre en communication l'un avec l'autre.

Au début de l'expérience, le robinet r est fermé, le récipient R est plein de gaz, le récipient R' est vide ; l'eau du calorimètre a une certaine température.

On ouvre le robinet r ; une partie du gaz qui remplissait le récipient R se précipite dans le récipient R'.

A la fin de l'expérience, les deux récipients R, R', sont remplis d'un gaz de même densité ; *on constate que l'eau du calorimètre a repris sa température initiale.*

Appliquons à cette modification le principe de l'équivalence de la chaleur et du travail, exprimé par l'égalité (4).

Au commencement de la modification comme à la fin, le gaz est au repos ; les récipients demeurent immobiles ; la force vive est nulle :

$$W_0 = 0, \qquad W_1 = 0.$$

Les forces extérieures appliquées à ce système, qui sont les pressions exercées à la surface externe des récipients, n'ont effectué aucun travail, car cette surface ne s'est point déplacée :

$$\mathfrak{G}_e = 0.$$

Enfin, puisque l'eau du calorimètre a repris sa température initiale, le système considéré n'a ni dégagé, ni absorbé de chaleur :

$$Q = 0.$$

Dès lors, l'égalité (4) nous donne

$$U_1 = U_0.$$

La valeur finale de l'énergie interne du système est égale à sa valeur initiale.

Le système étudié se compose de deux parties : la matière qui

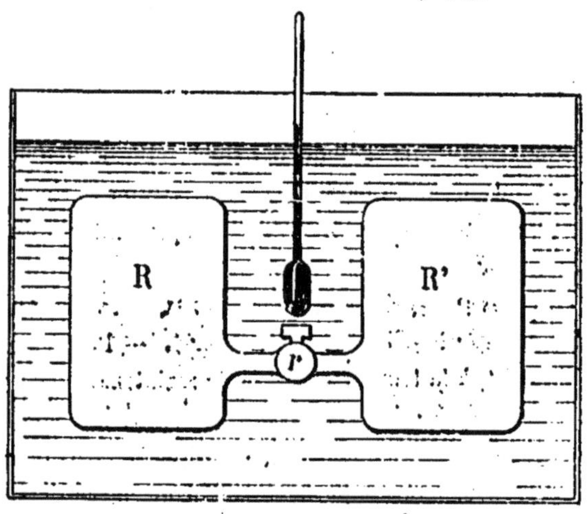

Fig. 17

forme les parois des récipients et le gaz que ces récipients renferment ; la matière qui forme les parois des récipients n'a subi aucune modification, en sorte que son énergie interne n'a pas changé de valeur ; donc l'énergie interne du gaz doit avoir, à la fin de la modification considérée, la même valeur qu'au commencement ; or.

ce gaz a subi un changement ; sa température, il est vrai, est la même au commencement et à la fin de la modification ; mais son volume, qui était v, est devenu $(v + v')$; nous sommes ainsi conduits à énoncer la loi suivante :

Si l'on fait varier le volume occupé par une masse de gaz tout en maintenant invariable la température de ce gaz, on ne change point la valeur de l'énergie interne de ce corps.

26. Gaz parfaits. — Cette loi présente les mêmes caractères que la loi de Mariotte ; aucun gaz ne lui obéit en toute rigueur ; mais certains gaz, pris dans des conditions convenables, lui obéissent très sensiblement et ces gaz sont précisément ceux qui suivent sensiblement la loi de Mariotte ; tels sont, dans les conditions ordinaires de température et de pression, l'hydrogène, l'oxygène, l'azote, l'oxyde de carbone, l'oxyde azoteux ; on donne à ces gaz le nom de *gaz voisins de l'état parfait*, en réservant le nom de *gaz parfait* à un gaz idéal qui obéirait exactement aux deux lois précitées.

Bien qu'il n'existe pas plus de gaz parfait qu'il n'existe de solide invariable, l'étude des gaz parfaits en thermodynamique est aussi légitime et aussi utile que l'étude des solides invariables en mécanique ; elle fournit une image simplifiée et approchée il est vrai, mais, dans un grand nombre de cas, pratiquement suffisante, des propriétés des gaz réels.

27. Chaleur spécifique sous volume constant. Énergie interne d'un gaz parfait. — Portons un gaz de la température t_0 à la température t en le maintenant dans un récipient de volume V. Soit M la masse de ce gaz, *exprimée en grammes*. Il absorbe, durant la modification considérée, une quantité de chaleur dont nous désignerons par q la valeur en calories-grammes ou petites calories ; toutes choses égales d'ailleurs, q est proportionnel à M.

Le rapport $\frac{q}{M(t - t_0)} = c$ est, par définition, la valeur moyenne, entre les températures t_0 et t, de la *chaleur spécifique sous volume constant* du gaz considéré.

A la modification considérée, appliquons l'égalité (4).

Le gaz garde un volume invariable ; donc, selon la formule (6) de la leçon précédente, le travail effectué par la pression que les corps étrangers exercent sur ce gaz est égal à 0 :

$$\mathfrak{E}_e = 0.$$

Le gaz est immobile au commencement et à la fin de la modification, en sorte que $W_0 = 0$, $W = 0$.

La quantité Q de chaleur dégagée est égale à $-q$, en sorte que

$$Q = -Mc(t - t_0).$$

Si donc U_0 est l'énergie interne de la masse de gaz sous le volume V et à la température t_0, et si U est l'énergie interne de cette même masse sous le même volume et à la température t, l'égalité (4) devient

$$U - U_0 = Mc(t - t_0). \tag{8}$$

On pourrait échauffer le même gaz, entre les mêmes limites de température, mais en le maintenant sous un volume V' différent de V. D'après ce que nous avons vu au numéro précédent, si le gaz est un gaz parfait, les valeurs de U_0 et de U n'éprouveraient aucun changement ; il en serait donc de même de c. Ainsi *la valeur moyenne entre deux températures données de la chaleur spécifique sous volume constant d'un gaz parfait ne dépend pas de la valeur de ce volume sous lequel le gaz est maintenu.*

Si nous supposons les températures t_0 et t lues sur un thermomètre construit avec un gaz sensiblement parfait, nous aurons, selon l'égalité (7),

$$t - t_0 = T - T_0$$

et l'égalité (8) deviendra

$$U = U_0 - McT_0 + McT. \tag{9}$$

28. Chaleur spécifique sous pression constante. Relation de Robert Mayer. — Prenons maintenant la même masse M du même gaz, *toujours exprimée en grammes*; en équilibre à la température t_0, sous une certaine pression P, elle occupe un certain volume V_0 ; en équilibre à la température t et sous la même pression P, elle occupe un volume V. En s'échauffant ainsi, sous pression constante, de la température t_0 à la température t, elle absorbe une certaine quantité de chaleur $\mathfrak{Q}$. Par définition, le rapport $\frac{\mathfrak{Q}}{M(t - t_0)} = C$ est la valeur moyenne, entre les températures t_0 et t, de la *chaleur spécifique sous pression constante* du gaz considéré.

A la modification précédente, appliquons l'égalité (4).

La force vive du gaz est nulle au début et à la fin de la modification :

$$W_0 = 0, \quad W = 0.$$

La pression étant maintenue constante, le travail externe est donné par l'égalité (5) de la leçon précédente :

$$\mathcal{E}_e = P(V_0 - V).$$

La quantité de chaleur dégagée a pour valeur $Q = -\mathfrak{Q}$ ou bien

$$Q = -MC(t - t_0).$$

Si donc on désigne par U_0 la valeur initiale et par U la valeur finale de l'énergie du gaz, l'égalité (4) deviendra

$$U - U_0 = MC(t - t_0) - \frac{P}{E}(V - V_0).$$

Cette égalité est générale.

Supposons maintenant qu'il s'agisse d'un gaz voisin de l'état parfait ; la valeur de l'énergie interne à une température donnée est invariable ; si donc les températures t_0 et t sont les mêmes dans l'égalité précédente que dans l'égalité (8), les valeurs U_0 et U seront aussi les mêmes dans ces deux égalités dont la comparaison donnera

$$M(C - c)(t - t_0) = \frac{P}{E}(V - V_0).$$

Des calculs très simples vont nous permettre de donner à cette égalité une forme célèbre.

Supposons la température lue sur un thermomètre à gaz sensiblement parfait ; nous aurons $t - t_0 = T - T_0$, T_0 et T étant les températures absolues qui correspondent aux températures centigrades t et t_0 ; dès lors, l'égalité précédente deviendra

$$M(C - c)(T - T_0) = \frac{P}{E}(V - V_0). \tag{10}$$

D'autre part soient :

θ la température absolue de la glace fondante, voisine de 273° ;

Π la pression atmosphérique normale mesurée au moyen des unités dont on convient de faire usage ;

σ le volume qu'occupe, à la température de la glace fondante et sous la pression atmosphérique normale, 1 gramme du gaz étudié.

Dans les mêmes conditions M grammes de ce gaz occupent un volume $M\sigma$, en sorte que l'égalité (6bis) permet d'écrire

$$\frac{PV}{T} = \frac{PV_0}{T_0} = \frac{M\Pi\sigma}{\theta}. \tag{11}$$

Ces égalités, à leur tour peuvent s'écrire un peu différemment. Quelles que soient la nature et la masse du gaz considéré, le quotient

$$\frac{\Pi}{\theta} = R \tag{12}$$

a une même valeur, qui dépend uniquement des unités mécaniques employées ; ainsi, dans le système où l'unité de longueur est le mètre et l'unité de force le gramme-poids, on a

$$R = \frac{10333000}{273} = 37849,80.$$

Dans le système C. G. S., où l'unité de longueur est le centimètre et l'unité de force la dyne, on a

$$R = \frac{1033,3 \times 981}{273} = 3713,067.$$

Moyennant l'égalité (12), les égalités (11) peuvent s'écrire

$$PV = MR\sigma T, \quad PV_0 = MR\sigma T_0 \tag{13}$$

et l'égalité (10) devient simplement

$$C - c = \frac{R\sigma}{E}. \tag{14}$$

C'est la RELATION DE ROBERT MAYER, donnée par l'illustre médecin de Heilbronn à l'origine de la thermodynamique et dont nous allons voir les multiples applications.

20. Influence de la température sur les chaleurs spécifiques des gaz parfaits. Loi de Clausius. — D'après la définition qui a été donnée des deux quantités c et C, la valeur de chacune de ces deux quantités peut fort bien dépendre des deux températures extrêmes t_0 et t ; en outre, nous savons que la valeur de c ne dépend pas du volume constant sous lequel on chauffe le gaz ; mais nous ignorons si la valeur de C ne dépend pas de la pression constante que supporte le gaz tandis qu'on le porte de la température t_0 à la température t.

La relation de Robert Mayer nous enseigne que la différence $(C - c)$ a, pour un gaz donné, une valeur absolument déterminée ; dès lors, puisque pour un gaz donné, la valeur de c ne peut dépendre que des températures t_0 et t, il en est de même de la valeur de C ; d'où cette première proposition : *La chaleur spécifique sous pression constante d'un gaz parfait donné ne dépend pas de la valeur de la pression constante sous laquelle on échauffe ce gaz.*

De plus, si nous déterminons de quelle manière l'une des deux quantités C, c, dépend des deux températures t_0, t, la relation de Robert Mayer nous fera connaître immédiatement comment l'autre dépend de ces mêmes températures.

Regnault a mesuré, sous la pression constante de l'atmosphère, les chaleurs spécifiques moyennes de divers gaz, entre diverses températures.

L'air a donné les nombres suivants :

Entre $t_0 = -30°$C.	et $t = +10°$C.,	C =	0,23771,
0°	100°,		0,23741,
0°	200°,		0,23751.

Plus récemment, M. Witkovski a obtenu, pour le même gaz et sous la même pression :

Entre $t_0 = +20°$C.	et $t = +98°$C.,	C =	0,2372,
$-77°$	$+16°$,		0,2374,
$-102°$	$+17°$,		0,2372,
$-170°$	$+18°$,		0,2427.

Selon Regnault, la chaleur spécifique moyenne de l'hydrogène, sous la pression de l'atmosphère, a la même valeur entre 0° et 200° qu'entre — 30° et + 10°.

Ces observations, jointes à la relation de Robert Mayer, nous conduisent à la loi suivante, que nous nommerons Loi de Clausius :

La chaleur spécifique sous pression constante et la chaleur spécifique sous volume constant ont, pour un gaz donné, voisin de l'état parfait, des valeurs entièrement déterminées.

L'exactitude de cette loi, aux températures très élevées a été contestée, notamment par MM. Mallard et Lechâtelier ; mais leurs expériences très complexes ne peuvent s'interpréter qu'au moyen d'un certain nombre d'hypothèses, dont quelques-unes sont en désaccord avec des faits connus ; ainsi ces auteurs supposent que le gaz carbonique est indécomposable par la chaleur jusqu'à 1800° et la vapeur d'eau jusqu'à 2300°, ce qui est contraire aux observations directes de H. Sainte-Claire Deville. Nous pensons donc que la loi de Clausius peut être conservée jusqu'à nouvel ordre, même pour les températures très élevées.

30. Évaluation de l'équivalent mécanique de la chaleur. — On voit sans peine que la relation (14) de Robert Mayer peut encore s'écrire

$$E = \frac{R\sigma}{C} \frac{\frac{C}{c}}{\frac{C}{c} - 1} \qquad (14^{bis})$$

Toutes les quantités qui figurent au second membre sont accessibles à l'expérience.

Nous avons vu comment on pouvait calculer R.

Nous avons mentionné les expériences de Regnault qui font connaître C.

Si u est le volume occupé par 1 gramme d'air dans les conditions normales de température et de pression, si Δ est la densité du gaz considéré par rapport à l'air, on a $\sigma = \frac{u}{\Delta}$, en sorte que σ peut être connu.

Enfin sous la pression P, à la température t, le son se propage dans le gaz considéré avec une vitesse $\mathfrak{V}$ qui, selon une formule de Laplace, a pour valeur :

$$\mathfrak{V} = \sqrt{R\vartheta T \frac{C}{c}},$$

$T = 273 + t$ étant la température absolue qui correspond à la température centigrade t. La détermination expérimentale de la vitesse $\mathfrak{V}$ permet de déterminer la valeur de $\frac{C}{c}$.

On voit dès lors que l'égalité (14 bis) fournit un moyen de calculer la valeur de l'équivalent mécanique de la chaleur; c'est le moyen qui a conduit Robert Mayer à la première évaluation de cette grandeur qui ait été publiée; avant Robert Mayer, Sadi Carnot avait obtenu une évaluation de l'équivalent mécanique de la chaleur, sans doute par la même méthode.

TROISIÈME LEÇON

LA CALORIMÉTRIE CHIMIQUE

31. La quantité de chaleur dégagée par un système qui éprouve une modification ne dépend pas seulement de l'état initial et de l'état final. — Les chimistes qui se sont occupés de calorimétrie, depuis le temps de Lavoisier et Laplace jusqu'à l'époque où la thermodynamique fut constituée, ont tous admis et employé la loi suivante :

La quantité de chaleur dégagée par un système qui subit une modification ne dépend que de l'état initial et de l'état final du système et point des états intermédiaires.

Cette loi peut encore s'énoncer de la manière suivante :

Quand un système parcourt un cycle fermé, les dégagements et les absorptions de chaleur se compensent de telle sorte que la quantité totale de chaleur dégagée soit égale à 0.

Un raisonnement semblable à celui qui a été développé au n° **21** prouverait l'équivalence de ces deux énoncés.

Il est aisé de voir que cette loi n'est pas compatible avec le principe de l'équivalence entre la chaleur et le travail.

Faisons passer un système d'un état initial 0 à un état final 1 et supposons-le immobile en l'un comme en l'autre de ces états; nous aurons alors $W_0 = 0$, $W_1 = 0$ et, selon l'égalité (4) de la leçon précédente, la quantité de chaleur dégagée aura pour valeur :

$$Q = U_0 - U_1 + \frac{\mathfrak{T}_e}{E}. \tag{1}$$

La différence $(U_0 - U_1)$ a une valeur qui dépend exclusivement de l'état initial et de l'état final du système. Mais, en général, il n'en est pas de même de $\mathcal{E}_e$, ni partant de $\frac{\mathcal{E}_e}{E}$, parce que (nos **9** et **10**) les forces extérieures qui agissent sur le système n'admettent pas, en général, de potentiel. Nous devons donc, contrairement à la loi précédente, énoncer la proposition suivante :

La quantité de chaleur dégagée par un système qui éprouve une modification ne dépend pas seulement de l'état initial et de l'état final, mais encore de toutes les particularités de la modification.

32. Exemple tiré de l'étude des gaz parfaits. — Donnons-en immédiatement un exemple.

M grammes d'un gaz parfait sont pris à la température t_0, sous la pression P ; ils occupent un volume V_0. Sous la pression constante P, on échauffe cette masse de gaz jusqu'à la température t_1, supérieure à t_0 ; elle occupe alors un volume V_1, supérieur à V_0 ; en même temps, elle dégage une quantité de chaleur

$$Q = - MC (t_1 - t_0).$$

Du même état initial au même état final, on peut mener cette masse de gaz par une autre voie, qui est la suivante :

1° On l'échauffe, sous le volume constant V_0, de la température t_0 à la température t_1, opération durant laquelle elle absorbe une quantité de chaleur $Mc (t_1 - t_0)$.

2° On met le récipient de volume V_0 qui la renferme en communication avec un récipient vide de volume $(V_1 - V_0)$ et on laisse la température revenir à la valeur t_1 ; d'après l'expérience de Gay-Lussac, cette opération n'entraîne ni absoption, ni dégagement de chaleur.

La seconde modification entraîne donc une dégagement total de chaleur

$$Q' = - Mc (t_1 - t_0).$$

Bien que les deux modifications conduisent le système du même état initial au même état final, elles n'entraînent pas le même dégagement de chaleur ; on a, en effet :

$$Q' - Q = M (C - c) (t_1 - t_0)$$

ou bien, selon la relation de Robert Mayer [égalité (14) de la leçon précédente] :

$$Q' - Q = \frac{MR_2}{E}(t_1 - t_0).$$

33. Cas où la quantité de chaleur dégagée par un système ne dépend que de l'état initial et de l'état final. — La loi énoncée au commencement du n° **31** est donc fausse en général ; il n'en résulte pas qu'elle ne puisse être exacte dans certains cas particuliers.

Reprenons l'égalité (1) qui nous fait connaître la quantité de chaleur dégagée par un système lorsqu'il passe d'un état 0 où sa force vive est nulle à un état 1 où sa force vive est également nulle. Pour que la valeur de cette quantité ne dépende que de l'état initial et de l'état final et point des états intermédiaires, il faut et il suffit qu'il en soit de même de $\mathfrak{E}_e$; en d'autres termes, (n°s **9** et **10**), *pour que la quantité de chaleur dégagée par un système qui se modifie ne dépende que de l'état initial et de l'état final, il faut et il suffit que les forces extérieures qui agissent sur le système admettent un potentiel.*

Si Ω est ce potentiel, on a [Leçon I, égalité (12)]

$$\mathfrak{E}_e = \Omega_0 - \Omega_1$$

et l'égalité (1) devient :

$$Q = U_0 + \frac{\Omega_0}{E} - U_1 - \frac{\Omega_1}{E}. \tag{2}$$

Les systèmes qu'étudie le chimiste peuvent être regardés, dans la plupart des cas, comme soumis à une seule action extérieure, celle d'une pression normale et uniforme ; cette pression (n° **9**) n'admet pas en général de potentiel ; toutefois, on peut imposer aux modifications du système étudié des restrictions telles qu'elle en admette un (n° **12**) ; c'est ce qui arrive dans les deux cas particuliers que voici :

1° *La pression extérieure garde une valeur invariable* P. Le potentiel des actions extérieures est alors [Leçon I, égalité (14)] $\Omega = PV$ et l'égalité (2) devient :

$$Q = U_0 + \frac{PV_0}{E} - U_1 - \frac{PV_1}{E}. \tag{3}$$

2° *Le volume occupé par le système garde une valeur invariable.* La pression extérieure admet alors pour potentiel (n° **12**) $\Omega = 0$ et l'égalité (2) devient :

$$Q = U_0 - U_1.$$

Le chimiste a donc le droit d'employer la loi que les premiers thermochimistes regardaient comme générale, lorsqu'il se trouve dans l'un ou l'autre des deux cas particuliers que nous venons de définir ; ce sont, heureusement ces cas qui se trouvent le plus souvent réalisés dans ses recherches.

1° Très souvent, toutes les modifications du système étudié sont accomplies en un calorimètre ouvert, c'est-à-dire sous la pression atmosphérique ; celle-ci étant sensiblement invariable, on se trouve alors dans le premier des deux cas précités.

2° Très souvent aussi, toutes les modifications du système étudié se produisent à l'intérieur d'une même chambre à combustion ou d'une même bombe calorimétrique ; durant ces modifications, le volume occupé par le système ne change point, en sorte que l'on se trouve dans le second des deux cas précités.

34. Utilité, en calorimétrie chimique, de la loi précédente. — Toutes les fois que la loi énoncée au n° précédent est applicable, elle rend à la calorimétrie chimique de très grands services.

Supposons qu'un système dégage une quantité de chaleur q au cours d'une certaine modification m qui le conduit de l'état 0 à l'état 1, une quantité de chaleur Q au cours d'une modification M qui le conduit de l'état 1 à l'état 2, enfin une quantité de chaleur Q' au cours d'une modification M' qui le conduit de l'état 0 à l'état 2.

Supposons, en outre, que les modifications m, M, M', soient accomplies dans des conditions telles que les forces extérieures admettent un potentiel ; par exemple, si les forces extérieures se réduisent à une pression normale et uniforme, supposons les trois modifications m, M, M', accomplies soit sous la même pression, soit sous le même volume.

La suite des modifications m et M d'une part, la modification M' d'autre part, conduisent le système du même état initial 0 au même état final 2 ; l'une et l'autre doivent dégager la même quantité de chaleur :

$$q + Q = Q' \tag{5}$$

ou bien

$$q = Q' - Q. \tag{6}$$

Or il peut arriver que la modification m ne se prête pas ou se prête mal aux déterminations calorimétriques ; que les modifications M et M', au contraire, puissent être aisément produites au sein du calorimètre. La mesure des deux quantités de chaleur Q et Q', jointe à la relation (6), permettra de déterminer la quantité de chaleur q.

De même, si les modifications m, M se prête aux mesures calorimétriques tandis que la modification M' ne s'y prête pas, la relation (5) permettra de tirer la quantité de chaleur Q' de la mesure des quantités de chaleur q, Q.

Cette remarque avait déjà été faite par Berthollet qui en donnait l'application suivante :

Soit à déterminer la quantité de chaleur (— Q') absorbée lorsqu'une certaine quantité de sel fait fondre à 0°, sous la pression atmosphérique, une certaine quantité de glace. Cette modification M' fait passer le système de l'état 0, où le sel et la glace subsistent séparément, à 0°, à l'état 2, constitué par une dissolution portée également à 0°.

Sous la pression atmosphérique, fondons la masse considérée de glace, le sel demeurant isolé ; cette modification m fait passer le système de l'état 0 à l'état 1, formé d'eau liquide et de sel séparés l'un de l'autre et portés à 0° ; on sait mesurer la quantité de chaleur (— q) qu'elle absorbe.

Toujours sous la pression atmosphérique, dissolvons le sel dans l'eau ; cette modification M fait passer le système de l'état 0 à l'état 2 ; elle peut être produite aisément dans un calorimètre, en sorte que l'on peut mesurer la quantité de chaleur (— Q) qu'elle absorbe.

Dès lors, l'égalité (5) fera connaître la quantité de chaleur cherchée (— Q') ; la lenteur de la modification M' n'aurait pas permis de la déterminer directement.

Donnons une application de l'égalité (6); elle se rapporte au cas où toutes les modifications du système sont accomplies au sein d'un même volume.

Supposons que 12 grammes de diamant (C) se trouvent à 0°, en présence de 32 grammes d'oxygène (O^2) ; c'est l'état 0 du système.

Par une combustion incomplète (modification *m*), le diamant se combine à 16 grammes d'oxygène, de manière à former le mélange $CO + O$, amené à 0°, qui est l'état 1 ; on veut connaître la quantité de chaleur *q* dégagée par cette réaction ; on ne le peut faire directement, car il est impossible de régler la combustion de telle sorte que le produit corresponde exactement à la formule précédente.

Mais on peut, comme l'ont fait MM. Berthelot et Matignon, réaliser au sein d'une bombe calorimétrique les deux opérations suivantes :

1° La combustion complète de l'oxyde de carbone (modification M) qui fait passer le système de l'état 1, formé par le mélange de 28 grammes d'oxyde de carbone et de 16 grammes d'oxygène ($CO + O$) à l'état 2, formé par 44 grammes de gaz carbonique (CO^2) ramenés à 0°. Cette modification dégage une quantité de chaleur

$$Q = 68\,200 \text{ calories.}$$

2° La combustion complète du diamant (modification M') qui fait passer le système de l'état 0 à l'état 2. Cette modification dégage une quantité de chaleur

$$Q' = 94\,300 \text{ calories.}$$

L'égalité (6) est ici applicable et donne

$$q = 26\,100 \text{ calories.}$$

35. Combinaisons exothermiques et combinaisons endothermiques. — Voici une nouvelle application, faite en 1852 par Favre et Silbermann, de l'égalité (6).

L'état 0 du système est formé par 12 grammes de carbone (C) et 88 grammes d'oxyde nitreux gazeux ($2Az^2O$), à la température de 0°. Sans changement de volume, on passe (modification *m*) à l'état 1, constitué par 12 grammes de carbone en présence du mélange de 56 grammes d'azote et de 32 grammes d'oxygène ($4Az + 2O$), le tout ramené à 0°. La modification *m* dégage une quantité de chaleur *q* que l'on se propose de déterminer.

Pour cela on détermine :

1° La quantité de chaleur Q dégagée par la combustion (modification M) de 12 grammes de carbone dans le mélange 4Az + 2O ; l'état 2 du système est formé par 56 centigrammes d'azote et 44 grammes de gaz carbonique (4Az + CO^2), ramenés à 0°.

2° La quantité de chaleur Q' dégagée par la combustion (modification M') de 12 grammes de carbone dans 88 grammes d'oxyde azoteux ; le système passe de l'état 0 à l'état 2.

Toutes les expériences de Favre et Silbermann sont accomplies sous la pression atmosphérique.

q est alors donné par la relation (6).

Or, les mesures de Favre et Silbermann ont montré que la quantité Q' était supérieure à la quantité de chaleur Q ; la quantité de chaleur *q* est donc positive ; ainsi, en présence d'une masse de carbone qui ne prend point part à la modification *m* et dont, par conséquent, il est permis de ne point tenir compte, *la décomposition de l'oxyde azoteux en azote et oxygène dégage de la chaleur*.

Ce résultat surprit extrêmement à l'époque où Favre et Silbermann l'obtinrent ; jusqu'à cette époque, en effet, on croyait que toute *combinaison* chimique *dégageait* de la chaleur et que toute *décomposition* chimique *absorbait* de la chaleur.

Depuis cette époque, l'observation de Favre et Silbermann a été précisée ; en employant la bombe calorimétrique et en opérant, par conséquent, sous volume constant, M. Berthelot a fait les mesures suivantes :

1° Modification M' :

$$CO + Az^2O = CO^2 + 2Az,$$
$$Q' = 88\,800 \text{ calories.}$$

2° Modification M :

$$CO + O + 2Az = CO^2 + 2Az,$$
$$Q = 68\,200 \text{ calories.}$$

On en conclut que la modification *m*

$$CO + Az^2O = CO + 2Az + O$$

dégage une quantité de chaleur

$$q = 20600 \text{ calories.}$$

D'ailleurs, pour des raisons qu'il serait trop long de discuter ici, on admet que l'on peut, dans cette dernière réaction, négliger la présence de l'oxyde de carbone, qui ne prend aucune part à la réaction, en sorte que la décomposition, sous volume constant de 44 grammes d'oxyde azoteux *dégage* 20600 calories.

Les exemples de décompositions chimiques qui dégagent de la chaleur se sont multipliés. Citons en deux, choisis parmi les plus importants, que nous empruntons aux déterminations faites par M. Berthelot au moyen de la bombe calorimétrique.

Premier exemple : Décomposition de l'oxyde azotique,

Opération M :

$$2CAz + 4O + 4Az = 2CO^2 + 6Az,$$
$$Q = 261800 \text{ calories.}$$

Opération M' :

$$2CAz + 4AzO = 2CO^2 + 6Az,$$
$$Q' = 349200 \text{ calories.}$$

Opération *m* :

$$2CAz + 4AzO = 2CAz + 4Az + 4O,$$
$$q = 87400 \text{ calories.}$$

Donc 30 grammes d'oxyde azotique, en se décomposant sous volume constant, dégagent $\frac{87400}{4} = 21850$ calories.

Deuxième exemple : Décomposition de l'acétylène.

Opération M' :

$$C^2H^4 + 6O = 2CO^2 + H^4O \text{ liquide,}$$
$$Q' = 314000 \text{ calories.}$$

Opération M :

$$2C + 2H + 5\,O = 2CO^2 + H^2O \text{ liquide},$$
$$Q = 94300 \times 2 + 69000 = 257600 \text{ calories}.$$

Opération *m* :

$$C^2H^2 + 5\,O = 2C + 2H + 5\,O,$$
$$q = 57300 \text{ calories}.$$

Donc 26 grammes d'acétylène, en se décomposant sous volume constant, dégagent 57 300 calories.

Lorsque, dans certaines circonstances, la *formation* d'un composé au moyen de ses éléments *dégage* de la chaleur ou bien encore lorsque sa *destruction absorbe* de la chaleur, le composé est dit *composé exothermique* dans les circonstances considérées.

L'eau, l'acide chlorhydrique, l'oxyde de carbone, l'anhydride carbonique sont, en toute circonstance, des composés exothermiques.

Lorsque, dans certaines circonstances, un composé se *forme* avec *absorption* de chaleur ou se *détruit* avec *dégagement* de chaleur, on dit que l'on a affaire à un *composé endothermique* dans ces circonstances.

L'oxyde azoteux, l'oxyde azotique, l'acétylène sont endothermiques en toute circonstance.

36. Chaleurs de formation sous pression constante et sous volume constant. — Imaginons qu'un mélange de deux corps A et B passe à l'état de combinaison et fournisse 1 gramme du composé C. La quantité de chaleur dégagée dans cette combinaison dépend des conditions dans lesquelles elle s'est produite.

Supposons, en premier lieu, que durant la combinaison la température garde une valeur invariable t et que la pression garde aussi une valeur invariable P ; soit L la quantité de chaleur dégagée pendant cette combinaison ; L est, *à la température* t, *la chaleur de formation, sous la pression constante* P, *du composé* C.

Supposons, en second lieu, que, durant la combinaison, on maintienne invariables la température t et le volume V que le système occupe ; soit λ la quantité de chaleur dégagée dans l'acte de la combinaison ; λ se nomme la *chaleur de formation du composé* C, *à la température* t *et sous le volume constant* V.

Il peut arriver que, dans les conditions considérées, les éléments A et B ne puissent entrer en combinaison, mais au contraire que le composé C se décompose en ses éléments.

Si à la température constante t et sous la pression constante P, 1 gramme du corps C se décompose en ses éléments A et B et si cette réaction *absorbe* une quantité de chaleur L ou *dégage* une quantité de chaleur — L, L se nomme encore la chaleur de formation du composé C, sous la pression constante P, à la température t ; une remarque semblable peut être faite relativement à la chaleur de formation sous volume constant.

D'après ces définitions, si un composé C *est exothermique dans des conditions données, sa chaleur de formation dans ces conditions est positive ; elle est négative si le composé* C *est endothermique.*

Souvent, au lieu de considérer, dans les définitions précédentes, 1 gramme du composé C, on considère ϖ grammes, ϖ étant le *poids moléculaire* du composé C. Les grandeurs L et λ sont alors remplacées par d'autres grandeurs $\mathfrak{L}$ et l, qui sont respectivement égales à ϖ L et à $\varpi\lambda$. Ces grandeurs $\mathfrak{L}$ et l sont, à la température t, les *chaleurs moléculaires de formation* du composé C, l'une sous la pression constante P, l'autre sous le volume constant V.

Ce sont, en général, les valeurs de $\mathfrak{L}$ et de l que l'on trouve dans les tables thermochimiques.

37. Cas où les deux chaleurs de formation sont égales entre elles. — Si la combinaison, accomplie à température constante et sous pression constante, ne fait pas varier le volume du système, cas auquel on dit que *la combinaison a lieu sans condensation ni dilatation*, il résulte de la définition même que *les deux chaleurs de formation* L *et* λ *sont égales entre elles.*

Ainsi, à une température donnée, la chaleur de formation du gaz chlorhydrique sous pression constante et la chaleur de formation de ce gaz sous volume constant ont une seule et même valeur.

38. Relation générale entre les deux chaleurs de formation. — Il n'en est plus de même, en général, si la combinaison, accomplie à température constante et sous pression constante, fait varier le volume du système.

Supposons que 1 gramme du mélange A + B, porté à la température t et soumis à la pression P, occupe le volume V_0 ; que, dans les mêmes conditions, 1 gramme du composé C occupe le volume V_1 ; soient, dans ces conditions, U_0 l'énergie interne que possède 1 gramme du mélange A + B et U_1 l'énergie interne que possède 1 gramme du composé C.

L'égalité (3) donne

$$(7) \qquad L = U_0 - U_1 + \frac{P}{E}(V_0 - V_1).$$

D'autre part, désignons par u_1 l'énergie interne que possède 1 gramme du composé C, à la température t, sous le volume V_0. L'égalité (4) donne

$$(8) \qquad \lambda = U_0 - u_1.$$

Nous aurons donc

$$(9) \qquad L - \lambda = u_1 - U_1 + \frac{P}{E}(V_0 - V_1).$$

Telle est, en général, l'expression de la différence qui existe entre la chaleur de formation sous pression constante et la chaleur de formation sous volume constant d'un même composé, à une même température. Cette différence dépend de la diminution que subit l'énergie interne de 1 gramme du composé lorsque, sans faire varier la température t, on fait passer le volume occupé de la valeur V_0 à la valeur V_1.

39. Cas où le composé est un gaz parfait. — En général, cette variation d'énergie n'est pas connue ; mais il est un cas particulier où nous savons évaluer cette variation ; c'est le cas où le composé C est un gaz assez voisin de l'état parfait pour que nous puissions lui appliquer les lois qui caractérisent cet état ; dans ce cas, les deux énergies internes u_1, U_1 se rapportent à la même masse de gaz, prise à la même température t ; par conséquent (n° **25**), elles sont égales entre elles et l'égalité (9) se réduit à

$$L - \lambda = \frac{P}{E}(V_0 - V_1). \tag{10}$$

Lorsque le composé est un gaz parfait, l'excès de la chaleur de formation sous pression constante sur la chaleur de formation sous volume constant équivaut au travail externe accompli par la formation d'un gramme du composé sous la pression constante considérée.

Cette proposition ne suppose rien sur la nature des composants qui peuvent être des solides, des liquides ou des gaz, ceux-ci étant ou non voisins de l'état parfait.

40. La distinction des deux chaleurs de formation a, dans la pratique, peu d'importance. — Appliquons la formule précédente au calcul de la différence qui existe entre les deux chaleurs de formation de la vapeur d'eau, rapportées toutes deux à 0° ; la pression P est supposée égale à la pression atmosphérique.

Prenons pour unité de force le gramme-force, pour unité de longueur le centimètre, pour unité de quantité de chaleur la petite calorie ; nous aurons alors

$$P = 1033{,}3,$$
$$E = 42\,500.$$

Le volume d'1 gramme de vapeur d'eau, dans les conditions normales de température et de pression, évalué en centimètres cubes, a pour valeur

$$V_1 = \frac{1}{0{,}622 \times 0{,}001293}.$$

D'ailleurs, la vapeur d'eau est formée avec une condensation égale à $\frac{1}{3}$, en sorte que l'on a $\frac{V_0 - V_1}{V_0} = \frac{1}{3}$ ou bien

$$V_0 - V_1 = \frac{V_1}{2}$$

Nous trouvons alors

$$L - \lambda = 18,1 \text{ calories.}$$

Si l'on observe que λ est égal à 3220 calories environ, on voit que la différence entre les deux chaleurs de formation de la vapeur d'eau est négligeable par rapport à chacune de ces deux chaleurs de formation.

Il en est ainsi dans la plupart des cas. La distinction entre la chaleur de formation sous pression constante L et la chaleur de formation sous volume constant λ, essentielle au point de vue théorique a, en général, une minime importance pratique.

41. Influence de la température sur les chaleurs de formation. — Plus grande est l'importance pratique des remarques suivantes :

En définissant les chaleurs de formation sous pression constante et sous volume constant d'un composé donné, nous avons précisé la température à laquelle la réaction est censée accomplie. Cette indication est essentielle car les deux grandeurs L et λ varient, en général, avec la température, et nous allons préciser les lois de ces variations.

Raisonnons, par exemple, sur la chaleur de formation sous pression constante.

Prenons 1 gramme du mélange A + B sous la pression constante P à la température t et, sans variation de température ni de pression, faisons-le passer à l'état de combinaison C ; le système dégage une quantité de chaleur L ; portons ensuite le composé C de la température t à la température t' ; il *absorbe* une quantité de chaleur $\mathcal{C}(t' - t)$, $\mathcal{C}$ étant la chaleur spécifique moyenne du composé C, entre les températures t et t', sous la pression constante P. La quantité totale de chaleur dégagée dans la modification considérée a pour valeur

$$L - \mathcal{C}(t' - t).$$

Prenons maintenant 1 gramme du mélange A + B et, sous la pression constante P, sans qu'il éprouve aucune combinaison, portons-le de la température t à la température t' ; il absorbe une quantité de chaleur $\Gamma(t'-t)$, Γ étant la chaleur spécifique du mélange sous la pression constante P ; ensuite, à la température t' et sous la pression P, faisons passer le mélange à l'état de combinaison ; il dégage une quantité de chaleur L′. La quantité totale de chaleur dégagée dans cette seconde modification est

$$L' - \Gamma(t'-t).$$

Les deux modifications font passer le système du même état initial au même état final ; elles sont accomplies sous la même pression constante P ; elles dégagent donc la même quantité de chaleur et l'on a

$$L' - L = (\Gamma - C)(t'-t). \tag{11}$$

Un raisonnement semblable s'applique à la chaleur de formation sous volume constant ; si λ et λ' sont les valeurs de cette chaleur aux températures t et t', si γ et c sont les chaleurs spécifiques moyennes entre les températures t et t', et sous volume constant, du mélange A + B et du composé C, on a

$$\lambda' - \lambda = (\gamma - c)(t'-t). \tag{12}$$

42. Chaleur de formation rapportée à une température où la réaction considérée est impossible. — Il arrive souvent que l'on parle dans les traités de thermochimie, de la formation de l'eau à 0° ; cependant à 0° l'oxygène ne saurait se combiner à l'hydrogène, et l'eau est indécomposable ; les définitions des grandeurs L et λ sont donc illusoires à cette température et il semble que les mots employés n'aient aucun sens.

Voici comment on peut leur en donner un :

Supposons l'une des deux réactions possible à la température t ; à cette température, les deux grandeurs L et λ ont le sens expérimental que nous leur avons donné.

Si, à la température t', les deux réactions sont impossibles, nous regarderons à cette température les deux chaleurs L′ et λ' comme des grandeurs purement algébriques définies par les égalités (11) et (12).

43. Importance des variations que les change-

ments de température font éprouver aux chaleurs de formation. — Il résulte des formules (11) et (12) que les changements de température peuvent faire subir aux chaleurs de formation d'un composé des variations très notables. Ainsi, selon M. Berthelot, la formule (11) indique les variations suivantes pour les chaleurs de formation de la vapeur d'eau sous la pression constante de l'atmosphère :

à + 15°C.,	L =	3228 calories.
2000° ,		2811 .
4000° ,		2001 .

On voit que les changements de température, pourvu qu'ils soient suffisamment étendus, peuvent faire varier la chaleur de formation d'un corps d'une quantité comparable à la valeur même de cette chaleur.

Nous rencontrerons même des cas où un corps, formé avec absorption de chaleur à une température, se forme avec dégagement de chaleur à une température plus élevée ; les variations de température changent alors le signe de la chaleur de formation du composé.

44. Cas des gaz parfaits qui se combinent sans condensation. Loi de Delaroche et Bérard. Les chaleurs de formation sont indépendantes de la température. — Les formules générales (11) et (12) prennent une forme plus aisée à appliquer dans le cas particulier où les deux corps mélangés A et B sont des gaz parfaits. Dans ce cas, la chaleur spécifique sous pression constante du mélange s'obtient en appliquant la classique *règle des mélanges* aux chaleurs spécifiques sous pression constante de deux gaz mélangés ; une règle analogue s'applique, d'ailleurs, aux chaleurs spécifiques sous volume constant du mélange et des gaz mélangés.

Supposons qu'une molécule du composé C se forme par l'union de n_a molécule du corps A et de n_b molécules du corps B ; soient ϖ_a, ϖ_b, les poids moléculaires de deux corps A et B et ϖ le poids moléculaire du composé C. Nous aurons :

$$\varpi = n_a\varpi_a + n_b\varpi_b.$$

Pour former 1 gramme du composé C, il faudra prendre $\frac{n_a \varpi_a}{\varpi}$ gr. du corps A et $\frac{n_b \varpi_b}{\varpi}$ grammes du corps B. Si nous désignons par C_a, c_a, les deux chaleurs spécifiques du gaz A, par C_b, c_b, les deux chaleurs spécifiques du gaz B, la règle que nous venons de rappeler nous donnera :

$$\Gamma = \frac{n_a \varpi_a}{\varpi} C_a + \frac{n_b \varpi_b}{\varpi} C_b,$$

$$\gamma = \frac{n_a \varpi_a}{\varpi} c_a + \frac{n_b \varpi_b}{\varpi} c_b.$$

Les égalités (11) et (12) pourront s'écrire :

$$(13) \qquad \varpi (L' - L) = (n_a \varpi_a C_a + n_b \varpi_b C_b - \varpi C)(t' - t),$$

$$(14) \qquad \varpi (\lambda' - \lambda) = (n_a \varpi_a c_a + n_b \varpi_b c_b - \varpi c)(t' - t).$$

On voit que ces formules permettront de déterminer très aisément comment varie avec la température la chaleur de formation soit sous pression constante, soit sous volume constant, d'un composé formé par l'union de gaz parfaits ; il suffit pour cela de connaître les chaleurs spécifiques soit sous pression constante, soit sous volume constant, du composé et des gaz composants.

En voici une application remarquable :

Supposons que *le corps C soit un gaz sensiblement parfait formé par l'union, à volumes égaux et sans condensation, de deux gaz simples, diatomiques, sensiblement parfaits*, A *et* B.

De ce cas, le gaz chlorhydrique nous offre un exemple approché.

Dans ce cas, une molécule du composé renferme une demie molécule de chacun des gaz composants ; n_a, n_b, sont tous deux égaux à $\frac{1}{2}$ et les égalités (13) et (14) peuvent s'écrire :

$$(15) \qquad \varpi (L' - L) = \frac{\varpi_a C_a + \varpi_b C_b - 2\varpi C}{2} (t' - t),$$

$$(16) \qquad \varpi (\lambda' - \lambda) = \frac{\varpi_a c_a + \varpi_b c_b - 2\varpi c}{2} (t' - t).$$

D'autre part, une très ancienne loi, découverte par Delaroche et Bérard, et vérifiée depuis par de très nombreux expérimentateurs, montre que *pour tous les gaz simples diatomiques, voisins de l'état parfait et pour tous les gaz composés, formés sans condensation et voisins de l'état parfait, le produit du poids moléculaire par la chaleur spécifique sous pression constante a la même valeur* :

$$\varpi_a C_a = \varpi_b C_b = \varpi \mathfrak{C}. \tag{17}$$

Voici quelques exemples, empruntés aux observations Regnault, de l'exactitude de cette loi :

1° Gaz simples diatomiques	Valeur de $\varpi \times$ C
Oxygène.	3,4800
Azote.	3,4112
Hydrogène	3,4128

2° Gaz composés formés sans condensation	Valeur de $\varpi \times$ C
Oxyde azotique	3,4800
Oxyde de carbone	3,4128
Acide chlorhydrique	3,3744

Si nous désignons σ_a, σ_b, σ, les volumes occupés respectivement, dans les conditions normales de température et de pression, par 1 gramme de chacun des gaz A, B, C, la relation de Robert Mayer [Leçon II, égalité (14)] nous donnera :

$$\varpi_a (C_a - c_a) = \frac{R}{E} \varpi_a \sigma_a,$$

$$\varpi_b (C_b - c_b) = \frac{R}{E} \varpi_b \sigma_b,$$

$$\varpi \ (\mathfrak{C} - c) = \frac{R}{E} \varpi \ \ \sigma.$$

D'autre part, la loi d'Avogadro et d'Ampère nous donne :

$$\varpi_a \sigma_a = \varpi_b \sigma_b = \varpi \sigma,$$

en sorte que nous pouvons écrire :

$$\varpi_a (C_a - c_a) = \varpi_b (C_b - c_b) = \varpi (\mathcal{C} - c).$$

L'égalité (17) nous permet d'écrire :

$$\varpi_a c_a = \varpi_b c_b = \varpi c. \tag{18}$$

La loi de Delaroche et Bérard s'applique également aux chaleurs spécifiques sous volume constant.

Moyennant les égalités (17) et (18), les égalités (15) et (16) deviennent :

$$L - L' = 0, \tag{19}$$

$$\lambda - \lambda' = 0. \tag{20}$$

Lorsqu'un gaz parfait est formé par l'union à volumes égaux et sans condensation de deux gaz parfaits, simples, diatomiques, la chaleur de formation sous pression constante et la chaleur de formation sous volume constant (d'ailleurs égales entre elles) sont indépendantes de la température.

QUATRIÈME LEÇON

—

L'ÉQUILIBRE CHIMIQUE ET LA MODIFICATION RÉVERSIBLE

45. Notion d'équilibre chimique. Elle se distingue de la notion d'équilibre mécanique. — En mécanique, on dit qu'un système de corps est en équilibre lorsque chacun de ces corps, chacune des parties qui le composent, garde une forme invariable et une position invariable dans l'espace.

En chimie, on dit qu'un système est *en équilibre chimique* lorsqu'il ne s'y produit plus aucune réaction chimique.

L'équilibre chimique n'est pas un cas particulier de l'équilibre mécanique. On peut, en un système, observer une réaction chimique, bien que chacune des parties du système garde une forme et une position invariables. Un tel système est alors en équilibre mécanique, mais il n'est pas en équilibre chimique.

Prenons, par exemple, un mélange homogène d'hydrogène et de chlore et soumettons-le à l'action de la lumière diffuse, en un récipient parfaitement clos ; ce mélange demeure parfaitement en repos ; chaque partie, si petite soit-elle, que l'on y peut distinguer, garde une forme et une position invariables ; et cependant le système est le siège d'une réaction chimique ; l'hydrogène et le chlore se combinent pour former du gaz chlorhydrique.

46. L'équilibre chimique peut être la limite commune de deux réactions inverses l'une de l'autre. Phénomènes d'éthérification. — Dans l'exemple que nous venons de citer, la réaction ne cesse point que l'un des deux gaz, chlore et hydrogène, qui prennent part à la réaction n'ait en entier disparu. La réaction ne s'arrête qu'au moment où il serait absurde de supposer qu'elle continuât ; une telle réaction est dite *réaction illimitée*.

Il n'en est pas de même pour toutes les réactions de la chimie. Par exemple, MM. Berthelot et Péan de Saint-Gilles [1] ont pris pour les mélanger ensemble, des masses d'éther benzoïque et d'eau proportionnelles au poids moléculaires de ces deux corps; il les ont chauffées 200° en tube scellé; il se produit une *saponification*, c'est à dire une formation d'acide benzoïque et d'alcool, suivant la formule

$$\underset{\text{éther benzoïque}}{C^6H^5CO^2C^2H^5} + H^2O = \underset{\text{acide benzoïque}}{C^6H^5CO^2H} + \underset{\text{alcool}}{C^2H^5OH}.$$

Si la réaction était illimitée, elle ne s'arrêterait pas tant que le mélange renfermerait une quantité, si petite soit elle, d'éther benzoïque et d'eau ; elle ne cesserait qu'au moment où le mélange tout entier serait passé à l'état d'acide benzoïque et d'alcool.

Ce n'est point ce qu'on observe.

Au bout de 24 heures de chauffe, le mélange renferme encore une certaine masse d'éther non saponifié. Cette masse est une fraction notable de la masse d'éther primitivement introduite dans le tube scellé, fraction représentée par 0,664. On peut ensuite prolonger indéfiniment la durée de chauffe sans observer aucun changement dans la composition du système ; la saponification a donc pris fin, et elle a pris fin alors que sa continuation ne serait nullement en contradiction avec les formules chimiques, alors qu'il existe encore dans le système des corps susceptibles d'y prendre part.

On exprime ce fait en disant que la saponification de l'éther benzoïque est, à 200°, une *réaction limitée*.

Mélangeons maintenant, comme l'ont fait MM. Berthelot et Péan de Saint-Gilles, des masses d'acide benzoïque et d'alcool, proportionnelles aux poids moléculaires de ces deux corps ; chauffons-les à 200°

[1] Berthelot et Péan de Saint-Gilles, *Annales de Chimie et de Physique*, t. XLV, p. 485, 1862 — t. XLVI, p. 5 ; 1862 — t. XLVIII, p. 225 ; 1863.

en tube scellé ; nous observerons une réaction inverse de la saponification, une formation d'éther benzoïque et d'eau représentée par la formule

$$C^6H^5CO^2H + C^2H^5OH = C^6H^5CO^2C^2H^5 + H^2O.$$

acide benzoïque — alcool — éther benzoïque

Cette réaction, inverse de la précédente, est, comme la précédente, une réaction limitée ; elle s'arrête avant que l'acide benzoïque et l'alcool aient été transformés en entier en éther benzoïque et en eau ; si longtemps que l'on prolonge l'expérience, la masse d'éther benzoïque obtenue demeure égale à une fraction de la masse que l'on obtiendrait si la réaction était illimitée ; cette fraction est représentée par le nombre 0,664.

Comparons ces deux expériences.

En ces deux expériences, on a pris comme point de départ deux mélanges dont la composition élémentaire était la même ; on peut regarder ces deux mélanges comme les deux états extrêmes d'un même système ; l'un, le mélange d'éther et d'eau représente l'état d'éthérification extrême ; l'autre, le mélange d'alcool et d'acide, représente l'état de saponification extrême.

A partir de ces deux états opposés se produisent, à 200°, deux réactions inverses l'une de l'autre : au sein du système complètement éthérifié se produit une saponification ; au sein du système complètement saponifié se produit une éthérification. Chacune de ces deux réactions est limitée. Chacune d'elles s'arrête lorsque le mélange atteint une certaine composition intermédiaire entre l'éthérification totale et la saponification totale. Cette composition pour laquelle l'équilibre chimique s'établit est la même dans les deux cas. Elle est obtenue lorsque la masse d'éther existant dans le système est une fraction de la masse d'éther possible égale à 0,664.

Ainsi, à 200° l'équilibre chimique est établi dans le système considéré lorsque la masse d'éther qu'il renferme est une fraction de la masse d'éther possible égale à 0,664. *Cet état d'équilibre chimique est la limite commune de deux réactions inverses l'une de l'autre, l'éthérification et la saponification.*

47. — Action réciproque de deux sels solubles au sein d'une dissolution. — Les phénomènes d'éthérification, étudiés par MM. Berthelot et Péan de Saint-Gilles, ne sont pas les seuls où l'on puisse observer un état d'équilibre chimique, limite commune de deux réactions inverses l'une de l'autre. Berthollet avait déjà prévu qu'un tel état d'équilibre doit se produire au sein d'une dissolution où deux sels solubles peuvent, par double décomposition, produire deux autres sels solubles. Malaguti [1] a vérifié de la manière suivante l'exactitude de la prévision de Berthollet :

Dans une masse déterminée d'eau, dissolvons une molécule d'acétate de strontium et deux molécules de nitrate de potassium ; il va se former, au sein de la dissolution, de l'acétate de potassium et du nitrate de strontium, selon la formule

$$Sr(CH^3CO^2)^2 + 2KAzO^3 = 2KC^2H^3CO^2 + Sr(AzO^3)^2.$$

Pour déterminer la composition du mélange à un instant donné, il suffit de le traiter par un grand excès d'alcool mêlé d'éther ; cet alcool éthéré dissout les acétates et non les azotates.

Si l'on effectue cette analyse après un très long séjour à la température ordinaire, on constate que la double décomposition s'est arrêtée avant d'être complète ; l'état d'équilibre qui limite cette double décomposition correspond à peu près à la composition suivante du mélange :

$\frac{2}{3}$ de molécule d'acétate de potassium,

$\frac{4}{3}$ de molécule d'azotate de potassium,

$\frac{1}{3}$ de molécule d'azotate de strontium,

$\frac{2}{3}$ de molécule d'acétate de strontium.

Supposons maintenant que, dans la même masse d'eau, on dissolve une molécule d'azotate de strontium et deux molécules d'acétate de potassium ; par une réaction inverse de la précédente, il se formera

[1] Malaguti, *Annales de Chimie et de Physique*, 3e série, t. XXXVII, année 1853.

de l'acétate de strontium et de l'azotate de potassium, selon la formule

$$Sr(AzO^3)^2 + 2KC^2H^3CO^2 = Sr(C^2H^3CO^2)^2 + 2KAzO^3.$$

A la température ordinaire, cette réaction est limitée et aboutit au même état d'équilibre que la réaction précédente ; cet état d'équilibre est donc encore la limite commune de deux réactions inverses l'une de l'autre.

48. Beaucoup de systèmes chimiques semblent incapables de présenter un état d'équilibre, limite commune de deux réactions inverses l'une de l'autre. — Dans un grand nombre de systèmes chimiques on rencontre des états d'équilibre semblables à ceux que nous venons d'étudier ; chacun de ces états d'équilibre est la limite commune de deux réactions inverses l'une de l'autre.

Mais un nombre non moins grand de systèmes chimiques se montrent, au premier abord, incapables de présenter de tels état d'équilibre. Prenons, par exemple, un système formé d'oxygène et d'hydrogène ; si nous nous contentons d'observer superficiellement les propriétés de ce système, nous serons amenés à en donner la description suivante, longtemps regardée comme exacte :

Aux basses températures, l'oxygène et l'hydrogène ne se combinent pas ; l'eau ne se décompose pas. Aux températures élevées, l'oxygène et l'hydrogène se combinent ; cette combinaison n'est pas limitée, mais totale ; l'eau est indécomposable.

49. Expérience de Grove. L'eau est décomposable par la chaleur. — Toutefois, une ancienne expérience contredit cette description des propriétés de l'eau. En laissant tomber dans l'eau une sphère de platine portée au rouge blanc, on produit une explosion ; l'eau est décomposée au contact de la sphère de platine ; ensuite, l'oxygène et l'hydrogène se recombinent.

Cette expérience, due à Grove, était connue depuis longtemps, mais les chimistes se contentaient, avec Berzelius, de l'attribuer à la *force catalytique* du platine. Cette expérience fut reproduite en grand par H. Sainte-Claire Deville et H. Debray ; rejetant le faux-fuyant de la force catalytique et acceptant purement et simplement l'enseignement de l'expérience, ils admirent la proposition suivante : *A une température inférieure au point de fusion du platine, la vapeur d'eau est décomposée en ses éléments, oxygène et hydrogène.*

Il y a plus : l'eau est même décomposable à la température de fusion de l'argent, c'est-à-dire à une température voisine de 1000° C. Lorsque l'argent est fondu en présence de la vapeur d'eau, il absorbe de l'oxygène et ne le rend ensuite qu'au moment de la solidification, ce qui constitue le phénomène du rochage ; le rochage prouve donc bien que les éléments de l'eau sont en liberté à la température de 1000°, à moins que l'on ne veuille attribuer à l'argent fondu une action chimique sur l'oxygène ; on peut, d'ailleurs, éviter cette objection ; il suffit de remplacer l'argent par la litharge, substance chimiquement saturée d'oxygène, incapable de s'oxyder davantage ; le phénomène du rochage, preuve certaine de la décomposition de l'eau, se produit tout aussi nettement.

50. Démonstration directe de la dissociation de l'eau. — D'autres expériences, encore plus directes et plus con-

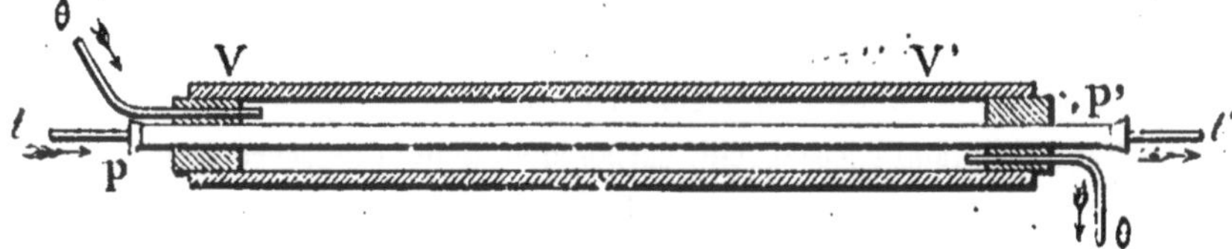

Fig. 18

cluantes (1), mettent hors de doute la dissociation de l'eau à des températures que l'on atteint aisément dans les laboratoires.

On prend un appareil composé d'un tube en porcelaine vernissée VV' (*fig.* 18), dans l'intérieur duquel se trouve un autre tube PP' de substance poreuse ; le système des deux tubes étant fortement chauffé dans un fourneau garni de coke ou de charbon de cornue, on fait arriver en *t* de la vapeur d'eau dans le tube intérieur en terre

(1) H. SAINTE-CLAIRE, DEVILLE *Comptes rendus*, t. LVI, p. 195 et p. 322 ; 1863. — *Leçons sur la dissociation*, professées devant la Société chimique, le 18 mars et le 1er avril 1864. — H. DEBRAY, *Dictionnaire de Würtz*, art. *Dissociation*.

poreuse et, par la tubulure θ, un courant d'acide carbonique dans l'espace annulaire compris entre le tube poreux et le tube de porcelaine; on reçoit les gaz sortant de l'appareil dans des éprouvettes, sur une cuve contenant de la lessive de potasse, pour arrêter l'acide carbonique. Lorsque le fourneau est en activité, on recueille un mélange gazeux fortement explosif et composé des éléments de l'eau, oxygène et hydrogène. Ainsi, une partie de la vapeur d'eau est décomposée spontanément ou dissociée dans le tube de terre poreuse; l'hydrogène, d'après les lois ordinaires de l'osmose, a traversé la paroi perméable et s'est séparé, par l'action d'un simple filtre, de l'oxygène resté dans le tube intérieur; par contre, on trouve avec cet oxygène une quantité considérable d'acide carbonique venant de l'extérieur.

En général, lorsque la vapeur d'eau traverse, sans précaution spéciale, un tube fortement chauffé, on ne recueille, à l'issue de ce tube, que de la vapeur d'eau et point d'oxygène ni d'hydrogène; en effet, la vapeur d'eau, décomposée dans les parties les plus chaudes de l'appareil, se reforme en totalité dans les parties moins chaudes que traversent ensuite les gaz provenant de cette décomposition. Toutefois, si le passage de la vapeur d'eau, au travers du tube fortement chauffé, est extrêmement rapide et si la vapeur d'eau est mêlée à un grand excès d'acide carbonique, dont la présence gêne la recombinaison des gaz oxygène et hydrogène, on peut recueillir, à la sortie du tube, une petite quantité de gaz tonnant et mettre ainsi en évidence, par l'emploi du dispositif le plus simple, la dissociation que la vapeur d'eau éprouve à haute température.

51. Dissociation du gaz carbonique. — Ce dispositif très simple permet également de mettre en évidence une autre décomposition, non moins remarquable que celle de la vapeur d'eau : la décomposition que le gaz carbonique éprouve à température élevée.

Il suffit de faire passer un courant d'acide carbonique bien pur dans un tube de porcelaine étroit rempli de fragments de porcelaine et chauffé dans un fourneau à réverbère à la plus haute température possible (1 200° à 1 300°).

Les gaz, à leur sortie du tube, se rendent dans de longs tubes remplis d'une dissolution de potasse, où ils sont séparés de l'acide carbonique en excès.

L'acide carbonique est décomposé par la chaleur en oxyde de carbone et oxygène, et si ces gaz ne se recombinent pas totalement en arrivant dans les parties plus froides de l'appareil, cela tient évidemment à la difficulté avec laquelle leur mélange s'enflamme lorsqu'il est disséminé dans une grande masse d'un gaz inerte, tel que l'acide carbonique.

52. Ces décompositions ne sont pas complètes, mais limitées; aux températures où elles se produisent, la réaction inverse se produit également. Faut-il conclure de ces observations qu'aux températures atteintes dans les expériences de H. Sainte-Claire Deville, l'eau est *totalement* décomposée en oxygène et hydrogène, l'acide carbonique *totalement* décomposé en oxygène et oxyde de carbone ? S'il en était ainsi, on se heurterait à cet incompréhensible paradoxe : L'eau n'existe plus à la température de fusion de l'argent, et cependant l'oxygène et l'hydrogène en se combinant produisent une température telle que leur flamme met en fusion l'iridium ; comment se fait-il que cette flamme fonde le platine et que le platine fondu décompose l'eau ?

Il est clair que la décomposition de l'eau, à une température donnée, ne doit pas être totale, mais partielle ; cette décomposition doit s'arrêter lorsque le mélange gazeux formé par la vapeur d'eau et par l'oxygène et l'hydrogène qui proviennent de sa décomposition a une certaine composition ; cette composition, pour laquelle le système se trouve en équilibre, doit naturellement dépendre de la température.

Inversement, lorsqu'on porte un mélange d'oxygène et d'hydrogène à une température suffisante pour qu'il s'enflamme, la combinaison des deux gaz ne doit pas être complète ; elle doit s'arrêter pour une certaine teneur en vapeur d'eau, variable avec la température ; c'est la conséquence à laquelle H. Sainte-Claire Deville a été conduit par l'analyse des propriétés du chalumeau oxhydrique.

Si l'on admet l'hypothèse, généralement reçue avant les recherches de Sainte-Claire Deville, où, au-delà de 500°, l'oxygène et l'hydrogène se combineraient intégralement à l'état de vapeur d'eau, il est facile de calculer la température atteinte dans le dard du chalumeau oxhydrique. Le calcul exige seulement que l'on connaisse la chaleur spécifique de la vapeur d'eau et la chaleur de formation de l'eau. On trouve ainsi l'énorme température de 6800°.

Or, cette température paraît absolument invraisemblable. Le dard du chalumeau oxhydrique fond, il est vrai, le platine iridié, mais sa température ne doit guère dépasser le point de fusion de cet alliage, car l'alliage, placé dans ce dard, n'est guère plus éblouissant qu'à son point de fusion.

On peut même déterminer approximativement cette température : en versant dans l'eau froide des masses considérables de platine ou d'iridium fondues et portées à la température la plus élevée que puissent donner le gaz oxygène et le gaz hydrogène qui se combinent à équivalents égaux, en opérant dans des vases de chaux presqu'entièrement dénués de conductibilité, et en observant l'élévation maximum de température produite dans cette eau, on trouve par le calcul que le point fixe de combinaison de ces deux gaz ne peut dépasser 2500°, s'il ne lui est même inférieur.

Comment expliquer ces résultats? Évidemment, ils sont dûs à ce fait que, dans un dard de chalumeau, les gaz qui brûlent ne se combinent pas en totalité; une partie de ces gaz échappe à la combustion.

Quand l'oxygène et l'hydrogène, mélangés à équivalents égaux, brûlent, il se forme une certaine quantité de vapeur d'eau, mais une certaine quantité d'oxygène et une certaine quantité d'hydrogène demeurent à l'état de liberté. En puisant dans la flamme du chalumeau à gaz tonnant, par un artifice particulier, les gaz qui l'alimentent, on trouve que ses parties les plus chaudes renferment toujours de l'oxygène et de l'hydrogène non combinés.

Si l'on répète cette expérience avec le chalumeau à oxyde de carbone et oxygène, on constate que la flamme est bien loin d'être formée uniquement d'acide carbonique; dans la partie la plus chaude de la flamme, les $\frac{2}{3}$ tout au plus des gaz oxygène et oxyde de carbone sont unis entre eux; c'est seulement dans la partie la moins chaude de la flamme que la combinaison est totale.

Ces diverses expériences mettent donc hors de doute les propositions suivantes :

A une température élevée, l'eau, l'acide carbonique se décomposent ; mais la décomposition n'est pas illimitée ; un équilibre s'établit lorsque le mélange formé par le composé et les gaz auxquels sa décomposition donne naissance a atteint une certaine composition ; le mélange en équilibre contient du composé considéré une proportion d'autant plus faible que la température est plus élevée. Inversement, à une température élevée, l'oxygène et l'hydrogène se combinent, l'oxyde de carbone et l'oxygène forment de l'acide carbonique, mais la combinaison n'est point totale ; elle tend vers un état d'équilibre auquel elle s'arrête ; en cet état d'équilibre la proportion des gaz qui ont échappé à la combinaison est d'autant plus forte que la température est plus élevée.

53. Exemple d'un état d'équilibre qui est la limite commune de deux réactions inverses l'une de l'autre. Action de la vapeur d'eau sur le fer et action inverse. — Les expériences précédentes nous montrent qu'en un même système qui renferme une molécule d'oxygène et une molécule d'hydrogène, et à une même température, on peut observer les deux réactions inverses : décomposition de la vapeur d'eau, formation de la vapeur d'eau ; elles nous montrent que chacune des deux réactions inverses s'arrête lorsque le système a atteint un certain état d'équilibre ; mais elles ne nous montrent pas que ces deux états d'équilibre sont identiques entre eux. Or, nous verrons plus loin, lorsque nous étudierons les états de faux équilibre (xviiie Leçon), qu'il n'est pas inutile de démontrer expérimentalement cette égalité.

Voici un cas où l'expérience met en évidence des états d'équilibre dont chacun est la limite commune de deux réactions inverses l'une de l'autre, et où les lois qui régissent ces états d'équilibre peuvent être complètement analysées.

A haute température, le fer réduit la vapeur d'eau et fournit de l'oxyde magnétique de fer ; inversement, en faisant passer un courant d'hydrogène sur de l'oxyde magnétique de fer, on obtient du fer et de la vapeur d'eau ; H. Sainte-Claire Deville (1) et Debray (2) ont cherché à préciser les conditions dans lesquelles se produisent ces deux réactions inverses l'une de l'autre.

Un tube de porcelaine contenant le fer et l'oxyde magnétique de fer était plongé dans un bain qui le portait à une température fixe ; dans ce tube, on pouvait faire arriver de l'hydrogène ; il recevait également de la vapeur d'eau provenant d'un petit ballon rempli d'eau froide ; en vertu du principe de Watt, la tension de la vapeur d'eau dans tout l'appareil était égale à la tension de la vapeur d'eau saturée à la température du petit ballon, et avait, par conséquent une valeur connue ; un manomètre faisait connaître la pression du mélange d'hydrogène et de vapeur d'eau et, partant, par différence, la pression de l'hydrogène.

Supposons, par exemple, le petit ballon porté à la température où la tension de la vapeur d'eau saturée est $4^{mm},6$: chauffons le tube de porcelaine à 200° ; tant que la pression de l'hydrogène est inférieure à $95^{mm},7$, la vapeur d'eau attaque le fer, réaction qui a pour effet d'augmenter la pression de l'hydrogène ; lorsqu'au contraire cette pression devient plus grande que $95^{mm},7$, elle diminue, parce qu'une partie de l'hydrogène est employée à réduire l'oxyde de fer ; lorsque la température est 200°, et la tension de la vapeur d'eau $4^{mm},6$, le système présente un état d'équilibre qui correspond à la valeur $95^{mm},7$ pour la pression de l'hydrogène ; écarté de cet état soit dans un sens, soit dans l'autre, le système éprouve une réaction chimique qui l'y ramène ; cet état est donc un état d'équilibre stable.

Cet état change, d'ailleurs, avec la température ; la tension de la vapeur d'eau étant toujours $4^{mm},6$, la tension de l'hydrogène au moment de l'équilibre a, à diverses températures, les valeurs données au tableau suivant (p. 70).

A une température donnée, cet état d'équilibre change avec la tension de la vapeur d'eau ; la pression de l'hydrogène est, à chaque température, à peu près proportionnelle à la tension de la vapeur

(1) H. Sainte-Claire Deville, *Comptes rendus*, t. LXX, p. 1189 et p. 1201 ; 1870. t. LXXI, p. 30 ; 1871.

(2) H. Debray, *Comptes rendus*, t. LXXXVIII, p. 1341 ; 1879.

d'eau ; ainsi, à 200°, lorsque la vapeur d'eau a une tension de 4mm,6, la pression de l'hydrogène, au moment de l'équilibre, a pour valeur 95mm,7, dont le rapport à la tension de la vapeur d'eau est 20,8 ; à

Température t	Pression de l'hydrogène
200°	95mm,7
Ébullition du mercure	40 ,5
« du soufre	25 ,8
« du cadmium	12 ,0
« du zinc	9 ,2
Vers 1600°	5 ,1

la même température, lorsque la vapeur d'eau a une tension de 9mm,7, la pression de l'oxygène, au moment de l'équilibre, a pour valeur 195mm, dont le rapport à la tension de la vapeur d'eau est 20,1.

Ces observations nous montrent, à haute température, ce que les phénomènes d'éthérification, ce que les doubles décompositions salines nous ont manifesté à la température ordinaire : l'existence, en un système chimique, d'un état d'équilibre, limite commune entre deux réactions inverses l'une de l'autre.

51. Les changements d'état physique donnent lieu à des états d'équilibre dont chacun est la limite commune de deux modifications inverses l'une de l'autre. Saturation des dissolutions. — Les changements d'état physique donnent lieu à des observations semblables de tout point à celles que viennent de nous fournir les réactions chimiques.

Prenons, à 0°, une solution aqueuse de chlorure de sodium mise en présence de cristaux de ce sel. Si la solution renferme moins de 36 grammes de sel pour 100 grammes d'eau, elle dissout de nouvelles parties de sel, jusqu'à ce que sa concentration corresponde à 36 grammes de sel dissous dans 100 grammes d'eau; alors, la modification considérée cesse de se produire et la solution est *saturée*. Si la solution contient plus de 36 grammes de sel pour 100 grammes d'eau, il se précipite du sel et la solution atteint, sans la dépasser, la concentration $\frac{36}{100}$.

Un système formé d'eau et de sel marin est donc en équilibre, à la température de 0°, lorsque la solution renferme 36 grammes de sel dissous dans 100 grammes d'eau. Cet état d'équilibre est la limite commune de deux modifications inverses l'une de l'autre, la dissolution et la précipitation.

55. Autre exemple. Tension de vapeur saturée. — Un autre exemple nous est fourni par la vaporisation de l'eau.

Un récipient contenant de l'eau et de la vapeur d'eau est porté à 100° C. Quelles que soient la forme et la grandeur du récipient, les masses respectives de l'eau et de la vapeur, on observe les faits suivants :

Si la pression, dans le récipient, est inférieure à la pression de 1 atmosphère, l'eau se réduit en vapeur; la vaporisation s'arrête lorsque la pression atteint la pression de 1 atmosphère.

Si la pression est supérieure à 1 atmosphère, la vapeur se condense ; la condensation s'arrête lorsque la pression est celle de 1 atmosphère.

A 100°, l'eau liquide et la vapeur d'eau sont en équilibre si la pression, dans le récipient, est égale à la pression de 1 atmosphère ; cet état d'équilibre est la limite commune de deux changements d'état inverses l'un de l'autre, la vaporisation et la condensation.

Ces faits sont compris dans une loi générale bien connue :

A une température donnée, un liquide de composition définie est en équilibre avec sa propre vapeur lorsque la pression subie par ces fluides a une certaine valeur ; cette valeur ne dépend point de la grandeur ou de la forme du récipient, des masses du liquide et de la vapeur ; elle dépend, uniquement, de la nature du liquide et de la température ; on la nomme *tension de vapeur saturée du liquide donné à la température considérée.*

La tension de vapeur saturée d'un liquide déterminé croît avec la température.

A une température déterminée, le liquide se vaporise si la pression est inférieure à la tension de vapeur saturée relative à la température considérée ; la vapeur se condense, au contraire, si la pression est supérieure à la tension de vapeur saturée.

Cette loi est susceptible d'une représentation géométrique très employée.

Prenons deux axes de coordonnées [1] OT, OP (*fig.* 19). Sur l'axe OT, portons les températures et sur l'axe OP, portons les pressions.

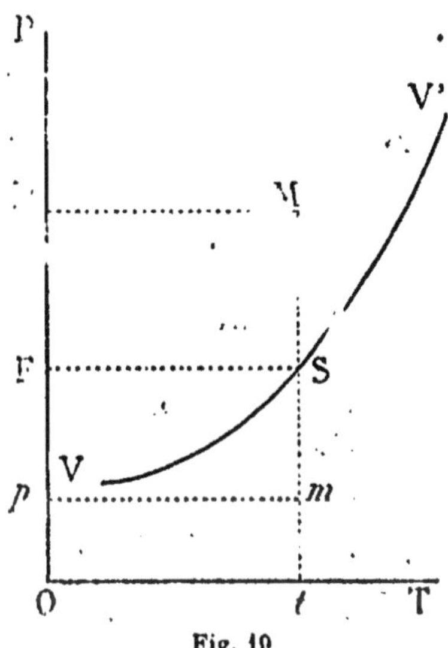

Fig. 19

Soit F la tension de vapeur saturée d'un certain liquide à la température t; le point S, dont l'abscisse est t et dont l'ordonnée est F, figure des conditions dans lesquelles le liquide sera en équilibre avec sa propre vapeur.

Lorsque la température t varie, la tension F varie également et le point S décrit une certaine ligne courbe VV' qui est la *courbe des tensions de vapeur saturée* du liquide considéré.

Comme la tension de vapeur saturée F croît en même temps que la température t, on voit que la courbe des tensions de vapeur saturée monte de gauche à droite.

A la température t, prenons une pression P, supérieure à la tension F de vapeur saturée; le point M, d'abscisse t et d'ordonnée P, sera au-dessus du point S appartenant à la courbe VV'. Prenons de même une pression p, inférieure à la tension F de vapeur saturée; le point m, d'abscisse t et d'ordonnée p, se trouvera au-dessous du point S.

La loi énoncée il y a un instant se traduit alors de la manière suivante :

La courbe des tensions de vapeur saturée, dont chaque point re-

(1) Le lecteur pourra se reporter aux définitions qui ont été données au N° 6.

présente un état d'équilibre du système formé par le liquide et sa vapeur, est la frontière commune de deux régions.

Chaque point de la région situé au-dessous de la courbe des tensions de vapeur saturée représente un état du système où le liquide se vaporise.

Chaque point de la région situé au-dessus de la courbe des tensions de vapeur saturée représente un état du système où la vapeur se condense.

56. Dissociation du carbonate de calcium. Tension de dissociation. — Guidé par les intuitions de H. Sainte-Claire Deville, H. Debray [1] a prouvé que les lois de la vaporisation d'un liquide, lois que nous venons de rappeler, peuvent être appliquées presque textuellement à la décomposition chimique de certains corps, notamment à la dissociation du carbonate de calcium en chaux et gaz carbonique.

Chauffons, à une température connue *t*, du carbonate de chaux dans un récipient qui communique avec une machine pneumatique à mercure; cette machine permet soit d'enlever l'acide carbonique produit, soit de refouler de l'acide carbonique et, en même temps, de connaître à chaque instant la pression du gaz.

A une température donnée *t*, la décomposition du carbonate de chaux s'arrête lorsque la pression de l'acide carbonique atteint une certaine valeur F; si, maintenant invariable la température, on enlève avec la machine pneumatique l'acide carbonique produit, une nouvelle décomposition se manifeste, qui s'arrête de nouveau lorsque la pression du gaz carbonique reprend la valeur F; si l'on refoule du gaz carbonique dans l'appareil, ce gaz se combine avec la chaux libre jusqu'à ce que la pression soit revenue à la valeur F. Ces expériences, semblables à celles que l'on pourrait faire si le récipient contenait un solide ou un liquide en présence de sa vapeur, peuvent s'exprimer en disant que l'espace qui contient du carbonate de chaux est *saturé* de gaz carbonique lorsque ce gaz y a la pression F.

A une température donnée *t*, cette pression a une valeur qui ne

(1) H. Debray, *Comptes rendus*, t. LXIV, p. 603, 1867.

dépend pas des diverses particularités qui peuvent caractériser l'expérience ; en particulier, elle ne change pas si, au début de l'expérience, on met dans l'appareil non seulement du spath d'Islande, mais encore un excès de chaux vive. Dépendant uniquement de la température *t*, elle peut recevoir le nom de *tension de dissociation du carbonate de calcium à la température* t.

La tension de dissociation du carbonate de calcium à une température *t* varie avec cette température et croit avec elle. H. Debray a donné, de cette tension, les valeurs suivantes :

Température	Tension de dissociation
Ébullition du mercure.	Nulle
« du soufre	A peine sensible
« du cadmium	85 millimètres
« du zinc	520 «

La décomposition du carbonate de calcium n'est pas la seule réaction où se manifeste une tension de dissociation, fixe à chaque température et semblable de tout point à la tension de vapeur saturée ; H. Debray a retrouvé la même loi en étudiant [1] la décomposition d'un certain nombre de sels hydratés en vapeur d'eau et sel anhydre.

On peut naturellement construire, en chacun des cas dont nous venons de parler, une *courbe des tensions de dissociation*, qui partage toutes les propriétés de la courbe des tensions de vapeur saturée. Dans chacune des réactions étudiées par H. Debray, les déterminations de cet expérimentateur nous font connaitre un certain nombre de points de la courbe des tensions de dissociation ; mais ces points sont trop peu nombreux et trop éloignés les uns des autres pour qu'il soit possible de dessiner la courbe.

Isambert s'est proposé de combler cette lacune. Il s'est adressé [2] aux combinaisons que certains chlorures, bromures ou iodures métalliques forment avec le gaz ammoniac.

[1] H. Debray, *Comptes rendus*, t. LXVI, p. 194 ; 1868.

[2] Isambert, *Comptes rendus*, t. LXVI, p. 1259 ; 1868. — *Annales de l'École normale supérieure*, t. V, p. 129 ; 1868.

A une température donnée, il y a émission ou absorption du gaz ammoniac selon que la pression de ce gaz est inférieure ou supérieure à une certaine tension de dissociation. La tension de dissociation à à une température donnée dépend exclusivement de cette température et du composé ammoniacal qui se détruit ou se forme sous les pressions voisines de cette tension. Isambert a pu déterminer les courbes des tensions de dissociation d'un certain nombre de composés ammoniacaux.

Depuis l'époque où Isambert a publié ce travail, divers chimistes ont fait connaître un très grand nombre de courbes de tensions de dissociation. Ces courbes ont exactement l'aspect et les propriétés des courbes de tensions de vapeur saturée des solides ou des liquides.

57. L'étude des réactions chimiques et l'étude des changements d'état physique dépendent d'une même théorie, la mécanique chimique. — Ces observations montrent clairement que les réactions chimiques et les changements d'état physique sont, parfois, soumis à des lois exactement semblables ; partant toute théorie applicable aux réactions chimiques en général doit embrasser aussi les changements d'état physique.

Dès le début de son développement, la thermodynamique s'est appliquée avec succès à la vaporisation, à la fusion, à la dissolution. Il est donc naturel de chercher à l'étendre aux réactions chimiques.

Cette tentative, couronnée de succès, a donné naissance à la mécanique chimique fondée sur la thermodynamique, objet de ces leçons.

58. Notion de modification réversible. — C'est à la thermodynamique qu'il nous faut demander la constitution d'une mécanique chimique vraiment rationnelle. Cette mécanique chimique, nous allons la voir sortir de l'union du principe de l'équivalence entre la chaleur et le travail avec un nouveau principe, découvert par Sadi Carnot, transformé et développé par Clausius.

Pour que nous puissions énoncer ce principe, il nous est nécessaire d'acquérir une notion, l'une des plus délicates de toute la thermodynamique, la notion de *modification réversible.*

Prenons un système, soumis à certaines forces, dans un état donné

1 et supposons que, sous l'action de ces forces, le système passe à un nouvel état 2. Il a éprouvé une modification au cours de laquelle il a traversé divers états qui se succèdent d'une manière continue. Lorsque le système, durant cette modification, s'est trouvé en un quelconque de ces états, il l'a aussitôt quitté pour passer à l'état suivant, ce qui nous prouve que cet état traversé par le système n'était pas un état d'équilibre.

Lorsqu'on se donne les forces qui agissent sur le système et les conditions dans lesquelles il se trouve placé, la nature et le sens de la modification qu'il éprouve sont forcés, nécessaires. Si, par exemple, ces forces, ces conditions, font passer le système de l'état 1 à l'état 2 en traversant les états intermédiaires A, B, C, D,..... on ne peut admettre que, placé dans les mêmes conditions et soumis aux mêmes forces, le système puisse repasser de l'état 2 à l'état 1 en traversant en ordre inverse précisément les mêmes états ......D, C, B, A ; c'est ce qu'on exprime en disant qu'une *modification réelle n'est jamais réversible.*

Elle n'est pas *réversible*, mais elle peut être *renversable ;* elle sera renversable si l'on peut, en modifiant les forces qui agissent sur le système et les conditions dans lesquelles il se trouve placé, faire repasser le système de l'état 2 à l'état 1 ; mais, en général, dans cette modification inverse de la précédente, le système traversera des états ......D', C', B', A', différents des états ......D, C, B, A, soit par les propriétés que présente le corps en chacun de ces états, soit par les forces qui l'y sollicitent.

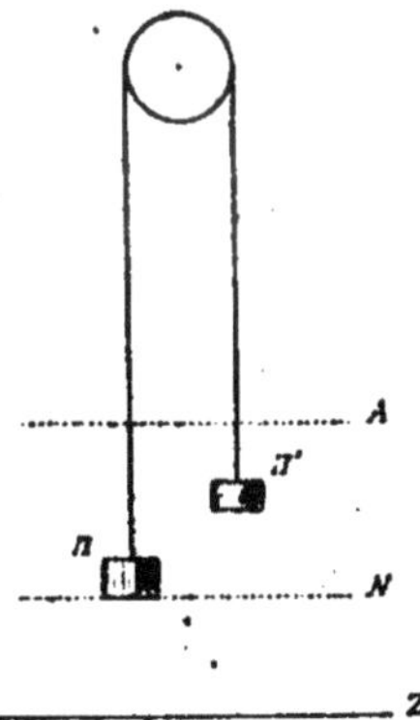

Fig. 20

Prenons un exemple emprunté à la mécanique.

Soit, en une machine d'Atwood, (*fig.*20) un poids Π qui passe du niveau A au niveau Z sous l'action d'un contrepoids Π' inférieur à Π ; au moment où le poids Π passe au niveau N, compris entre A et Z, sa vitesse de chûte n'est pas nulle ; il n'est donc pas en équilibre.

Prenons le poids II au niveau Z ; donnons lui comme vitesse initiale la vitesse, dirigée de haut en bas, qu'il avait à la fin de la chûte précédente ; soumis à l'action du même contrepoids, le poids II ne remontera pas du niveau Z au niveau A ; il continuera, au contraire, à descendre ; la modification considérée n'est pas réversible.

Elle est cependant renversable ; en prenant un contrepoids II' supérieur à II, on pourra faire remonter le poids II du niveau Z au même niveau A ; mais au moment où dans cette ascension il repassera au niveau N, il ne sera pas soumis à la force qui le sollicitait, lorsqu'en descendant, il a passé au même niveau ; sa vitesse, au lieu d'être dirigée vers le bas, sera dirigée vers le haut.

Prenons deux états 1 et 2 d'un système ; supposons que certaines forces puissent faire passer le système de l'état 1 à l'état 2, en traversant une suite d'états intermédiaires A, B, C, D... ; que d'autres forces puissent le faire passer de l'état 2 à l'état 1 en traversant d'autres états ...D', C', B', A'. Entre les états 1 et 2, rangeons une suite d'*états d'équilibre* α, β, γ, δ,... se succédant les uns aux autres d'une manière continue. Le système, placé en chacun de ces états, y demeurerait éternellement. Cette suite d'états d'équilibre ne peut donc être parcourue par le système ni dans un sens, ni dans l'autre ; *elle ne correspond pas à une modification réalisable du système.*

Prenons la modification ABCD... qui fait passer le système de l'état 1 à l'état 2. Changeons graduellement les forces qui agissent sur le système durant cette modification de manière qu'elles s'approchent graduellement des forces qui assureraient l'équilibre du système en chacun des états par lesquels il passe ; supposons que par l'effet de cette opération, l'état que nous désignons par A tende vers l'état d'équilibre α, que l'état que nous désignons par B tende vers l'état d'équilibre β,... Nous aurons ainsi constitué une suite continue de modifications réalisables propres à faire passer le système de l'état 1 à l'état 2 ; et cette suite de modifications aura pour forme limite la chaine d'états d'équilibre α, β, γ, δ,... qui, elle, n'est pas une modification réalisable.

Supposons, par exemple, que, dans notre machine d'Atwood,

nous fassions tendre vers II le contre-poids II′, inférieur à II, sous l'action duquel le poids II tombe de A en Z ; la vitesse de ce poids II, au moment où il passe au niveau N, tendra vers 0 ; la force qui le sollicite tendra vers 0 ; l'état du poids II, au moment où il passe en N, tendra vers un état limite où il serait maintenu en équilibre, au niveau N, par un contre-poids égal ; les chûtes réelles, mais de moins en moins rapides, que nous étudions auront pour forme limite une suite de positions d'équilibre du poids II sous l'action d'un contrepoids égal, positions se succédant avec continuité du niveau A au niveau Z; cette suite de positions d'équilibre est la limite d'une série de chûtes ; mais elle ne constitue pas une chûte ; le poids II ne peut plus passer réellement par cette suite d'états, ce qui ne nous empêche point de porter successivement notre attention, si nous le voulons, sur chacun de cès états.

Si, de même, nous modifions graduellement les forces qui agissent sur le système pour le faire passer de l'état 2 à l'état 1 à travers les états ..., D′, C′, B′, A′, nous pourrons faire que la modification réelle ...D′C′B′A′, varie d'une manière continue et admette pour forme limite la suite d'états d'équilibre... δ, γ, β, α, qui n'est pas une modification réalisable.

Dans notre machine d'Atwood, par exemple, nous pouvons faire remonter le poids II de Z en A sous l'action d'un contre-poids II′, supérieur à II ; en faisant varier d'une manière continue la grandeur du contre-poids II′, nous transformerons d'une manière continue cette ascension ; si nous faisons tendre vers II le contre-poids II′, l'ascension du poids II, de plus en plus lente, aura pour forme limite une suite d'états d'équilibre du poids II, s'échelonnant d'une manière continue du niveau Z au niveau A.

Cette suite d'états d'équilibre α, β, γ, δ,... qui n'est parcourue dans aucune modification réelle du système, est, en quelque sorte, la frontière commune des modifications réelles qui conduisent le système de l'état 1 à l'état 2 et des modifications réelles qui conduisent le système de l'état 2 à l'état 1 ; changez infiniment peu, dans un certain sens, les conditions qui maintiennent le système en équilibre en chacun de ces états et le système va éprouver une modification réelle qui le conduira de l'état 1 à l'état 2 ; changez infiniment peu, en sens contraire, ces conditions et vous obtenez une modification réelle allant de l'état 2 à l'état 1 ; cette suite d'états d'équilibre se nomme *modification réversible.*

Ainsi la modification réversible est une suite continue d'états d'équilibre ; *elle est essentiellement irréalisable ;* mais nous pouvons porter successivement notre attention sur ces états d'équilibre soit dans l'ordre qui va de l'état 1 à l'état 2, soit dans l'ordre inverse; cette opération, tout intellectuelle, se désigne par ces mots : *faire subir au système la modification réversible considérée, soit dans le sens 1-2, soit en sens inverse.*

59. Exemple de modification réversible fourni par la vaporisation d'un liquide. — Cette notion de modification réversible a une importance extrême dans toutes les branches de la thermodynamique ; on ne saurait donc trop insister à son endroit : illustrons la par quelques exemples emprun-tés aux changements d'état physique ou aux changements de constitution chimique.

A la température de 100°, la tension de la vapeur d'eau saturée est égale à 1 atmosphère ; à 200°, elle est de 15 atmosphères.

Prenons une masse d'eau, en entier à état liquide, à la température de 100° et sous la pression de 1 atmosphère ; ce sera l'état 1 de notre système ; prenons ensuite la même masse d'eau en entier à l'état de vapeur, à 200° et sous la pression de 15 atmosphères ; ce sera l'état 2 de notre système.

Nous peuvons, par une modification réelle, faire passer le système de l'état 1 à l'état 2 ; chauffons le de manière à en élever graduellement la température de 100° à 200° ; en même temps, faisons croître la pression, mais avec une lenteur assez grande pour que sa valeur se trouve à chaque instant plus petite que la tension de la vapeur d'eau saturée à la température où se trouve le système à cet instant ; dans ces conditions, l'eau liquide se réduira sans cesse en vapeur jusqu'au moment où elle aura passé en entier à ce dernier état.

Nous pouvons également, par une modification réelle, faire passer le système de l'état 2 à l'état 1 ; abaissons en graduellement la température de 200° à 100°; en même temps, faisons décroître la pression, mais assez lentement pour que sa valeur, à chaque instant, soit supérieure à la tension de la vapeur d'eau saturée pour la température où est porté le système à ce même instant; dans ces conditions, la vapeur d'eau ne cessera de se condenser que lorsqu'elle aura passé en entier à l'état liquide.

Changeons graduellement les conditions dans lesquelles se produit la première modification et cela de telle façon que la pression à chaque instant soit de plus en plus voisine de la tension de la vapeur saturée pour la température du système à ce même instant. Changeons également les conditions dans lesquelles se produit la seconde modification et cela de telle sorte que la pression à chaque instant surpasse de moins en moins la tension de vapeur saturée pour la température du système à ce même instant. Nos deux modifications réelles et inverses l'une de l'autre vont tendre vers une même forme limite; cette forme limite se composera d'une suite de systèmes où l'eau sera en partie à l'état liquide, en partie à l'état de vapeur; d'un système au suivant, la température s'élèvera, la masse de liquide décroîtera, la masse de vapeur croîtra; chacun de ces systèmes sera soumis à une pression qui sera précisément la tension de la vapeur d'eau saturée à la température où ce système est porté, en sorte que *chacun de ces systèmes sera en équilibre*; il ne sera le siège ni d'une vaporisation ni d'une condensation.

Selon que, par la pensée, on parcourra cette suite d'états d'équilibre dans un certain ordre ou dans l'ordre inverse, on passera, par une *modification réversible*, de l'état 1 à l'état 2 ou de l'état 2 à l'état 1.

60. Exemple de modification réversible fourni par la dissociation de l'oxyde cuivrique. — La vaporisation d'un liquide vient de nous fournir un exemple de modification réversible; la dissociation d'un composé solide, tel que le carbonate de calcium ou l'oxyde cuivrique ([1]), nous fournira un second exemple très analogue au précédent.

Prenons une certaine masse d'oxyde cuivrique (CuO) à la température t_1 et sous une pression P_1, égale à la tension de dissociation

([1]) Debray et Joannis, *Comptes rendus*, t. XCIX, p. 583 et p. 688; 1884.

relative à la température t_1 : prenons ensuite, à la température t_2 et sous une pression P_2, égale à la tension de dissociation relative à la température t_2, l'oxyde cuivreux (Cu^2O) et l'oxygène que fournit la décomposition de cette masse d'oxyde cuivrique. De l'état 1 à l'état 2, nous pourrons passer par une modification réelle, en faisant varier la température de t_1 à t_2 et en maintenant sans cesse le système sous une pression moindre que la tension de dissociation de l'oxyde cuivrique à la température actuelle de ce système. De l'état 2 à l'état 1, nous pourrons aussi passer par une modification réelle, en faisant varier la température de t_2 à t_1 et en maintenant sans cesse le système sous une pression plus élevée que la tension de dissociation de l'oxyde cuivrique à la température actuelle de ce système. Ces deux groupes de modifications inverses auront une commune frontière; cette frontière se composera d'une suite de systèmes contenant de l'oxyde cuivrique, de l'oxyde cuivreux et de l'oxygène, à une température t, comprise entre t_1 et t_2, et sous une pression P, égale à la tension de dissociation à la température t; tous ces systèmes seront en équilibre et cette suite d'états d'équilibre formera une *modification réversible* joignant l'état 1 à l'état 2.

61. Exemple de modification réversible fourni par la dissociation de la vapeur d'eau. — Voici un nouvel exemple de modification réversible, emprunté aux phénomènes de dissociation.

Un récipient, de volume invariable, renferme de la vapeur d'eau et le mélange d'oxygène et d'hydrogène produit par la décomposition de cette vapeur; à une température donnée t, un tel système est en équilibre lorsque le rapport de la masse de vapeur d'eau non décomposée à la masse totale du système a une certaine valeur x; cette valeur x dépend de la température t et diminue lorsque la température t s'élève. Si, dans le récipient porté à la température t, la teneur en vapeur d'eau est supérieure à x, l'eau se dissocie, tandis que l'oxygène et l'hydrogène ne peuvent se combiner; si, au contraire, la teneur en vapeur d'eau est inférieure à x, l'oxygène et l'hydrogène se combinent tandis que la vapeur d'eau ne peut se dissocier.

Prenons les deux températures $t_1 = 1200°$ et $t_2 = 1500°$; soient

x_1, x_2, les valeurs de x qui correspondent à ces températures; x_1 sera supérieur à x_2.

D'un état 1, où la température est $t_1 = 1\,200°$ et où la teneur en vapeur d'eau est x_1, à un état 2 où la température est $t_2 = 1\,500°$ et où la teneur en vapeur d'eau est x_2, nous pourrons passer par une modification réelle, au cours de laquelle la température s'élèvera sans cesse tandis que la vapeur d'eau se dissociera sans cesse; il faudra pour cela qu'à chaque instant, la teneur du système en vapeur d'eau soit plus forte que la valeur de x qui convient à la température du système au même instant.

De l'état 2 à l'état 1, nous pourrons également passer par une modification réelle au cours de laquelle la température s'abaissera sans cesse, tandis que l'oxygène et et l'hydrogène se combineront; il faudra pour cela qu'à chaque instant la teneur du système en vapeur d'eau soit moindre que la valeur de x qui convient à la température du système au même moment.

Ces deux groupes de modifications inverses admettront une forme limite qui leur est commune; cette forme limite se composera d'une suite de systèmes en équilibre; en chacun d'eux la température aura une valeur t, comprise entre t_1 et t_2, et la teneur en vapeur d'eau aura la valeur x qui convient à la température t; cette suite de systèmes en équilibre formera une *modification réversible* permettant de passer du système 1 au système 2 et inversement.

Dorénavant, c'est par ce qu'il peut faire partie d'une modification réversible qu'un état d'équilibre chimique pourra figurer dans nos raisonnements; son caractère essentiel ne consistera plus en l'absence de tout changement; il consistera plutôt à séparer les états qui sont le siège d'une modification de sens déterminé des états qui sont le siège d'une modification de sens inverse; on pourra donc caractériser un tel état d'équilibre chimique comme un état où deux réactions, inverses l'une de l'autre, se limitent l'une l'autre.

CINQUIÈME LEÇON

—

LES PRINCIPES DE LA STATIQUE CHIMIQUE

62. Principe de Sadi Carnot. Généralisation de ce principe par Clausius. — En 1824, Sadi Carnot [1] publia un petit écrit sur les effets mécaniques de la chaleur ; en s'appuyant d'une part sur l'impossibilité du mouvement perpétuel, d'autre part sur le principe, alors admis sans contestation, qu'au long d'un cycle fermé un système éprouve des dégagements et des absorptions de chaleur qui se compensent exactement, il démontra un théorème de la plus haute importance tant pour la théorie même de la chaleur que pour les applications de cette science aux machines à feu.

La découverte du principe de l'équivalence entre la chaleur et le travail, en anéantissant l'un des deux postulats sur lesquels s'appuyait la démonstration de Sadi Carnot, semblait, du même coup, devoir emporter son théorème. Heureusement, il n'en était rien ; le théorème de Carnot n'était pas incompatible avec le nouveau principe ; en combinant le principe de l'équivalence entre la chaleur et le travail avec un postulat analogue à l'impossibilité du mouvement perpétuel, on pouvait retrouver ce théorème, et cela sous une forme plus précise que celle qu'il tenait de son inventeur.

Ce fut Clausius qui, dans un impérissable mémoire [2], concilia le

(1) SADI CARNOT, *Réflexions sur la puissance motrice du feu et sur les machines propres à augmenter cette puissance ;* Paris, 1824 (Réimprimé in *Annales de l'École normale supérieure*, 2e série, t I ; 1872).

(2) R. CLAUSIUS, *Poggendorff's Annalen*, Bd. LXXIX, p. 368 et p. 500 ; 1850

théorème de Carnot avec le principe de l'équivalence. Mais Clausius ne se borna pas à réaliser cette œuvre qui, à elle seule, lui assurerait l'admiration des physiciens. Il généralisa et transforma [1] le théorème de Carnot au point d'en faire l'un des principes les plus vastes et les plus féconds de la philosophie naturelle. C'est avec justice qu'on donne aujourd'hui le nom de *Principe de Carnot et Clausius* à la grande loi qu'il a établie.

Cette loi générale, que nous regarderons comme l'une des HYPOTHÈSES PREMIÈRES sur lesquelles repose la thermodynamique et qu'à ce titre, nous placerons sur le même rang que le *Principe de l'équivalence entre la chaleur et le travail*, peut s'énoncer d'une manière très simple.

Définissons d'abord ce que Clausius nomme la *valeur de transformation* d'une modification.

Cette modification peut être *isothermique* ; on entend par là que le système qui la subit a, à chaque instant, même température en tous ses points et que cette température demeure invariable pendant toute la durée de la modification ; dans ce cas, si Q est la quantité de chaleur dégagée par le système qui subit cette modification, si T est, la valeur invariable de la température absolue [2], la *valeur de transformation* de la modification est

$$\varepsilon = \frac{Q}{T}. \tag{1}$$

En général, même si l'on suppose que la température ait à un même instant la même valeur en tous les points du système, cette valeur varie d'un instant à l'autre, et cela d'une manière continue ; la définition de la valeur de transformation est alors un peu plus compliquée.

Soient T_0 la valeur initiale et T la valeur finale de la température absolue.

Partageons la modification totale en n modifications partielles M_0, $M_1, \ldots,$ M_{n-1}. Soient T_0, $T_1, \ldots,$ T_{n-1}, les valeurs de la

(1) R. CLAUSIUS, *Poggendorff's Annalen*, Bd. XCIII, p. 481 ; 1854. — Bd. CXVI, p. 73 ; 1862. — Bd. CXXV, p. 353 ; 1865.

(2) Pour la définition de ce mot, voir n° 24.

température au début de ces diverses modifications. Soient Q_0, $Q_1, \ldots, Q_{n-1}$ les quantités de chaleur dégagées par le système durant ces modifications. Formons la somme

$$\frac{Q_0}{T_0} + \frac{Q_1}{T_1} + \ldots + \frac{Q_{n-1}}{T_{n-1}}.$$

Ensuite faisons croître au-delà de toute limite le nombre n des modifications partielles en lesquelles la modification totale est décomposée, de telle sorte que chacune de ces modifications tende à s'évanouir. Cherchons la limite vers laquelle tend la somme précédente. Par définition, cette limite est la valeur de transformation de la modification totale considérée :

$$(1^{bis}) \qquad \varepsilon = \lim.\left(\frac{Q_0}{T_0} + \frac{Q_1}{T_1} + \ldots + \frac{Q_{n-1}}{T_{n-1}}\right).$$

L'énoncé du PRINCIPE DE CARNOT ET CLAUSIUS est alors le suivant :

Supposons qu'un système subisse une suite de modifications formant un cycle fermé (1).

Si toutes les modifications qui composent le cycle sont réversibles, la valeur de transformation du cycle est nulle :

$$(2) \qquad \varepsilon = 0.$$

Si toutes les modifications qui composent le cycle sont des modifications réelles; ou bien si certaines d'entre elles sont réelles et les autres réversibles, la valeur de transformation du cycle est positive :

$$(3) \qquad \varepsilon > 0.$$

63. La température absolue est toujours positive. — Ces énoncés font jouer un rôle essentiel à la *température absolue*; arrêtons-nous un instant à cette notion.

Nous avons vu (2e leçon, n° **24**) que lorsqu'un thermomètre à échelle centigrade construit avec un gaz parfait marquait la température t, la température absolue avait la valeur $T = \frac{1}{\alpha} + t$, α étant

(1) Pour la définition de ce mot, voir n° **19**.

le coefficient de dilatation des gaz parfaits. Nous avons vu aussi que si une même masse de gaz, aux températures centigrades t et t', et sous les pressions P et P', occupait des volumes V et V', on avait la relation [3ᵉ Leçon, égalité (6bis)]

$$\frac{PV}{T} = \frac{P'V'}{T'}.$$

Supposons, en particulier, que la température absolue T' soit celle qui corresponde au 0° C, c'est-à-dire à la glace fondante ; nous aurons alors $t' = 0$, $T' = \frac{1}{\alpha}$; soient P_0, V_0, la pression et le volume de cette masse de gaz à cette température ; à une température absolue T, la même masse de gaz, sous le même volume V_0, exercerait une force élastique P et l'on aurait

$$P = P_0 \alpha T.$$

Imaginons que l'on refroidisse assez cette masse gazeuse pour que la température absolue correspondante devienne nulle, puis négative ; la pression de ce gaz, dont le volume est supposé invariable, deviendrait aussi nulle, puis négative, ce qui est incompatible avec les propriétés d'un gaz.

Cette contradiction peut se résoudre de deux manières : On peut y voir la preuve qu'il est impossible de refroidir assez énergiquement un corps pour que la température absolue de ce corps devienne nulle ou négative ; on peut aussi y voir la preuve qu'aucun corps ne peut demeurer à l'état de gaz parfait lorsque la température devient suffisamment basse.

Comme, en fait, les gaz voisins de l'état parfait s'écartent de plus en plus de cet état lorsqu'on abaisse la température, la seconde affirmation peut être aisément acceptée et le raisonnement que nous venons de développer ne peut suffire à établir la première affirmation.

C'est à d'autres considérations, qui ont trait à la définition de la température absolue et que nous ne pouvons développer ici, qu'il faut avoir recours pour justifier la proposition suivante :

Il est impossible de refroidir assez énergiquement un système quelconque pour que la température absolue de ce système devienne nulle ou négative.

Le *zéro absolu de température* apparait donc comme une limite inférieure de froid ; les méthodes réfrigérantes les plus énergiques que l'on puisse concevoir nous permettront d'approcher plus ou moins de cette limite ; elle ne nous permettront jamais de l'atteindre.

64. Propriété d'un cycle isothermique réel. — Ces remarques nous seront utiles à plusieurs reprises ; nous allons en faire une première application.

Imaginons qu'un système décrive réellement un cycle fermé et que, pendant le parcours de ce cycle, la température absolue garde une valeur invariable T ; nous avons alors un cycle *isothermique* réel, pour lequel nous pouvons écrire l'égalité

$$\varepsilon = \frac{Q}{T}.$$

L'inégalité (3) peut alors s'écrire

$$\frac{Q}{T} > 0.$$

Mais d'après ce que nous venons de dire, le facteur $\frac{1}{T}$ est essentiellement positif; l'inégalité précédente devient donc

$$Q > 0.$$

Lorsqu'un système parcourt un cycle isothermique réel, il dégage toujours plus de chaleur qu'il n'en absorbe.

Mais, d'autre part, si nous désignons par W_0 la force vive que possédait le système au moment où il a commencé à décrire le cycle, par W_1 la force vive qu'il possède au moment où il achève ce cycle, par $\mathfrak{T}$ le travail effectué, pendant le parcours du cycle, nous aurons, en vertu du principe de l'équivalence entre la chaleur et le travail [2e Leçon, égalité (2bis)],

$$\mathfrak{T}_e - W_1 + W_0 = EQ.$$

L'inégalité précédente donne alors

$$\mathfrak{T}_e > W_1 - W_0. \tag{4}$$

65. Impossibilité du mouvement perpétuel. — De cette inégalité, tirons quelques conclusions.

Supposons, en premier lieu, qu'il s'agisse d'un système soustrait à toute action extérieure ; $\mathfrak{G}_e$ sera, dans ce cas, certainement égal à 0 ; l'inégalité (4) deviendra

$$W_1 - W_0 < 0.$$

Lorsqu'un système soustrait à l'action de toute force extérieure, et de température invariable, éprouve une modification qui le ramène à son état initial, il y revient avec une force vive inférieure à celle qu'il avait au départ.

Ainsi, une machine simple, dont la température ne peut varier, et qui doit repasser périodiquement par le même état, y passera avec un mouvement plus lent à chaque retour ; c'est l'*impossibilité du mouvement perpétuel*, objet des préoccupations des mécaniciens à la fin du XVIIIe siècle et au commencement du XIXe siècle.

66. Des machines en régime permanent. — Imaginons maintenant une *machine en régime permanent*, c'est-à-dire un système qui repasse périodiquement au même état et dont les diverses parties reprennent périodiquement la même vitesse, ce qui restitue au système la même force vive. Si la machine garde une température invariable, chacune de ces périodes constituera un cycle isothermique, auquel conviendra en outre l'égalité $W_1 = W_0$. L'inégalité (4) deviendra donc

$$\mathfrak{G}_e > 0.$$

Pour maintenir en régime permanent une machine de température invariable, il faut que les forces extérieures appliquées à cette machine effectuent à chaque période un travail positif.

Une telle machine ne saurait donc constituer un *moteur* ; un moteur, en effet, est une machine qui oblige les forces extérieures à agir en sens contraire de leur naturelle tendance, qui oblige, par exemple, un poids à monter ; chaque période d'un moteur en régime permanent doit correspondre à un travail négatif des forces extérieures ; on voit donc que, tant qu'on a disposé seulement de machines à température invariable, on n'a pas eu de véritable moteur ; pour réaliser un moteur capable d'un régime permanent, il faut s'adresser à un système qui, au cours de chaque période, subisse des variations de température, il faut construire une *machine à feu*.

67. Énoncé du principe de Carnot et de Clausius pour une modification réversible ouverte. Entropie. — Ces propositions suffisent à faire soupçonner l'importance du principe de Carnot et de Clausius dans la théorie des machines à feu ; mais l'étude de la puissance motrice du feu n'est point notre objet ; revenons au principe lui-même et cherchons à le mettre sous une forme telle qu'il s'applique aisément au problème de la mécanique chimique.

Tel que nous venons de l'énoncer, ce principe n'a trait qu'à un cycle fermé ; c'est là une condition gênante dans l'application ; le principe de l'équivalence de la chaleur et du travail, sous sa forme première, présentait le même inconvénient (2e Leçon, n° **21**) ; nous l'avons transformé de manière à le débarrasser de cet inconvénient et c'est cette transformation qui a introduit dans nos raisonnements la grandeur nommée *énergie interne* ; nous allons faire subir au théorème de Carnot et de Clausius une transformation analogue et cette transformation va introduire dans nos raisonnements une autre grandeur, l'*entropie*, qui ne le cèdera pas en importance à l'énergie interne.

Considérons tout d'abord, d'une manière exclusive, les modifications réversibles.

Le principe de Carnot et Clausius prend alors la forme suivante : Si un système décrit un cycle fermé réversible, la valeur de transformation ε, calculée pour ce cycle tout entier, est égale à 0.

Cela posé, imaginons qu'un système passe d'un état initial quelconque 0 à un état final 1 par une suite déterminée M de modifications réversibles ; la valeur de transformation calculée pour cette première modification, a la valeur e ; supposons, ensuite, que le système revienne, par une suite μ de modifications réversibles, de l'état 1 à l'état 0 ; la valeur de transformation calculée pour cette seconde modification, a la valeur η ; l'ensemble de ces deux suites

M et μ de modifications forme un cycle réversible, pour lequel la valeur de transformation est $(e + \eta)$; le principe de Carnot et de Clausius exige que l'on ait

$$e + \eta = 0.$$

Imaginons maintenant que le système passe du même état initial 0 au même état final 1 par une suite M′ de modifications réversibles, différente de la suite M ; pour cette suite de modifications, la valeur de transformation aura une valeur e' ; supposons ensuite que le système revienne de l'état 1 à l'état 0 par la suite μ de modifications réversibles, pour laquelle la valeur de transformation a la valeur η ; nous aurons, cette fois,

$$e' + \eta = 0.$$

Mais les deux égalités obtenues entraînent l'égalité

$$e = e',$$

en sorte que le principe de Carnot et de Clausius entraîne la proposition suivante : *Par quelque voie réversible qu'un système passe d'un état initial donné à un état final donné, la valeur de transformation garde la même valeur.*

Il est clair, d'ailleurs, que cette proposition entraîne à son tour l'exactitude du principe de Carnot et de Clausius pour un cycle fermé réversible ; en effet, si le système décrit un cercle réversible, la valeur de transformation prendra, pour ce cycle, la même valeur que pour toute autre modification réversible prenant le système dans le même état initial et l'y ramenant ; partant la même valeur que si le système ne se modifiait pas du tout, et cette valeur est visiblement 0 ; donc, pour un cycle réversible quelconque, $\varepsilon = 0$, ce qui est l'énoncé, pour un tel cycle, du principe de Carnot et de Clausius.

Ainsi, *tant qu'on se borne à la considération des modifications réversibles*, on peut regarder le principe de Carnot et de Clausius comme exactement équivalent à la proposition suivante :

La valeur de transformation d'une modification réversible dépend de l'état initial et de l'état final du système, mais point de la modification réversible choisie pour faire passer le système de cet état initial à cet état final.

Il suffit maintenant de reprendre un raisonnement semblable à celui qui nous a donné la notion de potentiel (1re leçon, n° **10**) pour pouvoir transformer l'énoncé précédent en celui-ci :

A chaque état x *du système on peut faire correspondre une grandeur* S_x, *telle que, pour toute modification réversible qui fait passer le système de l'état* 0 *à l'état* 1, *la valeur de transformation soit donnée par l'égalité*

$$\varepsilon = S_0 - S_1. \quad (5)$$

Clausius, à qui sont dues ces considérations, a donné à la grandeur S_x le nom d'*entropie* du système pris dans l'état x.

Moyennant cette dénomination, l'égalité (5) peut s'énoncer de la manière suivante :

La valeur de transformation d'une modification réversible quelconque est égale à la diminution que subit l'entropie du système par l'effet de cette modification.

Cette proposition renferme comme cas particulier la proposition relative à un cycle fermé réversible. Un cycle fermé, en effet, est une modification dans laquelle l'état final 1 est identique à l'état initial 0 ; S_1 est égal à S_0 et l'égalité (5) redonne l'égalité (2).

Entropie d'un gaz parfait. — A titre d'exemple, nous allons nous proposer de calculer la variation que subit l'entropie d'un gaz parfait de masse M lorsque ce gaz passe d'un état où son volume est V_0 et sa température absolue T_0 à un état où V est son volume et T sa température absolue.

Pour faire ce calcul nous pouvons mener le gaz de l'état initial à l'état final par telle voie réversible qu'il nous plaira ; nous choisirons la suivante :

1° Le gaz passe du volume V_0 au volume V, la température gardant la valeur invariable T_0.

2° Sous le volume invariable V, le gaz passe de la température T_0 à la température T.

La première modification est isothermique ; selon l'égalité (1), sa valeur de transformation est $\frac{Q}{T_0}$, Q étant la quantité de chaleur dégagée par le gaz durant cette modification.

Or cette quantité de chaleur Q est facile à évaluer.

La température demeurant invariable, l'énergie interne du gaz ne varie pas (N° **25**). La modification étant réversible, le gaz est sans cesse en équilibre et la force vive est constamment nulle. L'égalité (4) de la 2° Leçon nous donne alors

$$Q = \frac{\mathcal{T}_e}{E}.$$

Enfin le travail de la pression extérieure est donné, ici, par l'égalité (11) de la première Leçon, que l'on peut écrire :

$$\mathcal{T}_e = 2{,}325\, P_0 V_0 (\log V_0 - \log V).$$

La première modification fournit donc une valeur de transformation :

$$2{,}325 \frac{P_0 V_0}{E T_0} (\log V_0 - \log V).$$

En vertu de l'égalité (13) de la 2° Leçon, on a

$$P_0 V_0 = MR\sigma T_0$$

et la quantité précédente devient

$$(6) \qquad 2{,}325 \frac{MR\sigma}{E} (\log V_0 - \log V).$$

Considérons maintenant la seconde modification.

Partageons la, selon ce qui a été prescrit au n° **62**, en n échauffements partiels, tous accomplis sous le volume constant V, ces échauffements faisant passer le système d'abord de la température T_0 à la température T_1, puis de la température T_1 à la température T_2, enfin de la température T_{n-1} à la température T.

Si l'on désigne par c la chaleur spécifique sous volume constant du gaz considéré, ces divers échauffements dégagent respectivement les quantités de chaleurs suivantes :

$$Q_0 = -Mc(T_1 - T_0),$$
$$Q_1 = -Mc(T_2 - T_1),$$
$$\dots\dots\dots\dots$$
$$Q_{n-1} = -Mc(T - T_{n-1}).$$

Formons la somme

$$\frac{Q_0}{T_0} + \frac{Q_1}{T_1} + \dots\dots\dots\dots + \frac{Q_{n-1}}{T_{n-1}}$$
$$= -Mc\left(\frac{T_1 - T_0}{T_0} + \frac{T_2 - T_1}{T_1} + \dots\dots + \frac{T - T_{n-1}}{T_{n-1}}\right)$$

et cherchons la limite vers laquelle tend cette somme lorsque l'on fait croître indéfiniment le nombre n des échauffements partiels, en faisant tendre chacun d'eux vers 0.

Visiblement, il nous suffit pour cela de chercher la limite de la somme

$$\frac{T_1 - T_0}{T_0} + \frac{T_2 - T_1}{T_1} + \dots\dots\dots + \frac{T - T_{n-1}}{T_{n-1}} =$$

Prenons (*fig.* 21) deux axes de coordonnées OT, Oy. Sur l'axe des abscisses OT, portons les valeurs de la température absolue T. A chaque abscisse T, faisons correspondre un point M dont l'ordonnée y soit égale à $\frac{1}{T}$. Le lieu du point M est une certaine courbe CC'; y étant d'autant plus petit que T est plus grand, cette courbe descend de gauche à droite; elle est une de ces courbes que nous avons déjà trouvées au n° 7 et que les géomètres nomment *hyperboles équilatères*

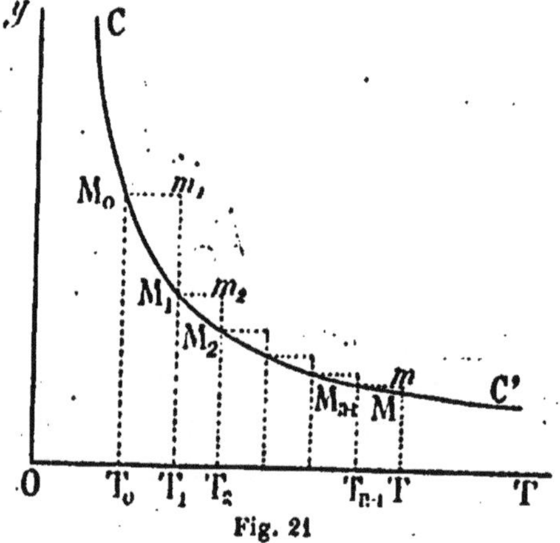

Fig. 21

La quantité $\frac{T_1 - T_0}{T_0}$ est mesurée par l'aire du rectangle $T_0T_1M_0m_1$.

La somme

$$\frac{T_1 - T_0}{T_0} + \frac{T_2 - T_1}{T_1} + \cdots\cdots + \frac{T - T_{n-1}}{T_{n-1}} = \Sigma$$

est mesurée par l'aire comprise entre la droite T_0T, les deux ordonnées T_0M_0, T_0m et la ligne brisée $M_0m_1M_1m_2M_2 \ldots\ldots M_{n-1}m$.

Lorsque les points de division $T_1, T_2, \ldots\ldots, T_{n-1}$, marqués entre T_0 et T, deviennent de plus en plus nombreux et de plus en plus voisins, tous les points de cette ligne brisée tendent vers les points de l'arc M_0M de l'hyperbole équilatère CC'. La limite de la somme Σ mesure donc l'aire comprise entre la droite T_0T, les deux ordonnées T_0M_0 et TM et l'arc d'hyperbole équilatère M_0M.

Or, nous avons dit au n° **7** que les géomètres savaient évaluer une telle aire, qui a pour valeur, en désignant par *log.* un logarithme vulgaire, donné dans les tables,

$$2{,}325 \log. \frac{T}{T_0} = 2{,}325 (\log T - \log T_0).$$

Donc notre seconde modification a pour valeur de transformation,

$$(7) \qquad 2{,}325 \, Mc (\log T_0 - \log T).$$

Réunissons les résultats (6) et (7) et tenons compte de l'égalité (5) ; nous pourrons énoncer le résultat suivant :

Lorsqu'un gaz parfait de masse M *passe d'un état où il occupe le volume* V_0 *et où sa température absolue est* T_0 *à un état où son volume est* V *et sa température* T, *son entropie passe de la valeur* S_0 *à la valeur* S, *et l'on a :*

$$(8) \quad S = S_0 + 2{,}325 M \left(\frac{R\tau}{E} \log V + c \log T - \frac{R\tau}{E} \log V_0 - c \log T_0 \right).$$

60. Énoncé du principe de Carnot et de Clausius pour une modification réelle ouverte. Transformations compensée et non compensée. — Considérons maintenant une modification réelle M qui fait passer le système de l'état initial 0 à l'état final 1 ; que pouvons-nous dire touchant la valeur de transformation ε relative à cette modification ?

Considérons une modification réversible M' qui ramène le système de l'état 1 à l'état 0 ; selon l'égalité (5), la modification M' a pour valeur de transformation $(S_1 - S_0)$. L'ensemble formé par la modification M suivie de la modification M' a donc pour valeur de transformation

$$\varepsilon + S_1 - S_0.$$

Mais cet ensemble de modifications ramène le système à son état initial ; c'est un cycle fermé composé en partie de modifications réelles, en partie de modifications réversibles ; dès lors, selon l'inégalité (3), sa valeur de transformation doit être positive. Si donc nous désignons par P une quantité essentiellement positive, nous aurons

$$\varepsilon + S_1 - S_0 = P$$

ou bien

$$\varepsilon = S_0 - S_1 + P. \tag{9}$$

Cette égalité caractérise une modification réalisable quelconque menant le système de l'état initial 0 à l'état final 1.

Cette quantité P, dont nous ne savons rien, si ce n'est qu'elle est positive, a reçu de Clausius le nom de *transformation non compensée* relative à la modification réalisable qui fait passer le système de l'état 0 à l'état 1.

Nous voyons que *la transformation non compensée relative à une modification réalisable quelconque est positive.* Si nous comparons l'égalité (5) à l'égalité (9), nous voyons qu'*une modification réversible est accompagnée d'une transformation non compensée égale à* 0.

Nous donnerons à la quantité $(S_0 - S_1)$, qui se réduit à 0 pour tout cycle fermé, réversible ou non, le nom de *transformation compensée* relative à la modification qui fait passer le système de l'état 0 à l'état 1.

Un caractère fondamental distingue la transformation compensée de la transformation non compensée. Pour connaître la transformation compensée qui accompagne une modification subie par un système, il suffit de connaître l'état initial et l'état final du système ; au contraire, pour connaître la transformation non compensée, il faut, du moins en général, connaître toute la suite des états intermédiaires que le système a traversés et les actions auxquelles il était soumis pendant qu'il les traversait.

70. Principe de l'accroissement de l'entropie d'un système isolé. — Les lois que nous venons d'énoncer conduisent à de bien importantes conséquences.

Imaginons qu'un système matériel soit absolument isolé dans l'espace ; autour de lui, il n'y a rien, ni matière pondérable, ni éther ; rien ne peut lui fournir de la chaleur, rien ne peut lui en enlever.

Ce système éprouve une certaine modification qui le fait passer de l'état 0 à l'état 1 ; quelle est, pour cette modification, la valeur de transformation ? Selon ce qui a été dit au n° **63**, nous décomposerons cette modification en un certain nombre de modifications partielles $m, m', m'', \ldots$; nous désignerons par $q, q', q'' \ldots$ les quantités de chaleur dégagées par le système en ces diverses modifications et par $T, T', T'', \ldots$ les valeurs de la température absolue au début de chacune d'elles ; nous formerons la somme

$$\frac{q}{T} + \frac{q'}{T'} + \frac{q''}{T''} + \ldots$$

et nous chercherons vers quelle limite tend cette somme lorsque les modifications $m, m', m'', \ldots$ deviennent de plus en plus nombreuses.

Or, le système ne pouvant ni prendre, ni céder de chaleur, chacune des quantités $q, q', q'', \ldots$ est égale à 0 ; il en est constamment de même de la somme précédente et, partant, de sa limite.

Donc, lorsqu'un système isolé subit une modification réelle, la valeur de transformation de cette modification est nulle :

$$\varepsilon = 0.$$

Cette égalité, rapprochée de l'égalité (9), donne

$$S_1 - S_0 = P$$

ou bien, puisque P est essentiellement positif,

$$S_1 > S_0.$$

La modification considérée fait donc certainement croître l'entropie du système isolé.

D'autre part, nous avons vu (2ᵉ Leçon, n° **23**) qu'une telle modification laissait invariable l'*énergie totale* du système. Nous sommes donc conduits à l'énoncé suivant, qui a été donné par R. Clausius [1]:

Si l'on considère un système absolument isolé dans l'espace, toute modification réelle de ce système présente les deux caractères suivants :

1° *Elle laisse constante son énergie totale* ;

2° *Elle fait croître son entropie.*

71. Emploi de ce principe en statique chimique. — La proposition que nous venons d'établir peut servir de principe à la statique chimique.

Le système chimique A est dans un certain état et il est soumis à l'action d'autres corps B ; on se propose de savoir si, dans ces conditions, le système A demeure en équilibre.

Avec le système A et tous les corps B qui agissent sur lui, on compose un système isolé dans l'espace ; soit C ce système total ; on calcule l'entropie S du système C.

On considère alors toutes les modifications par lesquelles on pourrait imaginer que le système A sorte de l'état donné et l'on évalue le changement de valeur qu'elles feraient subir à l'entropie S du système total C. Si aucune de ces modifications ne fait croître l'entropie S, aucune d'elles ne peut être réalisée et le système A demeure forcément en équilibre dans l'état considéré.

Tel est le principe de statique chimique proposé par M. Horstmann [2] et par M. J. Willard Gibbs [3]. Sous sa forme première, il est d'un

[1] R. Clausius, *Poggendorff's Annalen*, Bd. CXXV, p. 400 ; 1865.

[2] Horstmann, *Theorie der Dissociation* (Liebig's Annalen der Chemie und Pharmacie. Bd. CLXX, p. 192 ; 1873).

[3] J. Willard Gibbs, *On the equilibrium of heterogeneous substances* (Transactions of the Academy of Sciences and Arts of Connecticut, vol. III, 1875 à 1878).

emploi quelque peu délicat par l'obligation de tenir compte, dans le calcul de l'entropie S, non seulement du système A que l'on étudie, mais encore de tous les corps étrangers B qui agissent sur lui.

Nous allons lui substituer un autre principe, théoriquement équivalent, mais d'un emploi plus commode.

72. Travail compensé et travail non compensé en une modification isothermique. — Reprenons l'égalité (9) et voyons ce qu'elle devient pour une modification isothermique.

Si Q est la quantité de chaleur dégagée en cette modification accomplie à la température absolue T, la valeur de transformation est, selon l'égalité (1),

$$\varepsilon = \frac{Q}{T},$$

en sorte que l'égalité (9) devient, pour une modification isothermique,

$$\frac{Q}{T} = S_0 - S_1 + P$$

ou bien

$$Q = T(S_0 - S_1) + TP. \tag{10}$$

Le premier membre de cette égalité (10) étant une quantité de chaleur, les deux termes qui composent le second membre doivent être des grandeurs de la même espèce qu'une quantité de chaleur ; il est naturel d'appeler la première, $T(S_0 - S_1)$, la *quantité de chaleur compensée* dégagée dans la modification isothermique, et la seconde, TP, la *quantité de chaleur non compensée* dégagée dans la même modification.

La première, la quantité de chaleur compensée, a une grandeur déterminée lorsqu'on connait l'état initial 0 et l'état final 1 entre lesquels la modification est menée. Il n'en est pas de même de la seconde ; comme la quantité P, elle ne peut être déterminée que si l'on connait non seulement les deux états extrêmes 0 et 1, mais encore tous les états intermédiaires que le système a traversés et les forces extérieures qui ont obligé le système à passer de chacun de ces états au suivant.

Ces deux quantités de chaleur se distinguent par un autre caractère plus essentiel encore.

Le signe de la quantité de chaleur compensée n'a rien de forcé; si une modification isothermique qui conduit le système de l'état 0 à l'état 1 dégage une quantité de chaleur compensée positive, une modification conduisant de l'état 1 à l'état 0 dégagera une quantité de chaleur compensée négative et égale en valeur absolue à la précédente; en d'autres termes, elle absorbera autant de chaleur compensée que la première en a dégagé.

Au contraire, la température absolue T est toujours positive; la transformation non compensée P, égale à 0 en une modification réversible, est positive en toute modification réalisable; donc *la quantité de chaleur non compensée que dégage une modification isothermique réalisable quelconque est une quantité essentiellement positive; elle est égale à 0 en une modification réversible.*

Multiplions les deux membres de l'égalité (10) par l'équivalent mécanique de la chaleur E; cette égalité deviendra

$$EQ = ET(S_0 - S_1) + ETP. \tag{11}$$

Le premier membre de cette égalité, produit d'une quantité de chaleur par l'équivalent mécanique de la chaleur, est une grandeur de même espèce qu'un travail; il en est donc de même de chacun des deux termes qui composent le second membre. Nous donnerons au premier,

$$\mathfrak{S} = ET(S_0 - S_1), \tag{12}$$

le nom de *travail compensé* accompli dans la modification isothermique considérée et au second,

$$\tau = ETP, \tag{13}$$

le nom de *travail non compensé.*

Chacun de ces deux travaux présente naturellement les mêmes caractères que la quantité de chaleur à laquelle il est équivalent. En particulier, on peut énoncer cette proposition fondamentale :

Toute modification isothermique réelle engendre un travail non compensé positif; ce travail est nul pour une modification isothermique réversible.

73. Première forme de la condition d'équilibre d'un système maintenu à une température donnée. — Cette proposition va nous fournir un criterium auquel nous reconnaîtrons qu'un système pris à une température donnée, dans un état donné, est en équilibre.

Supposons que l'on examine toutes les modifications isothermiques infiniment petites qui seraient susceptibles, si elles se réalisaient, de faire sortir le système de l'état où il se trouve; calculons le travail non compensé qu'engendrerait chacune de ces modifications *virtuelles*; si toutes ces modifications correspondent à un travail non compensé nul ou négatif, aucune d'elles n'est réalisable; le système ne peut sortir de l'état où il se trouve; il y demeure forcément en équilibre; ainsi se trouve établi ce théorème :

Un système pris dans un état donné, à une température donnée, est en équilibre si toutes les modifications isothermiques par lesquelles on pourrait concevoir qu'il quitte cet état correspondent à un travail non compensé nul ou négatif.

74. Expression du travail non compensé accompli dans une modification isothermique. — Comparons les égalités (11) et (13); nous trouvons :

$$\tau = EQ - ET(S_0 - S_1).$$

Mais, si nous désignons par W la force vive du système dans un état donné, par U l'énergie interne dans ce même état, par $\mathcal{C}_e$ le travail accompli par les forces extérieures durant la modification considérée, le principe de l'équivalence de la chaleur et du travail donne [2ᵉ Leçon, égalité (4)]

$$EQ = E(U_0 - U_1) + \mathcal{C}_e + W_0 - W_1.$$

Ces deux égalités nous donnent l'expression suivante du travail non compensé produit par un système qui subit une modification isothermique :

$$(14) \qquad \tau = E(U_0 - TS_0) - E(U_1 - TS_1) + \mathcal{C}_e + W_0 - W_1.$$

Cette égalité (14) donne lieu à un grand nombre de remarques importantes.

75. Fonction caractéristique d'un système. — Tout d'abord, cette égalité (14) nous montre que, pour former l'expression du travail non compensé engendré dans une modification isothermique, il n'est pas nécessaire de chercher séparément la variation de l'énergie interne et la variation de l'entropie ; il suffit de calculer la variation subie par une certaine quantité, entièrement déterminée lorsque l'on connait l'état du système ; c'est la quantité

$$\mathfrak{F} = E(U - TS). \tag{15}$$

Or cette quantité joue, en thermodynamique, un rôle tout à fait fondamental. Toute équation que fournit la thermodynamique est, en dernière analyse, l'énoncé d'une propriété de la grandeur $\mathfrak{F}$. Lorsqu'on connait la valeur que prend cette grandeur en chaque état du système, on peut, par des opérations mathématiques régulières, déterminer la valeur, en chaque état, de l'énergie interne et de l'entropie du système, les forces extérieures qu'il faut lui appliquer pour le maintenir en équilibre dans cet état, la quantité de chaleur qu'il lui faut fournir pour élever sa température ou pour y produire quelque modification ; on peut, en un mot, déterminer toutes les propriétés mécaniques ou thermiques du système. La connaissance de la valeur que la grandeur $\mathfrak{F}$ prend en chaque état du système *caractérise* donc ce système. Aussi cette grandeur a-t-elle été nommée *fonction caractéristique du système* par Massieu [1] qui, le premier, l'a considérée et en a établi les principales propriétés.

76. Fonction caractéristique d'un gaz parfait. — Calculons, à titre d'exemple, la fonction caractéristique d'un gaz parfait de masse M qui occupe le volume V à la température T. Choisissons arbitrairement un état initial où le gaz occupe le volume V_0 à la température T_0 ; soient U_0, S_0 l'énergie interne et l'entropie du gaz dans cet état ; soient U, S les valeurs des mêmes grandeurs

[1] F. Massieu, *Sur les fonctions caractéristiques* (Comptes-rendus, t. LXIX, p. 858 et p. 1057, 1869). — *Mémoire sur les fonctions caractéristiques* (Savants étrangers, t. XXII, année 1876).

lorsque le gaz occupe le volume V à la température T. L'égalité (9) de la 2ᵉ Leçon et l'égalité (8) de la présente Leçon donnent

$$U = U_0 - McT_0 + McT,$$

$$S = S_0 - 2{,}325\, M\left(\frac{R\tau}{E} \log V_0 + c \log T_0\right)$$

$$+ 2{,}325\, M\left(\frac{R\tau}{E} \log V + c \log T\right).$$

Désignons par

$$A = E(U_0 - McT_0),$$

$$B = 2{,}325\, EM\left(\frac{R\tau}{E} \log V_0 + c \log T_0\right) - ES_0,$$

deux quantités qui ne dépendent pas de V et de T, qui demeurent donc invariables lorsque V et T varient, et l'égalité (15) nous donnera l'expression suivante de la fonction caractéristique d'un gaz parfait :

$$(16) \qquad \mathcal{F} = A + BT + EMcT(1 - 2{,}325 \log T)$$
$$- 2{,}325\, MR\tau T \log V.$$

77. La fonction caractéristique considérée comme énergie utilisable. — Les égalités (14) et (15) nous donnent l'égalité suivante, applicable à toute modification isothermique

$$(17) \qquad W_1 - W_0 - \mathfrak{G}_e = \mathcal{F}_0 - \mathcal{F}_1 - \tau.$$

Voyons ce que cette égalité nous enseigne.

La modification considérée peut être employée à *produire du travail*, c'est-à-dire à contraindre les forces extérieures à effectuer un travail négatif ; $\mathfrak{G}_e$ étant ce travail négatif des forces extérieures, le *travail produit*, $\mathfrak{G}'_e$, c'est la valeur absolue de ce travail négatif : $\mathfrak{G}'_e = - \mathfrak{G}_e$. Cette modification peut encore être employée à *accroître la force vive* d'une partie du système, comme dans l'arc où la détente de la corde lance la flèche. D'une manière générale, si l'on emploie la modification considérée comme source de puissance motrice, on peut dire que son *effet utile* est mesuré par la grandeur

$$(18) \qquad \mathcal{E} = W_1 - W_0 - \mathfrak{G}_e.$$

En vertu de cette égalité, l'égalité (17) devient

$$\mathfrak{E} = \mathfrak{F}_0 - \mathfrak{F}_1 - \tau. \quad (19)$$

Si l'on se souvient que le travail non compensé τ, égal à 0 pour toute modification isothermique réversible, est positif pour toute modification isothermique réalisable, on obtient sans peine la proposition suivante :

Si l'on considère toutes les modifications isothermiques susceptibles de faire passer un système d'un état initial donné 0 *à un état final également donné* 1, *on constate que l'effet utile de ces modifications est toujours inférieur à la diminution* $(\mathfrak{F}_0 - \mathfrak{F}_1)$ *qu'éprouve la grandeur* $\mathfrak{F}$ *lorsque le système passe de l'état* 0 *à l'état* 1. *L'effet utile tend vers cette limite supérieure, sans l'atteindre, lorsque la modification isothermique réalisable tend vers une modification réversible.*

Cette proposition fondamentale paraît avoir été aperçue pour la première fois par Maxwell [1] ; dans les premières éditions de son livre, Maxwell avait donné à la grandeur $\mathfrak{F}$ le nom d'*entropie du système*, déjà employé par Clausius dans un sens différent ; dans la quatrième édition, il lui donna le nom d'*énergie utilisable (available energy)*, qui avait été proposé par M. Gibbs [2] : Helmholtz [3] lui a donné le nom d'*énergie libre (freie Energie)* ; aujourd'hui, on lui donne plus volontiers le nom de *potentiel thermodynamique interne du système* ; cette dénomination découle du rôle que cette grandeur va jouer dans l'étude des conditions d'équilibre d'un système.

78. Forme définitive de la condition d'équilibre d'un système maintenu à une température donnée.

— Reprenons l'égalité (17) et écrivons-là sous la forme suivante :

$$\mathfrak{F}_0 - \mathfrak{F}_1 + \mathfrak{E}_e = \tau + W_1 - W_0. \quad (17^{bis})$$

(1) J. Clerk Maxwell, *Theory of heat*, p. 186 (Londres, 1871).

(2) J. Willard Gibbs, *A method of geometrical representation of the thermodynamic properties of substances by means of surfaces* (Transactions of the Academy of Connecticut, t. II, p. 400 ; 1873).

(3) H. von Helmholtz, *Zur Thermodynamik chemischer Vorgänge* (Sitzungsberichte der Berliner Akademie, 1882, p. 2).

Supposons le système placé dans l'état 0 sans qu'aucune vitesse initiale anime ses divers points ; demeurera-t-il en équilibre dans cet état ou bien éprouvera-t-il quelque modification isothermique, quelque réaction qui l'en fasse sortir ?

Imaginons qu'une modification isothermique le fasse sortir de l'état 0 et l'amène dans un état 1, voisin du précédent ; la force vive initiale était nulle ; la force vive au moment où le système se trouve en l'état 1 ne peut être que nulle ou positive et il en est de même de $(W_1 - W_0)$; quant au travail non compensé τ, il ne peut être que positif ; donc, toute modification isothermique capable d'écarcarter le système de l'état 0, où il se trouvait sans force vive initiale, correspond à une valeur positive de la grandeur $(\tau + W_1 - W_0)$ et, par conséquent, en vertu de l'égalité (17bis), de la grandeur $(\mathfrak{F}_0 - \mathfrak{F}_1 + \mathfrak{T}_e)$.

D'où la proposition suivante :

Un système, placé sans aucune vitesse initiale dans l'état 0, *y demeure forcément en équilibre si toutes les modifications isothermiques virtuelles par lesquelles on pourrait l'amener de l'état* 0 *à un état voisin* 1 *vérifient la condition*

$$\mathfrak{F}_0 - \mathfrak{F}_1 + \mathfrak{T}_e \leq 0. \tag{20}$$

79. Potentiel thermodynamique interne. — Reportons-nous à ce qui a été dit au n° **14** ; nous reconnaissons que la condition d'équilibre qui vient d'être énoncée a exactement la forme qu'aurait, en mécanique, la condition d'équilibre d'un système constitué de la manière suivante :

Ce système est soumis aux mêmes forces extérieures que le système précédent ; il est, en outre, le siège de *forces intérieures* dont $\mathfrak{F}$ est le potentiel (n° **10**).

En effet, en une modification d'un tel système, pendant que les forces extérieures effectueraient un travail $\mathfrak{T}_e$, les forces intérieures effectueraient un travail $(\mathfrak{F}_0 - \mathfrak{F}_1)$; la condition (20) exprimerait donc que le travail de toutes les forces qui sollicitent le système est négatif ou nul en toute modification virtuelle capable de faire sortir le système de l'état 0.

On arrive ainsi à cette conséquence :

Il y a analogie absolue entre les lois de l'équilibre établies en thermodynamique et la statique d'un système mécanique dans lequel les forces intérieures admettent un potentiel ; le même rôle est joué, dans cette théorie-ci, par le potentiel des forces intérieures et, dans celle-là, par le potentiel thermodynamique interne.

80. Potentiel thermodynamique total sous pression constante ou sous volume constant. — En général, les forces extérieures qui sollicitent un système n'admettent pas de potentiel ; il est toutefois des cas spéciaux où ces forces admettent un potentiel ; au n° **12**, nous en avons cité deux qui sont particulièrement intéressants pour le chimiste :

1° Lorsque les forces extérieures se réduisent à une *pression uniforme et constante* Π, elles admettent un potentiel qui a pour valeur :

$$\Omega = \Pi V, \tag{21}$$

en désignant par V le volume total du système.

2° Lorsque les forces extérieures se réduisent à une pression uniforme, constante ou variable, et que le *volume total du système garde une valeur invariable*, les forces extérieures admettent pour potentiel

$$\Omega = 0. \tag{22}$$

Plaçons-nous dans un de ces cas particuliers où *les forces extérieures appliquées au système admettent un potentiel* et soit Ω ce potentiel ; lorsque le système passera de l'état 0 à l'état 1, les forces extérieures effectueront un travail donné par l'égalité

$$\mathcal{C}_e = \Omega_0 - \Omega_1 \tag{23}$$

et le premier membre de la condition (20) deviendra :

$$\mathcal{F}_0 + \Omega_0 - (\mathcal{F}_1 + \Omega_1).$$

Il est alors égal à la diminution subie, en passant de l'état 0 à l'état 1, par une certaine grandeur

$$\Phi = \mathcal{F} + \Omega \tag{24}$$

qui a, en chaque état du système, une valeur bien déterminée. *Cette grandeur, somme du potentiel thermodynamique interne et du potentiel des forces extérieures, se nomme potentiel thermodynamique total.*

S'il s'agit d'un système maintenu sous une pression uniforme et constante Π, cette grandeur devient, en vertu des égalités (21 et 24),

$$\Phi = \mathfrak{F} + \Pi V. \tag{25}$$

C'est le *potentiel thermodynamique total sous pression constante.*

S'il s'agit d'un système maintenu sous volume constant, et soumis à une pression uniforme, cette grandeur devient, en vertu des égalités (22) et (24),

$$\Phi = \mathfrak{F}. \tag{26}$$

C'est le *potentiel thermodynamique total sous volume constant.*

Dans le cas où le système étudié admet un potentiel thermodynamique total, la condition (20) devient, en vertu des égalités (23) et (24),

$$\Phi_0 - \Phi_1 \leq 0. \tag{27}$$

Placé sans force vive initiale dans un état 0, un système qui admet un potentiel thermodynamique total demeure en équilibre dans cet état si aucune des modifications isothermiques virtuelles qui l'en pourraient tirer ne fait décroître le potentiel thermodynamique total.

Un système est donc assurément en équilibre dans un état où le potentiel thermodynamique total a une valeur minimum parmi celles qu'il peut prendre à la même température.

81. Stabilité de l'équilibre. — Si, à cette proposition, nous ajoutons ce complément, que nous ne pouvons démontrer ici : *Un tel état est un état d'équilibre stable*, nous aurons achevé de marquer l'entière analogie entre la statique thermodynamique d'un système qui admet un potentiel thermodynamique total et la statique d'un système mécanique soumis à des forces qui dépendent d'un potentiel (voir n° **16**).

82. Interprétation du travail non compensé. — Reprenons l'égalité

$$Q = T(S_0 - S_1) + TP, \tag{10}$$

dont nous avons déjà tiré un si grand nombre de conséquences. Nous allons trouver une interprétation intéressante de la quantité de chaleur non compensée TP dégagée dans cette modification.

Supposons la force vive du système constamment négligeable, ce qui a ordinairement lieu dans les changements d'état qu'étudie le chimiste; l'égalité (17), où l'on peut faire alors $W_0 = 0$, $W_1 = 0$, donne

$$\mathcal{E}_e = \mathcal{F}_1 - \mathcal{F}_0 + \tau$$

ou bien, selon l'égalité (13) qui définit τ,

$$\mathcal{E}_e = \mathcal{F}_1 - \mathcal{F}_0 + ETP. \tag{28}$$

La modification isothermique réelle considérée se compose d'une suite d'états du système; imaginons que l'on puisse, au moyen d'actions extérieures convenablement choisies, et dont il est inutile de préciser la nature, maintenir le système en équilibre en chacun de ces états. La suite de ces états d'équilibre formerait une modification isothermique réversible conduisant le système du même état initial 0 au même état final 1 que la modification réelle considérée; en cette modification réversible, la transformation non compensée P aurait la valeur 0; si donc nous désignons par $\mathcal{E}'_e$ le travail effectué par les forces extérieures qui agissent sur le système au cours de cette modification réversible, l'égalité (28) donnerait, pour cette modification,

$$\mathcal{E}'_e = \mathcal{F}_1 - \mathcal{F}_0. \tag{28bis}$$

Les égalités (28) et (28bis) donnent l'égalité

$$ETP = \mathcal{E}_e - \mathcal{E}'_e. \tag{29}$$

Le travail non compensé qui accompagne une modification isothermique réelle est l'excès du travail accompli, durant cette modification, par les forces extérieures qui sollicitent réellement le système sur le travail qu'accompliraient, durant la même modifi-

cation, des forces extérieures capables de maintenir à chaque instant le système en équilibre.

83. Vivacité d'une réaction : réactions très peu vives. — On parle souvent en chimie de réaction vive, intense ou énergique, sans donner de ces mots une définition précise ; ce qui précède nous permet de combler cette lacune ; nous pouvons prendre la différence $(\mathfrak{T}_e - \mathfrak{T}'_e)$, qui est toujours positive, comme mesure de la *vivacité* de la réaction isothermique considérée ; lorsque la réaction se produit dans des conditions extrêmement voisines de celles qui assureraient à chaque instant l'équilibre, cette vivacité a une très petite valeur ; pour qu'elle prenne une très grande valeur, il faut que la réaction se produise dans des conditions extrêmement différentes de celles qui assureraient l'équilibre, qu'elle intéresse un système très *déséquilibré*.

Moyennant l'égalité (29), l'égalité (10) devient :

$$Q = T(S_0 - S_1) + \frac{\mathfrak{T}_e - \mathfrak{T}'_e}{E}. \tag{30}$$

Supposons, tout d'abord que la réaction soit très peu vive ; la quantité $(\mathfrak{T}_e - \mathfrak{T}'_e)$ aura une très petite valeur ; le signe de la quantité Q sera celui de $T(S_0 - S_1)$; mais ce dernier signe n'a rien de forcé ; la quantité $T(S_0 - S_1)$ peut être aussi bien négative que positive.

Supposons, par exemple, que, pour cette modification, la quantité $T(S_0 - S_1)$ et, partant, la quantité Q soient positives ; la modification isothermique considérée dégage de la chaleur. Cette modification très peu vive est très voisine d'une modification réversible ; c'est-à-dire que, dans des conditions très peu différentes de celles qui déterminent la modification considérée, il se produit une modification de sens inverse, absorbant à peu près autant de chaleur que la première en dégage.

Donc, *une modification physique ou chimique très peu vive peut aussi bien absorber de la chaleur ou dégager de la chaleur.*

Par exemple, accomplies à une température invariable, la vaporisation de l'eau absorbe de la chaleur et la condensation de la vapeur d'eau dégage de la chaleur.

La dissociation du carbonate de calcium en chaux et gaz carbonique absorbe de la chaleur et la combinaison du gaz carbonique avec la chaux dégage de la chaleur.

L'oxydation du fer par la vapeur d'eau dégage de la chaleur; la réduction de l'oxyde magnétique par l'hydrogène absorbe de la chaleur.

84. Réactions très vives ; principe du travail maximum. — Prenons maintenant le cas, opposé au précédent, où la modification étudiée est d'une extrême vivacité ; la différence ($\mathcal{E}_e - \mathcal{E}'_e$), qui est toujours positive, a une très grande valeur ; elle donne alors son signe à la quantité Q. D'où la proposition suivante :

Tout changement d'état isothermique, d'une extrême vivacité, est accompagné d'un dégagement de chaleur.

En 1854, M. J. Thomsen [1] a énoncé la proposition suivante, que M. Berthelot a nommé PRINCIPE DU TRAVAIL MAXIMUM :

Pour qu'une réaction chimique puisse se produire à une température maintenue invariable, il faut que cette réaction soit accompagnée d'un dégagement de chaleur.

M. Thomsen a pris le soin de limiter l'application de cette loi aux réactions purement chimiques ; il est trop clair, en effet, qu'elle ne saurait s'appliquer aux changements d'état physique ; à une température maintenue invariable, on peut observer la vaporisation d'un liquide, la fusion d'un solide, la dissolution du sel marin dans l'eau et, cependant, tous ces changements d'état absorbent de la chaleur.

Le principe du travail maximum ne peut pas d'avantage être regardé comme un principe applicable à toutes les réactions chimiques ; à une température maintenue invariable, le carbonate de calcium se dissocie, l'hydrogène réduit l'oxyde magnétique de fer, bien que ces réactions absorbent de la chaleur ; on pourrait citer un nombre immense d'exceptions au principe du travail maximum, toutes choisies parmi les réactions de faible vivacité.

Le principe du travail maximum doit donc être restreint aux réac-

[1] J. THOMSEN, *Poggendorff's Annalen der Physik und Chemie*, Bd. XCII, p. 34 ; 1854.

tions de grande vivacité, pour lequel il est justifié par les déductions précédentes.

Ainsi restreint, ce principe peut, dans un grand nombre de cas, indiquer au chimiste le sens des réactions isothermiques possibles.

Donnons-en quelques exemples :

La combinaison de l'hydrogène et du chlore, en formant une molécule d'acide chlorhydrique, dégage 22 000 calories ; la formation d'une molécule de gaz sulfureux aux dépens du soufre et de l'oxygène dégage 69 260 calories ; aussi observe-t-on la combinaison directe de l'hydrogène et du chlore, du soufre et de l'oxygène.

Le chlore et l'oxygène, en formant une molécule de gaz hypochloreux, absorberaient 15 100 calories ; trois atomes d'oxygène, en s'unissant pour former une molécule d'ozone, absorberaient 30 700 calories ; l'oxygène, en se combinant à l'eau, pour former une molécule d'eau oxygénée très étendue d'eau, donnerait lieu à une absorption de 21 700 calories ; aussi le gaz hypochloreux, l'ozone, l'eau oxygénée sont-ils des corps qui se décomposent spontanément.

La réaction

$$Ag + Cl = AgCl$$

dégage 29 000 calories, tandis que la réaction

$$Ag + Br = AgBr$$

dégage seulement 27 100 calories. Il résulte de là que le chlore déplacera le brôme de sa combinaison avec l'argent, car la réaction

$$AgBr + Cl = AgCl + Br$$

dégage 29 000 — 27 100 = 1 900 calories.

La réaction

$$2AzO^3Ag \text{ étendu} + Cu = (AzO^3)^2Cu \text{ étendu} + 2Ag$$

dégage 25 300 calories ; la réaction

$$(AzO^3)^2Cu \text{ étendu} + Zn = (AzO^3)^2Zn \text{ étendu} + Cu$$

dégage 61 700 calories. Dès lors le cuivre doit précipiter l'argent d'une solution étendue de nitrate d'argent et le zinc doit précipiter le cuivre d'une solution étendue de nitrate de cuivre. L'expérience donne des résultats conformes à ces conclusions.

Une combinaison, formée avec absorption de chaleur, ne peut, selon le principe du travail maximum, prendre naissance d'une manière directe et isolée; mais un composé endothermique pourra se former si sa formation est la conséquence nécessaire de réactions dont l'ensemble correspond à un dégagement de chaleur.

Ainsi, l'eau oxygénée qui est, comme nous venons de le voir, un composé endothermique, peut prendre naissance lorsque l'on fait agir de l'acide chlorhydrique étendu sur du bioxyde de baryum car, dans ces conditions, la réaction

$$BaO^2 + 2HCl = BaCl^2 + H^2O^2$$

dégage 22000 calories.

Ces exemples, que l'on pourrait multiplier à l'infini, montrent bien la variété des cas auxquels on peut appliquer le principe énoncé par M. Thomsen. Ils ne doivent pas, cependant, faire illusion sur la généralité de ce principe.

85. Effet mécanique utile d'une modification adiabatique. — Toutes les propositions énoncées du n° **72** au précédent (à l'exception des n°s **75** et **76**) supposent que les modifications imposées au système étudié sont *isothermiques*, c'est-à-dire accomplies sans aucun changement de température. Hors cette condition, ces propositions peuvent conduire à des résultats faux. Nous allons en donner un exemple.

Au lieu de traiter d'une modification isothermique, traitons d'une modification *adiabatique*; c'est ainsi que l'on nomme, en thermodynamique, une modification au cours de laquelle le système ne peut ni dégager, ni absorber de chaleur.

L'égalité, qui exprime le principe de l'équivalence entre la chaleur et le travail [(2e Leçon, égalité (4)]

$$EQ = E(U_0 - U_1) + \mathfrak{T}_e + W_0 - W_1$$

devient, dans le cas actuel où l'on a assurément $Q = 0$,

$$W_1 - W_0 - \mathfrak{T}_e = E(U_0 - U_1). \tag{31}$$

Or le premier membre de cette égalité est ce que nous avons nommé l'effet mécanique utile de la modification considérée ; nous parvenons donc ainsi à cette proposition :

L'effet mécanique utile d'une modification adiabatique s'obtient en multipliant par l'équivalent mécanique de la chaleur la diminution que subit l'énergie interne du système pendant cette modification.

Cette règle, on le voit, est très différente de celle que l'on obtient (nº **77**) pour une modification isothermique.

Supposons que la modification adiabatique considérée fasse passer le système d'un état 0 à un état 1 où il a la même température qu'en l'état 0 ; nous pourrons alors, du même état 0 au même état 1, passer par une modification isothermique ; soient $\mathcal{E}_a$ l'effet mécanique utile de la modification adiabatique et $\mathcal{E}_t$ l'effet mécanique utile de la modification isothermique ; comparons ces deux effets.

L'égalité (31) nous donne

$$\mathcal{E}_a = E(U_0 - U_1), \qquad (31^{bis})$$

tandis que l'égalité (19) nous donne

$$\mathcal{E}_t = \mathfrak{F}_0 - \mathfrak{F}_1 - \tau.$$

Si l'on tient compte de l'égalité

$$\mathfrak{F} = E(U - TS), \qquad (15)$$

on voit que l'on a

$$\begin{aligned} \mathcal{E}_a - \mathcal{E}_t &= \tau + ET(S_0 - S_1) \\ &= ETP + ET(S_0 - S_1). \end{aligned}$$

Mais, en vertu de l'égalité (11), si l'on désigne par Q la quantité de chaleur dégagée en la modification isothermique, cette égalité devient

$$\mathcal{E}_a - \mathcal{E}_t = EQ. \qquad (32)$$

Si l'on peut amener un système du même état initial au même état final d'une part, par une modification isothermique, d'autre part, par une modification adiabatique, l'effet mécanique utile produit en celle-ci surpasse l'effet mécanique utile produit en celle-là d'une quantité précisément équivalente à la quantité de chaleur dégagée en la modification isothermique.

Selon que la réaction isothermique est *exothermique* ($Q > 0$) ou *endothermique* ($Q < 0$), son effet mécanique utile est plus petit ($\mathcal{E}_T < \mathcal{E}_Q$) ou plus grand ($\mathcal{E}_T > \mathcal{E}_Q$) que l'effet mécanique utile de la modification adiabatique correspondante.

Il y a plus : l'effet mécanique utile $\mathcal{E}_Q$ de la modification adiabatique peut fort bien surpasser la limite $(\mathcal{F}_0 - \mathcal{F}_1)$ que ne saurait atteindre l'effet mécanique $\mathcal{E}_T$ de la modification isothermique. On a, en effet,

$$\mathcal{E}_Q - (\mathcal{F}_0 - \mathcal{F}_1) = (U_0 - U_1) - (\mathcal{F}_0 - \mathcal{F}_1)$$

ou bien, en vertu de l'égalité (15),

$$\mathcal{E}_Q - (\mathcal{F}_0 - \mathcal{F}_1) = ET(S_0 - S_1).$$

L'effet mécanique d'une modification adiabatique où la température finale est identique à la température initiale surpasse la limite $(\mathcal{F}_0 - \mathcal{F}_1)$, que ne saurait atteindre l'effet mécanique d'une modification isothermique, d'une quantité égale au travail compensé qui accompagne cette dernière modification.

Or, ce travail compensé peut fort bien être positif.

86. Application à la théorie des explosifs. Potentiel d'un explosif. — Ces considérations sont d'une grande importance dans la théorie des explosifs.

La charge qui détone en poussant le boulet dans l'âme d'un canon éprouve des réactions tellement rapides que l'on peut regarder comme assez faibles les échanges de chaleur entre cette charge et le métal du canon et du projectile. Dans une première approximation, on peut négliger ces échanges et traiter comme adiabatiques les modifications qui se produisent dans l'âme de la pièce.

La charge est prise à la température ordinaire, que nous désignerons par T_0 ; au moment où elle détone, la température des produits auxquels elle donne naissance s'élève extrêmement ; puis ces produits se détendent en chassant le projectile et, dans cette détente, ils se refroidissent ; l'état de température et de pression dans lequel ils se trouvent au moment où la base du projectile franchit la gueule de la pièce dépendant évidemment des particularités de la combustion de la poudre et de la marche du boulet dans l'âme de la pièce ; désignons par 1 cet état final. L'effet mécanique produit est

$$(31^{bis}) \qquad \mathcal{E}_0 = E(U_0 - U_1),$$

U_0 étant l'énergie interne de la charge dans l'état initial et U_1 l'énergie interne des produits de la combustion pris dans l'état final.

Supposons qu'au moment où le projectile quitte l'âme de la pièce, la combustion de la poudre soit complète ; les produits de la combustion à ce moment seront en entier à l'état gazeux et nous pourrons, sans erreur grave, les regarder comme des gaz parfaits. Alors, pour connaître l'énergie interne U_1, il suffira de connaître la masse M du mélange gazeux, égale à la masse de la charge, la nature chimique de ce mélange et la température T_1 à laquelle il se trouve porté ; il sera inutile de connaître la pression (voir n° **25**).

La température T_1 diffère de la température extérieure T_0 ; dans toutes les armes à feu, elle lui est notamment supérieure :

$$(33) \qquad T_1 - T_0 > 0.$$

Soit u_0 l'énergie interne, à la température T_0, du mélange gazeux fourni par la combustion de l'explosif dans l'âme de la pièce ; soit c la chaleur spécifique sous volume constant de ce mélange ; nous aurons [2e Leçon, égalité (9)]

$$U_1 = u_0 + Mc(T_1 - T_0).$$

L'égalité (31bis) deviendra alors

$$(34) \qquad E_0 = E(U_0 - u_0) + EMc(T_1 - T_0).$$

Jointe à l'inégalité (33), cette égalité nous enseigne que l'effet mécanique de l'explosion, supposée adiabatique, est inférieur à la quantité

$$(35) \qquad \mathfrak{L} = E(U_0 - u_0).$$

Il est d'autant plus voisin de cette limite supérieure que la température des gaz dans l'âme de la pièce, au moment où le boulet la quitte, est plus voisine de la température ordinaire.

Cette quantité $\mathfrak{L}$ représente l'effet mécanique que produirait la charge d'explosif considérée, en détonant dans les conditions les plus favorables ; elle se nomme en balistique le *potentiel de cette charge explosive.*

Or cette quantité peut être déterminée au moyen des données que fournit la calorimétrie chimique.

Supposons, en effet, que la charge explosive donnée, prise à la température ordinaire T_0 (soit $+ 15^\circ$ C.), éprouve, sous un volume invariable, une suite de modifications *ayant précisément pour terme un mélange gazeux de même composition que le mélange contenu dans la pièce au départ du boulet* ; supposons, en outre, qu'à la fin de cette modification, la température soit devenue T_0. Cette modification dégage une quantité de chaleur λ. La force vive est nulle au commencement et à la fin de la modification. Le volume du système étudié est demeuré constant, en sorte que les forces extérieures ont effectué un travail nul. Le principe de l'équivalence de la chaleur et du travail donne alors

$$\lambda = U_0 - u_0$$

ou bien, en vertu de l'égalité (35),

$$\mathfrak{L} = E\lambda. \tag{36}$$

Le calcul du potentiel explosif de la charge est ainsi ramené à la détermination de λ, c'est-à-dire à un problème de calorimétrie chimique. Toute la difficulté du problème, au point de vue expérimental, consiste à s'assurer que la réaction produite dans le calorimètre et la réaction produite dans l'âme de la pièce donnent bien naissance au même mélange gazeux.

Voici en gramme-mètres les potentiels de quelques explosifs usités [1] ; la charge employée est supposée égale à 1 gramme.

[1] Sarrau, *Poudres de guerre, balistique intérieure* (Cours de l'École d'application de l'artillerie et du génie ; 1893).

Potentiels de quelques explosifs usités.

Nos	Désignation		
1	Poudre de guerre (poudre noire)	270	× 10^3
2	Fulminate de mercure	173	»
3	Nitrate d'ammoniaque	267	»
4	Acide picrique	323	»
5	Picrate d'ammoniaque	254	»
6	Coton endécanitrique (Coton poudre)	457	»
7	Coton octonitrique (Collodion)	313	»
8	Nitroglycérine	669	»

On conçoit combien il est utile d'être ainsi renseigné d'une manière précise sur la grandeur de l'effet mécanique que l'on peut attendre d'un explosif donné lorsqu'on l'emploie dans les conditions les plus favorables.

SIXIÈME LEÇON

LA RÈGLE DES PHASES

87. Nombre des composants indépendants d'un système chimique d'espèce donnée. — Après avoir discuté les principes de thermodynamique qui sont à la base de la mécanique chimique moderne, nous arrivons à la seconde partie de notre tâche : l'exposé des conséquences que l'on peut déduire de ces principes. C'est naturellement au moyen des secours de l'algèbre que se fait ce passage des principes aux conséquences ; mais, laissant de côté, en cet écrit, les développements mathématiques que le lecteur pourra, s'il le désire, trouver ailleurs, nous donnerons seulement les résultats et nous les comparerons aux enseignements de l'expérience.

Quand on a réduit la mise en équations d'un problème à n'être plus qu'une question d'algèbre, le premier point que l'on ait à examiner est le suivant : Combien de grandeurs distinctes trouve-t-on dans les équations du problème ? Et l'examen de ce point est immédiatement suivi de l'examen de cet autre point : Entre ces grandeurs distinctes, combien l'algèbre fournit-elle de relations indépendantes ? En faisant, pour les problèmes de mécanique chimique, cette double énumération, M. J. Willard Gibbs est parvenu à des propositions dont l'ensemble constitue la *règle des phases*.

Deux nombres caractérisent un système chimique : le nombre des *composants indépendants* qui le forment et le nombre des *phases* en lesquelles il est partagé.

Un système chimique est toujours composé d'un certain nombre de corps simples; mais le plus souvent, par suite des conditions imposées au système que l'on étudie, conditions qui donnent, en quelque sorte, la *définition* de ce système, qui en fixent l'*espèce*, les masses de ces divers éléments ne peuvent pas être prises arbitrairement; il existe entre elles certaines relations. Ainsi, un système qui contient du carbonate de calcium, de la chaux et du gaz carbonique est formé de calcium, de carbone et d'oxygène; mais les masses de ces trois corps simples ne peuvent être prises arbitrairement; en disant que ces corps simples étaient groupés dans le système de manière à former exclusivement du carbonate calcique, de la chaux et de l'anhydride carbonique, j'ai imposé à ces trois masses une certaine condition; je puis choisir arbitrairement deux de ces masses, la masse du calcium et la masse du carbone par exemple; mais la troisième masse, celle de l'oxygène, est alors déterminée sans ambiguïté.

On peut toujours grouper les corps simples qui forment un système d'une espèce donnée en un certain nombre de composés ou de *restes* de composés, de telle sorte que la masse de chacun de ces groupements puisse être choisie d'une manière arbitraire, sans contredire à la définition même de l'espèce des systèmes que l'on étudie; ainsi, en disant que des systèmes seront formés de carbonate calcique, de chaux, d'anhydride carbonique, j'en définis l'*espèce*; en prenant des masses arbitraires de calcium, de carbone et d'oxygène, je ne pourrai pas, en général, en composer un système de l'espèce étudiée; mais, en prenant des masses arbitraires de chaux et d'anhydride carbonique, je pourrai toujours en composer un tel système; la chaux et l'anhydride carbonique sont, pour les systèmes de l'espèce considérée, des *composants indépendants*.

Dans bien des cas, il est possible de choisir de plusieurs manières différentes les composants indépendants des systèmes d'une espèce donnée; voici, par exemple, des systèmes formés de cristaux hydratés d'acétate de sodium et d'une solution aqueuse d'acétate de sodium; on peut prendre pour composants indépendants des systèmes de cette espèce l'eau et l'acétate de sodium hydraté; on peut prendre aussi, pour composants indépendants, l'eau et l'acétate de sodium anhydre.

Mais si la *nature* des composants indépendants d'une espèce déterminée de systèmes chimiques peut, dans certains cas, présenter une certaine indétermination, le *nombre* de ces composants indépendants n'en peut présenter aucune ; il est très aisé de démontrer le théorème suivant : *Le nombre des composants indépendants des systèmes d'une espèce donnée est toujours le même, de quelque manière que l'on groupe en composants indépendants les corps simples qui forment les systèmes de l'espèce considérée.* Ainsi, dans les systèmes que nous avons pris pour exemple, les composants indépendants peuvent être choisis de deux manières différentes, mais, quelque choix que l'on adopte, leur nombre demeure égal à 2.

C'est, en général, une opération très facile que déterminer le nombre des composants indépendants d'une espèce de systèmes chimiques lorsqu'on connait les formules des corps qui y entrent ; dorénavant, nous désignerons par la lettre c le *nombre des composants indépendants* qui forment les systèmes de l'espèce étudiée.

88. Nombre des phases en lesquelles se partage un système donné. — Les systèmes hétérogènes qu'étudie le chimiste se divisent en un certain nombre de masses homogènes ; un système formé d'eau et de vapeur d'eau se divise en une masse homogène d'eau liquide et une masse homogène de vapeur d'eau.

Plusieurs des masses homogènes qui composent un système hétérogène peuvent avoir la même nature, les mêmes propriétés physiques et chimiques ; dans un cristallisoir où une dissolution saturée de chlorure de sodium laisse déposer le sel qu'elle renferme, des cristaux de sel marin adhèrent à diverses places de la paroi de verre ; bien que séparés les uns des autres, ces cristaux ont la même composition et les mêmes propriétés ; si on les soudait les uns aux autres, leur ensemble formerait un solide homogène. Ces diverses masses qui, bien que séparées les unes des autres, ont la même composition et les mêmes propriétés, appartiennent à une même *phase* ; dans le cristallisoir dont nous venons de parler, les cristaux de sel marin constituent une phase ; la dissolution saline constitue une autre phase ; le système est partagé en deux phases.

Il est, en général, très facile d'énumérer les phases distinctes qui se rencontrent en un système donné.

Un mélange homogène contient une seule phase.

Un système formé d'eau liquide et de vapeur d'eau est partagé en deux phases, le liquide et la vapeur ; un système qui contient des cristaux de sel marin et une dissolution de ce sel est également partagé en deux phases, le sel solide et la dissolution.

Un système formé de carbonate calcique, de chaux et de gaz carbonique est partagé en trois phases : le carbonate de calcium solide, la chaux solide, le gaz carbonique.

Nous désignerons dorénavant par la lettre c le *nombre des phases* en lesquelles le système est partagé.

80. Hypothèse fondamentale. — Soit un système formé par les φ phases 1, 2,......,φ ; soient M_1, M_2,......,M_φ, les masses de ces diverses phases ; l'analyse de M. J. Willard Gibbs repose sur le principe suivant :

Le potentiel thermodynamique interne du système, $\mathfrak{F}$, est donné par la formule suivante :

$$\mathfrak{F} = M_1\mathfrak{F}_1 + M_2\mathfrak{F}_2 + \ldots\ldots\ldots + M_\varphi\mathfrak{F}_\varphi. \tag{1}$$

Dans cette formule, $\mathfrak{F}_1$ est une quantité dont la valeur dépend de la température, de l'état de la phase 1, de sa composition, de sa densité ; on peut dire que $\mathfrak{F}_1$ est le potentiel thermodynamique interne qui caractériserait l'unité de masse de la phase 1 si l'on considérait isolément cette masse, à la même température, sous le même état, avec la composition et la densité qu'elle présente au sein du système. Au sujet des quantités $\mathfrak{F}_2$,.........,$\mathfrak{F}_\varphi$, on peut répéter des considérations analogues.

L'exactitude de ce principe est-elle évidente et absolue ? Nullement. On peut dire que ce principe revient à regarder comme négligeables les forces que les différentes parties du système exercent les unes sur les autres. Cette hypothèse peut, dans un grand nombre de cas, être assez voisine de la vérité pour que les conséquences que l'on en déduit s'accordent d'une manière satisfaisante avec les faits ; mais il est à prévoir qu'il n'en sera pas toujours ainsi ; nous verrons, en effet, que certains phénomènes ne s'accordent pas avec les lois que nous allons développer ; pour rendre compte de ces phénomènes, il nous faudra renoncer au principe trop simple que nous venons d'énoncer (voir 17ᵉ Leçon).

Toutefois, dans un nombre immense de cas, ce principe nous conduira à des lois qui présenteront avec l'expérience un accord pleinement satisfaisant ; ce sont ces cas qui vont nous occuper.

90. Variance d'un système. — Au point de vue de la statique chimique simplifiée à laquelle nous serons conduits en faisant usage de l'hypothèse qu'implique la formule (1), un système est caractérisé par le nombre c des composants indépendants qui le forment et par le nombre φ des phases en lesquelles il est partagé ; d'une manière plus précise encore, *la forme de la loi d'équilibre d'un système chimique dépend exclusivement du nombre*

$$V = c + 2 - \varphi, \tag{2}$$

que l'on nomme la VARIANCE *du système.*

91. Systèmes à variance négative. — Énumérons, en effet, les formes que prend la loi d'équilibre selon la valeur de cette variance.

En premier lieu, *si la variance du système est négative, le système ne peut être en équilibre à aucune température et sous aucune pression* ; ainsi, à aucune température et sous aucune pression, on ne peut observer à l'état d'équilibre un système qui renfermerait à la fois de la vapeur de soufre, du soufre liquide, du soufre orthorhombique, du soufre monoclinique ; un tel système renfermerait un seul composant partagé en quatre phases ; d'après l'égalité (2), la variance serait égale à — 1.

92. Systèmes invariants. — Lorsque la variance d'un système est égale à 0, le système est dit INVARIANT ; *il n'existe qu'une température et une pression où un système invariant puisse être en équilibre* ; la composition et la densité de chacune des phrases qui composent le système en équilibre sont, d'ailleurs, déterminées ; mais il n'en est pas de même de la masse de chaque phase ; même si l'on se donne la masse totale de chacun des composants indépendants qui forment le système, on pourra, d'une infinité de manières différentes, partager ces composants en phases ayant la composition qui convient à l'équilibre.

Considérons, par exemple, un système qui renferme l'eau à la fois sous chacun des trois états de glace, de liquide et de vapeur ; ce système est formé d'un seul composant indépendant ($c = 1$), partagé en trois phases ($\varphi = 3$) ; il est invariant ; il ne peut donc être en équilibre qu'à une température déterminée et sous une pression déterminée ; des recherches très précises ont montré que cette température, très peu supérieure à 0° C., avait sensiblement pour valeur $+ 0°,0076$ C., et que cette pression était la tension de la vapeur d'eau saturée à cette température, soit environ $4^{mm},60$. Dans ces conditions, l'état de la glace, de l'eau liquide et de la vapeur est déterminé sans ambiguïté, mais il n'en est pas de même de la masse de chacune de ces trois phases ; on peut, sans troubler l'équilibre, donner à ces trois masses les valeurs que l'on veut, pourvu que la somme de ces trois valeurs demeure constamment égale à la masse totale du système.

93. Systèmes univariants. Tension de transformation à une température donnée. Point de transformation sous une pression donnée. — Un système dont la variance est égale à l'unité est dit système UNIVARIANT. Lorsqu'on veut observer un système univariant en équilibre, on peut se donner arbitrairement soit la température, soit la pression. *A une température donnée, la pression pour laquelle le système est en équilibre a une valeur entièrement déterminée, que l'on nomme* TENSION DE TRANSFORMATION *à la température considérée.* La composition et la densité de chacune des phases qui forment le système en équilibre sont également déterminées ; comme la tension de transformation, elles ne dépendent pas des masses des composants indépendants qui constituent le système ; au contraire, les masses des diverses phases ne sont pas entièrement déterminées, même lorsque l'on se donne les masses de ces composants indépendants.

Sous une pression donnée, la température pour laquelle le système est en équilibre a une valeur déterminée, que l'on nomme

POINT DE TRANSFORMATION *sous la pression considérée* ; cette température d'équilibre ne dépend point des masses des composants indépendants qui forment le système, et il en est de même de la composition et de la densité qu'offre, au moment de l'équilibre, chacune des phases en lesquelles le système est partagé; en revanche, les masses de ces phases ne sont point entièrement déterminées, même lorsqu'on se donne les masses des composants indépendants.

94. Exemples de systèmes univariants. — Le type le plus simple de système univariant nous est fourni par un liquide surmonté de sa vapeur; un seul composant ($c = 1$) est partagé en deux phases ($\varphi = 2$).

A une température donnée, l'équilibre correspond à une valeur entièrement déterminée de la pression, valeur qui est la *tension de vapeur saturé*, à la température considérée; la densité du liquide, la densité de la vapeur ont des valeurs déterminées qu'on nomme *densité du liquide saturé* et *densité de la vapeur saturée* à cette température; en revanche, la masse de liquide et la masse de vapeur que renferme le système ne sont pas déterminées; on peut imposer à ces deux masses toutes les variations qui laissent constante leur somme, égale à la masse totale du système.

Sous une pression donnée, il y a une température d'équilibre qui est entièrement déterminée par la connaissance de cette pression; c'est le *point d'ébullition* sous la pression considérée.

Un système qui renferme un même corps à la fois sous les deux états solide et liquide est aussi un système univariant; sous une pression donnée, l'équilibre correspond à une température déterminée, qui est le *point de fusion* sous la pression considérée; et le point de fusion dépend de cette seule pression.

Un système qui renferme un gaz, tel que le cyanogène, et un polymère solide de ce gaz, tel que le paracyanogène, est encore un système univariant; aussi, à une température donnée, est-il nécessaire pour l'équilibre que le gaz atteigne une tension déterminée; cette tension, qui dépend de la seule température, est la *tension de transformation* relative à cette température; c'est, en effet, la loi qu'ont reconnue MM. Troost et Hautefeuille dans des expériences classiques.

Un système qui contient du carbonate de calcium, de la chaux, du gaz carbonique est formé de deux composants indépendants ($c = 2$) partagés en trois phases ($\varphi = 3$) ; c'est un système univariant ; à une température donnée, le système est en équilibre pour une valeur déterminée de la pression, valeur qui se nomme *tension de dissociation* du carbonate de calcium à la température donnée ; cette tension dépend exclusivement de la température ; elle ne dépend nullement des masses des composants indépendants, chaux et anhydride carbonique, dont est formé le système ; c'est la loi célèbre prévue par Henri Sainte-Claire Deville, démontrée par Debray dans le cas que nous venons de prendre pour exemple, retrouvée par Debray et par G. Wiedemann en étudiant la dissociation des sels hydratés, par Isambert en étudiant la dissociation des composés que le gaz ammoniac forme avec certains chlorures métalliques.

On peut multiplier les exemples de systèmes univariants.

Un sel anhydre ou hydraté se trouve en présence d'une solution aqueuse de ce sel, que surmonte une atmosphère de vapeur d'eau ; deux composants indépendants ($c = 2$), le sel et l'eau, sont partagés en trois phases ($\varphi = 3$), le sel solide, la dissolution, la vapeur ; le système est univariant ; à chaque température, on peut observer un état d'équilibre du système ; la température une fois donnée, la tension de la vapeur d'eau et la concentration de la dissolution au sein du système en équilibre ont des valeurs déterminées.

Du chlore est dissous dans l'eau ; la dissolution a laissé déposer des cristaux d'hydrate de chlore et est surmontée d'une atmosphère gazeuse qui est un mélange de chlore et de vapeur d'eau ; deux composants indépendants ($c = 2$), le chlore et l'eau, sont partagés en trois phases ($\varphi = 3$), la dissolution, les cristaux d'hydrate de chlore et le mélange gazeux ; le système est donc univariant ; à chaque température correspond un état d'équilibre du système ; en cet état d'équilibre, la tension du mélange gazeux est déterminée, il en est de même de la composition de ce mélange gazeux et de la composition du mélange liquide ; cette loi a été vérifiée par Isambert et par M. H. Le Chatelier pour les mélanges de chlore et d'eau ; elle a été vérifiée par M. Wroblewski, par M. Bakhuis Roozboom et par

M. P. Villard pour divers autres mélanges d'eau avec des gaz qui forment des hydrates.

Un mélange d'éther et d'eau se sépare en deux couches ; l'une, plus riche en éther et, partant, plus légère, surnage, tandis que l'autre, plus riche en eau, occupe le fond du vase ; une vapeur mixte surmonte le liquide ; deux composants indépendants ($c = 2$), l'éther et l'eau, sont partagés en trois phases ($\varphi = 3$), les deux couches liquides et la vapeur mixte ; la variance du système a la valeur 1 ; à chaque température, on peut observer un tel système en équilibre ; et il suffit de connaître la température pour savoir quelle tension a la vapeur mixte au moment de l'équilibre, quelle composition ont la couche gazeuse et les deux couches liquides.

Ces exemples, que l'on pourrait multiplier, font soupçonner l'infinie variété des types de systèmes univariants ; et cependant, malgré la diversité de ces types, la valeur de la variance qui leur est commune impose à tous une même forme de loi d'équilibre ; en tous, nous retrouvons une *tension de transformation* dépendant uniquement de la température.

95. Rôle des systèmes univariants dans l'histoire de la mécanique chimique. — On connaît le rôle que les systèmes univariants ont joué dans l'histoire de la mécanique chimique ; c'est parce qu'ils se sont adressés à des systèmes univariants que H. Debray, qu'Isambert, que MM. Troost et Hautefeuille ont trouvé, dans l'étude des décompositions chimiques, dans l'étude des modifications allotropiques, une *tension de dissociation*, une *tension de transformation*, analogues à la tension de vapeur saturée ; et c'est en mettant en évidence l'analogie de la tension de dissociation, de la tension de transformation, avec la tension de vapeur saturée qu'ils ont fait entrer dans les esprits les plus rebelles la grande pensée de Henri Sainte-Claire Deville : Il n'y a pas de mécanique chimique distincte de la mécanique physique ; tous les changements d'état physique ou de constitution chimique dépendent des mêmes lois générales.

96. Systèmes bivariants. — L'importance des systèmes univariants ne doit pas faire oublier l'importance non moins grande des systèmes BIVARIANTS.

On nomme ainsi, cela va sans dire, les systèmes dont la variance est égale à 2; ce sont donc des systèmes partagés en un nombre φ de phases égal au nombre c des composants indépendants qui les forment.

Un système bivariant peut être observé en équilibre à toute température et sous toute pression; lorsque la température et la pression sont données, la densité et la composition de chaque phase sont déterminées; elles ne dépendent en aucune façon des masses des composants indépendants qui forment le système; d'ailleurs, si l'on se donne ces masses, la masse de chacune des phases en lesquelles le système se partage est, en général, déterminée.

Un exemple très simple de système bivariant nous est fourni par un sel solide mis en présence d'une solution aqueuse de ce sel; deux composants indépendants, le sel et l'eau, se trouvent partagés en deux phases, le sel solide et la dissolution. A chaque température et sous chaque pression, on peut observer un tel système en équilibre; la dissolution est alors *saturée* de sel; la concentration de la dissolution saturée dépend de la température à laquelle le système est porté et de la pression qu'il subit; mais elle est indépendante de la masse de sel et de la masse d'eau que le système renferme. D'ailleurs, si à la connaissance de la température et de la pression, on joint la connaissance de la masse totale de sel et de la masse totale d'eau que le système renferme, la masse de la dissolution et la masse du sel non dissous qui demeure en présence de cette dissolution sont déterminées.

97. Remarque sur la loi d'équilibre des systèmes bivariants.— Ici prévenons une confusion. Nous avons dit que, lorsque l'on connaissait la température et la pression, la concentration de la dissolution saturée était *déterminée*; nous avons entendu dire, par là, que l'on ne pouvait pas, à une température donnée et sous une pression donnée, trouver une suite de dissolutions saturées telles que la concentration varie d'une manière continue d'une dissolution à la suivante; mais nous n'avons point entendu dire que la concentration de la dissolution saturée fût déterminée *sans ambiguïté*; il peut arriver, en effet, qu'une température donnée et une pression donnée correspondent à *deux concentrations distinctes* de la solution saturée ; si, par exemple, nous étudions un système où un sel hydraté solide est en présence d'un mélange liquide d'eau et de sel anhydre, nous pourrons, à une température donnée et sous une pression donnée, obtenir deux solutions saturées de compositions distinctes, l'une contenant plus d'eau que le sel hydraté solide, et l'autre contenant moins d'eau que ce sel. D'ailleurs si, outre la températur e et la pression, on se donne la masse totale du sel anhydre et la masse totale de l'eau qui composent le système, l'ambiguïté sera levée et l'état du système en équilibre sera complètement déterminé.

Une remarque analogue peut être faite à propos de la composition de chacune des phases d'un système bivariant en équilibre sous une pression donnée et à une température donnée ; c'est une remarque dont nous verrons l'importance lorsque nous étudierons, en la 11e Leçon, les *états indifférents* d'un système bivariant.

La dissolution aqueuse d'un sel, mise en présence de ce sel solide, nous a fourni un premier exemple de système bivariant ; en veut-on un autre ? Dans une massse déterminée d'éther, versons une masse croissante d'eau ; les premières portions d'eau versées se mélangent en totalité à l'éther ; mais à partir d'un certain moment le mélange se sépare en deux couches, une couche supérieure plus riche en éther et une couche inférieure plus riche en eau ; nous avons alors affaire à un système formé de deux composants indépendants, l'éther et l'eau, et partagé en deux phases, les deux couches liquides superposées ;un tel système est bivariant ; dès lors, si la température et la pression demeurent constantes, la composition des deux couches liquides demeurera invariable ; au fur et à mesure que nous ajouterons de l'eau au mélange, nous verrons diminuer la masse de la couche supérieure et augmenter la masse de la couche inférieure, mais ni la concentration de la couche supérieure, ni la concentration de la couche inférieure ne subiront aucune variation, jusqu'au moment où on aura ajouté au système assez d'eau pour faire disparaître la couche supérieure ; le système cessera alors d'être bivariant.

A l'étude des systèmes bivariants se rattachent une foule de problèmes importants de statique chimique. La théorie de la solubilité des gaz est la théorie d'un système bivariant ; car les deux composants indépendants, le gaz et le dissolvant, sont partagés en deux phases, une solution liquide et une atmosphère gazeuse, simple ou mixte, selon que le dissolvant est fixe ou volatil. La théorie de la vaporisation d'un mélange de deux liquides volatils, la théorie de la liquéfaction d'un mélange de deux gaz, dépendent encore de l'étude d'un système bivariant, car deux fluides, qui jouent le rôle de composants indépendants, sont partagés en deux phases, le mélange liquide et la vapeur mixte.

98. La règle des phases rencontre, dans l'expérience, des contradictions. — Ce que nous venons de dire, et plus encore ce qui sera dit en la Leçon suivante, marque l'extrême importance de la règle des phases en mécanique chimique.

En résulte-t-il que la règle des phases soit vraie d'une vérité absolue et qu'elle ne se heurte jamais à aucune contradiction expérimentale ? Il s'en faut bien. L'expérience nous présente un nombre considérable de faits qui sont inconciliables avec la règle des phases ou avec les diverses lois qui découlent des mêmes principes que cette règle :

Prenons l'exemple suivant, que nous aurons, plus tard, à analyser de plus près :

Un tube de verre renferme deux composants indépendants, du sélénium et de l'hydrogène ; il est partagé en deux phases ; une phase liquide, qui occupe la partie inférieure du tube, est formée de sélénium qui a dissous de l'acide sélénhydrique ; une phase gazeuse, qui occupe la partie supérieure du tube, renferme de l'hydrogène, des vapeurs de sélénium et de l'acide sélénhydrique gazeux.

Ce système, formé de deux composants et partagé en deux phases, est un système bivariant ; selon la règle des phases, il peut être en équilibre à toute température et sous toute pression, mais, une fois que la température et la pression sont données, la composition de chacune des deux phases du système en équilibre est déterminée. C'est, en effet, la loi à laquelle obéit ce système lorsque la température est suffisamment élevée, lorsque, par exemple, cette température surpasse 350° C.

Mais il n'en est plus de même lorsque la température est moins élevée, lorsqu'elle est égale, par exemple, à 200° C. ou à 250° C. Lorsqu'on se donne la température et la pression, la composition des deux phases en équilibre n'est nullement déterminée. A une température donnée et sous une pression donnée, le mélange gazeux peut présenter toutes les compositions possibles entre deux compositions limites, l'une riche en hydrogène sélénié et l'autre pauvre en hydrogène sélénié. On peut donc observer en équilibre une infinité de systèmes qui n'y devraient pas être, selon la règle des phases.

Règle énoncée par J. Moutier touchant ces contradictions. — On pourrait citer un grand nombre d'exemples analogues ; l'examen de tous ces exemples conduirait à la conclusion suivante, que J. Moutier (1) a mise en lumière le premier :

Toutes les fois que la thermodynamique, à l'aide des principes et des hypothèses mentionnés jusqu'ici, annonce qu'un certain état sera, pour le système que l'on étudie, un état d'équilibre, l'expérience montre que le système, placé en cet état, y demeure effectivement en équilibre. Mais lorsque la thermodynamique annonce que le système étudié, placé en un certain état, y subira une modification déterminée, il peut arriver que le système, placé en cet état, y demeure en équilibre.

En d'autres termes, l'expérience reconnaît toujours l'existence de tous les états d'équilibre prévus par la thermodynamique ; mais, en outre, elle reconnaît l'existence d'une foule d'états d'équilibre qui contredisent les prévisions de la thermodynamique. A ces états d'équilibre, que l'expérience réalise tandis que la thermodynamique telle que nous l'avons développée jusqu'ici, n'en peut prévoir l'existence, nous donnerons le nom d'ÉTATS DE FAUX ÉQUILIBRE.

Les états de faux équilibre nous occuperont longuement à la fin de cet ouvrage ; mais il était nécessaire d'en signaler dès maintenant l'existence ; en effet, nous aurons, à chaque instant, à tenir compte de l'existence de ces états lorsque nous voudrons comparer les indications de la théorie aux résultats de l'expérience.

(1) J. MOUTIER, *Bulletin de la Société philomathique*, 7e série, t. IV, p. 86, 1880. — *Sur quelques relations de la Physique et de la Chimie* (Encyclopédie chimique de Frémy, t. II, 1881).

SEPTIÈME LEÇON

—

LES SYSTÈMES PLURIVARIANTS

I. Systèmes trivariants.

100. Systèmes plurivariants. Systèmes trivariants. — Nous venons de caractériser sommairement les systèmes univariants et les systèmes bivariants. Ces systèmes sont à la fois les plus simples et les plus importants que considère la mécanique chimique ; aussi, plusieurs leçons leur seront-elles consacrées.

Pour le moment, nous allons mettre en évidence l'utilité de la règle des phases en étudiant les systèmes PLURIVARIANTS, c'est-à-dire les systèmes dont la variance est au moins égale à 3. La complication de ces systèmes est telle, en général, qu'on n'aurait pu les débrouiller sans le secours de la règle dont nous sommes redevables à M. Gibbs.

Lorsque le nombre des composants indépendants surpasse d'une unité le nombre des phases en lesquelles le système est divisé ($c = \varphi + 1$), la variance est égale à 3 ; le système est TRIVARIANT.

Pour connaître entièrement la composition des phases en lesquelles est divisé un système trivariant en équilibre, il ne suffit pas de connaître la température et la pression ; il faut y joindre une troisième donnée.

101. Théorie des sels doubles. — Prenons un exemple de système trivariant.

Deux sels anhydres, que nous désignerons par les indices 1 et 2, ont été dissous dans l'eau, que nous désignerons par l'indice 0 ; le mélange liquide se trouve en présence d'un corps solide formé par la combinaison, en proportion définie, des trois corps 0, 1, 2 ou de quelques-uns d'entre eux ; ce corps solide peut être simplement de la glace ou bien l'un des sels 1 et 2 à l'état anhydre ; ce peut être un sel simple hydraté formé soit par le sel 1, soit par le sel 2 ; ce peut être, enfin, un sel double, anhydre ou hydraté ; dans tous les cas, le système est formé de trois composants indépendants, l'eau 0 et les sels 1 et 2, partagés en deux phases, le solide et le liquide.

Nous avons supposé que la phase solide était une combinaison définie ; la composition de la phase liquide peut donc seule varier ; nous pouvons représenter cette composition au moyen des deux concentrations

$$s_1 = \frac{M_1}{M_0}, \qquad s_2 = \frac{M_2}{M_0},$$

M_0, M_1, M_2 étant les trois masses d'eau et des sels 1 et 2 que renferme la dissolution.

Il ne suffira pas, pour connaître les valeurs des deux concentrations s_1, s_2, d'une dissolution en équilibre avec le solide, de connaître la température et la pression. A une même température et pour une même pression, on peut obtenir une infinité de valeurs des concentrations s_1, s_2, pour lesquelles il y ait équilibre entre le corps solide et la dissolution ; si l'on veut que ces concentrations s_1, s_2 soient déterminées, il faut, à la température et à la pression, joindre une troisième donnée convenablement choisie ; on peut, par exemple, prendre comme donnée supplémentaire l'une des deux concentrations s_1, s_2 ; l'autre est alors entièrement déterminée.

102. Surface de solubilité d'un sel double sous une pression donnée. — Imaginons que l'on veuille étudier un semblable système sous une pression invariable Π, égale par exemple à la pression atmosphérique ; prenons (*fig.* 22) trois axes rectangulaires OT, Os_1, Os_2, sur lesquelles nous porterons des longueurs respectivement proportionnelles à T, s_1, s_2 ; outre la pression Π, donnons nous une valeur de la température T et une valeur de la concentration s_1 ; ces valeurs déterminent un point m dans le plan TOs_1. D'autre part, les valeurs Π, T, s_1 étant données, la valeur que prend la concentration s_2 de la dissolution en équilibre avec le corps solide est déterminée ; par le point m, menons une ligne mM, parallèle à Os_2 et dont la longueur soit proportionnelle à s_2 ; le point M, qui a pour *coordonnées* T, s_1 s_2, représente la composition d'une dissolution susceptible d'être en équilibre sous la pression Π, à la température T avec la phase solide considérée. A tout système de valeur de T et de s_1, en d'autres termes, à tout point m du plan TOs_1, correspond ainsi un point M ; l'ensemble de ces points forme une certaine surface S ; chaque point de cette surface représente la température et les concentrations d'une dissolution que l'on peut observer, sous la pression Π, en équilibre au contact du corps solide. Cette surface S sépare l'espace en deux régions ; tout point qui se trouve en une de ces régions représente, par ses coordonnées, une température et des concentrations telles que, sous la pression Π, à cette température, une dissolution qui présente ces deux concentrations, dépose une certaine quantité du solide ; tout point qui se trouve en l'autre région, représente, par ses coordonnées, une température et des concentrations telles que, sous la pression Π, à cette température, une dissolution qui présente ces deux concentrations est capable de dissoudre une nouvelle quantité du corps solide. La surface S est la *surface de solubilité* du corps solide considéré.

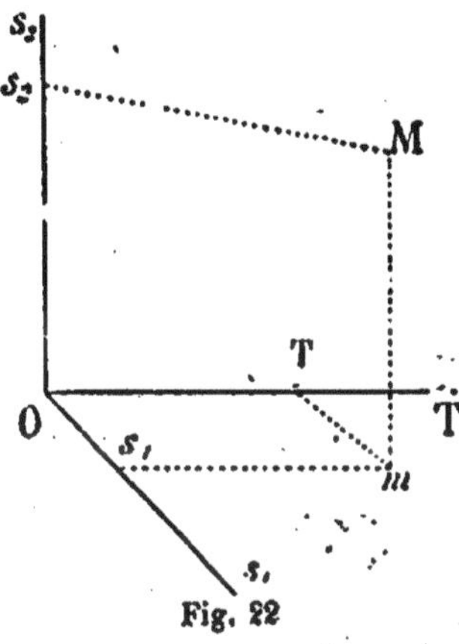

Fig. 22

Il est d'ailleurs aisé de distinguer la région de l'espace dont les divers points représentent des dissolutions non saturées du solide C de la région dont les divers points représentent des dissolutions sursaturées. En effet, les divers points de l'axe OT correspondent à $s_1 = 0$, $s_2 = 0$; ils représentent donc de l'eau pure qui, forcément, ne sauroit être saturée par rapport au corps C, sauf dans le cas particulier où le corps C serait de la glace ; la région dans laquelle se trouve l'axe OT est donc la région qui représente des dissolutions non saturées.

103. Cas où la dissolution peut fournir deux sels distincts. — Il arrive, en général, qu'une dissolution des corps 1 et 2 dans l'eau 0 peut, selon les circonstances, laisser déposer différents corps solides : sels simples de bases ou d'acides différents, sels de même base et de même acide, mais différemment hydratés, sels doubles distincts, etc. Soient C,C', deux solides différents. A chacun d'eux correspondra une surface de solubilité ; S sera la surface de solubilité du corps C et S' la surface de solubilité du corps C'.

Supposons que les deux surfaces S,S' se rencontrent suivant une certaine ligne L (*fig.* 23). La ligne L partage la surface S en deux parties S_1, S_2 et la surface S' en deux parties S'_1,S'_2.

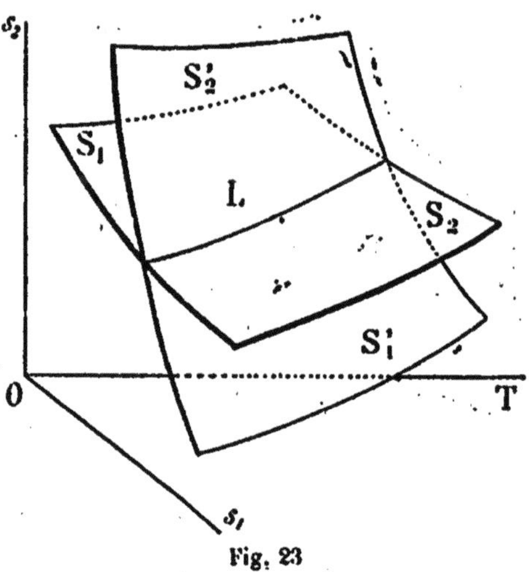

Fig. 23

Prenons un point sur la surface S ; T, s_1, s_2, sont ses coordonnées ; à la température T, une dissolution dont s_1, s_2 sont les concentrations ne peut ni dissoudre une nouvelle quantité du solide C, ni laisser déposer ce solide. En résulte-t-il qu'un système renfermant le solide C et la dissolution soit en équilibre ? Cela n'est point assuré, car il pourrait arrriver que la dissolution laisse déposer une certaine quantité du solide C' ; avant d'affirmer que le système est en équilibre, il faut nous assurer que ce dernier phénomène ne se produit pas.

La surface S' sépare l'espace en deux régions ; les points de la première région représentent par leurs coordonnées T, s_1, s_2, des conditions dans lesquelles la dissolution peut dissoudre le solide C', mais point le laisser déposer; les points de la seconde région représentent des conditions dans lesquelles le solide C' ne peut se mêler à la solution, mais peut s'en précipiter.

Des deux parties S_1, S_2 en lesquelles la ligne L partage la surface S, l'une S_1 est dans la première de ces deux régions et l'autre S_2 est dans la seconde.

Prenons un point de coordonnées T, s_1, s_2, sur la surface S_1; nous savons qu'à la température T, une dissolution de concentrations s_1, s_2 ne peut :

1° Dissoudre le solide C;

2° Laisser déposer le solide C;

3° Laisser déposer le solide C'.

Le point considéré représente donc des conditions où il y a forcément équilibre dans un système qui ne contient que la dissolution et le solide C.

Prenons, au contraire, un point sur la surface S_2; soient T, s_1, s_2, ses coordonnées. A la température T, une dissolution de concentrations s_1, s_2, ne peut ni dissoudre, ni déposer le corps C; mais elle laisse précipiter le corps C'; un système qui renferme seulement le corps C et la dissolution n'est point en équilibre dans les conditions que représente le point considéré; il s'y forme un précipité du corps C'.

Nous trouverions de même que des deux parties S'_1, S'_2, en lesquelles la ligne L partage la surface S', il en est une, soit S'_1, dont chaque point représente un état d'équilibre pour un système renfermant seulement la dissolution et le solide C', tandis que la seconde, S'_2, ne représente pas des états d'équilibre d'un tel système.

En résumé, si l'on veut représenter les conditions (température et concentrations) dans lesquelles on peut observer en équilibre la dissolution et *un seul* des deux dépôts solides C, C', on ne doit pas conserver tous les points des deux surfaces de solubilité S, S', mais seulement (*fig.* 24) les points d'une partie S_1 de la surface S et d'une partie S'_1 de la surface S', ces deux parties ayant pour frontière commune la ligne L; si le point choisi est sur la surface S_1, le dépôt solide doit être formé exclusivement du corps C; si le point choisi est sur la surface S'_1, le dépôt solide doit être formé exclusivement du corps C'.

104. Conditions où les deux précipités sont à la fois en équilibre avec la dissolution. — Peut-on obser-

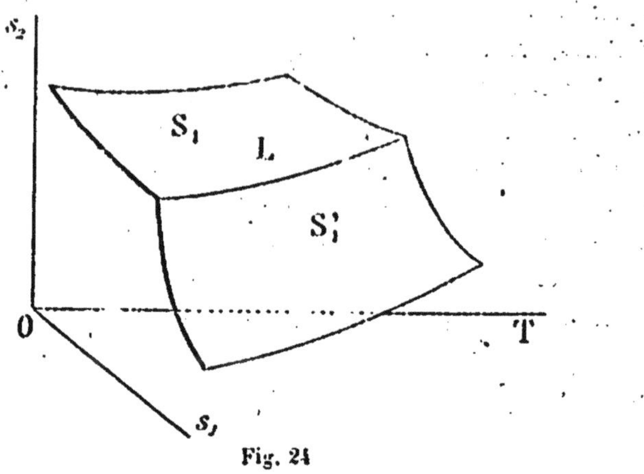

Fig. 24

ver en équilibre un système renfermant à la fois, en présence de la dissolution, les deux précipités solides C, C'? Pour qu'il en soit ainsi, il faut et il suffit évidemment que la dissolution ne puisse :

1° Dissoudre le corps C;

2° Laisser déposer le corps C;

3° Dissoudre le corps C';

4° Laisser déposer le corps C'.

Les deux premières conditions exigent que le point figuratif soit sur la surface S et les deux dernières que le point figuratif soit sur la surface S'; l'ensemble de ces quatre conditions nous enseigne que le point figuratif est sur la ligne L, intersection des surfaces S, S'. La ligne L est donc le lieu des points qui représentent les conditions où l'on peut observer en équilibre la dissolution au contact des *deux* dépôts solides C, C'.

Lorsque la dissolution se trouve en présence des deux dépôts solides C, C', le système, formé de *trois* composants, est partagé en *trois* phases; il est donc *bivariant*; assurons-nous que le résultat que nous venons d'obtenir s'accorde avec les propriétés des systèmes bivariants.

Donnons-nous arbitrairement une pression Π et une température T. Construisons (*fig.* 25) les deux surfaces S, S', qui correspondent à la pression Π et soit L leur ligne d'intersection. Sur l'axe des températures, prenons un point T dont l'abscisse OT corresponde à la température donnée et, par ce point, menons un plan T_1TT_2 parallèle au plan s_1Os_2 ; ce plan coupe la ligne L en un certain point P dont T, s_1, s_2 sont les coordonnées ; sous la pression Π, à la température T, la dissolution de concentrations s_1, s_2 demeurera en équilibre au contact des deux dépôts C, C'. On voit donc que sous chaque pression et à chaque température, notre système bivariant peut présenter un état d'équilibre ; lorsque l'on se donne la pression Π et la

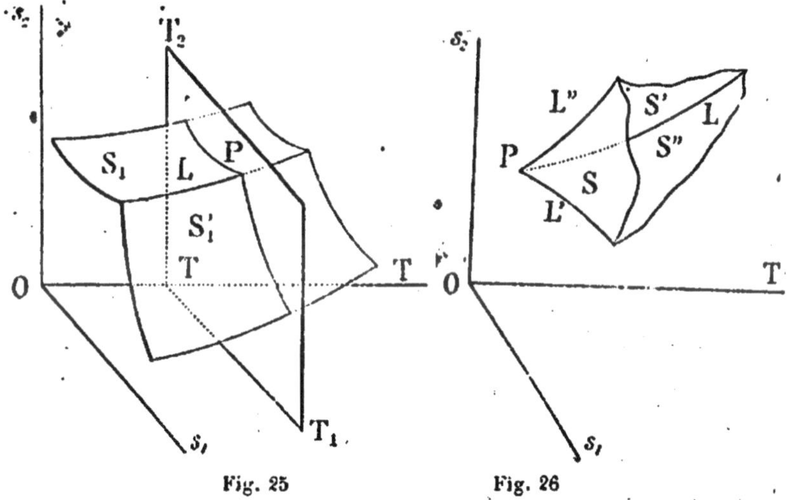

Fig. 25 Fig. 26

température T, la composition de chaque phase au moment de l'équilibre est déterminée.

105. Cas où la dissolution peut fournir trois sels distincts. — Il se peut que la dissolution considérée soit susceptible de laisser déposer non pas seulement deux, mais *trois* précipités solides C, C', C". Nous aurons alors à distinguer trois sortes d'états d'équilibre du système :

1° Équilibre du système formé par la dissolution et *un seul* dépôt solide.

Sous la pression considérée, les conditions en lesquelles on peut observer un tel état d'équilibre sont représentées par les trois coordonnées d'un point situées sur l'une des trois surfaces S, S', S'', (*fig.* 26) qui sont respectivement des parties des surfaces de solubilité des corps C, C', C''; selon que le point figuratif se trouve sur la surface S, sur la surface S' ou sur la surface S'', le dépôt solide doit être formé exclusivement du corps C, du corps C' ou du corps C''.

2° Équilibre du système formé par la dissolution et *deux* dépôts solides.

Le point figuratif doit se trouver sur l'une des trois lignes L, L', L'', frontières des surfaces S, S', S''; si les deux dépôts solides sont les corps C', C'', le point figuratif doit être sur la ligne L, frontière des deux surfaces S', S''; si les deux dépôts solides sont les corps C'', C, le point figuratif doit être sur la ligne L', frontière des deux surfaces S'', S; si les deux dépôts solides sont les corps C, C', le point figuratif doit être sur la ligne L'', frontière des deux surfaces S, S'.

3° Équilibre du système formé par la dissolution et *les trois* dépôts solides.

Le point figuratif doit être le point P commun aux trois surfaces S, S', S'' et partant aux trois lignes L, L', L''. Sous la pression considérée, il y a donc une seule température et une seule composition de la dissolution où un tel équilibre soit possible, ce qui ne doit pas nous étonner : le système, formé de trois composants indépendants, est alors partagé en quatre phases ; il est *univariant*.

106. Alliage : plomb, étain, bismuth. Travaux de M. Charpy. — Un système chimique qui offre un exemple très net des considérations précédentes a été étudié récemment par M. G. Charpy (¹). La phase liquide est constituée par un mélange des trois métaux plomb, étain, bismuth à l'état de fusion, mélange que l'on peut comparer à la dissolution dont nous venons de parler dans

(¹) G. Charpy, *Comptes rendus*, t. CXXVI, p. 1569 ; 1898.

ce qui précède lorsqu'on aura attribué les trois indices 0, 1, 2, aux trois métaux étudiés, pris dans l'ordre que l'on voudra.

Les points figuratifs des états d'équilibre entre le mélange en fusion et le plomb solide forment une surface S ; les points figuratifs des états d'équilibre entre le mélange en fusion et l'étain solide forment une surface S' ; enfin les points figuratifs des états d'équilibre entre le mélange en fusion et le bismuth solide forment une surface S" ; ces trois surfaces S, S', S", ont été construites par M. G. Charpy.

Les points de la ligne L représentent les conditions où le mélange liquide peut être en équilibre avec du bismuth solide et de l'étain solide ; les points de la ligne L' représentent les conditions où le mélange liquide peut être en équilibre avec le plomb solide et le bismuth solide ; les points de la ligne L" représentent les conditions où le mélange liquide peut être en équilibre avec le plomb solide et l'étain solide.

Enfin les coordonnées du point P représentent la valeur qu'il faut donner à la température et la composition qu'il faut donner au mélange liquide pour que celui-ci puisse demeurer en équilibre au contact des trois métaux pris à l'état solide. Selon les recherches de M. Charpy, la valeur de cette température est + 96°C. et le mélange liquide qui correspond au point P à la composition suivante :

Plomb	0,32,
Étain	0,16,
Bismuth	0,52.

107. Mélange de trois sels fondus. — M. Hector R. Carveth (1) a étudié un système analogue ; mais, ici, le mélange liquide, au lieu d'être formé de trois métaux fondus, était formé de trois nitrates en fusion, les nitrates de potassium, de sodium et de lithium.

108. Domaine d'un précipité. — Dans un grand nombre de cas, les précipités solides distincts que l'on peut rencontrer sont en nombre très supérieur à 3. Néanmoins, les propriétés du système pourront être étudiées et représentées suivant les principes que nous venons de développer.

Soient C, C', C",...... les précipités solides que l'on peut observer.

(1) Hector R. Carveth, *Journal of physical Chemistry*, vol. II, p. 209 ; 1889.

Sous la pression donnée II, les états d'équilibre entre le mélange liquide des trois composants indépendants et le seul précipité solide C, états dans lesquels le système est trivariant, sont représentés par les divers point d'une surface limitée S que l'on nomme *domaine du précipité* C.

Cette surface S confine à d'autres surfaces analogues S', S",..... qui sont les domaines des précipités C', C"...... Ainsi les états d'équilibre possibles, sous la pression considérée, entre le mélange liquide et *un seul* précipité solide sont représentés par les divers points d'une surface polyédrale à faces courbes qui a autant de *faces* qu'il y a de précipités solides distincts peuvant prendre naissance au sein du mélange liquide.

Les divers points des *arêtes* de cette surface représentent les états d'équilibre, sous la pression donnée, entre le mélange et deux précipités solides distincts ; en ces états, le système est devenu bivariant ; l'arête commune au domaine du précipité C et au domaine du précipité C' représente tous les états d'équilibre possibles entre le mélange liquide, le précipité C et le précipité C'.

Chacun des *sommets* de cette surface représente un état d'équilibre où le système, devenu univariant, se compose d'un mélange liquide et de trois précipités solides C, C', C", qui sont ceux dont les domaines S, S', S" aboutissent au sommet considéré.

Enfin, en général, il n'y a pas lieu de s'occuper d'états d'équilibre où le mélange liquide se trouverait en présence de trois précipités solides ; le système serait alors invariant ; il ne pourrait être en équilibre qu'à une seule température et sous une seule pression ; le cas où cette pression serait précisément la pression donnée est évidemment un cas exceptionnel.

On devine sans peine les services que peut rendre un semblable mode de représentation ; il rend facile la prévision du ou des précipités qui pourront, dans des conditions données, subsister en présence du mélange liquide de trois composants indépendants.

109. Système eau, chlorure ferrique, acide chlorhydrique. Travaux de MM. Bakhuis Roozboom et Schreinemakers. — MM. H. W. Bakhuis Roozboom et Schreinemakers [1] ont employé ce procédé pour représenter les divers états de saturation d'un mélange liquide formé par les trois composants que voici :

L'eau : H^2O.
L'acide chlorhydrique : HCl,
Le chlorure ferrique : Fe^2Cl^6.

Les précipités solides qui ont été observés dans ces recherches sont au nombre de douze, savoir :

La glace : H^2O ;
3 hydrates d'acide chlorhydrique : $HCl, 3\,H^2O$,
$HCl, 2\,H^2O$,
HCl, H^2O ;
Le chlorure ferrique anhydre : Fe^2Cl^6 ;
4 hydrates de chlorure ferrique : $Fe^2Cl^6, 12\,H^2O$,
$Fe^2Cl^6, 7\,H^2O$,
$Fe^2Cl^6, 5\,H^2O$,
$Fe^2Cl^6, 4\,H^2O$,
Et 3 combinaisons ternaires : $Fe^2Cl^6, 2\,HCl, 12\,H^2O$,
$Fe^2Cl^6, 2\,HCl, 8\,H^2O$,
$Fe^2Cl^6, 2\,HCl, 4\,H^2O$.

On devine sans peine combien il eut été difficile de démêler les états d'équilibre possibles d'un semblable système sans le secours des principes théoriques précédemment développés.

110. Système eau, sulfate de potassium et sulfate de magnesium. Recherches de M. Van der Heide. — Ces principes ont servi à l'étude d'autres systèmes également fort compliqués.

M. Van der Heide [2] les a appliqués à l'étude de systèmes dont les trois composants indépendants sont

L'eau : H^2O.
Le sulfate de potassium : K^2SO^4,
Le sulfate de magnésium : $MgSO^4$.

(1) H. W. Bakhuis Roozeboom et Schreinemakers, *Zeitschrift für physikalische Chemie*, Bd. XV, p. 588 ; 1894.

(2) Van der Heide, *Zeitschrift für physikalische Chemie*, Bd. XII, p. 416 ; 1893.

Aux températures inférieures à 100°, on peut obtenir six précipités distincts, savoir :

La glace : H^2O ;
Le sulfate anhydre de potassium : K^2SO^4 ;
Deux sulfates hydratés de magnesium : $MgSO^4, 7\,H^2O$,
$MgSO^4, 6\,H^2O$;
Et deux sels doubles : $MgK^2(SO^4), 6\,H^2O$ (*Schœnite*),
$MgK^2(SO^4), 4\,H^2O$ (*Léonite*).

Les divers états d'équilibre que l'on peut obtenir aux températures inférieures à 100° sont représentés par une surface dont la *fig.* 27

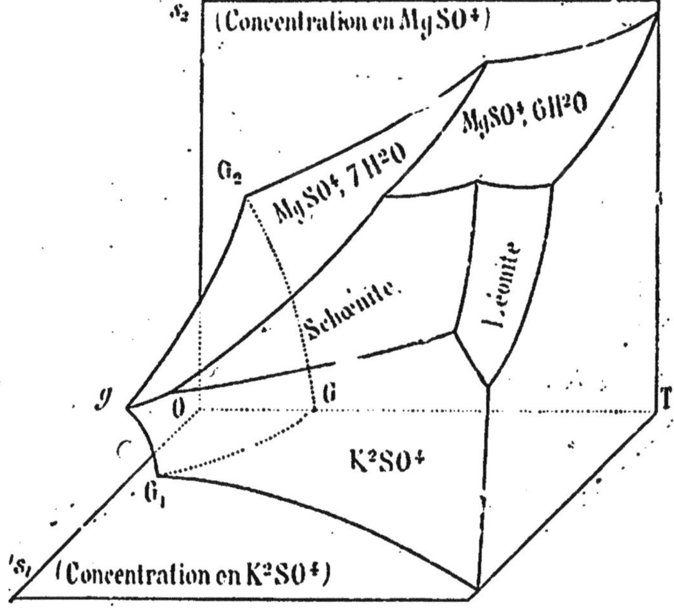

Fig. 27

donne l'aspect général. La face cachée GG_1G_2g est le domaine de la glace.

111. Système eau, chlorure de potassium et chlorure de magnesium. Recherches de MM. Van't Hoff et Meyerhoffer. — M. Van't Hoff et Meyerhoffer (¹) ont étudié

(¹) Van't Hoff et Meyerhoffer, *Sitzungsberichte der Berliner Akademie*, 1897, p. 487. — *Zeitschrift für physikalische Chemie*, Bd. XXX., p. 64 ; 1899.

de même le système formé par les trois composants indépendants que voici :

L'eau : H^2O ;
Le chlorure de potassium : KCl ;
Le chlorure de magnésium : $MgCl^2$;

Les études de MM. Vant' Hoff et Meyerhoffer ont porté jusqu'à la température de 185° environ. Dans ces conditions, on peut obtenir huit précipités distincts, savoir :

La glace : H^2O ;
Le chlorure de potassium anhydre : KCl ;
Cinq hydrates de chlorure de magnesium : $MgCl^2$, 12 H^2O,
$MgCl^2$, 8 H^2O,
$MgCl^2$, 6 H^2O,
$MgCl^2$, 4 H^2O,
$MgCl^2$, 2 H^2O ;
Et un sel double : $MgKCl^3$, 6 H^2O (*Carnallite*).

La *fig.* 28 donne une idée générale de l'aspect de la surface qui

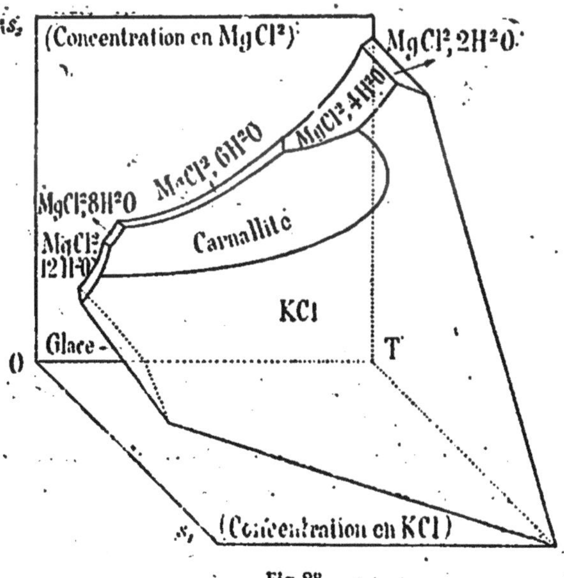

Fig 28

représente les états d'équilibre d'un tel système.

II. Systèmes quadrivariants.

112. Systèmes quadrivariants formés par quatre composants partagés en deux phases. — Si quatre composants se partagent entre deux phases, on a $c = 4$, $\varphi = 2$,

$$V = c + 2 - \varphi = 4$$

et le système est quadrivariant. Lorsqu'on se donne la valeur de la pression Π et la valeur de la température T, le système quadrivariant peut être observé en équilibre ; mais il s'en faut de beaucoup que la composition des deux phases en équilibre soit déterminée par la seule connaissance des valeurs Π et T ; à ces données, il sera nécessaire de joindre *deux* autres données pour fixer la composition du système en équilibre.

Prenons un exemple.

Un système est formé de quatre composants indépendants : Un dissolvant 0, l'eau, par exemple, et trois sels 1, 2 et 3. Ce système est partagé en deux phases, une phase liquide et une phase solide ; la phase liquide est composée d'une masse M_0 d'eau et de masses M_1, M_2, M_3, des sels 1, 2, 3 ; les trois concentrations de cette dissolution sont

$$s_1 = \frac{M_1}{M_0}, \quad s_2 = \frac{M_2}{M_0}, \quad s_3 = \frac{M_3}{M_0}.$$

La phase solide est un corps de composition définie formé aux dépens des composants 0, 1, 2, 3 : glace, sel simple anhydre ou hydraté, sel double anhydre ou hydraté ; nous désignerons ce solide par la lettre C.

Lorsqu'on se donne la pression Π et la température T, il s'en faut bien que la constitution de la dissolution capable de demeurer en équilibre au contact du corps C soit déterminée; une infinité de dissolutions différentes peuvent, sous cette pression et à cette température, demeurer en équilibre au contact du corps C, sans le dissoudre et sans laisser déposer une nouvelle masse de ce corps. A la connaissance de la pression Π et de la température T, joignons les valeurs de *deux* des concentrations s_1, s_2, s_3 ; alors, mais alors seulement, nous connaîtrons la valeur que doit avoir la troisième concentration pour qu'il y ait équilibre entre la dissolution et le corps C.

113. Trois sels dissous dans l'eau. Surface de solubilité d'un précipité sous une pression donnée et à une température donnée. — Proposons-nous de représenter toutes les compositions pour lesquelles la dissolution peut faire équilibre au corps C sous une pression Π dont la valeur est choisie une fois pour toutes, la pression de l'atmosphère, par exemple, et à une température T dont la valeur est aussi choisie une fois pour toutes, + 15° C. par exemple.

Sur trois axes de coordonnées rectangulaires Os_1 Os_2, Os_3 (*fig.* 20) portons des longueurs respectivement proportionnelles aux trois concentrations s_1, s_2, s_3.

Donnons-nous deux de ces concentrations, soient les concentrations s_1, s_2, et soit m le point du plan $s_1 Os_2$, dont les coordonnées Os_1, Os_2, représentent ces deux concentrations. A ces deux concentrations, il est nécessaire et suffisant, pour assurer l'équilibre entre la dissolution et le corps C, sous la pression de l'atmosphère et à la température de + 15° C., d'adjoindre une valeur bien déterminée de la concentration s_3 ; par le point m, menons une parallèle mM à Os_3, dont la longueur $mM = Os_3$ soit mesurée par cette valeur de s_3 ; les trois coordonnées du point M représenteront les trois concentrations d'une dissolution capable de demeurer en équilibre, sous la pression atmosphérique et à la température de + 15° C., en présence du corps C.

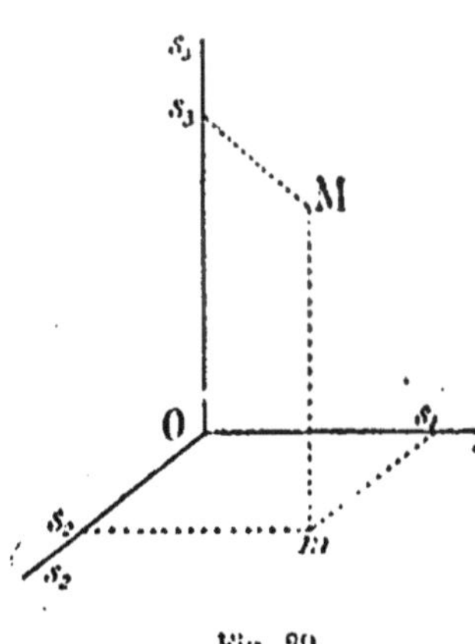

Fig. 20

On peut se donner arbitrairement s_1, s_2 ou, en d'autres termes, faire varier arbitrairement le point m dans le plan s_1Os_2 ; à chaque position du point m correspondra une position du point M de la surface S.

Chaque point M de la surface S représente, par ses trois coordonnées, les trois concentrations d'une dissolution susceptible de demeurer en équilibre, sous la pression atmosphérique et à la température de 15° C., au contact du corps C.

Cette surface S divise l'espace en deux régions.

Tout point de l'une de ces deux régions représente, par ses trois coordonnées, les trois concentrations d'une dissolution capable, sous la pression atmosphérique et à la température de + 15° C., de dissoudre une certaine quantité du corps C.

Tout point de l'autre région représente, par ses trois coordonnées, les trois concentrations d'une dissolution capable, sous la pression atmosphérique et à la température de + 15° C., de laisser déposer une certaine quantité du corps C.

L'origine des coordonnées, pour laquelle $s_1 = 0$, $s_2 = 0$, $s_3 = 0$, représente de l'eau pure. Si le solide C n'est pas de la glace, l'eau pure ne saurait être saturée du solide C ; l'origine des coordonnées est donc, par rapport à la surface S, dans la région de l'espace qui représente des dissolutions non saturées du solide C ; ce caractère permet de reconnaître immédiatement cette région.

En général, une dissolution formée des quatre composants indépendants peut laisser déposer divers corps solides de composition définie, soient C, C', C''...... Par des considérations semblables à celles que nous avons développées à propos des systèmes trivariants, on arrivera sans peine aux conséquences suivantes :

Les trois concentrations d'une dissolution capable de demeurer en équilibre, sous la pression atmosphérique et à la température de + 15° C., au contact d'*un* et d'*un seul* des dépôts solides C, C', C'',... sont représentées par les trois coordonnées d'un point M appartenant à une certaine surface.

Cette surface est formée d'un certain nombre d'aires courbes S, S', S'',... se limitant les unes les autres suivant des arêtes vives ; en d'autres termes, elle forme une surface polyédrale à faces courbes.

Chacune des faces S, S', S'',..... de cette surface polyédrale correspond à l'un des corps C, C', C'',... et en forme le *domaine*.

Si le point figuratif M appartient au domaine S du corps C, la dissolution qui a pour concentration les trois coordonnées du point M demeure en équilibre, sous la pression atmosphérique et à la température de + 15° C., au contact du corps C, mais point au contact d'un autre précipité.

Si le point figuratif M appartient à l'arête selon laquelle confinent les domaines S, S' des deux corps solides C, C', les trois coordonnées de ce point représentent les trois concentrations d'une dissolution qui peut, sous la pression atmosphérique et à la température de 15° C., demeurer en équilibre au contact d'un précipité solide où se rencontrent le corps C et le corps C'; en un tel état d'équilibre, notre système de quatre composants indépendants est partagé en trois phases, en sorte qu'il n'est plus quadrivariant, mais trivariant.

Enfin, si le point figuratif M est le sommet auquel aboutissent les trois domaines S, S', S'' des trois corps solides C, C', C'', les trois coordonnées de ce point représentent les trois concentrations d'une dissolution capable de demeurer en équilibre, sous la pression atmosphérique et à la température de + 15° C., au contact d'un précipité qui contient, à côté les uns des autres, les trois corps C, C', C''. En un tel état, le système, formé de quatre composants indépendants et partagé en quatre phases, est devenu bivariant; aussi, la température et la pression étant données, la composition de chaque phase est-elle déterminée.

114. Système : Eau, chlorure de magnesium, sulfate de magnesium, chlorure de potassium, sulfate de potassium. Études de MM. Lœwenherz, Van't Hoff et Meyerhoffer. — De ces diverses considérations, on trouve un exemple intéressant dans les recherches de M. Lœwenherz (¹), reprises récemment par MM. Van't Hoff, Meyerhoffer et Donnan (²).

Dans le but d'analyser les conditions dans lesquelles ont pu se

(¹) Lœwenherz, *Zeitschrift für physikalische Chemie*, Bd. XII, p. 459 ; 1894

(²) Van't Hoff et Meyerhoffer, *Sitzungsberichte der Berliner Akademie*, 1897, p. 1019 ; Van't Hoff et Donnan, *ibid.*, p. 1146 ; Van't Hoff, *Rapports présentés au Congrès international de Physique*, tome I, p. 464 (Paris, 1900).

déposer quelques-uns des nombreux composés que l'on rencontre dans les gisements de sel gemme de Stassfurt, ces auteurs ont étudié, sous la pression atmosphérique et à la température de + 15° C., les dissolutions formées en mélangeant à l'eau H^2O du chlorure de potassium KCl, du sulfate de magnesium $MgSO^4$ et du chlorure de magnesium $MgCl^2$.

On peut, si l'on veut, regarder ce système comme formé par les quatre composants indépendants

(1) H^2O, KCl, $MgSO^4$, $MgCl^2$.

Mais nous allons trouver avantage à faire un autre choix.

Au sein de la dissolution, il peut se former, par double décomposition, du sulfate de potassium K^2SO^4, en vertu de l'équation chimique

(2) $$2\,KCl + MgSO^4 = MgCl^2 + K^2SO^4.$$

Il n'y a donc aucune espèce de raison pour considérer la dissolution comme contenant réellement les corps (1). Pour ne faire aucune hypothèse, nous considérerons la dissolution comme étant le mélange, sous un état quelconque, des cinq corps suivants :

(3) H^2O, Cl^2, K^2, SO^4, Mg.

Nous désignerons par H le poids moléculaire (18 grammes) de l'eau et par ϖ, ϖ_2, ϖ_3, ϖ' le nombre de grammes que représentent les symboles des quatres autres corps.

Dans une molécule (ou 18 grammes) d'eau d'une dissolution donnée, l'analyse chimique nous fait trouver

$n_1\varpi$ grammes de chlore,
$n_2\varpi_2$ grammes de potassium,
$n_3\varpi_3$ grammes de SO^4,
$n'\varpi'$ grammes de magnésium.

La composition de la dissolution est donc connue si l'on connait les quatres nombres n_1, n_2, n_3, n'.

Mais il n'est pas nécessaire de connaitre ces quatres nombres ; si l'on connait trois d'entre eux n, n_3, n', la connaissance du quatrième n_2 s'ensuit

En effet, les $n_2\varpi_2$ grammes de potassium se composent de $p_2\varpi_2$ grammes unis à du chlore et absorbant $p_2\varpi$ grammes de chlore, et de $q_2\varpi_2$ grammes unis à SO^4 et absorbant $q_2\varpi_3$ grammes de SO^4 :

$$n_2 = p_2 + q_2.$$

D'autre part, les $n'\varpi'$ grammes de magnesium se composent de $p'\varpi'$ grammes unis à du chlore et absorbant $p'\varpi$ grammes de chlore, et de $q'\varpi'$ grammes unis à SO^4 et absorbant $q'\varpi_3$ grammes de ce corps :

$$n' = p' + q'.$$

Écrivons que le chlore uni au potassium et le chlore uni au magnesium forment la totalité du chlore :

$$p_2\varpi + p'\varpi = n\varpi \qquad \text{ou} \qquad n = p_2 + p'.$$

Écrivons que SO^4 uni au potassium et SO^4 uni au magnesium forment la totalité de SO^4 :

$$q_2\varpi_3 + q'\varpi_3 = n_3\varpi_3 \qquad \text{ou} \qquad n_3 = q_2 + q'.$$

Les quatre égalités trouvées nous donnent la relation

$$n + n_3 = n_2 + n', \tag{4}$$

en sorte que lorsque l'on connaît n, n_3 et n', il est facile de calculer n_2. On peut donc choisir arbitrairement la masse du premier corps du groupe (1) et les masses des quatre autres ; la masse du cinquième est déterminée ; des cinq corps du groupe 1, quatre seulement sont indépendants ; en changeant le choix des composants indépendants, nous n'en avons pas changé le nombre (v. n° **87**).

Mais, pour que le système puisse être censé formé par les composants indépendants (1), les nombres n, n_2, n_3, n', doivent vérifier une certaine condition.

Tout le potassium contenu dans 18 grammes d'eau y aura été apporté par le chlorure de potassium que l'on y aura dissous. Si nous désignons par Π_2 le nombre de grammes que représente K^2Cl^2, pour obtenir $n_2\varpi_2$ grammes de potassium, il aura fallu employer

$n_2 \Pi_2$ grammes de chlorure de potassium qui auront apporté $n_2\varpi$ grammes de chlore.

Ce chlore n'est pas tout le chlore que renferment 18 grammes d'eau ; il faut y joindre le chlore apporté par le chlorure de magnesium ; si Π_1 est le nombre de grammes que représente $MgCl^2$ et si, dans 18 grammes d'eau, on a dissous $n_1\Pi_1$ grammes de ce corps, qui aura apporté $n_1\varpi$ grammes de chlore, on aura

$$n_2\varpi + n_1\varpi = n\varpi$$

ou

$$(5) \qquad n_1 = n - n_2,$$

et comme n_1 ne peut être négatif, on voit que pour qu'un système puisse être censé formé des corps (1), il faut que les nombres n, n_2, n_3, n' vérifient non-seulement l'égalité (4), mais encore la condition

$$(6) \qquad n - n_2 \geqq 0.$$

Cela suffit, d'ailleurs. Désignons, en effet, par Π_3 le nombre de grammes que représente $MgSO^4$; en dissolvant dans 18 grammes d'eau $n_2\ \Pi_2$ grammes de chlorure de potassium, $n_3\ \Pi_3$ grammes de sulfate de magnésium, et $n_1\Pi_1 = (n - n_2)\ \Pi_1$ grammes de chlorure de magnésium, nous obtiendrons la composition cherchée.

Considérons maintenant les systèmes formés par les quatre composants suivants :

$$(1') \qquad H^2O, \quad KCl, \quad MgSO^4, \quad K^2SO^4.$$

On peut aussi les regarder comme formés des cinq composants (3) ; ici encore, ces cinq composants ne seront pas indépendants, car la relation (4) devra continuer d'avoir lieu. Elle ne suffira d'ailleurs pas pour que le système puisse être considéré comme formé par les composants (1') ; il y faudra joindre une condition.

Dans 18 grammes d'eau, on trouve $n\varpi$ grammes de chlore ; tout ce corps provient du chlorure de potassium ; on a donc dû dissoudre $n\Pi_2$ grammes de chlorure de potassium, qui aura apporté $n\varpi_2$ grammes de potassium ; mais ce n'est pas là tout le potassium que renferment les 18 grammes d'eau; si Π'_1 est le nombre de grammes que représente K^2SO^4 et si, dans 18 grammes d'eau, on a dissout $n'_1\Pi'_1$ grammes de sulfate de potassium, on y a introduit $n'_1\varpi_2$ grammes de potassium. On a donc

$$n\varpi_2 + n'_1\varpi_2 = n_2\varpi_2$$

ou

$$(5') \qquad n'_1 = n_2 - n.$$

Comme n'_1 ne peut être négatif, on doit avoir

$$(6') \qquad n - n_2 \leqq 0.$$

Cela suffit d'ailleurs; car si cette condition est vérifiée, il suffira évidemment de dissoudre, dans 18 grammes d'eau, $n_2\Pi_2$ grammes de chlorure de potassium, $n_3\Pi_3$ grammes de sulfate de magnésium et $n'_1\Pi'_1 = -(n - n_2)\,\Pi'_1$ grammes de sulfate de potassium, pour obtenir une dissolution de la composition indiquée.

On voit alors qu'en étudiant des systèmes formés par les cinq composants (3), dont quatre seulement sont indépendants, en vertu de la relation (4), nous étudierons à la fois les systèmes (1) et les systèmes (1'); nous aurons affaire aux premiers si $(n - n_2)$ est positif et aux seconds si $(n - n_2)$ est négatif.

Pour représenter la composition d'une dissolution, il suffit, en vertu de l'égalité (4), de connaître les valeurs de trois des nombres n, n_2, n_3, n' ou, si l'on préfère, les valeurs des trois nombres

$$(7) \qquad x = n - n_2, \quad y = n_2, \quad z = n_3.$$

Alors la constitution d'une dissolution pourra être représentée de la manière suivante :

Prenons (*fig.* 30), un système de coordonnées rectangulaires Ox, Oy, Oz; mais prolongeons l'axe des x au delà du point O, suivant Ox'. Sur Oy, portons la valeur de n_2, sur Oz, la valeur de n_3; si $(n - n_2)$ est positif, portons en la valeur n_1 sur Ox, à partir du point O; si $(n - n_2)$ est négatif, portons en la *valeur absolue* $n'_1 = -(n - n_2)$ sur Ox', à partir du point O; nous déterminerons par ces trois coordonnées un point qui représentera une dissolution de composition connue.

Si ce point M est à droite du plan yOz, il correspondra à une valeur positive n_1 de $(n - n_2)$; il représentera une dissolution obtenue

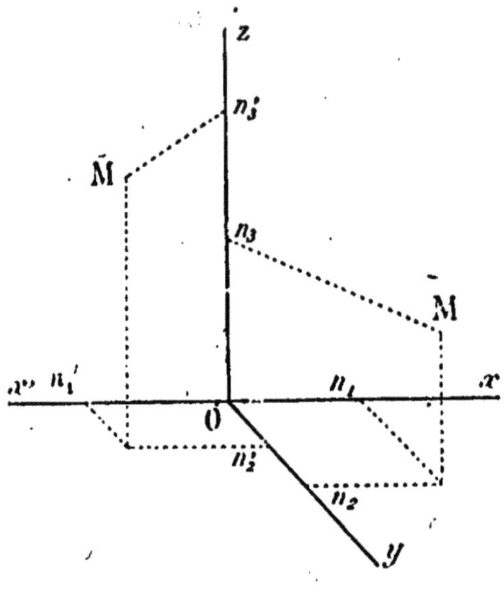

Fig. 30

en mélangeant à 18 grammes d'eau $n_1 H_1$ grammes de chlorure de magnésium, $n_2 H_2$ grammes de chlorure de potassium et $n_3 H_3$ grammes de sulfate de magnésium.

Si ce point M' est à gauche du plan yOz, il correspondra à une valeur négative $-n'_1$ de $(n - n_2)$; il représentera une dissolution obtenue en mélangeant à 18 grammes d'eau $n'_1 H'_1$ grammes de sulfate de potassium, $n_2 H_2$ grammes de chlorure de potassium et $n_3 H_3$ grammes de sulfate de magnésium.

Tel est le mode de représentation imaginé par M. J.-H. Van't Hoff.

Il est clair que l'on peut reprendre, dans ce mode de représentation, tout ce qui a été dit au n° **113** ; sous une pression donnée, à une température donnée, chacun des sels qui peut se précipiter correspond à une surface de solubilité.

Les corps solides que la dissolution précédente peut laisser déposer à 25° sont du nombre de sept, savoir :

Deux sels anhydres :	Le chlorure de potassium	KCl,
	Le sulfate de potassium	K^2SO^4 ;
Trois sels hydratés :	$MgSO^4,7H^2O$,	
	$MgSO^4,6H^2O$,	
	$MgCl^2,6H^2O$;	
Et deux sels doubles :	La *Schœnite*	$K^2Mg(SO^4)^2,6H^2O$,
	La *Carnallite*	$MgKCl^3,6H^2O$.

Il semble, en outre, que l'on puisse obtenir trois autres corps, savoir :

Deux sels hydratés :	$MgSO^4,5H^2O$,	
	$MgSO^4,4H^2O$;	
Et un sel double :	La *Léonite*	$K^2Mg(SO^4)^2,4H^2O$.

Toutefois, les conditions de formation de ces corps sont encore mal connues. Les auteurs que nous avons cités se sont bornés à l'étude des sept premiers ; ils ont construit la surface polyédrale à

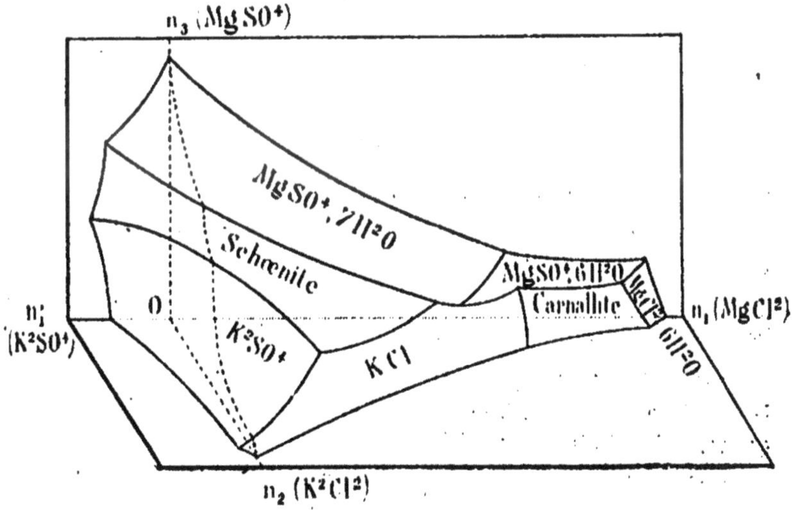

Fig. 31.

sept faces courbes que constituent, à 25°, les domaines de ces sels. La *fig.* 31 donne la disposition générale de cette surface.

115. Système : Eau, chlorure de potassium, chlorure de sodium, sulfate de potassium, sulfate de sodium. Études de MM. Meyerhoffer et Saunders. — A chaque température, correspond une surface analogue à la précédente ; pour le système qui vient d'être étudié, on n'a construit que la surface relative à la température de 25°. Une étude plus complète a été faite par MM. Meyerhoffer et Saunders (1) sur le système

$$H^2O, \quad KCl, \quad Na^2SO^4, \quad NaCl$$

et sur le système

$$H^2O, \quad KCl, \quad Na^2SO^4, \quad K^2SO^4$$

liés l'un à l'autre par la relation

$$2\,KCl + Na^2SO^4 = 2\,NaCl + K^2SO^4.$$

Au sujet de ces systèmes, on peut répéter presque textuellement ce qui a été dit au n° précédent, à la seule condition de remplacer Mg par Na².

Six précipités distincts peuvent prendre naissance aux températures étudiées par MM. Meyerhoffer et Saunders, savoir :

1° Quatre sels anhydres	: Le chlorure de sodium	NaCl,
	Le chlorure de potassium	KCl,
	Le sulfate de sodium	Na^2SO^4,
	Le sulfate de potassium	K^2SO^4 ;
2° Un sel hydraté	: Le *sel de Glauber*	$Na^2SO^4, 10H^2O$;
3° Un sel double	: La *Glasérite*	$K^3Na(SO^4)^2$.

A chaque température et sous chaque pression, les domaines de ces six sels forment un polyèdre à six faces courbes ; MM. Meyerhoffer et Saunders ont construit quatre de ces polyèdres, ceux qui se rapportent à la pression atmosphérique et aux températures 0°, 4°,4, 16°,3 et 25°.

Nous représentons ici (*fig.* 32 et *fig.* 33) deux de ces surfaces ; la *fig.* 32 représente la surface qui se rapporte à la température 0° et la *fig.* 33 représente la surface qui se rapporte à la température 25°.

(1) W. Meyerhoffer et A. P. Saunders, *Zeitschrift für physikalische Chemie*, Bd. XXVIII, p. 453 ; 1899.

On remarquera que la *fig.* 32 ne présente que *cinq* faces ; à cette température, le sulfate de sodium anhydre ne se précipite en aucune

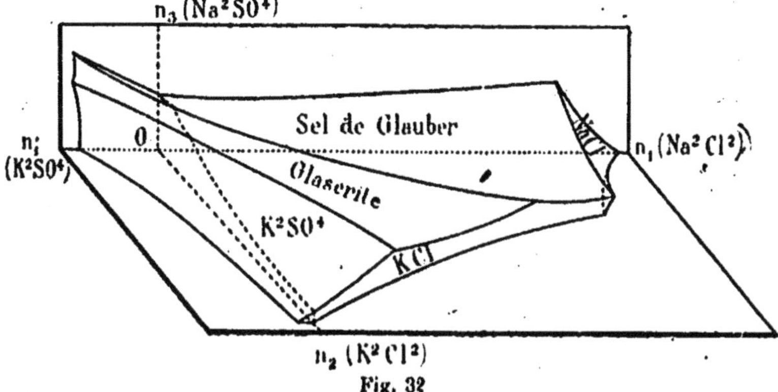

Fig. 32

circonstance ; aucun domaine ne correspond à ce sel. Il en est de même aux températures de 4°,4 et de 10°,3, qui correspondent encore

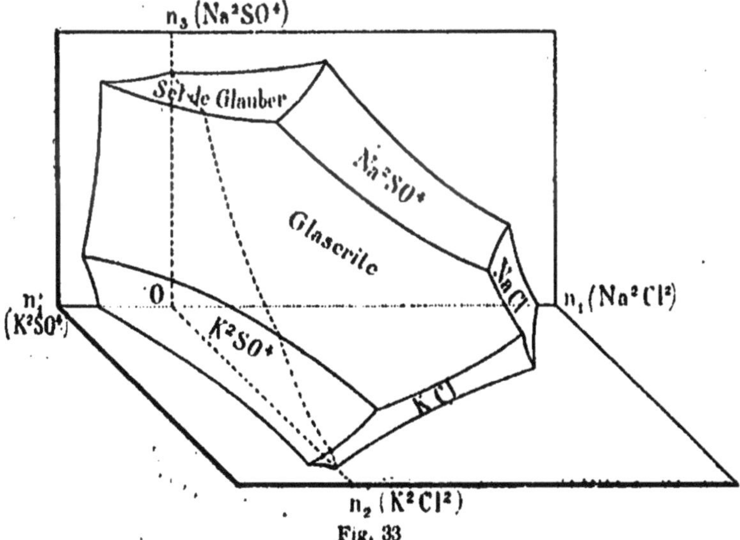

Fig. 33

à des surfaces à cinq faces. Au contraire, la surface qui se rapporte à 25° présente *six* faces ; le domaine du sulfate de sodium anhydre y figure et a déjà pris une étendue notable.

110. Quatre sels dissous dans l'eau, dont un à saturation. Système : Eau, chlorure de sodium, chlorure de potassium, sulfate de sodium, chlorure de magnesium. — Supposons que, dans le système eau, chlorure de potassium, sulfate de sodium, chlorure de magnesium, on introduise un nouveau composant indépendant, que nous désignerons par l'indice 4, par exemple le chlorure de sodium NaCl. Nous réservons l'indice 1 au chlorure de potassium, l'indice 2 au sulfate de sodium, l'indice 3 au chlorure de magnesium. Le système est alors formé de cinq composants indépendants, $c = 5$; s'il était partagé seulement en deux phases, $\varphi = 2$, la variance $V = c + 2 - \varphi$ serait égale à 5 ; ce système *quintivariant* serait d'une étude plus compliquée que les systèmes dont nous venons de nous occuper. Mais M. J. H. Van't Hoff et ses élèves [1], non contents de fixer la pression (1 atmosphère) et la température (25°), imposent à la dissolution la condition d'être constamment saturée de chlorure de sodium ; cette condition était assurément remplie dans les circonstances où se sont formés des dépôts marins comme les dépôts de Stassfurt. Ils cherchent alors dans quelles conditions cette dissolution peut être en équilibre avec un autre sel solide.

En d'autres termes, ils étudient cette dissolution, formée de *cinq composants indépendants*, en présence de *deux phases solides* dont l'une est toujours le chlorure de sodium.

Soit C la seconde phase solide.

Soit s_4 le rapport de la masse M_4 de chlorure de sodium que renferme la dissolution à la masse M_0 d'eau qu'elle contient.

La pression Π et la température T ayant des valeurs invariables, toutes les fois que l'on se donnera arbitrairement d'ailleurs, les deux concentrations s_1, s_3, du chlorure de potassium et du chlorure de magnesium dans la dissolution, on connaîtra la concentration s_2 du sulfate

(1) J. H. Van't Hoff et A. P. Saunders, *Sitzungsberichte der Berliner Akademie*, 1898, p. 387 ; J. H. Van't Hoff et T. Estreicher-Rozbierski, *ibid.*, 1898, p 487 ; J. H. Van't Hoff et W. Meyerhoffer, *ibid.*, 1898, p. 590 ; Van't Hoff, *Rapports présentés au Congrès international de Physique*, t I. p. 464 (Paris, 1900) ; J. H. Van't Hoff et H. von Euler Chelpin, *Sitzungsberichte der Berliner Akademie*, 1900, p. 1018 ; J. H. Van't Hoff et W. Meyerhoffer, *ibid*, 1901.

de sodium et la concentration s_4 du chlorure de sodium au sein d'une dissolution capable de demeurer en équilibre au contact d'un excès de chlorure de sodium et d'un dépôt solide du sel C. Pour représenter complètement l'état d'une semblable dissolution, on pourrait faire usage simultanément de deux points figuratifs : l'un, M, aurait pour coordonnées les trois concentrations s_1, s_2, s_3 ; l'autre, μ, aurait pour coordonnées les trois concentrations s_1, s_3, s_4. Lorsqu'on ferait varier les deux concentrations s_1, s_3, le premier décrirait une surface bien déterminée S, le second, une surface également bien déterminée Σ. La connaissance simultanée de ces deux surfaces donnerait des renseignements complets au sujet des dissolutions qui peuvent demeurer en équilibre, sous la pression atmosphérique et à la température de 25°, au contact d'un excès de sel marin et de cristaux du sel C.

Chacune de ces surfaces possèderait des propriétés semblables à celles que possédait l'unique surface S, dans le cas où une dissolution formée de quatre composants indépendants était en équilibre avec un seul dépôt solide.

Supposons qu'outre le chlorure de sodium, la dissolution puisse laisser déposer divers sels solides C, C', C''....... ; à chacun de ces sels correspondrait un des domaines S, S', S''..... dans le système de coordonnées s_1, s_2, s_3 et aussi un des domaines Σ, Σ' Σ'',..... dans le système de coordonnées s_1, s_3, s_4.

Dans les recherches de Van't Hoff, on ne se proposait pas de connaître la concentration s_4 en chlorure de sodium de la dissolution ; on se contentait de fixer la composition de la dissolution qui resterait si l'on précipitait le chlorure de sodium.

Pour fixer cette composition, il suffit de connaître les concentrations respectives s_1, s_2, s_3 du chlorure de potassium, du sulfate de sodium et du chlorure de magnesium ; mais à ces trois quantités, on en peut substituer trois autres qui feraient également connaître la composition de la dissolution après que l'on en aurait précipité tout le chlorure de sodium.

Soient ϖ_1, ϖ_2, ϖ_3, les poids moléculaires du chlorure de potassium, du sulfate de sodium et du chlorure de magnesium, c'est-à-dire les nombres de grammes que représentent les formules

$$KCl, \quad Na^2SO^4, \quad MgCl^2.$$

Pour une molécule ou 18 grammes d'eau, la dissolution à analyser renferme $n_1\varpi_1$ grammes de chlorure de potassium, $n_2\varpi_2$ grammes de sulfate de sodium et $n_3\varpi_3$ grammes de chlorure de magnesium. L'analyse fait connaître les nombres n_1, n_2, n_3, et comme on a visiblement

$$s_1 = \frac{n_1\varpi_1}{18}, \qquad s_2 = \frac{n_2\varpi_2}{18}, \qquad s_3 = \frac{n_3\varpi_3}{18},$$

on voit que la connaissance des nombres n_1, n_2, n_3 équivaut à la connaissance des trois concentrations s_1, s_2, s_3.

Au lieu de se donner les nombres n_1, n_2, n_3, on peut, si l'on préfère, déterminer la composition de la dissolution en se donnant les nombres

$$x = n_1,$$
$$y = n_1 + n_2 + n_3,$$
$$z = n_3.$$

Ce sont ces trois quantités x, y et z que M. J. H. Van't Hoff porte sur trois axes de coordonnées rectangulaires (*fig.* 34). Chaque point représente alors une dissolution qui aurait une composition bien déterminée après que l'on aurait précipité le chlorure de sodium qui la sature.

A une température donnée et sous une pression donnée, chacun des précipités, autres que le chlorure de sodium, qui peut prendre naissance dans le système correspond à un domaine.

Sous la pression atmosphérique, à la température de 25°, le nombre des corps qui peuvent se précipiter, en même temps que le chlorure de sodium, toujours présent en excès, est de 14, savoir :

Deux sels anhydres :	(1)	KCl,
	(2)	Na^2SO^4 ;
Six sels hydratés :	(3)	$MgCl^2, 6H^2O$,
	(4)	$4MgSO^4, 5H^2O$,
	(5)	$MgSO^4, 4H^2O$,
	(6)	$MgSO^4, 5H^2O$,
	(7)	$MgSO^4, 6H^2O$,
	(8)	$MgSO^4, 7H^2O$;

Et six sels doubles : (9) $MgKCl^3, 6H^2O$ (*Carnallite*),
(10) $MgK^2(SO^4)^2, 4H^2O$ (*Leonite*),
(11) $MgK^2(SO^4)^2, 6H^2O$ (*Schœnite*),
(12) $MgNa^2(SO^4)^2, 4H^2O$ (*Astrakanite*),
(13) $K^3Na\,SO^4)^2$, (*Glaserite*),
(14) $MgSO^4, KCl, 3H^2O$ (*Kaïnite*).

La *fig.* 34 représente le polyèdre à 13 faces courbes que forment les domaines de ces sels. En face de chaque sel, un chiffre a été inscrit entre parenthèses ; ce chiffre est reporté, en la *fig.* 34, sur le domaine de ce sel.

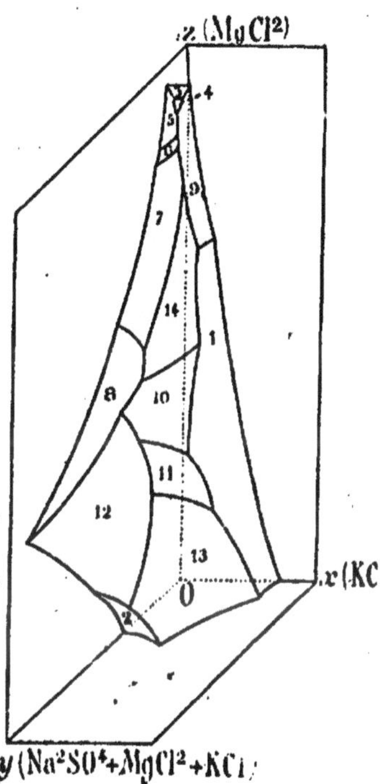

Fig. 34

117. Cinq sels dissous dans l'eau, dont deux à saturation ; un sel calcique ajouté au système précédent. — Un sixième composant peut être adjoint à la dissolution précédente ; pourvu que le nombre des précipités au contact desquels cette dissolution demeure en équilibre soit, lui aussi, augmenté d'une unité, la variance du système gardera la même valeur.

Supposons qu'au chlorure de sodium, au chlorure de potassium, au sulfate de sodium, au chlorure de magnésium, on adjoigne du sulfate de calcium, auquel nous réserverons l'indice 5. Cinq concentrations s_1, s_2, s_3, s_4, s_5 détermineront la composition de la dissolution.

Les sels calciques étant très peu solubles, un d'entre eux se précipitera ; mais, selon les conditions de composition de la dissolution, de température, de pression, le sel calcique précipité sera différent.

Il s'agira donc d'étudier les dissolutions qui peuvent demeurer en équilibre au contact de *trois* précipités dont un sera toujours le chlorure de sodium, et dont un autre sera toujours un sel calcique γ ; le troisième précipité C sera un sel de sodium, de potassium, de magnésium, ou encore un sel double contenant deux de ces métaux.

Supposons données la température, soit 25°, et la pression, soit la pression atmosphérique. Si l'on veut que la dissolution demeure en équilibre au contact du sel marin et du couple de précipités (C, γ), on pourra se donner arbitrairement les valeurs de deux des cinq concentrations s_1, s_2, s_3, s_4, s_5, et les valeurs des trois autres en résulteront. On voit alors que sous une pression donnée et à une température donnée, *chaque couple de précipités* (C, γ), dont le premier ne renferme pas de chaux tandis que le second est un sel calcique, correspondra à un certain *domaine* S dans le système de coordonnées s_1, s_2, s_3 ; à un autre domaine Σ dans le système de coordonnées s_1, s_3, s_4 ; enfin, à un troisième domaine dans le système de coordonnées s_1, s_3, s_5.

C'est dans le premier système de coordonnées ou, plutôt, dans le système de coordonnées équivalent x, y, z, défini au numéro précédent, que M. J.-H. Van't Hoff (¹) et ses élèves ont figuré les domaines des divers couples de deux sels qui peuvent se précipiter au sein du système.

Une circonstance facilite cette étude. Les sels calciques étant très peu solubles, la concentration s_5 est toujours très voisine de 0. Il en résulte que les valeurs que doivent avoir les concentrations s_1, s_2, s_3, s_4 pour que la dissolution soit en équilibre au contact du sel marin et du couple (C, γ) sont sensiblement les mêmes que si la concentration s_5 était égale à 0 et le sel calcique γ supprimé. Dans le système de coordonnées s_1, s_2, s_3 ou, ce qui revient au même, dans le système de coordonnées x, y, z, le domaine du couple (C, γ) devra presque exactement s'appliquer sur le domaine trouvé pour le sel C au numéro précédent, ou sur une partie de ce domaine.

On pourra donc commencer par déterminer les domaines des sels

(¹) J.-H. Van't Hoff, *Rapports présentés au congrès international de Physique*, t. I, p. 464 (Paris, 1900).

C, C′, C″,.... comme si le système ne renfermait pas de sulfate de calcium, ce qui redonnera la surface représentée par la figure 34. Ensuite on devra examiner si, dans toute l'étendue d'un de ces domaines S, le sel C est associé au même sel calcique γ ou bien au contraire s'il peut être associé à divers sels calciques γ_1, γ_2,..., cas auquel le domaine S devra être subdivisé en divers sous-domaines S_1, S_2,... correspondant respectivement aux couples (C, γ_1), (C, γ_2),...

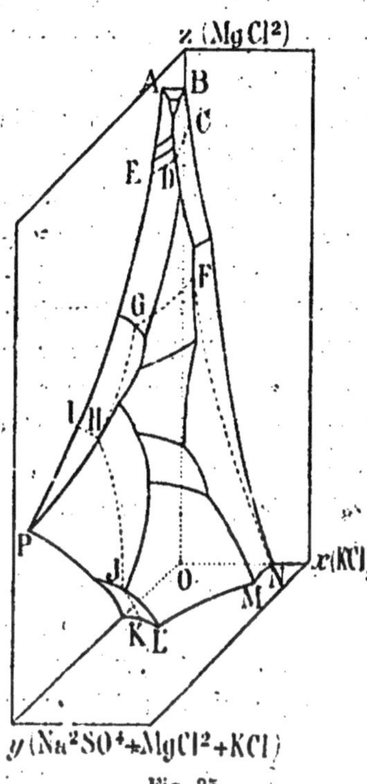

Fig. 35

Le résultat de cette discussion est représentée en la *fig.* 35. Les traits pleins dessinent la surface qui a déjà été représentée en la *fig.* 34. Les traits interrompus partagent les domaines des divers sels de potassium, de magnésium ou de sodium en sous-domaines relatifs aux divers sels calciques qui peuvent se précipiter dans les conditions où les expériences sont faites.

Ces sels calciques sont au nombre de quatre et sont les suivants:

$2\,CaSO^4, H^2O$,
$CaSO^4, 2\,H^2O$ (*Gypse*),
$CaNa^2\,(SO^4)^2$ (*Glauberite*),
$CaK^2\,(SO^4)^2, H^2O$ (*Syngénite*).

Les sous-domaines qui correspondent au sulfate de calcium semihydraté sont bornés par la ligne ABCDE; les sous-domaines relatifs au gypse ont pour limite la ligne CDEHIGFN; la glauberite se précipite dans la région IHJKP et la syngénite dans la région NFGHJKLM.

On voit alors que l'on pourra observer les associations suivantes,

On voit alors que l'on pourra observer les associations suivantes, en présence du sel marin en excès, entre un sel calcique et un sel non calcique :

$MgCl^2, 6H^2O$ }
$4MgSO^4, 5H^2O$ }
$MgSO^4, 4H^2O$ } avec $2CaSO^4, H^2O$;
$MgSO^4, 5H^2O$ }
La *Carnallite* avec $2CaSO^4, H^2O$ ou le *Gypse* ;
$MgSO^4, 6H^2O$ avec $2CaSO^4.H^2O$, le *Gypse* ou la *Syngénite* ;
KCl avec le *Gypse* ou la *Syngénite*
$MgSO^4, 7H^2O$ avec le *Gypse*, la *Syngénite* ou la *Glauberite* ;
L'*Astrakanite* }
Na^2SO^4 } avec la *Syngénite* ou la *Glauberite* ;
La *Kainite* avec le *Gypse* ou la *Syngénite* ;
La *Léonite* }
La *Schœnite* } avec la *Syngénite*.
La *Glaserite* }

Ces résultats se rapportent tous, bien entendu, à la température de 25°.

Ils montrent comment la règle des phases guide l'expérimentateur dans l'analyse de systèmes dont, sans elle, la complication eut défié tout effort.

HUITIÈME LEÇON

LES SYSTÈMES UNIVARIANTS

118. Retour aux systèmes univariants. — Après avoir montré, par divers exemples, les services que peut rendre la règle des phases dans la discussion de cas compliqués présentés par les systèmes trivariants ou quadrivariants, nous allons revenir, pour en étudier plus en détail les propriétés, à des systèmes dont la variance à une moindre valeur et, en premier lieu, aux systèmes univariants.

On appelle ainsi tout système partagé en un nombre φ de phases supérieur d'une unité au nombre c des composants indépendants qui le forment :

$$\varphi = c + 1.$$

Dans un tel système, la variance $V = c + 2 - \varphi$ est égale à 1.

119. Un composant partagé en deux phases. — Parmi les systèmes univariants, nous trouvons tout d'abord tous les systèmes où *un seul composant est partagé en deux phases*; en voici les exemples les plus remarquables :

1° Un corps solide ou liquide se trouve en présence de sa propre vapeur; l'étude de tels systèmes constitue la théorie de la vaporisation des corps solides ou liquides.

2° Un même corps se trouve à la fois sous les deux états solide et liquide, cas dont traite la théorie de la fusion des solides et de la congélation des liquides.

3° Un même corps chimique, simple ou composé, se trouve à la fois sous deux formes solides différentes ; tel l'iodure jaune de mercure, en présence de l'iodure rouge.

4° Un corps chimique gazeux se trouve en présence d'un polymère solide ; tel le cyanogène gazeux en présence du paracyanogène solide ; tel encore l'acide cyanique gazeux en présence de l'acide cyanurique cristallisé.

120. Deux composants partagés en trois phases. — Nous trouvons ensuite, parmi les systèmes univariants, des systèmes formés de *deux composants indépendants partagés en trois phases* ; parmi ceux-ci, citons :

1° Les systèmes ou un composant solide et un composant gazeux se trouvent en présence d'un composé solide ; tel est le système formé par la chaux, le gaz carbonique, le carbonate de calcium, tel est encore le système formé par un sel anhydre, la vapeur d'eau, un hydrate défini du même sel.

2° Les systèmes où deux composants indépendants, l'eau et un sel anhydre, sont partagés en trois phases : un précipité solide, anhydre ou hydraté, une solution et de la vapeur d'eau.

3° Les systèmes où un hydrate de gaz à l'état solide se trouve au contact d'une solution aqueuse de ce gaz et d'un mélange aériforme du gaz avec la vapeur d'eau.

4° Un mélange de deux liquides, séparé en deux couches, surmonté d'une vapeur, simple ou mixte, fournie par ces deux liquides ou par l'un d'entre eux.

121. Trois composants partagés en quatre phases. — Un système où *trois composants indépendants sont partagés en quatre phases* est encore un système univariant. En voici un exemple :

Les trois composants indépendants sont l'eau 0 et deux sels anhydrides 1 et 2 ; les quatre phases sont la vapeur d'eau, une solution aqueuse des deux sels et deux précipités solides C, C′, qui sont des corps de composition définie formés aux dépens des trois composants indépendants 0, 1, 2 (glace, sels anhydres, sels hydratés, sels doubles anhydres ou hydratés).

122. Loi d'équilibre des systèmes univariants. Tension de transformation et point de transformation. — Les états d'équilibre d'un système univariant sont soumis à une loi qui, pour tous ces systèmes, a la même forme; rappelons l'énoncé de cette loi :

A une température donnée, la pression pour laquelle le système est en équilibre a une valeur entièrement déterminée, que l'on nomme TENSION DE TRANSFORMATION *à la température considérée.* La composition et la densité de chacune des phases qui forment le système en équilibre sont également déterminées ; comme la tension de transformation, elles ne dépendent pas des masses des composants indépendants qui constituent le système. Au contraire, les masses des diverses phases ne sont pas entièrement déterminées, même lorsqu'on se donne les masses de ces composants indépendants.

Sous une pression donnée, la température pour laquelle le système est en équilibre a une valeur déterminée, que l'on nomme POINT DE TRANSFORMATION *sous la pression considérée*; cette température d'équilibre ne dépend point des masses des composants indépendants qui forment le système, et il en est de même de la composition et de la densité qu'offre, au moment de l'équilibre, chacune des phases en lesquelles le système est partagé; en revanche, les masses de ces phases ne sont point entièrement déterminées, même lorsqu'on se donne les masses des composants indépendants.

123. Courbe des tensions de transformation. — Prenons deux axes de coordonnées rectangulaires, OT, OII (*fig.* 36); sur l'axe des abscisses OT, portons une longueur OT mesurée par la température T que nous considérons; par le point T, menons une parallèle à l'axe des abscisses OII et, sur cette parallèle, portons une longueur TM = OP mesurée par la tension de transformation à la température considérée; lorsque la température prend toutes les valeurs possibles et que le point T parcourt la ligne OT, le point M décrit une courbe CC' que l'on nomme la *courbe des tensions de transformation* du système univariant considéré.

Supposons la courbe des tensions de transformation tracée; si nous nous donnons une température T = OT, une construction simple nous fera connaître la tension de transformation correspondante $P = OP$; ce sera l'ordonnée du point M de la courbe CC' qui a pour abscisse OT ; si nous nous donnons une pression $P = OP$, une construction simple nous fera connaître le point de transformation correspondant $T = OT$; ce sera l'abscisse du point M de la courbe CC' qui a pour ordonnée OT.

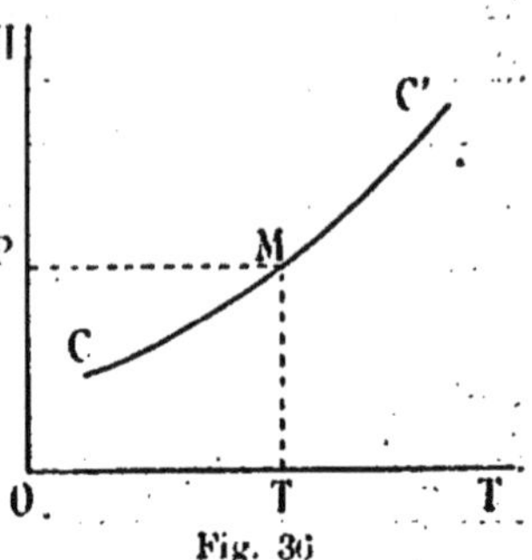

Fig. 36

124. Courbe des tensions de vapeur saturée. — C'est dans l'étude de la vaporisation des corps solides ou liquides que les physiciens ont rencontré, pour la première fois, la courbe des tensions de transformation d'un système univariant; cette courbe, dans ce cas, n'es autre chose que la *courbe des tensions de vapeur saturée.*

125. Phénomènes de fusion. — L'existence d'une courbe des tensions de transformation dans les phénomènes de fusion a été signalée théoriquement, en 1849, par M. J. Thomson et vérifiée expérimentalement, en 1850, par W. Thomson ; ces physiciens ont montré que le point de fusion de la glace n'a pas une valeur absolument invariable, mais qu'il change lorsque l'on fait varier la pression que l'on exerce sur le système univariant formé d'eau et de glace ; d'autres physiciens ont, ensuite, établi la même vérité en étudiant la fusion d'autres corps ; mais, pour des raisons que nous trouverons tout à l'heure, il faut faire subir à la pression que supporte le système de très grandes variations si l'on veut obtenir des variations appréciables du point de fusion ; la courbe des tensions de transformations s'écarte assez peu d'une ligne droite parallèle à OII.

126. Transformations allotropiques des solides. — On peut en dire autant de la courbre des tensions de transformation dans le cas où un même corps peut se trouver sous deux formes allotropiques distinctes, toutes deux solides ; toutefois, si l'on fait éprouver de très grandes variations à la pression que supporte le système, on peut obtenir des variations notables du point de transformation ; ainsi l'iodure d'argent rouge peut se transformer en iodure d'argent jaune ; il suffit pour cela, sous la pression atmosphérique, d'élever la température à + 146°C. ; en soumettant le système à une pression de 3000 atmosphères environ, MM. Mallard et Le Chatelier [1] ont pu abaisser le point de transformation jusqu'à la température ordinaire.

127. Corps gazeux et polymère solide. — La courbe des tensions de transformation dans un système où un corps gazeux se trouve en présence d'un polymère solide a une allure semblable à celle d'une courbe de tension de vapeur saturée ; cette courbe monte de gauche à droite et cela d'autant plus vite que la température est plus élevée ; l'existence d'une semblable courbe a été reconnue par MM. Troost et Hautefeuille [2] d'abord pour les systèmes où le cyanogène gazeux se trouve en présence du paracyanogène solide, puis pour les systèmes où l'acide cyanique gazeux se trouve en présence d'acide cyanurique solide.

128. Tensions de dissociation. — L'équilibre d'un système où un composé défini solide se trouve en présence de deux composants indépendants, dont l'un est solide et l'autre gazeux, exige qu'à chaque température la pression supportée par le système soit égale à la tension de transformation relative à la température considérée : c'est la loi fondamentale que H. Debray a mise en évidence, d'abord [3] en étudiant la dissociation du carbonate de calcium en chaux et gaz carbonique, puis [4] en étudiant la dissociation de certains sels hydratés en sel anhydre et vapeur d'eau.

Placé en présence de certains chlorures métalliques, le gaz ammoniac est absorbé par ces chlorures et forme avec eux des composés définis solides ; la dissociation d'un chlorure ammoniacal en chlorure métallique et gaz ammoniac correspond à une courbe de tensions de transformation qui se nomme ici *courbe des tensions de dissociation* ; Isambert [5] a déterminé un certain nombre de ces courbes et en a signalé l'analogie avec les courbes de tensions de vapeur saturée des

(1) MALLARD et LE CHATELIER, *Journal de Physique*, 2e série t. IV, p. 305 ; 1885.

(2) TROOST et HAUTEFEUILLE, *Annales de l'École Normale Supérieure*, 2e Série, t. II, p. 253 ; 1873.

(3) H. DEBRAY, *Comptes rendus*, t. LXIV, p. 603 ; 1867.

(4) H. DEBRAY, *Comptes rendus*, t. LXVI, p. 194 ; 1868.

(5) ISAMBERT, *Comptes rendus*, t. LXVI, p. 1250 ; 1868. — *Annales de l'École Normale Supérieure*, t. V, p. 129 ; 1868.

liquides ; son travail a été complété depuis par MM. Joannis et Croizier. [1]

D'autres courbes de tensions de dissociation ont été déterminées par les chimistes : citons seulement ici les courbes, déterminées par M. Joannis [2], des tensions de dissociation du potassammonium en potassium et gaz ammoniac, et du sodammonium en sodium et gaz ammoniac.

Un système qui renferme, à la fois, une solution aqueuse d'un gaz, un mélange de ce gaz avec la vapeur d'eau et un composé défini solide formé par l'union du gaz et de l'eau est en équilibre, à chaque température, lorsque la pression a une valeur déterminée ; le mélange liquide et le mélange gazeux ont, en même temps, une composition déterminée ; la masse totale de gaz et la masse totale d'eau que le système renferme n'influent ni sur cette tension, ni sur cette composition ; cette loi a été, tout d'abord, reconnue par Isambert [3] en étudiant la dissociation de l'hydrate de chlore ; les courbes des tensions de transformation d'un grand nombre de systèmes analogues ont été déterminées par M. H. Le Chatelier, M. Wroblewski, M. Bakhuis Roozboom et M. P. Villard. [4]

120. Point de transformation des sels doubles. — Considérons un système formé par les trois composants indépendants que voici :

L'eau : H^2O ;

L'acétate de cuivre : $Cu(C^2H^3O^2)^2$;

L'acétate de calcium : $Ca(C^2H^3O^2)^2$.

Ce système peut se partager en quatre phases, savoir :

Un mélange liquide renfermant les trois composants indépendants ;

Des cristaux d'acétate de cuivre hydraté : $Cu(C^2H^3O^2)^2, H^2O$;

Des cristaux d'acétate de calcium hydraté : $Ca(C^2H^3O^2)^2, H^2O$;

[1] JOANNIS et CROIZIER, *Mémoires de la Société des Sciences physiques et naturelles de Bordeaux*, 4e Série, t. V, p. XLI ; 1895.

[2] JOANNIS, *Mémoires de la Société des Sciences physiques et naturelles de Bordeaux*, 4e Série, t. V, p. 218 ; 1895.

[3] ISAMBERT. — *Comptes rendus*, t. LXXXVI, p. 481 ; 1898.

[4] Le Mémoire de M. P. Villard (*Annales de chimie et de physique*, 7e Série t. XI, p. 289 ; 1897) renferme une bibliographie très complète de la question.

Des cristaux d'un sel double hydraté, l'acétate cupricalcique : $CuCa (C^2H^3O^2)^4, 6H^2O$.

Un tel système est univariant ; sous une pression donnée, il existe une température bien déterminée pour laquelle il peut subsister en équilibre ; cette température est le *point de transformation* de l'acétate cupricalcique sous la pression considérée ; si la température est inférieure au point de transformation, les deux sels simples se combinent et il se forme de l'acétate cupricalcique ; si, au contraire, la température est supérieure au point de transformation, l'acétate cupricalcique se décompose et il se forme de l'acétate de cuivre et de l'acétate de calcium ; l'acétate de calcium est incolore, l'acétate de cuivre vert et et l'acétate cupricalcique bleu ; aussi ces transformations sont elles accompagnées de changements de coloration qui en facilitent l'étude, comme l'ont montré tout d'abord MM. J. H. Van't Hoff et Ch. van Deventer (1). M. Reicher (2) a montré que le point de transformation de l'acétate cupricalcique, sous la pression atmosphérique, est compris entre + 76°,2 C. et + 78° C.

Ce point de transformation doit dépendre de la pression que supporte le système ; mais ici, comme dans les phénomènes de fusion, il faut faire subir à la pression des variations considérables pour obtenir un changement appréciable du point de transformation ; MM. W. Spring et J. H. Van't Hoff ont vu ce point descendre au dessous de + 40° C. sous une pression qu'ils évaluent à 6000 atmosphères.

130 Précautions à prendre dans l'application des lois précédentes. Premier exemple : Dissociation de l'oxyde rouge de mercure. Recherches de M. Pelabon. — L'application à un système chimique de la notion de *courbe des tensions de transformation* peut, dans certains cas, nécessiter certaines précautions qui, négligées, conduiraient à des erreurs.

(1) J. H Van't Hoff et Ch. van Deventer, *Recueil des Travaux chimiques des Pays Bas*, t. VI, p. 407 ; 1886. — *Zeitschrift für physikalische Chemie*, Bd. I, p. 163 ; 1887.

(2) Reicher. *Zeitschrift für physikalische Chemie*, Bd. I, p. 221 ; 1887.

(3) W. Spring et J. H Van't Hoff. *Zeitschrift für physikalische Chemie*, Bd. I, p. 227 ; 1887.

Par exemple, il peut arriver qu'avec les mêmes substances chimiques, on puisse constituer différents systèmes univariants ; à chacun de ces systèmes univariants correspondra une courbe des tensions de transformation, mais ces courbes ne se superposeront pas.

La dissociation de l'oxyde de mercure nous présente un cas intéressant où il y a lieu d'appliquer cette remarque.

Supposons que de l'oxyde rouge se décompose en oxygène et vapeur de mercure dans une enceinte vide au préalable. Le système est partagé en deux phases : l'oxyde de mercure solide et le mélange gazeux d'oxygène et de vapeur de mercure. Combien renferme-t-il de composants indépendants ? Dans les conditions que nous supposons réalisées, il suffit de connaître la masse totale de mercure, libre ou combiné, que le système contient pour connaître la masse totale d'oxygène, libre ou combiné, qu'il contient. Le système ne renferme donc pas deux composants indépendants, mais un seul, l'oxyde de mercure ; il est formé d'une masse arbitraire d'oxyde de mercure, en partie à l'état de combinaison, en partie à l'état de décomposition. En résumé, nous pouvons dire que nous avons affaire à un système formé d'*un seul composant indépendant*, le corps HgO, qui se trouve partagé en *deux phases*, une phase solide, l'oxyde rouge, et une phase gazeuse, le mélange *en proportions équivalentes* d'oxygène et de vapeur de mercure. Un tel système est univariant ; il admet une courbe C des tensions de transformation ; à chaque température T, la courbe C fait correspondre une tension de transformation P.

Au lieu de supposer que l'oxyde de mercure se dissocie dans une enceinte vide au préalable, on peut supposer qu'il se dissocie dans une enceinte où l'on a introduit soit de l'oxygène, soit du mercure ; dans ce cas la masse d'oxygène, tant libre que combiné, et la masse de mercure, tant libre que combiné, que le système renferme, ne sont plus en proportions équivalentes ; ces deux masses sont arbitraires ; le système est formé de *deux composants indépendants*, l'oxygène et le mercure.

Si le système renferme seulement de l'oxyde de mercure solide et un mélange d'oxygène et de vapeur de mercure il est partagé seulement en deux phases et est bivariant ; pour un tel système, il ne peut plus être question d'une courbe des tensions de transformation ; la connaissance de la température ne suffit pas à faire connaître la pression que supporte le système en équilibre.

Il n'en est plus de même si l'on introduit dans le système assez de mercure pour qu'une partie de ce corps demeure à l'état liquide ; le système formé de *deux composants indépendants*, l'oxygène et le mercure, et partagé en *trois phases*, l'oxyde rouge de mercure, le mélange d'oxygène et de vapeur de mercure et le mercure liquide, est un système univariant ; il admet une courbe des tensions de transformation C' ; à chaque température T, la courbe C' fait correspondre une tension de transformation P' dont la valeur est indépendante des masses de mercure et d'oxygène que le système renferme.

Les deux courbes C, C' ont été déterminées par M. H. Pélabon (1) ; elles ne sont nullement identiques entre elles ; la courbe C' est beaucoup plus élevée que la courbe C ; par exemple, à la température de 520° C., la tension de transformation que nous avons désignée par P est mesurée par 4170 millimètres de mercure et la tension de transformation que nous avons désignée par P' est mesurée par 8 440 millimètres de mercure. On juge par là combien il serait dangereux de parler, sans préciser davantage, de la tension de dissociation de l'oxyde de mercure à une température donnée.

131. Deuxième exemple : Dissociation de l'oxyde cuivrique. — D'autres précautions doivent être prises dans l'application à un système de la notion de courbe des tensions de transformation ; il peut arriver que, selon les circonstances, une phase apparaisse ou disparaisse dans le système ; que, par conséquent, le système soit, selon les circonstances, univariant ou bivariant ; qu'il admette ou n'admette pas de courbe des tensions de transformation.

En voici un exemple fort net, dont la connaissance est due aux recherches expérimentales de H. Debray et de M. Joannis (2).

L'oxyde de cuivre se dissocie en oxydule de cuivre et oxygène. Deux

(1) H. Pélabon, *Mémoires de la Société des sciences physiques et naturelles de Bordeaux*, 5e série, t. V, 1899.
(2) Debray et Joannis, *Comptes rendus*, t. XCIX, pp. 583 et 688 ; 1884.

composants indépendants, l'oxydule de cuivre et l'oxygène, forment le système, qui, au dessous d'une certaine température, est partagé en trois phases, l'oxde cuivrique solide, l'oxyde cuivreux solide, l'oxygène gazeux. Le système est univariant; il admet une courbe des tensions de dissociation.

En effet, à une température donnée T, l'équilibre correspond à une tension P de l'atmosphère d'oxygène, parfaitement déterminée par la connaissance de la seule température T. Vient-on, dans le récipient, à refouler de l'oxygène de telle manière que la pression prenne, pour un moment, une valeur supérieure à P? L'oxydule de cuivre absorbe l'oxygène et se transforme en oxyde cuivrique jusqu'à ce que la pression ait repris la valeur P. Enlève-t-on, au contraire, une certaine quantité d'oxygène, de manière à faire tomber la pression au-dessous de P? L'oxyde cuivrique se réduit jusqu'à rendre à la pression sa première valeur.

Ces phénomènes se produisent avec la plus grande netteté tant que la température n'excède pas une certaine limite, voisine du point de fusion de l'or; au-delà de cette limite, l'oxyde et l'oxydule de cuivre subissent, au contact l'un de l'autre, une fusion; au lieu de former deux phases solides, ils ne forment qu'une seule phase liquide; d'univariant, le système devient bivariant; à une température donnée, il n'admet plus une tension de dissociation entièrement déterminée.

Supposons, par exemple, qu'à la température T, le système se trouve en équilibre alors que le mélange liquide d'oxyde cuivreux et d'oxyde cuivrique est surmonté d'une atmosphère d'oxygène soumise à la pression P; sans changer la température, refoulons dans le système une certaine masse d'oxygène, de manière à élever la pression; le liquide va absorber une partie, mais une partie seulement, de la masse d'oxygène introduite; quand l'équilibre sera rétabli, la pression aura une valeur P' supérieure à P; si, inversement, nous avions aspiré de l'oxygène de manière à faire tomber la pression au-dessous de la valeur primitive P, le liquide aurait dégagé de l'oxygène de manière à relever la pression, mais seulement jusqu'à une valeur P", inférieure à P.

132. Dissociation de l'hydrate de chlore. — Des faits analogues, qui ont attiré l'attention d'Isambert et de M. Le Chatelier, s'observent dans l'étude des systèmes qui ont pour composants indépendants l'eau et le chlore : aux basses températures, on peut observer un tel système divisé en trois phases : des cristaux d'hydrate de chlore, une solution liquide, une atmosphère gazeuse formée de chlore et de vapeur d'eau ; à chaque température, l'équilibre est établi lorsque la pression a une valeur qui dépend de la température seule et ne dépend en aucune façon des masses d'eau et de chlore que le système renferme.

Si la température atteint, puis dépasse, le point de fusion aqueuse des cristaux d'hydrate de chlore, ces cristaux disparaissent ; le système qui ne renferme plus que deux phases, le mélange liquide et le mélange gazeux, est désormais bivariant ; à une température donnée, la tension du mélange gazeux qui demeure en équilibre au-dessus de la solution liquide peut prendre une infinité de valeurs ; pour la faire croître, il suffit de refouler du chlore dans l'appareil ; pour la faire décroître, d'aspirer une partie du mélange gazeux.

133. L'absence de tension fixe de dissociation distingue une dissolution d'un composé défini. — Ces remarques suggèrent le moyen de trancher, dans certains cas, certaines questions litigieuses.

Un gaz, le gaz ammoniac par exemple, est absorbé par un corps solide C ; de quelle nature est cette absorption ? Le gaz ammoniac forme-t-il, avec le corps solide, une combinaison définie, dont les parcelles sont disséminées au sein du solide C en excès, mais, cependant, distinctes de ce solide ? Ou bien, au contraire, forme-t-il, avec ce corps solide C, une *dissolution solide* dont chaque volume infiniment petit contient à la fois de la matière du solide et de l'ammoniaque ?

Le système est assurément formé de deux composants indépendants, le gaz ammoniac et le solide C.

Dans la première hypothèse, le système est partagé en trois phases qui sont le gaz ammoniac, le solide C, la combinaison ammoniacale solide ; le système est donc univariant ; à chaque température T doit correspondre une tension de dissociation bien déterminée P ; si on enlève du gaz ammoniac, une certaine quantité de la combinaison ammoniacale solide se dissociera, de manière à restituer la valeur P à la tension de l'atmosphère gazeuse, et l'on pourra répéter cette opération à plusieurs reprises jusqu'au moment où la totalité de la combinaison ammoniacale solide aura été détruite ; si on refoule du gaz ammoniac, le gaz en excès sera absorbé par le corps solide C et la tension ramenée à la valeur P jusqu'au moment où la totalité du corps C aura passé à l'état de combinaison ammoniacale.

Tout autre sera l'allure des phénomènes dans la seconde hypothèse ; le système, formé seulement de deux phases, le gaz ammoniac et la solution solide, sera bivariant ; à une même température T, on pourra observer le système en équilibre pour une infinité de valeurs différentes de la tension du gaz ammoniac ; la pression exercée par ce gaz au moment de l'équilibre augmentera si l'on refoule du gaz ammoniac dans le système et diminuera si l'on en aspire.

Dès 1867, Isambert faisait usage de ce criterium pour démontrer que le gaz amomniac, absorbé par les chlorures métalliques, forme avec ces corps des combinaisons définies, tandis qu'absorbé par le charbon, il forme avec ce corps une solution solide.

134. Les zéolites sont des solutions solides. — Dans ces dernières années, le criterium imaginé par Isambert a été employé de nouveau et a permis d'établir d'intéressantes conséquences.

La nature nous offre un certain nombre de silicates hydratés que les minéralogistes désignent sous le nom de *zéolites* ; la déshydratation de certaines zéolites présente de curieuses particularités ; l'*analcime*, par exemple, peut se déshydrater complètement sans qu'on observe à aucun moment de variation brusque dans la forme ou les propriétés optiques des cristaux ; M. Georges Friedel [1] a montré que l'analcime n'avait point, à une température donnée, une tension de dissociation invariable ; supposons la température maintenue invariable ; en un premier état d'équilibre, la tension de la vapeur d'eau qui se trouve en équilibre au-dessus des cristaux a une

[1] G. Friedel, *Bulletin de la Société de Minéralogie*, t. XIX, p. 363 ; 1896. — t. XXI, p. 5 ; 1898.

valeur P; aspirons une partie de cette vapeur d'eau; l'analcime subira une certaine déshydratation et la tension de la vapeur d'eau remontera, mais seulement jusqu'à une valeur P', inférieure à P; et ainsi de suite : l'analcime n'est donc pas un hydrate défini, mais seulement une *solution solide* en laquelle l'eau est mélangée à un silicate anhydre.

M. Tammann (¹) a étendu l'observation de M. Friedel à un grand nombre de silicates hydratés étudiés par les minéralogistes et aussi au platinocyanure de magnesium hydraté :

$$MgPtCy^4 + Aq.$$

135. L'existence d'une tension de dissociation ne prouve pas toujours l'existence d'une combinaison définie. Dissociation de l'hydrure de palladium. — L'absence de tension fixe de dissociation permet ainsi, dans certains cas, de démontrer qu'un corps n'est pas un composé défini; il convient d'être plus prudent lorsque, de l'existence d'une tension fixe de dissociation, on veut déduire l'existence d'un composé défini; l'étude de l'absorption de l'hydrogène par le palladium va nous montrer qu'une telle conclusion peut être parfois sujette à caution.

Avec MM. Troost et Hautefeuille (²), prenons du palladium, maintenu à une température invariable, et refoulons de l'hydrogène dans l'enceinte qui renferme ce métal; l'hydrogène est en partie absorbé et la tension se fixe à une certaine valeur P; refoulons, dans l'enceinte, une nouvelle quantité d'hydrogène; cet hydrogène est de nouveau absorbé et la pression reprend la valeur P; il en est ainsi jusqu'au moment où le palladium a absorbé une certaine quantité d'hydrogène, proportionnelle à sa masse; à partir de ce moment, chaque fois que l'on refoule dans l'appareil une nouvelle quantité d'hydrogène, on voit, après que l'équilibre est établi, la tension du gaz se fixer à une valeur plus élevée que celle qui avait été atteinte dans les opérations précédentes.

(¹) TAMMANN, *Wiedemann's Annalen*, Bd. LXXIII, p. 16; 1897. — *Zeitschrift für physikalische Chemie*, Bd. XXVII, p. 323; 1898.

(²) TROOST et HAUTEFEUILLE, *Annales de chimie et de physique*, 5ᵉ série, t. II, p. 279; 1874.

MM. Troost et Hautefeuille interprètent ces observations en admettant qu'il se forme d'abord un hydrure de palladium, de composition définie, auquel ils ont attribué la formule Pd^2H ; c'est seulement lorsque tout le palladium aurait passé à l'état d'hydrure que l'hydrure, à son tour, absorberait l'hydrogène à l'état de solution solide ; à la première forme de réaction correspondait l'existence d'une tension fixe de dissociation, tandis que la seconde serait caractérisée par l'absence d'une semblable tension.

Il est permis d'émettre un doute à l'égard de cette conclusion.

De l'existence d'une tension fixe de dissociation, la seule conséquence que nous puissions déduire avec certitude, c'est que le système est univariant ; et, comme le système est certainement formé de deux composants indépendants, le palladium et l'hydrogène, cette conclusion équivaut, à celle-ci : le système est partagé en trois phases.

Supposer, avec MM. Troost et Hautefeuille, que le système se compose d'hydrogène gazeux, de palladium solide et d'hydrure de palladium solide, c'est faire une hypothèse qui s'accorde avec cette conséquence certaine, mais qui ne lui est pas équivalente ; d'autres hypothèses, en effet, s'accordent également avec cette conséquence ; telle est, par exemple, l'hypothèse suivante, faite par M. Bakhuis Roozboom et par M. Hoitsema (1) : la masse solide que le système renferme serait formée par la juxtaposition de deux solutions solides, ayant en hydrogène une teneur différente, comparables, par conséquent, aux couches inégalement concentrées en lesquelles se partage un mélange liquide d'éther et d'eau.

Peut-on décider entre ces deux hypothèses ?

Si l'on en suit les conséquences, on parvient, comme il est aisé de le voir, à des résultats qui diffèrent selon l'hypothèse faite et qui peuvent être comparés aux données de l'expérience.

Prenons, à une température donnée T, une masse donnée de palladium, un gramme par exemple ; prenons également deux axes de

(1) Hoitsema, *Archives néerlandaises des sciences exactes et naturelles*, t. XXX, p. 44, 1895. — *Zeitschrift für physikalische Chemie*, Bd. XVII, p. 1 ; 1895.

coordonnées rectangulaires (*fig.* 37 et *fig.* 38) et, sur l'axe des abscisses, portons la masse m d'hydrogène absorbée par un gramme de palladium, tandis que sur l'axe des ordonnées, nous porterons la pression Π de l'hydrogène dans l'enceinte.

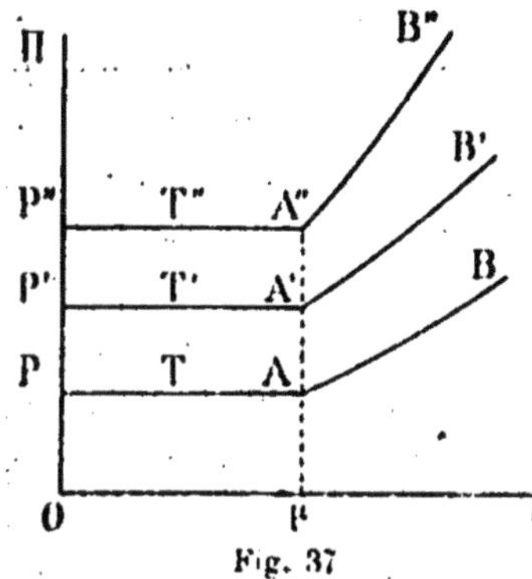

Fig. 37

Suivons d'abord les conséquences de l'hypothèse de MM. Troost et Hautefeuille.

Tant que la pression Π est inférieure à la tension de dissociation P du palladium hydrogéné à la température T, le palladium n'absorbe pas l'hydrogène ; le point figuratif décrit un segment OP de l'arc OΠ.

A partir du moment où la pression dépasse la valeur P, l'hydrure de palladium commence à se former ; au fur et à mesure qu'une fraction plus grande de notre masse de palladium passe à l'état d'hydrure, la masse m d'hydrogène absorbé va croissant, tandis que la tension de l'hydrogène, une fois l'équilibre établi, demeure constante et égale à P ; le point figuratif décrit un segment de droite PA, parallèle à OM.

Il en est ainsi jusqu'au moment où le gramme de palladium employé a passé en entier à l'état d'hydrure ; à ce moment, la masse m de l'hydrogène absorbé a une valeur parfaitement déterminée μ, savoir la masse qu'il faut combiner à un gramme de palladium pour obtenir le corps Pd^2H, environ $\frac{1^{gr}}{212}$.

A partir de ce moment, l'hydrure de palladium absorbe l'hydrogène à l'état de solution solide ; la pression de l'hydrogène dans le système en équilibre ne garde pas une valeur fixe ; elle croît en même temps que la masse d'hydrogène absorbée par l'hydrure de palladium ; le point figuratif décrit une ligne AB qui s'élève de gauche à droite.

Si nous répétons les mêmes opérations à d'autres températures T', T", de plus en plus élevées, nous obtiendrons des tracés OP'A'B',

OP'A'B', analogues au tracé OPAB ; les lignes PA, P'A', P''A'', parallèles à l'axe Om, seront de plus en plus élevées, parce qu'aux températures de plus en plus élevées T, T', T'', correspondent des tensions de dissociation de plus en plus grandes P, P' P'' de l'hydrure de palladium ; mais les points A, A', A'' se trouveront tous sur une même parallèle à l'axe OΠ, car leur abscisse a une valeur μ qui ne dépend en aucune façon de la température.

Reprenons maintenant les mêmes opérations et représentons-en les résultats en suivant l'hypothèse de MM. Bakhuis Roozboom et Hoitsema (*fig.* 38).

A une température donnée T, le palladium hydrogéné peut se dédoubler en deux solutions solides de compositions différentes ; lorsque

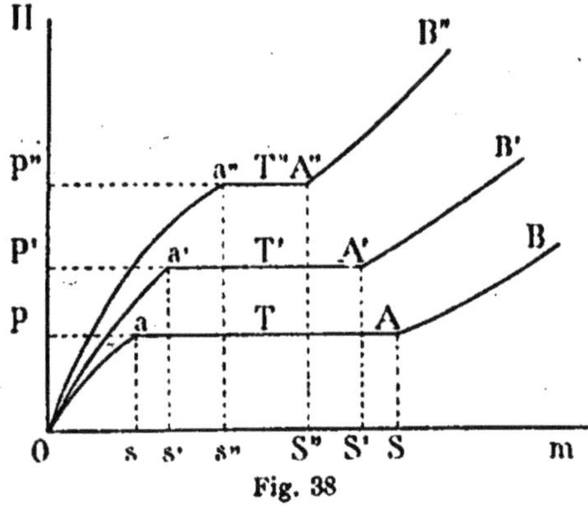

Fig. 38

le palladium hydrogéné ainsi dédoublé se trouve en présence d'une atmosphère d'hydrogène, on a affaire à un système univariant ; lorsqu'un tel système est en équilibre à une température T, non seulement la tension de l'hydrogène a une valeur P qui dépend de la seule température T, mais encore les deux solutions solides ont des compositions entièrement fixées par la connaissance de la seule température T ; en la première, la moins hydrogénée, un gramme de palladium est uni à *s* grammes d'hydrogène ; en la seconde, la plus hydrogénée, un gramme de palladium est uni à S grammes d'hydrogène ; fixes à une température donnée, les deux nombres *s* et S varient avec la température.

A une température donnée T, prenons un gramme de palladium et faisons croître la masse m d'hydrogène absorbée par ce palladium.

Tant que m est inférieur à s, le palladium hydrogéné se compose d'une seule solution solide ; le système, qui ne comprend que deux phases, est bivariant ; il n'admet point de tension fixe de dissociation ; la tension de l'hydrogène gazeux dans le système en équilibre croît avec la teneur en hydrogène de la solution solide ; le point figuratif décrit une courbe Oa qui s'élève de gauche à droite.

Lorsque la masse m d'hydrogène absorbée par un gramme de palladium atteint, puis dépasse s, le palladium hydrogéné se partage en deux solutions solides, l'une de teneur s, l'autre de teneur S ; lorsque la masse m va croissant, les deux teneurs s et S demeurent invariables, mais la masse de la première solution diminue tandis que la masse de la seconde augmente ; le système est univariant ; la tension de l'hydrogène garde la valeur invariable P et le point figuratif décrit un segment de droite aA, parallèle à Om ; les deux extrémités a et A de ce segment ont pour abscisses respectives s et S.

Lorsque la masse m d'hydrogène absorbée par un gramme de palladium atteint, puis surpasse S, le palladium hydrogéné ne forme plus qu'une seule solution solide ; le système redevient bivariant ; la tension de l'hydrogène croît avec la richesse de la solution solide ; le point figuratif décrit une courbe AB qui s'élève de gauche à droite.

Répétons les mêmes opérations à des températures T, T', T'', de plus en plus élevées ; nous obtiendrons une suite de tracés analogues OaAB, Oa'A'B', Oa''A''B', au sujet desquels nous pourrons faire les remarques suivantes :

Les segments aA, a'A', a''A'', parallèles à l'axe Om, sont de plus en plus élevés, parce qu'aux températures de plus en plus élevées T, T', T'', correspondent des tensions de transformation P, P', P'' de plus en plus fortes.

Les origines a, a', a'' de ces segments ont des abscisses s, s', s'' différentes de 0 et différentes entre elles.

Les extrémités A, A' A'', de ces segments ont des abscisses S, S,' S'' qui diffèrent entre elles.

Il suffit maintenant de comparer la figure 37 et la figure 38 pour voir que l'expérience permettra de décider entre l'hypothèse de MM. Troost et Hautefeuille et l'hypothèse de MM. Bakhuis Roozboom et Hoitsema. L'expérience a été faite par ces derniers physiciens; les graphiques qu'ils ont obtenus, absolument inconciliables avec la disposition de la *fig.* 37, ne présentent, au contraire, avec la *fig.* 38, que des désaccords qu'il est possible d'expliquer.

130. Loi de G. Robin. — Pour qu'un système univariant pris à une certaine température et sous une certaine pression puisse être en équilibre, il faut que cette pression soit égale à la tension de transformation relative à cette température; il faut, en d'autres termes que le point figuratif qui a pour abscisse cette température et pour ordonnée cette pression se trouve sur la courbe des tensions de transformation.

Qu'arrive-t-il si le point figuratif qui a pour abscisse la température et pour ordonnée la pression ne se trouve pas sur la courbe des tensions de transformation? Une première règle très simple nous permet de répondre à cette question; elle est due à G. Robin (¹) et s'énonce ainsi :

Si le point figuratif est au dessus de la courbe des tensions de transformation, toute transformation accomplie à la température considérée et sous la pression considérée est accompagnée d'une diminution de volume du système; l'inverse a lieu si le point figuratif se trouve au dessous de la courbe des tensions de transformation.

Prenons, par exemple, un système univariant formé par un liquide au contact de la vapeur qu'il émet; à la température T, la tension de vapeur saturée a la valeur P; si l'on donne à la pression Π une valeur supérieure à P, la température demeurant égale à T, le système sera le siège d'une modification accompagnée d'une diminution de volume, c'est à dire d'une condensation de la vapeur; si, au contraire, à la même température T, la pression est inférieure à la tension de vapeur saturée P, le système sera le siège d'une modification accompagnée

(¹) G. Robin, *Bulletin de la Société philomathique*, 7e Série, t. IV, p. 24; 1879.

d'une augmentation de volume, c'est-à-dire d'une vaporisation du liquide.

Prenons, à titre de second exemple, un système univariant formé par du carbonate de calcium, du gaz carbonique et de la chaux ; à la température T, désignons par P la tension de dissociation du carbonate de calcium ; si, à la même température T, la pression est supérieure à P, le système sera le siège d'une réaction accompagnée d'une diminution de volume, c'est-à dire d'une combinaison du gaz carbonique avec la chaux ; si, au contraire, la pression est inférieure à P, le système sera le siège d'une réaction accompagnée d'une augmentation de volume, c'est-à-dire d'une dissociation du carbonate de calcium.

L'accord de ces conséquences avec les faits d'expérience se passe de tout commentaire,

137. Loi de J. Moutier. — Quelques années avant que G. Robin traçât cette règle qui permet de prévoir la nature de la modification qui se produit en un système univariant lorsque le produit figuratif est au dessus ou au dessous de la courbe des tensions de transformation, J. Moutier avait donné une règle analogue ; celle-ci prévoit la nature de la modification dont le système est le siège selon que le point figuratif se trouve à gauche ou à droite de la courbe des tensions de transformation.

Voici cette règle :

Soient Π *une pression arbitrairement donnée et* Θ *le point de transformation sous cette pression. Si, sous la pression* Π, *la température* T *a une valeur inférieure à* Θ, *le point figuratif est à gauche de la courbe des tensions de transformation ; dans ces conditions, le système est le siège d'une certaine modification ; accomplie sous la même pression* Π, *à la température* Θ, *cette modification dégagerait de la chaleur.*

Si, sous la pression Π, *la température* T *a une valeur supérieure à* Θ, *le point figuratif est à droite de la courbe des tensions de transformation ; dans ces conditions, le système est le siège d'une modification ; accomplie sous la même pression* Π, *à la température* Θ, *cette modification absorberait de la chaleur.*

Par exemple, sous une pression donnée et à la température du point d'ébullition qui se rapporte à cette pression, la vaporisation du liquide absorbe de la chaleur; la condensation de la vapeur en dégage; donc, sous cette même pression, aux températures inférieures au point d'ébullition, la vapeur se condense, tandis qu'aux températures supérieures au point d'ébullition, le liquide se vaporise.

Sous une pression donnée et à la température du point de fusion relatif à cette pression, la fusion du solide absorbe de la chaleur tandis que la congélation du liquide en dégage ; donc, sous cette même pression, aux températures inférieures au point de fusion, le liquide se congèle, tandis qu'aux températures supérieures au point de fusion, le solide fond.

138. Faux équilibres dans les systèmes univariants. — Ces exemples montrent combien il est aisé, dans la plupart des cas, d'appliquer à un système univariant donné la règle de G. Robin ou la règle de Moutier; toutefois, lorsqu'on demande à ces règles la prévision des modifications qu'un système univariant donné peut éprouver dans des conditions données, on ne doit pas perdre de vue ce que nous avons dit, à la fin de la VIe Leçon (n^{os} **98** et **99**), touchant les phénomènes de faux équilibre. Lorsque la thermodynamique indique qu'une modification est impossible, en réalité cette modification ne se produit pas ; mais lorsqu'elle annonce qu'une modification doit se produire, il peut arriver qu'aucune modification ne se produise et que le système demeure en équilibre.

De cette remarque générale, nous trouvons ici des exemples frappants.

La règle de Moutier nous enseigne qu'à une température inférieure au point de fusion, le solide ne peut fondre, tandis que le liquide doit se congeler; effectivement, jamais, à une température inférieure au point de fusion, le solide ne passe à l'état liquide; mais il peut fort bien se faire que le liquide ne se congèle pas et qu'il demeure en équilibre; il suffit, en général, pour observer ce phénomène de *surfusion*, d'éviter les secousses et, surtout, l'introduction d'une parcelle du solide que le liquide donnerait en se congelant.

La règle de Robin nous enseigne que, sous une pression supérieure à la tension de vapeur saturée qui se rapporte à la température de l'expérience, la vapeur doit passer à l'état liquide; en fait, si l'on opère la compression avec précaution, et si la vapeur est exempte de toute poussière et de toute gouttelette liquide, on peut fort bien observer une vapeur sous une pression supérieure à la tension de vapeur saturée sans qu'elle se condense; ce fait, observé tout d'abord par M. Coulier, a été étudié ensuite par MM. Wüllner et Grotrian.

Qu'il nous suffise, pour le moment, de signaler ces divers phénomènes, qui seront étudiés plus loin (voir 17e Leçon, nos **274** à **278**).

130. Autre forme de la loi de J. Moutier. — Aussi simple que la règle de Robin, qu'elle a d'ailleurs précédée, la règle de Moutier la surpasse par l'originalité des vues qu'elle introduit en statique chimique.

Soit, sous la pression Π, θ la valeur du point de transformation d'un système univariant; considérons une réaction accomplie en ce système sous la même pression Π et à une température T, différente de θ; cette réaction met en jeu une certaine quantité de chaleur; cette quantité de chaleur dépend de la température T, ainsi que nous l'avons observé (3e Leçon, n° **41**); si donc, sans changer la pression, nous faisons varier la température T et la faisons tendre vers θ, la valeur de la quantité de chaleur dégagée par la réaction variera et son signe même pourra changer; cette dernière circonstance, toutefois, ne se produira assurément pas si les températures T que nous considérons ne sont pas trop éloignées du point de transformation θ; supposons qu'elle ne se produise point pour les systèmes univariants que nous étudierons et dans les conditions où nous les étudierons; la règle de J. Moutier pourra alors visiblement s'énoncer de la manière suivante :

Sous une pression donnée, tout changement qui se produit, en un système univariant, à une température inférieure au point de transformation est accompagné d'un dégagement de chaleur; toute modification qui se produit à une température supérieure au point de transformation est accompagnée d'une absorption de chaleur.

140. Corollaire de cette loi. — De cette proposition, J. Moutier a déduit une conséquence qui lui est presque identique, mais qui a l'avantage d'en mieux faire ressortir la portée :

Imaginons qu'en un même système univariant, sous la même pression, mais à deux températures différentes, on observe deux réactions inverses l'une de l'autre; celle des deux réactions qui est accomplie à la température la moins élevée est exothermique, celle qui est accomplie à la température la plus élevée est endothermique

Ainsi, en un même système univariant formé d'oxyde cuivrique, d'oxyde cuivreux et d'oxygène, et sous une même pression, on peut observer deux réactions inverses l'une de l'autre; à une certaine température, l'oxydation de l'oxyde cuivreux; à une température plus élevée, la dissociation de l'oxyde cuivrique; la dissociation de l'oxyde cuivrique absorbe de la chaleur, l'oxydation de l'oxyde cuivreux en dégage.

141. Conséquence relative aux températures très basses; le principe du travail maximum est exact à ces températures. — Supposons, pour un instant, que l'on n'ait jamais à considérer que des systèmes univariants et voyons ce que l'on pourrait déduire de la proposition précédente.

Si, sous une pression donnée, la pression atmosphérique par exemple, on abaissait assez la température pour qu'elle devint inférieure à tous les points de transformation des systèmes considérés, on ne pourrait plus observer que des réactions accompagnées d'un dégagement de chaleur; toutes les décompositions spontanées seraient des décompositions de composés endothermiques, toutes les synthèses spontanées seraient des synthèses de composés exothermiques.

Au contraire, si l'on élevait assez la température pour qu'elle devint supérieure à tous les points de transformation des systèmes étudiés, toutes les réactions possibles seraient accompagnées d'une absorption de chaleur; toutes les décompositions spontanées seraient des décompositions de composés exothermiques, toutes les synthèses spontanées seraient des synthèses de composés endothermiques.

En d'autres termes, à une température suffisamment basse, le principe du travail maximum s'appliquerait en toute rigueur.

142. Conséquence relative aux températures élevées. — Au contraire, aux températures suffisamment élevées, ce principe serait renversé de fond en comble et remplacé par le principe contraire ; on conçoit donc qu'en créant la chimie des hautes températures, H. Sainte-Claire Deville devait rencontrer une foule de faits inconciliables avec le principe énoncé par M. J. Thomsen ; on s'explique qu'il ait pu obtenir la dissociation d'une foule de composés exothermiques, tels que l'eau ou le gaz carbonique (n^os **40, 50, 51**) ; on comprend non moins aisément que ses disciples aient pu, à des températures très élevées, reproduire des corps endothermiques qui se détruisent spontanément à des températures beaucoup plus basses, ainsi que nous le verrons en la Leçon suivante.

Sans doute, ces conséquences ne sont logiquement établies par ce qui précède qu'à la condition de supposer univariants tous les systèmes chimiques que nous offre la nature ; mais leur généralité, qui sera démontrée en la Leçon suivante, peut déjà se prévoir ; dès 1877, J. Moutier l'affirmait avec une parfaite netteté [1].

Ces conséquences transforment profondément les idées que l'on s'était faites auparavant touchant l'opposition qui existe entre les réactions exothermiques et les réactions endothermiques.

Pour les chimistes du commencement du XIXe siècle, toute combinaison était exothermique, toute décomposition était endothermique.

Pour les thermochimistes qui acceptaient sans restriction le principe du travail maximum, une réaction exothermique était une réaction susceptible de se produire d'elle-même ; une réaction endothermique ne pouvait se produire sans le secours d'une énergie étrangère.

Pour la mécanique chimique moderne, une réaction exothermique est une réaction susceptible de se produire à basse température ; une réaction endothermique est une réaction susceptible de se produire à température élevée.

[1] J. Moutier, *Bulletin de la Société philomathique*, 3e série, t. I, p. 96 ; 1877. Cette note, capitale pour l'histoire de la mécanique chimique, est reproduite dans notre livre : *Introduction à la Mécanique Chimique*, p. 147 (Gand, 1893).

143. Rapprochement des lois de J. Moutier et de G. Robin. Allure de la courbe des tensions de transformation. — En rapprochant l'une de l'autre les deux lois énoncées par J. Moutier et par G. Robin, on est immédiatement conduit à d'importantes conséquences.

Considérons un système univariant ; soit M (*fig.* 39) un point de la courbe de transformation de ce système ; θ, P, sont l'abscisse et l'ordonnée de ce point.

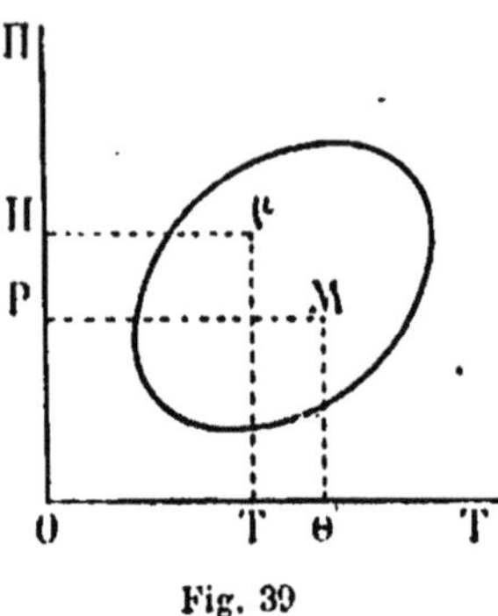

Fig. 39

Supposons que le système étudié ne puisse présenter que deux catégories de modifications, inverses l'une de l'autre, par exemple la fusion d'un solide et la congélation du liquide, ou bien la combinaison du gaz carbonique avec la chaux et la dissociation du carbonate de calcium.

Parmi les modifications que l'on peut imaginer en ce système, il en est qui, accomplies à la température θ et sous la pression P, absorberaient de la chaleur ; il en est d'autres, respectivement inverses des premières, qui en dégageraient. Faisons choix d'une de ces dernières.

Accomplie à la température θ et sous la pression P, elle déterminerait une certaine variation du volume du système ; cette variation peut être une *diminution*, et nous dirons alors que nous nous trouvons dans le *premier cas* ; elle peut être une *augmentation*, et nous dirons alors que nous nous trouvons dans le *second cas*.

Lorsque la température et la pression changent graduellement, la quantité de chaleur mise en jeu par une modification déterminée varie d'une manière continue, et il en est de même de la variation de volume qui accompagne cette modification ; on peut donc toujours supposer ce changement de température et de pression assez petit pour qu'il n'entraine aucun changement de signe ni dans la quantité de chaleur mise en jeu par la modification, ni dans la variation de volume qu'elle entraine.

Appliquée à la modification que nous avons choisie, cette remarque peut s'énoncer de la manière suivante :

Autour du point M, il est toujours possible de circonscrire un domaine D assez étroit pour qu'il jouisse de la propriété que voici : à la température T et sous la pression P qui servent de coordonnées à un point quelconque μ de ce domaine, la modification considérée entrainerait un dégagement de chaleur ; si l'on se trouve dans le premier cas, elle serait accompagnée d'une diminution de volume du système ; si l'on se trouve dans le second cas, elle serait accompagnée d'une augmentation de volume.

Dorénavant, ne considérons que les divers points de ce domaine et appliquons leur, tout d'abord, la règle de J. Moutier ; elle nous montre qu'à la température T et sous la pression Π qui servent de coordonnées à l'un de ces points μ, la modification considérée ne pourra se produire, à moins que le point μ ne soit à *gauche* de la courbe des tensions de transformation.

Faisons maintenant usage de la règle de G. Robin ; si nous nous trouvons dans le *premier cas*, la modification ne pourra se produire à la température T et sous la pression Π que si le point μ se trouve *au dessus* de la courbe des tensions de transformation ; dans le *second cas*, au contraire, elle ne pourra se produire que si le point μ est *au dessous* de la courbe des tensions de transformation.

Pour que ces conséquences s'accordent, il faut que la partie du domaine D qui est *à gauche* de la courbe des tensions de transformation soit, en même temps, dans le *premier cas*, *au dessus* de cette courbe et, dans le *second cas*, *au dessous* de cette courbe, ce qui conduit au théorème suivant :

Soient Θ *et* P *les coordonnées d'un point* M *de la courbe des tensions de transformation d'un système univariant; choisissons une modification de ce système qui dégage de la chaleur lorsqu'on la suppose accomplie à la température* Θ *et sous la pression* P ; *si cette modification est accompagnée d'une diminution de volume du système, la courbe des tensions de transformation monte de gauche à droite au voisinage du point* M (*fig.* 40) ; *si cette modification est accompagnée d'une augmentation de volume du sys-*

tème, la courbe des tensions de transformation descend de gauche à droite au voisinage du point M (*fig.* 41).

Appliquons à quelques exemples simples cet important théorème.

A une température donnée et sous la tension de vapeur saturée relative à cette température, la condensation d'une vapeur à l'état li-

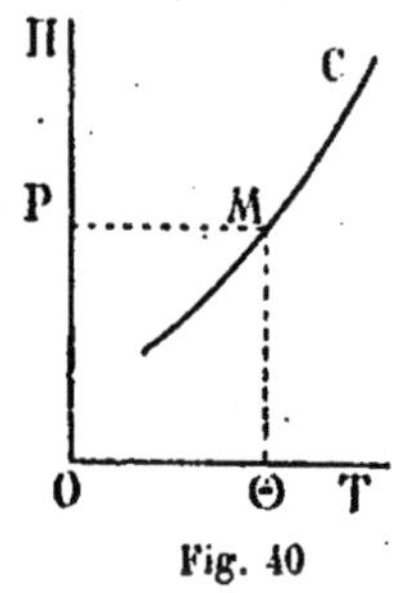

Fig. 40

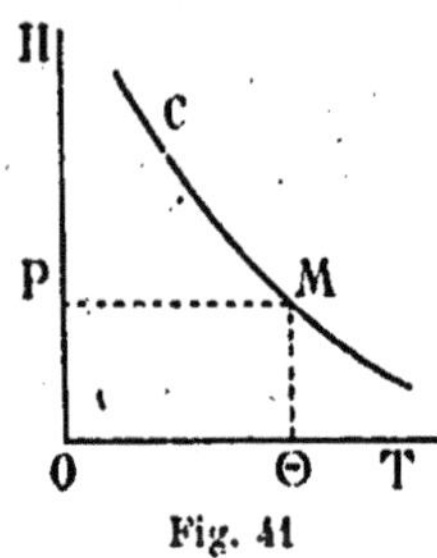

Fig. 41

quide est accompagnée d'un dégagement de chaleur et d'une diminution de volume; la courbe des tensions de vapeur saturée doit monter de gauche à droite; la tension de vapeur saturée est d'autant plus élevée que la température est elle même plus élevée.

A une température donnée et sous une pression égale à la tension de dissociation relative à cette température, la combinaison du gaz carbonique avec la chaux est accompagnée d'une diminution de volume du système et d'un dégagement de chaleur; la courbe des tensions de dissociation du carbonate de calcium doit monter de gauche à droite.

Sous une pression donnée et à une température égale au point de fusion qui se rapporte à cette pression, la congélation d'un liquide dégage de la chaleur.

La plupart des liquides diminuent de volume en se congelant; l courbe des tensions de transformation doit donc monter de gauche à droite; quelques liquides, tels que l'eau, augmentent de volume en se congelant; pour ces corps, la courbe des tensions de transformation doit descendre de gauche à droite; d'où la proposition suivante qu'un grand nombre d'expérimentateurs ont vérifiée :

Pour la plupart des corps solides, dont la fusion est accompa-

gnée d'une dilatation, le point de fusion s'élève en même temps que la pression supportée par le système ; pour les corps solides, tels que la glace, dont la fusion est accompagnée d'une contraction, le point de fusion s'abaisse lorsque la pression s'élève.

Nous allons pousser plus loin et trouver la valeur du coefficient angulaire de la tangente à la courbe des tensions de transformation ; mais pour pouvoir énoncer l'importante égalité qui détermine la valeur de ce coefficient, nous devons, tout d'abord, faire une remarque touchant les modifications que l'on peut imaginer en un système univariant.

144. En tout système univariant, on peut imaginer deux modifications, inverses l'une de l'autre, qui changent les masses des phases sans changer leur composition. — En certains systèmes univariants, on ne peut observer que deux sortes de modifications, inverses l'une de l'autre ; ainsi, en un système qui renferme un liquide et sa vapeur, on ne peut observer que la vaporisation du liquide ou la condensation de la vapeur ; en un système qui renferme un solide et le liquide qui provient de sa fusion, on ne peut observer que la fusion du solide et la congélation du liquide ; en un système qui renferme du carbonate de calcium, de la chaux, du gaz carbonique, on ne peut observer que la combinaison du gaz carbonique avec la chaux ou la dissociation du carbonate de calcium.

Dans les divers systèmes que nous venons de citer, chaque phase est un corps de composition définie ; il est donc bien clair que les deux espèces de modifications, inverses l'une de l'autre, que l'on y peut produire, changent les masses des diverses phases sans en changer la composition.

D'autres systèmes univariants sont plus compliqués.

Prenons, par exemple, un système dont les composants indépendants sont l'eau et le chlorure de sodium et qui se trouve partagé en trois phases : le chlorure de sodium solide, une solution aqueuse et la vapeur d'eau ; on peut supposer que du chlorure de sodium se dissolve sans condensation de vapeur d'eau, que de la vapeur d'eau se condense sans dissolution de chlorure de sodium, que l'on dissolve une masse de chlorure de sodium et que l'on condense une masse de vapeur d'eau, le rapport de ces deux masses ayant n'importe quelle valeur désignée d'avance ; on peut imaginer également que le système éprouve une quelconque des modifications inverses des précédentes.

Il est bien clair qu'en général, ces modifications changent la composition de la dissolution de chlorure de sodium ; si par exemple, on dissout du chlorure de sodium sans condenser de vapeur d'eau, le dissolution devient plus concentrée ; si on condense de la vapeur d'eau sans dissoudre de chlorure de sodium, la dissolution devient plus étendue.

Toutefois, il est possible d'imaginer deux sortes de modifications, inverses l'une de l'autre, qui ne changent pas la concentration de la dissolution de chlorure de sodium ; la première de ces deux sortes de modifications consiste à dissoudre une certaine masse de chlorure de sodium et, en même temps, à condenser une certaine masse d'eau, le rapport de la première masse à la seconde étant précisément égal à la concentration de la dissolution ; la seconde de ces deux sortes de modifications consiste à extraire de la dissolution une masse de chlorure de sodium et une masse de vapeur d'eau, le rapport de la première masse à la seconde étant encore égal à la concentration de la dissolution.

On peut généraliser cette remarque et énoncer la proposition suivante:

En tout système univariant, on peut imaginer deux sortes de modifications inverses l'une de l'autre, qui changent graduellement la masse de chacune des phases sans altérer la composition d'aucune d'entre elles.

145. L'équilibre d'un système univariant est indifférent. — Cette proposition entraîne une première conséquence qu'il y a lieu de remarquer.

Soit T une température quelconque ; pour qu'un système univariant donné soit en équilibre à cette température T, il faut et il suffit que la pression ait une valeur bien déterminée P, qui est la tension de transformation à la température T, et que chacune des phases en lesquelles le système est partagé ait une composition déterminée ; dès lors, il est aisé de voir que *si l'on maintient invariables la température* T *et la pression* P, *l'équilibre du système univariant est un équilibre indifférent.*

On peut, en effet, sans changer ni la température T, ni la pression P, imposer au système une modification qui change la masse des diverses phases sans changer la composition d'aucune d'entre elles; une telle modification ne troublera donc pas l'équilibre du système.

Prenons, par exemple, un système qui renferme un liquide et sa vapeur; à une température donnée, ce système est en équilibre si la pression est égale à la tension de vapeur saturée; sans changer ni la température ni la pression, condensons une certaine masse de vapeur ou vaporisons une certaine masse de liquide; le système est modifié, mais tous les états par lesquels il passe sont des états d'équilibre; l'équilibre d'un système formé par un liquide et sa vapeur est donc bien un état d'équilibre indifférent.

146. Loi de Clapeyron et de Clausius. — La conséquence à laquelle nous venons de parvenir n'est d'ailleurs pas, nous l'allons voir, la seule que l'on puisse déduire de l'existence de modifications qui laissent inaltérée la composition de chacune des phases d'un système univariant; c'est par la considération de telles modifications que nous allons fixer la valeur du coefficient angulaire de la tangente à la courbe des tensions de transformation.

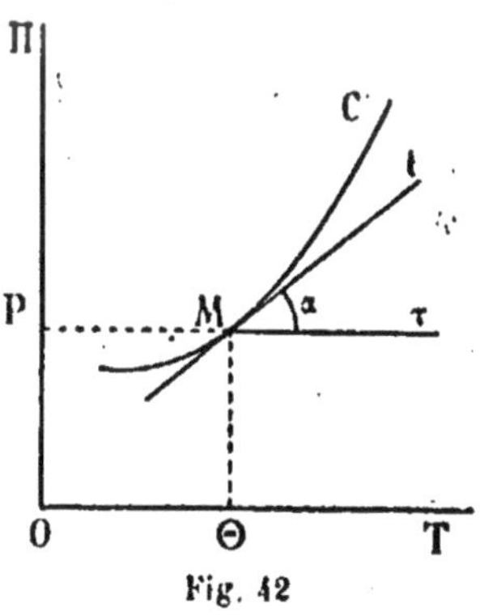

Fig. 42

Prenons, pour un système univariant, un point M (*fig.* 42) sur la courbe C des tensions de transformation; soient Θ, P les coordonnées de ce point; supposons, ce qui n'était point utile jusqu'ici, que Θ soit non pas la température lue sur un thermomètre quelconque, mais la *température absolue*; menons, par le point M, une tangente Mt à la courbe C; cette tangente fait, avec la droite OT ou une parallèle Mτ à cette droite, un angle α; c'est la tangente trigonométrique de cet angle que nous désirons connaître.

Parmi les modifications qui changent les masses des phases en lesquelles se partage le système univariant sans changer la composition d'aucune de ces phases, il en est nécessairement qui, à la température θ et sous la pression P, dégagent de la chaleur. Prenons une de ces modifications et soit Q la quantité de chaleur, positive par définition, qu'elle dégage. Désignons par U l'augmentation que le volume du système subit par l'effet de cette modification ; si cette modification est accompagnée d'une contraction, U est négatif.

La thermodynamique nous donne l'égalité suivante :

$$(1) \qquad \operatorname{tang} \alpha = -\frac{E}{\theta}\frac{Q}{U},$$

E étant l'équivalent mécanique de la chaleur.

Cette formule s'accorde, on le voit aisément, avec les propositions que nous avons obtenues en combinant la règle de Moutier et la règle de Robin.

Si la modification considérée est accompagnée d'une diminution de volume, U est négatif, tang α est positif et la courbe des tensions de transformation monte de gauche à droite.

Si la modification considérée est accompagnée d'une augmentation de volume, U est positif, tang α est négatif et la courbe des tensions de transformation descend de gauche à droite.

Cette relation est une des plus anciennement connues de la thermodynamique ; elle se trouvait déjà, bien que sous une forme encore incomplète, dans le commentaire, donné par Clapeyron, du travail de Sadi Carnot sur la puissance motrice du feu ; elle fut ensuite complétée et démontrée par R. Clausius dès ses premières recherches sur la thermodynamique.

Clausius l'appliqua, tout d'abord, au plus connu des systèmes univariants, au système formé par un liquide et sa vapeur. Voyons quelle forme prend cette relation pour un semblable système.

147. Application à la vaporisation. — Comme modification laissant invariable la composition du système et produisant un dégagement de chaleur, nous pouvons prendre la condensation d'un gramme de vapeur ; à la température θ, sous la pression P qui est la tension de vapeur saturée à cette température, la quantité de de chaleur Q dégagée par cette modification est précisément la *chaleur de vaporisation* L du liquide considéré, à la température θ. Soient, à la température T et sous la pression P, v le volume d'un gramme de vapeur et v' le volume d'un gramme de liquide ; v se nomme le *volume spécifique de la vapeur saturée* à la température T et v' le *volume spécifique du liquide saturé* à la même température. La modification considérée produit un accroissement de volume

$$U = v' - v;$$

v' est d'ailleurs inférieur à v, en sorte que cette valeur de U est négative et correspond à une diminution de volume.

La formule (1) devient donc

$$\tan \alpha = \frac{E}{\theta} \frac{L}{v - v'}. \tag{2}$$

Cette relation a, dans la théorie des vapeurs saturées, une importance dominante que nous devons nous borner à signaler ici, sans entrer dans des explications détaillées qui intéresseraient surtout le physicien.

148. Application à la fusion. Variation du point de fusion avec la pression. — M. J. Thomson a remarqué le premier, en 1849, qu'une relation semblable de tout point à l'égalité (2) devait s'appliquer à la courbe qui représente les variations du point de fusion d'un corps avec la pression. Pour passer du cas précédent à ce cas nouveau, il suffit de substituer le mot *liquide* au mot *vapeur* et le mot *solide* au mot *liquide* ; par cette substitution, L devient la chaleur de fusion, v le volume spécifique du liquide au point de fusion θ, sous la pression P, v' le volume spécifique du solide dans les mêmes conditions.

Une première remarque s'impose immédiatement.

Qu'il s'agisse d'une chaleur de vaporisation ou d'une chaleur de fusion, l'ordre de grandeur de L demeure le même, du moins dans les conditions habituelles ; on n'en saurait dire autant de l'expression $(v - v')$ qui divise L ; le volume occupé par un gramme de vapeur est, en général, incomparablement plus grand que le volume occupé par un gramme du même corps à l'état solide ou liquide ; on voit alors que, dans le cas de la fusion, tang α aura une valeur absolue incomparablement plus grande que la valeur prise par cette quantité dans la plupart des cas de vaporisation.

Si le volume spécifique du liquide surpasse le volume spécifique du solide ($v - v' > 0$), la courbe de fusion monte de gauche à droite avec une extrême rapidité ; le point de fusion est d'autant plus élevé que la pression exercée sur le système est elle-même plus élevée ; mais, pour obtenir une élévation appréciable du point de fusion, il faut donner à la pression un accroissement considérable.

Si le volume spécifique du solide surpasse le volume spécifique du liquide ($v - v' < 0$), la courbe de fusion monte de droite à gauche avec une extrême rapidité ; le point de fusion est d'autant moins élevé que le système est soumis à une pression plus forte ; mais l'abaissement du point de fusion n'est notable que si l'accroissement de la pression est très grand.

Ce dernier cas est celui que nous présente le point de fusion de la glace.

L'égalité (2) ne nous permet pas seulement d'affirmer qu'une grande variation de pression produit une légère variation du point de fusion ; elle permet encore de calculer, d'une manière approchée, il est vrai, mais largement suffisante, quelle variation du point de fusion produit un accroissement donné de pression ; on peut, en effet, entre certaines limites, confondre la courbe de fusion avec sa tangente.

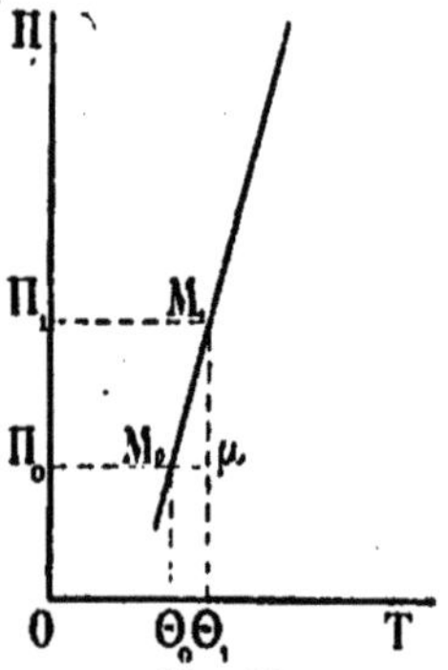

Fig. 43

Désignons alors par Θ_0 le point de fusion sous la pression Π_0, par exemple la pression atmosphérique ; par Θ_1 le point de fusion sous la pression Π_1 ; soient (*fig.* 43) M_0 le point de coordonnées Θ_0, Π_0 et M_1 le point de coordonnées Θ_1, Π_1 ; dans le triangle rectangle $M_0\mu M_1$, on a

$$\text{tang}\,\alpha = \frac{M_1\mu}{M_0\mu} = \frac{\Pi_1 - \Pi_0}{\Theta_1 - \Theta_0}.$$

En comparant cette égalité à l'égalité (2), on trouve

$$\theta_1 - \theta_0 = \frac{\theta_0}{E} \frac{v - v'}{L} (\Pi_1 - \Pi_0). \tag{3}$$

De cette égalité (3), M. James Thomson a pu déduire qu'en faisant passer la pression de 1 atmosphère à 8 atm.,1, le point de fusion de la glace devait s'abaisser de $\frac{1}{100}$ de degré Fahrenheit ; des expériences très précises, effectuées par William Thomson, lui ont manifesté un abaissement de $\frac{1}{106}$ de degré Fahrenheit.

La plupart des solides autres que la glace augmentent de volume en fondant ; pour ces corps, le point de fusion s'élève en même temps que la pression ; par un procédé extrêmement ingénieux, Bunsen a vérifié qualitativement cette prévision de la théorie pour le sperma cœti et la paraffine ; divers physiciens ont étendu cette vérification à un grand nombre de corps.

D'autres sont allés plus loin et ont cherché, de la formule (2), une confirmation quantitative ; prenant cette formule pour point de départ, ils ont calculé l'accroissement que devait éprouver le point de fusion de certains corps lorsque la pression croissait d'une atmosphère et ils ont comparé le nombre observé au nombre calculé ; voici un tableau qui résume cette comparaison :

Substance étudiée	Élévation du point de fusion		Observateur
	Observée	Calculée	
Acide acétique.	0°,02425	0°,02421	De Visser
Benzine	0°,0294	0°,02936	Demerliac
Paratoluidine	0°,0187	0°,0188	Demerliac
Naphtylamine α	0°,0170	0°,0170	Demerliac

On a ainsi, de la relation de Clapeyron et Clausius, de précieuses confirmations.

140. Application à la transformation allotropique d'un solide en un autre solide. — La formule (2) s'étend évidemment presque sans aucune modification au cas où un corps peut se présenter sous deux formes solides distinctes a et b, par suite d'une transformation allotropique ou isomérique ; supposons que la forme b passe à la forme a avec dégagement de chaleur ; sous la pression P, il existe un point de transformation θ ; aux températures inférieures à θ, la forme b passe à la forme a ; au-dessus de la température θ, la forme a passe à la, b. Lorsqu'à la température θ et sous la pression P, un gramme de la forme b passe à la forme a, L est la quantité de chaleur dégagée ; si v_a, v_b, sont les volumes qu'occupent un gramme de la forme a et un gramme de la forme b, on pourra écrire l'égalité

$$\text{(4)} \qquad \text{tang}\,\alpha = \frac{E}{\theta}\,\frac{L}{v_b - v_a}.$$

La chaleur de transformation L et la différence $(v_b - v_a)$ des volumes spécifiques sont, en général, des quantités du même ordre de grandeur qu'une chaleur de fusion et que la différence entre le volume spécifique du liquide et le volume spécifique du solide qui prennent part à cette fusion ; on pourrait donc développer ici des considérations analogues à celles que nous avons développées à propos des variations du point de fusion et en conclure, de même, qu'un accroissement notable de la pression ne produira qu'une faible variation du point de transformation.

Une vérification, assez grossière, de la formule (4) a été tentée par MM. Mallard et Le Chatelier, en étudiant les changements allotropiques de l'iodure d'argent. L'étude des modifications du nitrate d'ammoniaque a fourni à M. Silvio Lussana un contrôle plus précis de la formule (4) ou plutôt de la formule

$$\text{(5)} \qquad \theta_1 - \theta_0 = \frac{\theta_0}{E}\,\frac{v_b - v_a}{L}\,(\Pi_1 - \Pi_0),$$

analogue à la formule (3).

Le nitrate d'ammoniaque solide et cristallisé se présente sous quatre formes allotropiques distinctes que nous désignerons par les lettres $a, b, c\ d$; chacune de ces formes peut prendre naissance aux dépens de la suivante avec dégagement de chaleur.

Sous la pression atmosphérique, chacune de ces formes passe à la suivante lorsque la température atteint un certain point de transformation ; les trois points de transformation ont à peu près les valeurs suivantes :

$$\begin{aligned} \Theta_{ab} &= 273° + 34°, \\ \Theta_{bc} &= 273° + 86°, \\ \Theta_{cd} &= 273° + 125°. \end{aligned}$$

A ces trois transformations correspondent des chaleurs de transformation qui ont les valeurs suivantes :

$$\begin{aligned} L_{ab} &= 5^{cal},02, \\ L_{bc} &= 5^{cal},33, \\ L_{cd} &= 11^{cal},86. \end{aligned}$$

La première modification est accompagnée d'une variation de volume (en centimètres cubes par gramme) :

$$v_b - v_a = 0,01964.$$

La seconde modification est accompagnée d'une variation de volume de signe opposé :

$$v_c - v_b = -0,00854.$$

Enfin, en la troisième transformation, on connaît le signe de $v_d - v_c$, sans en connaître la grandeur ; on a

$$v_d - v_c > 0.$$

Soient, pour une quelconque de ces modifications, Θ_0 le point de transformation sous la pression atmosphérique et Θ le point de transformation sous la pression Π ; on peut observer ces points de transformation soit en échauffant la substance, soit en la refroidissant ; d'où deux valeurs distinctes, toutes deux déduites de l'observation, pour la différence $(\Theta - \Theta_0)$; nous les désignerons par $(\Theta - \Theta_0)_{ch.}$ et $(\Theta - \Theta_0)_{ref.}$; ces valeurs figurent au tableau suivant ; on y a joint, sous la rubrique $(\theta - \theta_{0calc.})$ les valeurs approchées de $(\theta - \theta_0)$ que l'on peut déduire de la formule (5).

Transformation	Pression Π en atmosphères	$(\theta - \theta_0)_{ch.}$	$(\theta - \theta_0)_{ref.}$	$(\theta - \theta_0)_{calc.}$
a-b	50	+ 1°,60	+ 1°,43	+ 1°,67
	100	3°,14	2°,82	2°,94
	150	4°,32	4°,65	4°,41
	200	6°,02	5°,89	5°,83
	250	7°,31	7°,40	7°,35
b-c	50	— 0°,70		— 0°,70
	100	— 1°,47		— 1°,40
	150	— 2°,12		— 2°,10
	200	— 2°,82		— 2°,80
	250	— 3°,56		— 3°,55
c-d	50	+ 0°,58	+ 0°,65	> 0.
	100	1°,20	1°,15	
	150	1°,88	1°,74	
	200	2°,31	2°,36	
	250	3°,15	3°,00	

On voit que l'étude des transformations *a* — *b* et *b* — *c* fournit de remarquables confirmations de la formule (5) ; quant à la transformation *c* — *d*, pour laquelle la comparaison quantitative est impossible, elle s'accorde qualitativement avec la formule (5).

150. Application à la dissociation. — La formule (1) est encore d'une application facile aux cas de dissociation dont la dissociation du carbonate de calcium est le type.

Considérons un nombre ϖ de grammes du composé — du carbonate de calcium, dans le cas actuel — égal à son poids moléculaire ; pour former ϖ grammes du composé, il faut combiner p grammes du composant gazeux — ici, le gaz carbonique — avec p' grammes du composant solide — ici, la chaux.

Supposons le composé exothermique ; accomplie à la température θ, sous une pression égale à la tension P de dissociation, la formation d'un gramme du composé dégage L calories ; la formation de ϖ grammes du composé dégage $Q = \varpi L$ calories.

Soient, sous la pression P et à la température θ, w le volume occupé par un gramme du composé, v le volume occupé par un gramme du composant gazeux, v' le volume occupé par un gramme du composant solide ; la formation de ϖ grammes du composé est accompagnée d'un accroissement de volume

$$U = \varpi w - pv - p'v'$$

et l'égalité (1) peut s'écrire

$$\text{tang}\,\alpha = \frac{E}{\theta}\frac{\varpi L}{pv + p'v' - \varpi w}. \tag{6}$$

D'ailleurs, dans la plupart des cas, on peut, avec une exactitude suffisante, remplacer cette formule par une formule approchée plus simple. Le volume w occupé par un gramme du composé et le volume v' occupé par un gramme du composant solide sont négligeables devant le volume v occupé par un gramme du composant gazeux, en sorte qu'à la formule (6), on peut substituer la suivante :

$$\text{tang}\,\alpha = \frac{E}{\theta}\frac{\varpi L}{pv}. \tag{7}$$

En se servant de cette formule et des résultats des expériences de Debray, qui lui donnaient une valeur approchée de tang α, M. Peslin a pu calculer, dès 1871, la quantité de chaleur L dégagée par la formation d'un gramme de carbonate de calcium à une température comprise entre le point d'ébullition du cadmium et le point d'ébullition du zinc ; il a trouvé que cette quantité de chaleur avait pour valeur

$$L = 293^{\text{cal}},3.$$

Favre et Silbermann ont déterminé la chaleur de formation du carbonate de calcium à une température qu'ils n'ont pas précisée ; ils ont trouvé

$$L = 308^{\text{cal}},1.$$

Des applications beaucoup plus satisfaisantes de la formule de Clapeyron aux phénomènes de dissociation ont été données récemment par M. Bonnefoi [1]. Elles se rapportent aux combinaisons du

[1] J. Bonnefoi, *Combinaisons des sels haloïdes du lithium avec l'ammoniac et les amines* (Thèse de Montpellier, 1901).

chlorure de lithium et du bromure de lithium avec l'ammoniaque et les amines ; les réactions suivantes dégagent une quantité de chaleur Q qui, d'une part, a été mesurée par les procédés thermochimiques (Q obs.) et qui, d'autre part, a été tirée, par la formule de Clapeyron, de la mesure des tensions de dissociation (Q calc.).

Réaction	Q obs.	Q calc.
$LiCl + AzH^3 = LiCl, AzH^3$	11^{cal},857	11^{cal},9
$LiCl, AzH^3 + AzH^3 = LiCl, 2AzH^3$	11 ,502	11 ,6
$LiCl, 2AzH^3 + AzH^3 = LiCl, 3AzH^3$	11 ,0[illegible]6	11 ,1
$LiCl, 3AzH^3 + AzH^3 = LiCl, 4AzH^3$	8 ,927	8 ,9
$LiBr + AzH^3 = LiBr, AzH^3$	13 ,293	13 ,37
$LiBr, AzH^3 + AzH^3 = LiBr, 2AzH^3$	12 ,644	12 ,74
$LiBr, 2AzH^3 + AzH^3 = LiBr, 3AzH^3$	11 ,526	11 ,51
$LiBr, 3AzH^3 + AzH^3 = LiBr, 4AzH^3$	10 ,635	10 ,51
$LiCl + AzH^2CH^3 = LiCl, AzH^2CH^3$	13 ,815	13 ,83
$LiCl, AzH^2CH^3 + AzH^2CH^3 = LiCl, 2AzH^2CH^3$	12 ,007	12 ,10
$LiCl, 2AzH^2CH^3 + AzH^2CH^3 = LiCl, 3AzH^2CH^3$	10 ,870	10 ,96
$LiCl + AzH^2C^2H^5 = LiCl, AzH^2C^2H^5$	13 ,834	13 ,71
$LiCl, AzH^2C^2H^5 + AzH^2C^2H^5 = LiCl, 2AzH^2C^2H^5$	10 ,983	11 ,09
$LiCl, 2AzH^2C^2H^5 + AzH^2C^2H^5 = LiCl, 3AzH^2C^2H^5$	10 ,570	10 ,50

La concordance est aussi satisfaisante que possible.

NEUVIÈME LEÇON

—

POINTS MULTIPLES OU POINTS DE TRANSITION

151. Un même corps sous les trois états solide, liquide, gazeux. Triple point. — Un grand nombre de substances de composition définie peuvent être observées, selon les circonstances, sous les trois états de solide, de liquide et de vapeur; ces trois formes peuvent-elles coexister en équilibre? Le système, formé d'un seul composant indépendant, partagé en trois phases, serait un système invariant; il n'y a, nous le savons, qu'une température Θ et qu'une pression $\mathfrak{P}$ où ce système puisse être en équilibre. Si, comme nous l'avons fait en la Leçon précédente, nous portons, sur deux axes de coordonnées rectangulaires, les températures T en abscisses et les pressions Π en ordonnées (*fig.* 44), un point déterminé, le point $\mathfrak{T}$, de coordonnées Θ, $\mathfrak{P}$, représentera les conditions dans lesquelles on peut observer le corps en équilibre à la fois sous les trois formes : solide, liquide, vapeur.

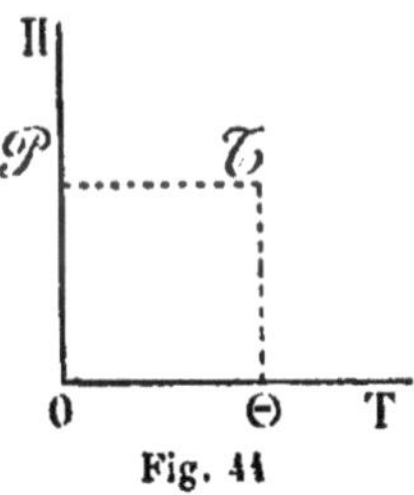

Fig. 44

A la température Θ, sous la pression $\mathfrak{P}$, le solide et le liquide peuvent demeurer en équilibre au contact l'un de l'autre, en sorte que le point $\mathfrak{T}$ appartient à la courbe F des tensions de fusion; le liquide peut demeurer en équilibre au contact de la vapeur, en sorte que le point $\mathfrak{T}$ appartient à la courbe V des tensions de vapeur saturée du liquide ; le solide peut demeurer en équilibre au contact de la vapeur, en sorte que le point ε appartient à la courbe V′ des tensions de vapeur saturée du solide. Ainsi *le point figuratif des conditions d'équilibre du système invariant formé d'un même corps sous les trois formes solide, liquide, vapeur, est un point où se rencontrent les trois courbes suivantes :*

1° *La courbe des tensions de fusion ;*

2° *La courbe des tensions de vapeur saturée du liquide ;*

3° *La courbe des tensions de vapeur saturée du solide.*

De là le nom de *triple point* que nous donnerons désormais au point ε.

On démontre, d'ailleurs, que deux quelconques des trois courbes dont nous venons de parler ne peuvent jamais se rencontrer hors du triple point ε.

152. Disposition des courbes de transformation au voisinage du triple point. — Il est évidemment important de savoir comment sont disposées ces trois courbes.

La courbe des tensions de fusion partage le plan en deux régions ; tout point de la région qui se trouve à droite de cette courbe représente des conditions dans lesquelles le solide fond, tandis que le liquide ne peut se congeler ; tout point de la région situé à gauche de cette courbe représente des conditions dans lesquelles le solide ne peut fondre, tandis que le liquide se congèle ; si, dans cette région, on peut observer le liquide en équilibre, c'est par suite d'un phénomène de faux équilibre ; le liquide est en *surfusion*.

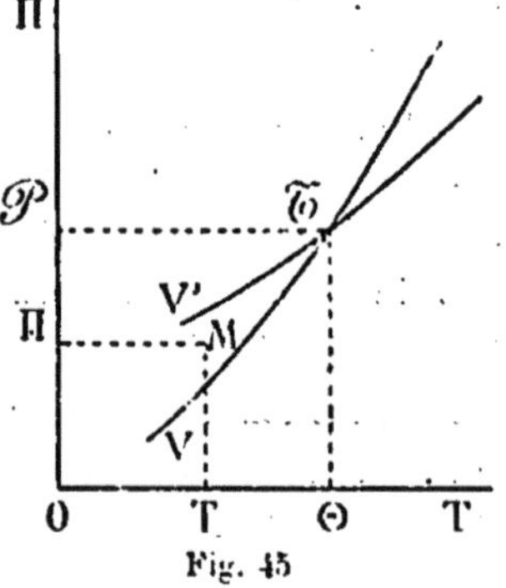

Fig. 45

Au triple point, les deux courbes V et V′ des tensions de vapeur saturée traversent la courbe F des tensions de fusion, en sorte qu'à gauche de cette courbe, il existe certainement une branche de la courbe V et une branche de la courbe V′ ; cherchons comment sont disposées ces deux branches.

La courbe V′ peut-elle se trouver au-dessus de la courbe V ?

Supposons qu'il en soit ainsi et prenons (*fig.* 45) un point M, d'abscisse T et d'ordonnée Π, situé entre ces deux courbes.

Sous la pression Π, à la température T, le liquide se congèle, car le point M se trouve à gauche de la courbe F des tensions de fusion ; le solide se vaporise, car le point M se trouve au-dessous de la courbe V′ des tensions de vapeur saturée du solide ; la vapeur se condense à l'état liquide, car le point M est au-dessous de la courbe V des tensions de vapeur saturée du liquide. On peut donc, à la température invariable T et sous la pression invariable Π, faire parcourir au système un cycle fermé réel, qui le fait passer de l'état liquide à l'état solide, de l'état solide à l'état de vapeur, de l'état de vapeur à l'état liquide.

Mais, comme les forces extérieures se réduisent ici à une pression invariable, elles admettent un potentiel (1re Leçon, n° **12**), en sorte que le travail qu'elles effectuent durant le parcours d'un cycle fermé est égal à 0. Notre hypothèse nous conduit à regarder comme réalisable un cycle fermé, décrit à température constante, avec une force vive constamment nulle et avec un travail total égal à 0 ; nous avons vu (5e Leçon, n° **66**) qu'un tel cycle ne pouvait être réalisé qu'à l'aide d'un travail externe positif ; l'hypothèse dont nous sommes partis est donc inadmissible et nous pouvons énoncer le théorème suivant :

A gauche de la courbe F *des tensions de fusion et, partant, dans les conditions où le liquide est en surfusion, la courbe* V *des tensions de vapeur saturée du liquide est au-dessus de la courbe* V′ *des tensions de vapeur saturée du solide.*

Ce théorème nous fixe complètement au sujet de la disposition des trois courbes F, V, V′.

Deux cas sont à distinguer :

Premier cas. — *La fusion est accompagnée d'une augmentation de volume.* C'est le cas le plus communément réalisé ; l'acide acétique nous en offre un exemple souvent étudié. Dans ce cas, la courbe de fusion F monte de gauche à droite avec une grande rapidité ; les deux courbes V, V′ montent de gauche à droite avec une vitesse modérée ; les trois courbes sont disposées comme l'indique la *fig.* 46.

Deuxième cas. — *La fusion est accompagnée d'une diminution de volume.* C'est le cas que nous présente la fusion de la glace. Dans ce cas, la courbe de fusion F monte très rapidement de droite à gauche ; les deux courbes V, V′ se comportent comme dans le cas précédent ; les trois courbes sont disposées comme l'indique la *fig.* 47.

153. Historique. — Les expériences les plus minutieuses sont demeurées longtemps impuissantes à déceler une différence entre la

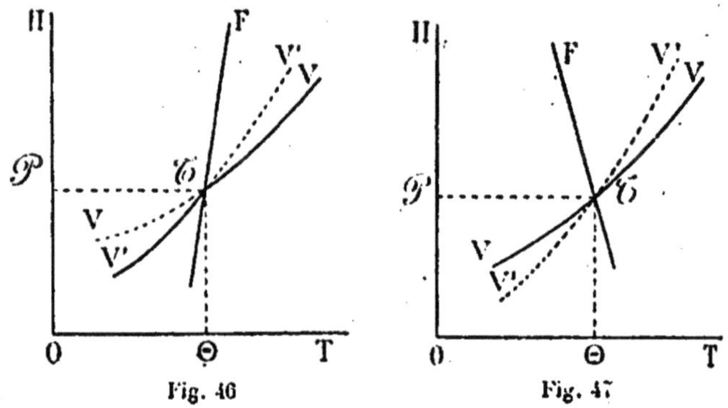

Fig. 46 Fig. 47

tension de vapeur saturée d'un liquide surfondu et la tension de vapeur saturée du solide engendré par sa congélation.

On doit à Regnault une série de *Recherches entreprises afin de décider si l'état solide ou liquide des corps exerce une influence sur la force élastique des vapeurs qu'ils émettent dans le vide à la même température.* L'étude de l'eau, de l'acide acétique, de l'hydrocarbure de brome, de la benzine, conduit l'éminent physicien à la conclusion suivante : « On est donc conduit à admettre que les forces moléculaires qui déterminent la solidification d'une substance n'exercent pas d'influence sensible sur la tension de sa vapeur dans le vide ; ou, plus exactement, si une influence de ce genre existe, les variations qu'elle produit sont tellement petites qu'elles n'ont pu être constatées d'une manière certaine dans mes expériences. »

« En résumé, mes expériences prouvent que le passage d'un corps de l'état solide à l'état liquide ne produit aucun changement appréciable dans les courbes des forces élastiques de sa vapeur; cette courbe conserve une parfaite régularité avant et après la transformation. »

Dès 1858, cette conclusion fut attaquée, au nom de la thermodynamique, par G. Kirchhoff, et c'est aux recherches de théoriciens comme G. Kirchhoff, M. James Thomson et J. Moutier que nous devons aujourd'hui d'être bien fixés sur les propriétés des vapeurs émises par un même corps sous les deux états solide et liquide.

154. Vérifications expérimentales. — Mais si l'expérience n'a pu devancer la théorie, la théorie, une fois constituée, a reçu de l'expérience des confirmations précises.

Voici d'abord une expérience, due à M. Gernez, qui met en évidence ce fait que la tension de vapeur saturée d'un liquide surfondu surpasse la tension de vapeur saturée du même corps, pris à la même température, mais à l'état solide.

Un tube en ∩, dont les extrémités sont scellées à la lampe (*fig.* 48), renferme, dans la branche A, de l'acide acétique liquide et, dans la branche B, de l'acide acétique cristallisé; le tout est maintenu à une température voisine de la température ordinaire et peu variable, dans une grande masse de sciure de bois; dans ces conditions, l'acide acétique liquide est à l'état de surfusion; la tension de vapeur saturée de l'acide acétique liquide est supérieure à la tension de vapeur saturée de l'acide acétique cristallisé; aussi, peu à peu, une distillation s'établit-elle de la branche A vers la branche B; au bout de quelques mois, la masse liquide a notablement diminué dans la branche A, tandis que, dans la branche B, les parois du tube sont tapissées de cristaux.

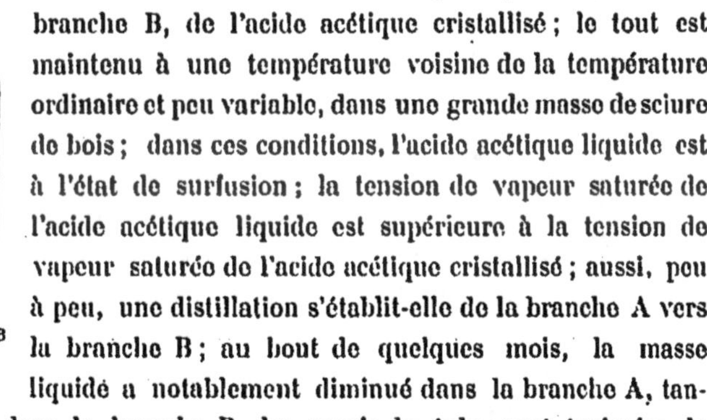

Fig. 48

Mais on peut aller plus loin et donner de la théorie un contrôle quantitatif; par des méthodes d'une extrême précision, lord Ramsay et M. Young, d'une part, M. S. V. Fischer d'autre part, ont mesuré, au-dessous de 0°, la tension de vapeur saturée de la glace et la tension de vapeur saturée de l'eau surfondue; la seconde surpasse la première, mais d'une très petite quantité, mesurée, en millimètres de mercure, par le nombre 0,155 à — 5° et par le nombre 0,22 à — 10°. Néanmoins, ces mesures s'accordent très exactement avec les théorèmes énoncés par J. Moutier et par G. Kirchhoff; il en est de même des mesures auxquelles les tensions de vapeur saturée de la benzine, sous les deux états solide et liquide, ont été soumises par M. Ferche.

D'après les calculs de Robert von Helmholtz, la température du triple point, pour l'eau, surpasserait à peine la température de fusion sous la pression atmosphérique; elle serait + 0°,0076 C.; à 0°, la tension de vapeur saturée de l'eau surpasserait la tension de vapeur saturée de la glace de $0^{mm},000332$; par leur petitesse, ces nombres échappent à toute constatation expérimentale.

155. Modifications du phosphore. Recherches de MM. Troost et Hautefeuille. — Nous avons étudié, jusqu'ici, des corps pris à une température voisine du triple point; la tension de vapeur saturée du solide et la tension de vapeur saturée du liquide surfondu, égales entre elles au triple point, ne présentaient qu'une différence extrêmement petite; des expériences très minutieuses pouvaient seules manifester cette différence.

Si nous pouvions étudier les tensions de vapeur d'un liquide surfondu et du solide qui provient de sa congélation à une température très éloignée du triple point, il est à présumer que les deux tensions de vapeur saturée seraient extrêmement différentes et que des expériences, mê[illegible] grossières, suffiraient à les distinguer. La vaporisation du phosphore blanc liquide et du phosphore rouge solide va nous fournir un exemple de vaporisation d'un même corps, sous deux états différents, à des températures très éloignées du triple point.

Le phosphore blanc solide, à la température ordinaire, le phosphore blanc liquide, à partir de son point de fusion, se transforment lentement en phosphore rouge solide sous l'action de la lumière; aux températures plus élevées, la transformation devient de plus en plus rapide et se produit même dans l'obscurité; la transformation inverse du phosphore rouge en phosphore blanc ne s'observe à aucune des températures que nous réalisons dans les laboratoires; la courbe des tensions de transformation du phosphore rouge en phosphore blanc, si elle existe, est rejetée en dehors du champ des températures observables.

La transformation du phosphore blanc liquide en phosphore rouge a lieu avec dégagement de chaleur ; ainsi, d'après Hittorf, lorsque, à 280°, le phosphore blanc liquide se transforme rapidement en phosphore rouge solide, la chaleur dégagée est assez considérable pour élever brusquement la température de 280° C. à 370° C.

La transformation du phosphore blanc liquide en phosphore rouge a lieu également avec diminution de volume.

Aux températures réalisables dans nos laboratoires, on peut observer, nous l'avons dit, la transformation exothermique du phosphore blanc liquide en phosphore rouge, mais point la transformation inverse ; la région où sont faites les observations est donc, d'après la règle générale de J. Moutier, à gauche de la courbe des tensions de transformation du phosphore rouge en phosphore blanc liquide ; si la transformation du phosphore rouge en phosphore blanc liquide est observable c'est à des températures beaucoup plus élevées que celles que l'on peu réaliser dans les laboratoires.

Tous ces caractères nous permettent de regarder le phosphore blanc liquide comme un liquide qui peut se congeler sous diverses formes ; certaines de ces formes, le phosphore blanc amorphe ou le phosphore blanc cristallisé, ne peuvent se présenter aux températures relativement élevées que nous considérons ; quant à la forme phosphore rouge, son point de fusion à l'état de phosphore blanc liquide, s'il existe, est très supérieur aux températures que nous pouvons atteindre ; à ces températures, *le phosphore blanc liquide doit être considéré comme un liquide en surfusion par rapport au phosphore rouge solide.*

A une température donnée, la tension de vapeur saturée du phosphore blanc liquide doit surpasser la tension de vapeur saturée du phosphore rouge.

En effet, si l'on chauffe à 440°, par exemple, du phosphore blanc liquide, comme l'ont fait MM. Troost et Hautefeuille [1], on voit la

[1] TROOST ET HAUTEFEUILLE, *Annales de l'École Normale Supérieure*, 2e série, t. II, p. 253 ; 1873.

pression de la vapeur atteindre rapidement $7^{atm},75$ qui est, à cette température, la tension de vapeur saturée du phosphore blanc liquide ; puis, peu à peu, le phosphore blanc liquide se transforme en phosphore rouge ; lorsque cette transformation est complète, la tension de la vapeur de phosphore s'abaisse jusqu'à $1^{atm},75$.

Si l'on chauffe du phosphore rouge à 440°, la pression de la vapeur croît lentement jusqu'à $1^{atm},75$ et demeure stationnaire lorsqu'elle a atteint cette valeur.

MM. Troost et Hautefeuille désignent la pression de $1^{atm},75$ comme étant, à 440°, la *tension de transformation de la vapeur de phosphore*; d'après ce qui précède, on voit que cette pression doit être simplement considérée comme la tension de vapeur saturée du phosphore rouge.

MM. Troost et Hautefeuille ont déterminé, à diverses températures, les tensions de vapeur saturée du phosphore blanc liquide et du phosphore rouge ; à une même température, la première tension est toujours très notablement supérieure à la seconde. Voici, du reste, les résultats de ces mesures :

Températures	Tension de vapeur saturée	
	du phosphore blanc	du phosphore rouge
360°C.	$3^{atm},20$	$0^{atm},12$
440°	7 ,75	1 ,75
487°	»	6 ,80
494°	18 ,00	»
503°	21 ,9	»
510°	»	10 ,8
511°	26 ,2	»
531°	»	16 ,0
550°	»	31 ,0
577°	»	56 ,0

Au delà de 510°, la transformation du phosphore blanc liquide en phosphore rouge est si rapide que la tension de vapeur saturée du phosphore blanc n'a plus le temps de s'établir et ne peut plus être mesurée.

156. Recherches de M. G. Lemoine. — Lorsqu'on prend de la vapeur de phosphore, portée à une température élevée, et qu'on la refroidit brusquement jusqu'à la température ordinaire, elle se condense à l'état de phosphore blanc; ce fait peut servir à interpréter les expériences de M. G. Lemoine ([1]).

Si nous enfermons dans un ballon un poids quelconque, soit de phosphore blanc, soit de phosphore rouge, et si nous maintenons ce ballon à une température fixe T pendant un temps assez long pour que l'équilibre s'établisse, nous aurons, à la fin de l'expérience, le volume du ballon rempli de vapeur de phosphore, dont la tension égalera la tension de vapeur saturée du phosphore rouge à la température de l'expérience, et la masse de phosphore en excès sera à l'état de phosphore rouge. Si, par exemple, la température est 440° C., nous aurons une masse de vapeur de phosphore qui remplira le volume du ballon à la pression de $1^{atm},75$; cette masse sera égale à autant de fois $3^{gr},6$ qu'il y a de litres dans le volume du ballon; le reste du phosphore sera à l'état de phosphore rouge. En refroidissant brusquement le ballon, nous y trouverons une masse de phosphore, soluble dans le sulfure de carbone, égale à $3^{gr},6$ par litre; le reste sera insoluble dans le sulfure de carbone.

M. G. Lemoine ne s'est pas contenté d'étudier l'état d'équilibre qui s'établit dans un tel ballon au bout d'un temps de chauffe prolongé; en soumettant de tels ballons à un refroidissement brusque au bout de temps de chauffe variables, il a étudié la manière dont cet équilibre s'établit, soit lorsqu'on part du phosphore blanc, soit lorsqu'on part du phosphore rouge.

Dans le premier cas, la masse de phosphore blanc que le ballon renferme doit aller sans cesse en diminuant, jusqu'à la valeur limite qui est $3^{gr},6$ par litre; dans le second cas, cette masse doit aller en augmentant pour atteindre, sans jamais la dépasser, la même limite.

157. Anomalie observée par M. G. Lemoine. — Les résultats des observations de M. Lemoine concordent toujours avec ces prévisions dans le premier cas, mais point toujours dans le

([1]) G. Lemoine, *Annales de Chimie et de Physique*, 4e série, t. XXIV, p. 129; 1871.

second ; si l'on chauffe en vase clos une quantité notable de phosphore rouge, on observe que la masse de phosphore blanc, provenant de la condensation de la vapeur de phosphore, croît d'abord de manière à surpasser 3gr,6 par litre, passe par un maximum, puis rétrograde jusqu'à 3gr,6.

Voici, par exemple, des expériences où M. Lemoine a chauffé 30 grammes de phosphore rouge, à 440°, dans des ballons de 1 litre; les masses de phosphore blanc obtenues au bout de temps de chauffe variables sont les suivantes :

Temps en heures	Masses de phosphore blanc	Temps en heures	Masses de phosphore blanc
0h30min	4gr,54	23h	3gr,90
2	4 ,75	32	3 ,74
8	4 ,40	47	3 ,72

158. Explication de cette anomalie par MM. Troost et Hautefeuille. — L'explication de cette anomalie a été donnée par MM. Troost et Hautefeuille ([1]).

Il existe non pas un seul phosphore rouge, mais un grand nombre de variétés du phosphore rouge ; les propriétés du phosphore rouge dépendent de la température à laquelle il a été produit ; préparé à 265°, le phosphore rouge se présente en masses d'un rouge magnifique, à cassure vitreuse rappelant, par son éclat, celle du réalgar ; le phosphore rouge obtenu à 440° est orangé, sa cassure est terne et grenue ; obtenu au-dessus de 500°, il est compact, a une couleur violacée très vive, une cassure conchoïde et, dans les cavités qu'il renferme, on trouve des géodes de cristaux de phosphore rouge.

Ces diverses variétés diffèrent par la densité, par la chaleur de combustion.

Prenons, pour terme de comparaison, le phosphore rouge cristallisé, dont la densité est 2,34.

Le phosphore rouge du commerce a une chaleur de combustion

([1]) Troost et Hautefeuille, *Annales de Chimie et de Physique*, 5e série, t. II, p. 155 ; 1874.

qui surpasse de 508 calories par gramme celle du phosphore rouge cristallisé.

Le phosphore rouge maintenu à 265° pendant 650 heures a pour densité 2,148 ; sa chaleur de combustion surpasse de 320 calories par gramme celle du phosphore rouge cristallisé.

Maintenu 510 heures à 360°, le phosphore rouge a pour densité 2,19 et sa chaleur de combustion surpasse de 208 calories celle du phosphore rouge cristallisé.

Le phosphore préparé à 580° a une chaleur de combustion inférieure de 50 calories environ à celle du phosphore rouge cristallisé.

« Le phosphore rouge ne prend pas immédiatement l'aspect particulier que nous venons d'indiquer; il l'acquiert lentement si l'expérience se fait à une température peu élevée, rapidement si elle se fait au-dessus de 500°. »

« Les variétés qui cessent d'être modifiées par une nouvelle chauffe d'un grand nombre d'heures, à la même température, passent les unes aux autres par nuances insensibles quand on les porte à une température plus élevée, maintenue longtemps constante. »

On voit, par ce qui précède, que les variétés obtenues à basse température doivent être regardées comme se trouvant à l'état de faux équilibre, lorsqu'on les porte à une température plus élevée ; elles se transforment en la variété relative à cette température ; le raisonnement fait au n° **152** peut alors s'appliquer ici et démontrer que les premières variétés ont une tension de vapeur saturée plus élevée que la dernière ; MM. Troost et Hautefeuille ont, en effet, constaté qu'à une température donnée, les diverses variétés du phosphore rouge avaient une tension de vapeur d'autant plus forte qu'elles avaient été préparées à une température plus basse ; ainsi le phosphore rouge obtenu à 265° doit se comporter à 440°, par rapport au phosphore rouge obtenu à cette dernière température, comme le phosphore blanc se comporte par rapport au phosphore rouge ; c'est ce qu'ont constaté MM. Troost et Hautefeuille.

M. Lemoine ayant expérimenté à 440° sur du phosphore rouge du commerce préparé entre 250° et 300°, la vapeur a dû, comme dans les expériences de MM. Troost et Hautefeuille, monter rapidement jusqu'à la tension de vapeur saturée du phosphore rouge du commerce, puis descendre jusqu'à la tension de vapeur saturée du phosphore rouge préparé à 440°.

159. Le triple point considéré comme point de transition. — Considérons un système pouvant renfermer l'eau sous ses trois formes d'eau liquide, de glace et de vapeur d'eau ; à une température différente de la température Θ du triple point 𝔗, le système ne peut être en équilibre que si l'une au moins des trois phases a disparu.

Trois sortes de systèmes formés de deux phases peuvent être observés : le système formé de glace et d'eau, le système formé de glace et de vapeur, le système formé d'eau et de vapeur.

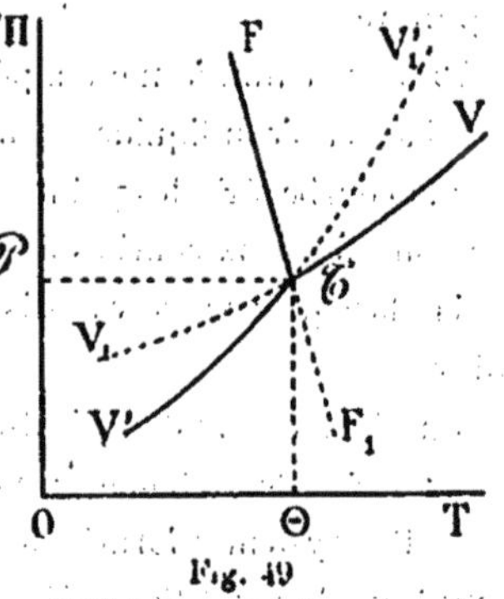

Fig. 49

Pour que le premier système soit en équilibre, il faut que le point qui en figure l'état se trouve sur la ligne FF_1 (*fig.* 49) ; pour que le second système soit en équilibre, il faut que le point figuratif soit sur la ligne $V'V'_1$; pour que le troisième système soit en équilibre, il faut que le point figuratif soit sur la ligne VV_1.

Ces conditions ne sont pas, en général, suffisantes pour assurer l'équilibre.

Considérons, à une température inférieure à Θ, un système formé d'eau liquide et de vapeur et supposons que le point figuratif se trouve sur la courbe V_1𝔗 des tensions de vapeur saturée de l'eau liquide ; le système sera-t-il en équilibre ? Non, car la vapeur, dont la tension est supérieure à la tension de vapeur saturée de la glace, à la même température, peut se condenser à l'état de glace ; le liquide, dont la température est inférieure au point de fusion relatif à la même pression, peut se congeler. Le système formé d'eau liquide et de vapeur n'est donc point en équilibre dans les conditions que nous venons de préciser ou, du moins, s'il peut être observé en équilibre, il nous présente un de ces *faux équilibres* sur lesquels nous avons appelé l'attention; c'est grâce à ces faux équilibres que l'on a pu tracer, dans certains cas, la ligne $V_1\mathfrak{T}$ des tensions de vapeur saturée de l'eau en surfusion.

Prenons maintenant, à une température supérieure à θ, un système formé de glace et de vapeur et supposons que le point figuratif se trouve sur la courbe $\mathfrak{T}V'_1$ des tensions de vapeur saturée de la glace; le point figuratif étant au-dessus de la courbe $\mathfrak{T}V$ des tensions de vapeur saturée de l'eau liquide, la vapeur peut se condenser à l'état liquide; le point figuratif se trouvant à droite de la courbe des points de fusion FF_1, la glace peut fondre; le système n'est donc point en équilibre.

Prenons enfin, à une température supérieure à θ, un système formé de glace et d'eau liquide et supposons que le point figuratif se trouve sur la courbe $\mathfrak{T}F_1$ des points de fusion; le point figuratif étant au-dessous des deux courbes de tensions de vapeur saturée, l'eau liquide et la glace peuvent se vaporiser et le système n'est point en équilibre.

En résumé, aux températures inférieures à θ, on peut observer deux sortes de systèmes en véritable équilibre :

1° Des systèmes formés de glace et de vapeur d'eau; il faut et il suffit que le point figuratif se trouve sur la branche $V'\mathfrak{T}$ (marquée en trait plein) de la courbe des tensions de vapeur saturée de la glace;

2° Des systèmes formés de glace et d'eau; il faut et il suffit que le point figuratif se trouve sur la branche $F\mathfrak{T}$ (marquée en trait plein) de la courbe des points de fusion.

Aux températures supérieures à θ, on peut observer une seule sorte de systèmes à l'état de véritable équilibre, savoir des systèmes formés d'eau liquide et de vapeur; il faut et il suffit que le point figuratif soit sur la branche $\mathfrak{T}V$ (marquée en trait plein) de la courbe des tensions de vapeur saturée de l'eau liquide.

On peut soumettre à une discussion analogue un système où un même corps peut se présenter sous les trois états de solide, de liquide et de vapeur et où la fusion est accompagnée d'une augmentation de volume. Dans ce cas, la courbe des points de fusion F_1F (*fig.* 50) monte de gauche à droite.

Les résultats auxquels on parviendra sont les suivants :

Aux températures inférieures à la température Θ du triple point, on ne peut observer, en équilibre, qu'une seule espèce de systèmes univariants, les systèmes formés de solide et de vapeur ; pour que cet équilibre ait lieu, il faut et il suffit que le point figuratif se trouve sur la branche V'𝔗 de la courbe des tensions de vapeur saturée du solide.

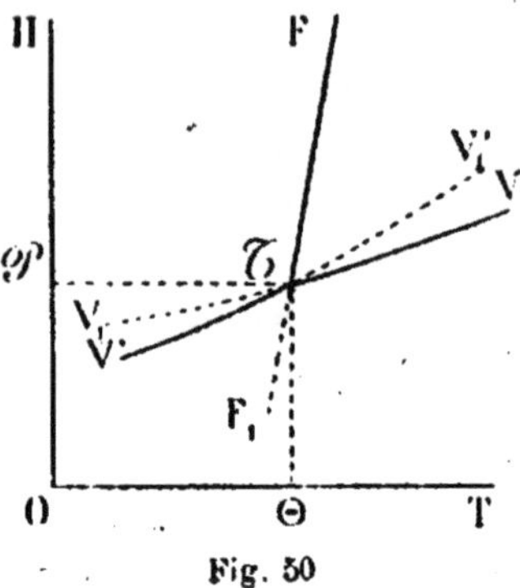

Fig. 50

Aux températures supérieures à la température Θ du triple point, on peut observer, en équilibre, deux sortes de systèmes univariants :

1° Des systèmes formés de liquide et de vapeur ; il faut et il suffit, pour cela, que le point figuratif soit sur la branche 𝔗V de la courbe des tensions de vapeur saturée du liquide ;

2° Des systèmes formés de solide et de liquide ; il faut et il suffit, pour cela, que le point figuratif soit sur la branche 𝔗F de la courbe des points de fusion.

Généralisons les observations que nous avons faites dans les deux cas que nous venons de traiter :

Lorsqu'un même corps peut se présenter sous trois états différents, ces trois états réunis forment un système invariant ; ce système ne peut être en équilibre qu'à une certaine température Θ et sous une certaine pression 𝔓, température et pression du triple point.

En groupant ces formes deux à deux, on obtient trois systèmes univariants ; chacun de ces systèmes ne peut être en équilibre que si la température se trouve d'un côté bien déterminé de la température Θ du triple point ; certains ne peuvent être en équilibre qu'aux températures inférieures à Θ ; certains autres ne peuvent être en équilibre qu'aux températures supérieures à Θ.

Si donc on prend un système univariant en équilibre et si l'on fait varier la température de telle sorte qu'elle arrive à franchir la température Θ du triple point, au moment où elle passe par cette valeur, le système univariant considéré cesse de pouvoir être maintenu en équilibre ; il *passe* forcément à un autre genre de systèmes, d'où les noms de *température de transition*, de *point de transition*, donnés par M. Bakhuis Roozboom à la température Θ et au triple point Ƭ.

160. Généralisation des notions précédentes. Points quadruples. — Ces notions peuvent se généraliser.

Prenons un système formé de deux composants indépendants et supposons qu'il puisse se diviser en quatre phases. Si les quatre phases coexistent dans le système, le système est invariant ; il existe une seule température Θ et une seule pression 𝔓, coordonnées d'un point déterminé Ƭ, pour lesquelles on puisse observer ce système invariant en équilibre.

Si l'on suppose exclue l'une des quatre phases, on obtient un système univariant ; selon que la phase exclue est l'une ou l'autre des quatre phases possibles, on peut former quatre systèmes univariants distincts.

Pour que l'un de ces quatre systèmes univariants puisse être en équilibre, il faut que le point figuratif se trouve sur la courbe des tensions de transformation relative à ce système ; aux quatre systèmes univariants possibles correspondent quatre courbes des tensions de transformation.

Il est clair que chacune de ces quatre courbes doit passer par le point Ƭ qui est ainsi un *point quadruple*.

Pour qu'un de nos quatre systèmes univariants soit en équilibre, il faut que le point qui figure la température et la pression se trouve sur la courbe des tensions de transformation de ce système ; mais cela ne suffit point ; la courbe des tensions de transformation ne représente pas, en son entier, des états d'équilibre ; de cette courbe, on ne doit conserver qu'une branche et cette branche a le point Ƭ pour point d'arrêt, en sorte que *le point quadruple est un point de transition.*

161. Points quadruples dans l'étude des hydrates de gaz. — M. Bakhuis Roozboom et, après lui, d'autres chimistes, ont étudié un certain nombre de points quadruples ; les premiers points quadruples qui aient été discutés ont été trouvés dans l'étude de systèmes dont les deux composants indépendants étaient l'eau et un gaz et qui pouvaient présenter quatre phases, savoir :

La glace ;

Un hydrate solide ;

Un mélange liquide ;

Un mélange aériforme.

162. Points quintuples. — On peut pousser plus loin ; dans un système formé de trois composants indépendants, susceptible de présenter cinq phases, on rencontrera un *point quintuple*, où se coupent les cinq courbes de tensions de transformation qui correspondent aux cinq systèmes univariants obtenus en excluant successivement chacune des cinq phases ; ce point quintuple est un point de transition.

Voici deux exemples de points quintuples analysés par M. Bakhuis Roozboom :

Prenons un système formé par trois composants indépendants :

L'eau : H^2O ;

Le sulfate de sodium : Na^2SO^4 ;

Le sulfate de magnésium : $MgSO^4$.

A la température de 22°, peuvent coexister les cinq phases suivantes :

1° La vapeur d'eau V ;

2° Un mélange liquide L, formé d'eau, de sulfate de sodium et de sulfate de magnésium ;

3° Des cristaux N de sulfate de sodium hydraté $Na^2SO^4, 10H^2O$;

4° Des cristaux M de sulfate de magnésium hydraté $MgSO^4, 7H^2O$;

5° Des cristaux A d'*Astrakanite*, dont la formule est $Na^2MgS^2O^8, 4H^2O$.

La température $\theta = 22°$ est celle du point quintuple ϖ ; au voisinage de ce point, les cinq courbes de transformation ont la disposition représentée en la *fig.* 61.

Prenons un système dont les composants indépendants sont :

L'eau ;

L'acétate cuivrique : $Cu(C^2H^3O^2)^2$;

L'acétate calcique : $Ca(C^2H^3O^2)^2$.

A une température de 76° peuvent coexister :

1° La vapeur d'eau V ;

2° Un mélange liquide L, formé d'eau, d'acétate cuivrique et d'acétate de calcium ;

3° Des cristaux C_1 d'acétate cuivrique hydraté : $Cu(C^2H^3O^2)^2, H^2O$;

4° Des cristaux C_2 d'acétate calcique hydraté : $Ca(C^2H^3O^2)^2, H^2O$;

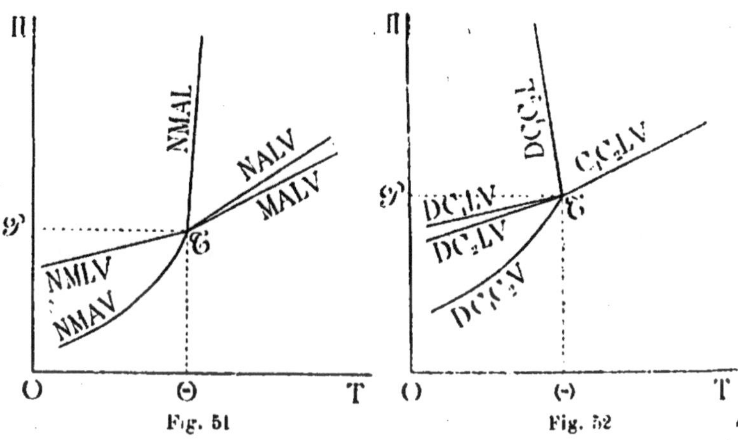

Fig. 51 Fig. 52

5° Des cristaux D d'acétate cupri-calcique : $CuCa(C^2H^3O^2)^4, 6H^2O$.

La température $\theta = 76°$ est la température d'un point quintuple $\mathcal{T}$; au voisinage de ce point, les cinq courbes des tensions de transformation ont la disposition représentée en la *fig.* 52.

DIXIÈME LEÇON

LE DÉPLACEMENT DE L'ÉQUILIBRE

163. En général, on ne peut imposer à un système dont la variance surpasse 1 une modification qui laisse invariable la composition de chaque phase. — Nous avons vu (8e Leçon, n° **145**) que l'on pouvait toujours imposer à un système univariant une modification qui, tout en changeant la masse des différentes phases, laissait invariable la composition de chacune d'elles ; nous en avons conclu que si l'on prenait un système univariant en équilibre à une température donnée et sous la tension de transformation relative à cette température, si, en outre, on maintenait invariable la température et la pression, l'équilibre du système univariant était indifférent.

Ces propriétés ne se retrouvent plus lorsqu'on étudie des systèmes dont la variance surpasse l'unité ou, du moins, ne s'y rencontrent que dans certains cas particuliers ; ainsi dans la prochaine Leçon, en étudiant les systèmes bivariants, nous verrons qu'un tel système peut, parfois, présenter un état d'équilibre particulier où se retrouvent toutes les propriétés que nous ont manifestées les états d'équilibre d'un système univariant ; mais, même dans le cas où un tel état d'équilibre sera possible, il représentera une exception parmi les cas d'équilibre du système considéré.

En général, en un système bivariant, toute modification qui altère la masse des phases, altère en même temps la composition de quelques-unes d'entre elles.

Prenons, par exemple, un système bivariant formé de deux composants indépendants, l'eau et le chlorure de sodium, partagé en deux phases, du chlorure de sodium solide et une solution aqueuse de ce sel ; si nous cherchons à faire croître la masse de la phase liquide et décroître la masse de la phase solide, nous ferons forcément croître la concentration de la dissolution.

104. En général, l'équilibre d'un système dont la variance surpasse 1 est stable. — Donnons-nous une température et une pression et maintenons les invariables. Le système bivariant étudié pourra se mettre en équilibre à cette température et sous cette pression ; il faudra pour cela que chacune des phases qui le composent ait une composition déterminée ; prenons un tel état d'équilibre et, à partir de cet état, imposons au système une petite modification, qui fasse varier les masses de l'une des diverses phases ou de quelques unes d'entre elles ; cette modification change la composition au moins de l'une des phases en lesquelles le système est partagé ; le système qui était en équilibre avant la modification, ne peut plus être en équilibre après cette modification ; l'état d'équilibre primitif n'était donc pas un état d'équilibre indifférent.

Si l'on maintient invariables la température et la pression, cet état d'équilibre est *stable* ; lorsqu'il a été troublé par une petite modification semblable à celle dont nous venons de parler, le système subit spontanément une modification de sens contraire.

Prenons, par exemple, notre système formé de chlorure de sodium solide et d'une solution aqueuse de ce sel ; supposons-le en équilibre à une température donnée et sous une pression donnée ; à cette température, sous cette pression, la dissolution est *saturée* de chlorure de sodium ; sans changer la température ni la pression, imaginons qu'une cause quelconque amène la dissolution d'une petite quantité de sel ; aussitôt, la solution, devenue sursaturée, laissera déposer du chlorure de sodium et reviendra à sa concentration primitive ; imaginons, au contraire, que la solution saturée laisse déposer une petite quantité de chlorure de sodium ; elle cessera d'être saturée et dissoudra du sel jusqu'à ce qu'elle ait repris sa première composition.

Ce que nous venons de dire en prenant pour exemple un système bivariant peut se répéter au sujet d'un système plurivariant quelconque : *Si l'on exclut certains états d'équilibre exceptionnels qui sont indifférents, tout état d'équilibre d'un système bivariant ou plurivariant est stable lorsqu'on maintient invariables la température et la pression.*

165. Déplacement de l'équilibre par variation de la pression. — De ce que l'équilibre d'un système chimique bivariant ou plurivariant est stable lorsque l'on maintient invariables la température et la pression, découlent deux lois d'une extrême importance : la *loi du déplacement de l'équilibre par variation de la pression* et la *loi du déplacement de l'équilibre par variation de la température.*

Occupons-nous, tout d'abord, de la première de ces deux lois.

Elle s'énonce de la manière suivante :

Prenons un système en équilibre stable à une température donnée et sous pression donnée ; sans changer la température, FAISONS CROÎTRE LA PRESSION *d'une petite quantité ; en général, l'équilibre sera rompu ; le système sera le siège d'une petite réaction qui l'amènera à un nouvel état d'équilibre ; si l'on supposait la même réaction produite, à partir de l'état d'équilibre primitif, sans changement de température ni de pression, elle serait accompagnée d'une* DIMINUTION DE VOLUME *du système.*

Si nous avions troublé l'équilibre primitif EN DIMINUANT *légèrement* LA PRESSION, *nous aurions provoqué dans le système une petite réaction ; accomplie à partir de l'état d'équilibre primitif, sans changement de température ni de pression, cette réaction aurait été accompagnée d'une* AUGMENTATION DE VOLUME *du système.*

166. Applications diverses. — Voici un premier exemple qui montrera combien cette loi est aisée à appliquer :

Un récipient, porté à 1000° et soumis à une certaine pression II, renferme de l'oxygène, de l'hydrogène et de la vapeur d'eau ; soit x le rapport entre la masse m de vapeur d'eau que le système renferme et la masse $\mathfrak{M}$ de cette vapeur qu'il renfermerait si la combinaison de l'oxygène et de l'hydrogène était poussée jusqu'à l'épuisement de l'un des deux gaz. Dans le système en équilibre sous la pression Π, ce rapport x a une certaine valeur X.

Laissant la température égale à 1000°, faisons passer la pression à une valeur Π′ un peu supérieure à Π ; une réaction se produit dans le système ; le rapport x passe de la valeur X à la valeur X′ qui assure l'équilibre à la température de 1000° et sous la pression Π′ ; accomplie à la température invariable de 1000° et sous la pression invariable Π, cette réaction serait accompagnée d'une diminution de volume du système.

Or, à température constante et sous pression constante, la formation d'une certaine quantité de vapeur d'eau, réaction qui fait croître x, est accompagnée d'une diminution de volume ; la dissociation d'une certaine quantité de vapeur d'eau, réaction qui fait diminuer x, est accompagnée d'une augmentation de volume ; on voit, dès lors, sans peine que X′ doit être supérieur à X.

D'où la conclusion suivante :

A une température donnée, 1000° par exemple, on prend un système qui renferme une masse donnée d'oxygène (libre ou combiné) et une masse donnée d'hydrogène (libre ou combiné) ; le rapport de la masse de vapeur d'eau que renferme ce système en équilibre à la masse de vapeur d'eau qu'il renfermerait si la combinaison était intégrale, est d'autant plus grand que la pression est plus forte.

En d'autres termes, à une température donnée, une diminution de pression favorise la dissociation de l'eau, une augmentation de pression aide à la combinaison de l'oxygène et de l'hydrogène.

Lorsqu'un mélange de chlore et de vapeur d'eau se transforme partiellement, à température constante, en oxygène et acide chlorhydrique, la réaction est accompagnée d'une augmentation de volume ; on favorisera donc cette réaction en diminuant la pression ; en augmentant la pression, on favorisera la réaction inverse.

107. Cas des combinaisons sans contraction. — Lorsque la vapeur d'iode et l'hydrogène se combinent, à température constante et sous pression constante, pour former de l'acide iodhydrique, la réaction n'est accompagnée d'aucune variation de volume, du moins dans les conditions où la vapeur d'iode, l'hydrogène et l'acide iodhydrique peuvent être traités comme des gaz parfaits. En raisonnant comme nous l'avons fait pour le système oxygène, hydrogène, vapeur d'eau, nous tirerons de la loi du déplacement de l'équilibre par la pression la conclusion suivante :

Une variation de pression sans variation de température ne peut, dans un semblable système, provoquer ni la formation, ni la dissociation de l'acide iodhydrique ; si l'on prend un système de composition élémentaire déterminée et si on le chauffe à une température déterminée, le rapport Y entre la masse d'hydrogène libre et la masse totale d'hydrogène, libre ou combiné, qu'il renferme, aura une valeur indépendante de la pression que le système supporte.

108. Vérifications expérimentales : acide iodhydrique. — Cette proposition est vérifiée par les expériences de M. G. Lemoine [1].

Un système, renfermant de l'hydrogène et de la vapeur d'iode en proportion équivalente est porté à la température d'ébullition du soufre et soumis à diverses pressions ; à chaque valeur Π de la pression, correspond une valeur de Y qui est la suivante :

Π	Y	Π	Y
4atm,5	0,24	0atm,9	0,26
2 ,3	0,25	0 ,2	0,29

Dans cette série d'expériences, tandis que la pression a passé d'une valeur à une autre valeur 22 fois plus faible, le rapport Y a varié seulement de $\frac{1}{5}$ de sa valeur ; si l'on tient compte de l'écart des gaz étudiés par rapport à l'état parfait, de la difficulté des expériences, des nombreuses causes d'erreur qu'elles comportent, une telle concordance paraîtra satisfaisante.

109. Acide sélenhydrique. — La formation de l'acide sélenhydrique gazeux aux dépens du sélenium liquide et de l'hydrogène est également une réaction qui, accomplie à température con-

(1) G. Lemoine, *Annales de Chimie et de Physique*, 5e série, t. XII, p. 145 ; 1877.

stante et sous pression constante, ne produit qu'une très faible variation de volume. Prenons donc un système où de l'hydrogène et de l'acide sélenhydrique gazeux se trouvent en présence de sélenium liquide ; le système est en équilibre à une température donnée, sous la pression Π ; il en renferme une masse m d'acide sélenhydrique ; si la totalité de l'hydrogène passait à l'état d'acide sélenhydrique, il en renfermerait une masse $\mathfrak{M}$; le rapport $\frac{m}{\mathfrak{M}}$ a une certaine valeur X ; si, sans changer la température, on change la valeur de la pression Π, la valeur de X ne doit éprouver que de petites variations.

M. Ditte [1] avait déjà soumis cette proposition au contrôle de l'expérience ; M. Pélabon [2] l'a soumise à une épreuve plus complète ; voici les résultats de ses essais :

Température : 620°.

La pression totale du mélange gazeux ramené à 23° était 520mm de mercure :

$$X = 0,4067.$$

La pression totale du mélange gazeux ramené à 23° était 1270mm de mercure :

$$X = 0,4112.$$

La pression totale du mélange gazeux ramené à 25° était 1520mm de mercure :

$$X = 0,42.$$

La pression totale du mélange gazeux ramené à 22° était 3010mm de mercure :

$$X = 0,423.$$

Température : 475°.

La pression totale du mélange gazeux ramené à 22° était 1450mm de mercure :

$$X = 0,384.$$

La pression totale du mélange gazeux ramené à 23° était 2556mm de mercure :

$$X = 0,3917.$$

(1) Ditte, *Annales de l'École normale supérieure*, 2e série, t. I, p. 293 ; 1873.

(2) H. Pélabon, *Mémoires de la Société des Sciences physiques et naturelles de Bordeaux*, 5e série, t. III, p. 1141. — *Sur la dissociation de l'acide sélenhydrique*, Paris, A. Hermann, 1898.

Température : 325°.

La pression totale du mélange gazeux ramené à 17° était 825mm de mercure :

$$X = 0,182.$$

La pression totale du mélange gazeux ramené à 15° était 3240mm de mercure :

$$X = 0,206.$$

170. Variation de la solubilité d'un sel avec la pression. — On doit à M. F. Braun (1) d'autres vérifications intéressantes du principe du déplacement de l'équilibre par variation de pression ; elles sont tirées de l'étude des solutions saturées.

Considérons, à une température donnée et sous une pression donnée, un système bivariant dont les deux composants sont un sel et l'eau, et dont les deux phases sont le sel solide et une solution aqueuse ; lorsque le système est en équilibre, la dissolution a une concentration déterminée S ; elle est *saturée* à la température donnée et sous la pression donnée.

Imaginons qu'une toute petite masse de sel passe du sein de la phase solide au sein de la solution presque saturée ; le volume de la phase solide diminue d'une quantité que l'on connaît lorsque l'on connaît la densité du sel ; le volume de la phase liquide subit une augmentation que l'on peut calculer lorsque l'on connaît la loi de variation de la densité de la dissolution pour les concentrations voisines de S ; le volume du système subit une variation qui peut être soit une augmentation, soit une diminution.

A la température ordinaire et sous la pression ordinaire, la dissolution de l'alun ou du sulfate de sodium à dix molécules d'eau dans une solution aqueuse presque saturée du même sel est accompagnée d'une *contraction* du système ; dans les mêmes conditions, la dissolution du chlorure d'ammonium est accompagnée d'une *dilatation*.

A une température donnée, prenons une solution saturée d'un sel déterminé, en présence d'un excès du sel, sous la pression Π ; S est

(1) F. Braun, *Wiedemann's Annalen*, Bd. XXX, p. 250 ; 1887.

la concentration de la dissolution. Donnons à la pression une valeur Π', un peu supérieure à Π, en maintenant invariable la température ; l'équilibre sera rompu et la composition de la dissolution variera jusqu'à ce que sa concentration ait pris la valeur S' qui correspond à la saturation sous la pression Π'.

La modification subie par le système tandis que la dissolution passe de la concentration S à la concentration S' doit être une modification qui, sous pression constante et à température constante, entraînerait une diminution de volume ; si la dissolution du sel en solution presque saturée se produit avec contraction, cette modification consiste dans la dissolution d'une certaine masse de sel, et S' est supérieur à S ; si la dissolution du sel en solution presque saturée se produit avec dilatation, cette modification consiste dans la précipitation d'une certaine quantité de sel, et S' est inférieur à S. On peut donc énoncer les propositions suivantes :

Si, à une température donnée, la dissolution d'un sel en solution presque saturée est accompagnée d'une contraction, la solubilité du sel augmente avec la pression ; si, au contraire, la dissolution du sel en solution presque saturée est accompagnée d'une dilatation, la solubilité du sel diminue lorsque la pression augmente.

Le premier cas est présenté, nous l'avons dit, par l'alun et le sulfate de sodium à 10 molécules d'eau ; si l'on comprime très lentement, dans un piézomètre, une dissolution saturée d'alun ou de sulfate de sodium à 10 molécules d'eau, en présence d'un excès du même sel, la solution dissoudra une nouvelle quantité de sel ; elle demeurera limpide pendant la compression ; détendue avec précaution et ramenée à la pression ordinaire, elle présentera les propriétés d'une solution sursaturée ; les cristaux restant en excès montreront des faces rongées.

Le second cas est présenté par le chlorure d'ammonium ; si l'on comprime une solution saturée de chlorure d'ammonium en présence de cristaux de ce sel, la dissolution, devenue sursaturée, déposera sur les cristaux une partie du sel qu'elle contenait.

La dissolution du chlorure de sodium présente des particularités intéressantes.

Étudions à une température invariable, 15° par exemple, la dissolution d'une petite masse de chlorure de sodium dans une solution presque saturée de ce sel ; ce phénomène se produit avec contraction du système s'il est accompli sous une pression constante inférieure à 1530 atmosphères ; au contraire, il est accompagné d'une dilatation s'il est accompli sous une pression constante supérieure à 1530 atmosphères : on voit alors qu'à la température invariable de 15°, la solubilité du chlorure de sodium dans l'eau croît avec la pression tant que celle-ci demeure inférieure à 1530 atmosphères ; lorsque la pression dépasse 1530 atmosphères et continue à croître, la solubilité diminue ; à la température invariable de 15°, la pression de 1530 atmosphères correspond à un maximum de solubilité du chlorure de sodium dans l'eau.

L'existence de ce maximum de solubilité a été mise en évidence par M. F. Braun ; on comprime très lentement, jusqu'à une pression très supérieure à 1530 atmosphères, une solution saturée de chlorure de sodium en présence de cristaux de sel marin ; après retour à la pression ordinaire, on examine les cristaux que l'on avait placés dans le piézomètre ; leurs faces sont rongées et portent de petits cristaux cubiques de chlorure de sodium ; le chlorure de sodium a donc dû se dissoudre pendant une partie de la durée de la compression et se précipiter pendant une autre partie de cette durée.

171. — Déplacement de l'équilibre par variation de la température. — La loi si simple et si féconde du déplacement de l'équilibre par variation de la pression a été énoncée par M. H. Le Chatelier [1] en 1884 ; peu de temps avant, M. J. H. van't Hoff [2] avait énoncé la loi, plus importante encore, du déplacement de l'équilibre par variation de la température.

Il y a, en réalité, deux lois du déplacement de l'équilibre par variation de la température ; l'une suppose le système maintenu sous pression constante, l'autre suppose le système maintenu sous volume constant ; ces deux lois ayant exactement la même forme, nous nous contenterons d'énoncer la première ; il suffira, dans notre énoncé,

(1) H. Le Chatelier, *Comptes rendus*, t. XCIX, p. 786 ; 1884.
(2) J. H. van't Hoff, *Études de Dynamique chimique*, Amsterdam, 1884.

de remplacer les mots : *pression constante*, par les mots : *volume constant* pour obtenir l'énoncé de la seconde.

Un système chimique est en équilibre stable sous une pression donnée et à une température donnée T ; *sans changer la pression, on donne à la température une valeur* T' *un peu* SUPÉRIEURE *à* T ; *l'équilibre est rompu ; pour atteindre le nouvel état d'équilibre relatif à la pression donnée et à la température* T'. *le système doit éprouver un certain changement d'état ; si ce changement d'état se produisait sous la pression constante donnée et à la température invariable* T', *il serait accompagné d'une* ABSORPTION DE CHALEUR.

172. Abaissement du point de congélation des dissolvants. — Montrons immédiatement par un exemple le parti que l'on peut tirer de cette loi.

Sous une pression donnée, la pression atmosphérique par exemple, et à la température T, il y a équilibre stable dans un système bivariant formé par la glace au contact d'une solution saline ; s est la concentration de la dissolution.

Sans changer la pression, donnons à la température une nouvelle valeur T' un peu supérieure à T ; l'équilibre est troublé ; pour qu'il se rétablisse, il faut que la dissolution prenne une concentration s' différente de s.

Or, la modification éprouvée par le système pendant que la concentration de la dissolution passe de la valeur s à la valeur s', absorberait de la chaleur si elle était accomplie sous pression constante et à température constante ; des deux changements d'état, fusion d'une partie de la glace, congélation d'une partie du dissolvant, dont le système est capable, le premier seul remplit les conditions que nous venons d'indiquer ; donc, le passage de la dissolution de la concentration s à la concentration s' a nécessité la fusion d'une certaine masse de glace, en sorte que s' est inférieur à s.

Ainsi la concentration d'une dissolution saline qui peut demeurer, sous une pression donnée, en équilibre avec la glace est d'autant moindre que la température est plus élevée. On peut retourner cet énoncé et dire :

Sous une pression donnée, le point de congélation du dissolvant au sein d'une dissolution de nature donnée est d'autant plus bas que la dissolution est plus concentrée.

Cet abaissement du point de congélation d'un liquide par suite du mélange, à ce liquide, d'un corps étranger est connu depuis fort longtemps. Berthollet en attribue l'invention à Blagden qui, vers 1788, l'avait constaté en dissolvant des sels dans l'eau. Depuis il a fait l'objet de nombreux travaux. Citons, en particulier, ceux de M. Raoult [1] qui a étudié la congélation des dissolutions faites dans l'eau, la benzine, la nitrobenzine, le bibromure d'éthylène, l'acide formique, l'acide acétique, etc. Les lois auxquelles ces expériences ont conduit M. Raoult sont devenues le fondement d'une branche importante de chimie-physique, la *Cryoscopie*.

173. Abaissement de la tension de vapeur saturée des dissolvants. — Reprenons les raisonnements précédents, mais en remplaçant le mot *glace* par le mot *vapeur*; des deux modifications qui peuvent se produire dans le système, condensation d'une certaine masse de vapeur, vaporisation d'une certaine quantité du dissolvant, la première, à température constante et sous pression constante, dégage de la chaleur, la seconde en absorbe ; donc le passage de la dissolution de la concentration

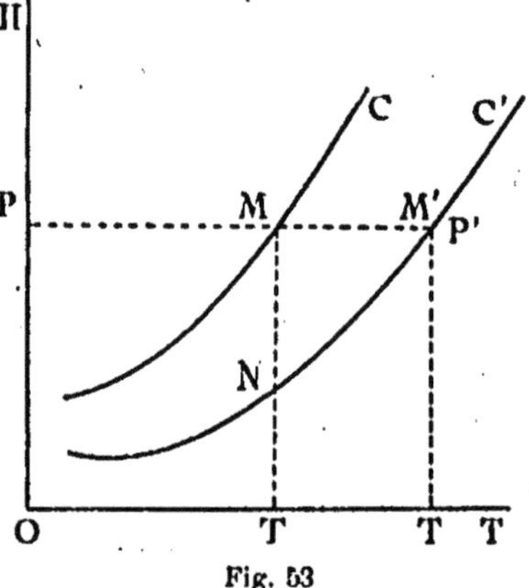

Fig. 53

s à la concentration s' a nécessité la vaporisation d'une partie du dissolvant, en sorte que la concentration s' est supérieure à la concentration s. De là, on tire sans peine la proposition suivante :

Sous une pression donnée, le point d'ébullition d'une solution de nature donnée est d'autant plus élevé que la solution est plus concentrée.

(1) F.-M. Raoult, *Comptes rendus*, t. XCV à XCIX, 1880 à 1884.

Si nous considérons une solution de concentration donnée s, à chaque température, elle aura une tension de vapeur saturée bien déterminée ; si, sur deux axes de coordonnées rectangulaire sOT, OΠ, (*fig.* 53) nous portons les températures T en abscisses et les pressions Π en ordonnées, à la concentration s correspondra une courbe C des tensions de vapeur saturée ; à une concentration s', correspondra une autre courbe analogue C'.

Toutes ces courbes C, C',... montent de gauche à droite.

Prenons une valeur particulière P de la pression Π et traçons la ligne PP', parallèle à OT, dont tous les points ont pour ordonnée cette valeur $\Pi = P$ de la pression. Cette ligne PP' coupe les courbes C, C',... aux points M, M',... qui ont pour abscisses respectives T, T',... Ces températures T, T',... sont, sous la pression P, les points d'ébullition respectifs des solutions de concentrations $s, s', \ldots$ D'après le théorème précédent, si s' est supérieur à s, T' est supérieur à T et le point M' est à droite du point M.

Dès lors, la ligne TM rencontre certainement la courbe C' en un point N situé au-dessous du point M ; mais TM est, à la température T, la tension de vapeur saturée de la dissolution de concentration s ; TN est, à la même température, la tension de vapeur saturée de la dissolution de concentration s' ; on peut donc énoncer le théorème suivant :

A une température donnée, la tension de vapeur saturée d'une dissolution est d'autant moindre que cette dissolution est plus concentrée.

174. Dissociation des composés exothermiques et formation des composés endothermiques par élévation de la température. — Des applications plus purement chimiques mettront mieux encore en évidence l'importance de la loi énoncée par M. J. H. van't Hoff.

Sous une pression invariable, étudions un système bivariant ou plurivariant au sein duquel un certain composé chimique peut se former ou se détruire ; en un état donné, le système renferme une masse m de ce composé ; la composition élémentaire du système est telle que la masse de ce composé aurait la valeur $\mathfrak{M}$ si la combinaison était poussée aussi loin que possible; soit x le rapport $\frac{m}{\mathfrak{M}}$.

Dans le système en équilibre stable à la température T, x a une valeur X; si la température passe de la valeur T à une valeur un peu plus élevée T', x prend une nouvelle valeur X', voisine de X; X' est-il supérieur à X ou inférieur à X? Telle est la question à laquelle la loi du déplacement de l'équilibre par variation de la température nous permet de répondre.

Lorsque x passe de la valeur X à la valeur X', le système est le siège d'une certaine réaction; accomplie sous pression constante et à température constante, cette réaction absorberait de la chaleur; donc si la formation, sous pression constante, du composé considéré dégage de la chaleur, cette réaction est une décomposition et X' est inférieur à X; si la formation sous pression constante du composé considéré absorbe de la chaleur, cette réaction est une combinaison et X' est supérieur à X.

On peut donc énoncer la double proposition suivante :

Si, sans faire varier la pression, on élève graduellement la température d'un système qui renferme un composé exothermique (sous pression constante), on diminue de plus en plus la proportion du composé non dissocié.

Si, sans faire varier la pression, on élève graduellement la température d'un système qui renferme un composé endothermique (sous pression constante) et les éléments dont la combinaison peut engendrer ce composé, on fait croître la proportion du composé dans le système.

La vapeur d'eau, l'acide carbonique sont des corps qui se forment, sous pression constante, avec dégagement de chaleur; si donc, sous une pression invariable, celle de l'atmosphère par exemple, on élève la température d'un système qui renferme un de ces composés, ce composé se dissociera de plus en plus complètement, comme l'ont vérifié les mémorables recherches de H. Sainte-Claire Deville.

175. Actions produites par une série d'étincelles électriques; interprétation donnée par H. Sainte-Claire Deville. L'appareil à tubes chaud et froid. — Lorsqu'on fait passer une série d'étincelles électriques, pendant un temps suffisant, au travers d'un gaz formé avec dégagement de chaleur, il arrive souvent que ce gaz est plus ou moins complètement décomposé; le gaz ammoniac, par exemple, est presque entièrement décomposé en azote et hydrogène ; l'acide chlorhydrique, au contraire, subit seulement une trace de décomposition.

M. Perrot ([1]), en faisant passer rapidement de grandes masses de vapeur d'eau entre les étincelles multipliées d'une bobine d'induction, avait obtenu une décomposition partielle de la vapeur d'eau en ses éléments. H. Sainte-Claire Deville ([2]) n'hésita pas à voir dans cette expérience l'analogue de l'expérience de Grove. L'étincelle, trait de feu d'une température extrêmement élevée, dissocie la vapeur d'eau comme le fait la masse de platine incandescente ; l'oxygène et l'hydrogène mis en liberté sont brusquement refroidis par le contact des gaz froids qu'ils rencontrent à quelques millimètres de l'étincelle ; ramenés à une température où leur combinaison directe ne se produit plus, ils ne peuvent échapper à l'observation.

Si cette manière de voir est exacte ; si les actions que détermine une série d'étincelles sont simplement des actions qui se produisent d'elles-mêmes à une très haute température et qui, grâce à la brusquerie du refroidissement, n'ont pas le temps de se renverser complètement, il doit être possible de reproduire ces actions sans faire aucunement intervenir l'électricité; il suffira pour cela de faire circuler les gaz que l'on veut étudier dans un espace où une région très chaude se trouvera au contact immédiat d'une région très froide.

Voici comment H. Sainte-Claire Deville a réalisé ces conditions :

« On prend un tube de porcelaine ([3]) que l'on place dans un fourneau où l'on peut développer une température très élevée ; on ferme les extrémités de ce tube au moyen de bouchons de lièges percés

([1]) Perrot, *Comptes rendus*, t. XLVII, p. 351 ; 1858. — *Recherches sur l'action chimique de l'étincelle d'induction de l'appareil de Ruhmkorff*. Thèse de Paris, 1861.

([2]) H. Sainte-Claire Deville, *Bibliothèque universelle, Archives*, Nouvelle période, t. VI, p. 267 ; 1859.

([3]) H. Sainte-Claire Deville, *Leçons sur la dissociation* (Leçons de la Société chimique, t. IV, p. 316).

chacun de deux trous. Deux de ces trous laissent passer un petit tube de verre qui sert d'un côté à amener les gaz dans le tube de porcelaine et, de l'autre côté, à les faire sortir de l'appareil. Les deux trous restant permettent de disposer, suivant l'axe du tube de porcelaine, un tube mince de 8 millimètres de diamètre, en laiton argenté, que traverse constamment un rapide courant d'eau froide. Enfin, deux petits écrans en porcelaine dégourdie séparent intérieurement les parois du tube de porcelaine qui doivent être chauffées et celles qui, sortant du fourneau, sont à peu près froides. »

« Ce tube de laiton, même dans les parties les plus chaudes, est refroidi à 10° environ par le courant d'eau continu. La vitesse de cette eau est telle, qu'en traversant le tube incandescent, celui-ci ne l'échauffe pas sensiblement. »

« On a donc ainsi, dans un espace restreint, une surface cylindrique de porcelaine violemment chauffée et une surface concentrique de laiton très froide. »

« ... Pour donner une idée de la manière étrange dont cet appareil fonctionne, je dirai qu'on peut impunément enduire le tube métallique des substances organiques les plus altérables telles que la teinture de tournesol, les plonger dans le brasier ardent au milieu duquel j'opère, et constater ainsi certaines décompositions. Si la couche de substance altérable est suffisamment mince, elle sera toujours protégée contre l'action du feu par le courant d'eau fraîche qui traverse le tube métallique. Il suffit que celui-ci ait de minces parois et que sa matière soit conductrice de la chaleur. La masse du gaz très chaud étant absolument insensible par rapport à la masse de l'appareil réfrigérant, la conductibilité des gaz étant à peu près nulle, le refroidissement de la matière expérimentée sera toujours subit, et on se mettra dans les conditions qu'on réalise sans le savoir au moyen de l'étincelle électrique. »

176. Dissociation de l'oxyde de carbone, des gaz sulfureux et chlorhydrique. Synthèse de l'ozone. — Si, dans cet appareil, on fait passer un courant d'oxyde de carbone, les gaz sortant du tube renferment une certaine quantité d'acide carbonique, tandis que le tube métallique froid se recouvre d'un dépôt de charbon; l'oxyde de carbone s'est donc partiellement décompose en acide carbonique et carbone selon la formule

$$2CO = CO^2 + C.$$

Cette réaction est aussi celle que l'on obtient en faisant passer une série d'étincelles électriques dans un eudiomètre renfermant de l'oxyde de carbone.

On peut faire passer dans l'appareil à *tubes chaud et froid* un courant d'anhydride sulfureux, après avoir recouvert le tube de laiton d'une couche épaisse d'argent pur; l'argent n'exerce aucune action sensible sur l'acide sulfureux à la température de 300° et, *a fortiori*, à la température de 10° à laquelle il est maintenu dans ces expériences; au bout d'un certain temps, on trouve l'argent fortement noirci par sa transformation en sulfure d'argent et recouvert d'une couche d'anhydride sulfurique qui attire vivement l'humidité de l'air et produit, dans une solution de chlorure de baryum, un abondant précipité. L'anhydride sulfureux a donc été décomposé en anhydride sulfurique et soufre, selon la formule

$$3SO^2 = 2SO^3 + S.$$

Par diverses expériences, H. Sainte-Claire Deville a montré que c'est aussi la formule de la décomposition partielle éprouvée par l'anhydride sulfureux en un eudiomètre où l'on fait jaillir une série d'étincelles électriques.

Lorsqu'on fait éclater une série d'étincelles électriques dans un eudiomètre renfermant de l'acide chlorhydrique, on décompose une petite quantité de cet acide en chlore et hydrogène.

Cette même décomposition se produit aux températures les plus élevées que puissent donner les fourneaux des laboratoires.

Pour le démontrer, faisons passer un courant d'acide chlorhydrique pur et sec dans l'appareil à tubes chaud et froid après avoir recouvert le tube froid d'une couche d'amalgame d'argent, inattaquable par l'acide chlorhydrique à la basse température à laquelle il se trouve maintenu. Au bout de quelques heures, le mercure et même l'argent sont légèrement chlorurés à la surface, car en mouillant le tube amalgamé avec de l'ammoniaque, le tube noircit et l'ammoniaque s'empare d'une petite quantité de chlorure d'argent.

Ces diverses expériences mettent hors de doute l'hypothèse formulée par H. Sainte-Claire Deville : les décompositions endothermiques qui sont produites par le passage d'une longue série d'étincelles au sein d'un gaz sont dues à la haute température produite par l'étincelle ; ce sont autant de confirmations du principe du déplacement de l'équilibre par variation de la température.

Le passage d'une série d'étincelles électriques dans un système gazeux n'est pas seulement susceptible de produire certaines décompositions ; il peut aussi donner lieu à certaines synthèses. Nous ne voulons pas parler ici des combinaisons soudaines et explosives, telles que la combinaison de l'oxygène et de l'hydrogène, qu'une seule étincelle électrique suffit à provoquer, mais des combinaisons lentes que détermine le passage de fréquentes étincelles électriques, prolongé pendant plusieurs heures ; le type de ces synthèses est la transformation partielle de l'oxygène en ozone :

$$3O^2 = 2O^3.$$

Si la manière de voir de H. Sainte-Claire Deville est exacte, ces synthèses ne doivent pas être regardées comme des réactions indirectes rendues possibles par une certaine action électrique, mais comme des réactions qui se produisent directement à haute température ; l'appareil à tubes chaud et froid doit permettre de les reproduire sans faire aucun usage de l'électricité.

MM. Troost et Hautefeuille ont montré, en effet, que si l'on faisait passer dans le tube chaud porté à 1300° ou 1400° un courant d'oxygène, tandis que le tube froid avait été recouvert d'une couche d'argent pur, on recueillait sur ce tube, au bout d'un certain temps, du bioxyde d'argent, indice certain d'une transformation de l'oxygène en ozone au contact de la porcelaine violemment chauffée.

Or, selon les déterminations de M. Berthelot, la réaction

$$3O^2 = 2O^3$$

absorbe $61^{cal},4$; la formation directe de l'ozone à température élevée est une remarquable confirmation de la loi du déplacement de l'équilibre par variation de la température.

177. Synthèse de l'acétylène. — On voit par cette expérience que la formation de l'ozone au sein de l'oxygène traversé par une série d'étincelles électriques doit être regardée comme une réaction qui se produit d'elle-même à haute température ; la même interprétation doit être acceptée pour une foule de synthèses produites par une série d'étincelles ou par l'arc électrique.

Ainsi lorsqu'un courant d'hydrogène passe entre deux pointes de charbon qui servent d'électrodes à un arc électrique, il se forme du gaz acétylène, comme l'a montré M. Berthelot (1) ; la formation de l'acétylène dans ces circonstances doit être regardée comme une réaction qui se produit d'elle-même à la température extrêmement élevée de l'arc électrique.

Or, selon M. Berthelot, la réaction

$$2C + 2H = C^2H^2$$

qui représente la formation de l'acétylène, absorbe $58^{cal},1$. La formation de l'acétylène à la température de l'arc électrique doit encore être regardée comme une conséquence de la loi du déplacement de l'équilibre.

On pourrait multiplier extrêmement les exemples analogues ; nous nous bornerons à ceux que nous venons de citer.

178. Cas des réactions qui n'absorbent ni ne dégagent de chaleur. — Un cas particulier intéressant est celui où *le composé que le système renferme se forme, sous pression constante, sans dégagement ni absorption de chaleur;* dans ce cas, un raisonnement semblable de tout point à celui que nous avons développé il y a un instant nous montre que X' ne peut être ni supérieur, ni inférieur à X ; *la proportion du corps composé que le système renferme, lorsqu'il est en équilibre sous une pression donnée, est indépendante de la température.*

(1) Berthelot, *Comptes rendus*, t. LIV, p. 640 et p. 1042 ; 1862.

179. Phénomènes d'éthérification. — Les études de M. Berthelot sur l'éthérification fournissent une application de cette loi.

L'éthérification de l'alcool par l'acide acétique ne met en jeu aucune quantité de chaleur appréciable. Si l'on mêle ces corps à équivalents égaux et si on les abandonne assez longtemps pour que l'équilibre s'établisse, on trouve que les proportions d'acide éthérifié sont les suivantes :

A la température ordinaire, au bout de 16 années . . .	0,652
A 100°, après un temps très long	0,656
A 170°, après 42 heures.	0,665
A 200°, après 24 heures.	0,673
A 220°, après 38 heures.	0,665

Tous ces nombres doivent être regardés comme identiques.

180. Minimum de dissociation de l'acide sélenhydrique. — On peut, dans tous les énoncés précédents, remplacer les mots : *pression constante* par les mots : *volume constant* sans que ces énoncés cessent d'être exacts, ce qui justifie les considérations suivantes :

Sous un volume invariable, élevons la température d'un système qui renferme du sélénium liquide, de l'hydrogène et de l'acide sélenhydrique gazeux ; dans le système en équilibre, le rapport X entre la masse d'acide sélenhydrique formé et la masse d'acide sélenhydrique possible varie au fur et à mesure que la température s'élève ; ce rapport croît d'abord avec la température, passe par un maximum, puis diminue pendant que la température continue à croître.

M. Ditte [1] avait annoncé le premier l'existence d'un tel maximum pour le rapport X ; malheureusement, ses observations étaient faussées par une cause d'erreur, l'absorption partielle de l'acide sélenhydrique par le sélénium liquide ; M. H. Pélabon [2], en se mettant à l'abri de cette cause d'erreur, a pu étudier les variations du rap-

[1] Ditte, *Annales de l'École normale supérieure*, 2e Série, t. I, p. 293 ; 1873.

[2] H. Pélabon, *Mémoires de la Société des Sciences physiques et naturelles de Bordeaux*, 5e Série, t. III, p. 241. — *Sur la dissociation de l'acide sélenhydrique*, Paris, A. Hermann, 1898.

port X avec la température et mettre hors de doute l'existence d'un maximum pour ce rapport ; ce maximum correspond à une température voisine de 575°, et sa valeur diffère peu de 0,41.

On doit en conclure qu'il y a *absorption de chaleur* lorsque, sous volume constant et à une température constante inférieure à 575°, le sélénium liquide et l'hydrogène se combinent pour former de l'acide sélenhydrique ; au contraire, lorsque cette réaction se produit à une température supérieure à 575°, elle doit *dégager de la chaleur*.

M. Hautefeuille avait déjà montré que, sous pression constante et à la température ordinaire, la formation de l'hydrogène sélénié aux dépens du sélénium liquide et de l'hydrogène était une réaction endothermique ; M. Fabre [1] a donné, récemment, une détermination exacte de la chaleur de formation de l'acide sélenhydrique dans ces conditions. Si l'on observe, d'ailleurs, que la combinaison, sous pression constante, de l'hydrogène et du sélénium liquide ne détermine presque aucune variation de volume, on voit que la chaleur de formation sous pression constante est sensiblement égale à la chaleur de formation sous volume constant. Ainsi se trouve vérifiée la première partie de l'énoncé précédent, conséquence du principe du déplacement de l'équilibre par variation de la température.

181. Rapprochement du principe précédent et de la loi de J. Moutier. Aux très basses températures, le principe du travail maximum est exact. — Ce principe conduit, pour les systèmes bivariants et plurivariants, à des conclusions semblables de tout point à celles que nous avons tirées (n°ˢ **141** et **142**) pour les systèmes univariants, de la règle de J. Moutier ; profondément dissocié à une température élevée, un composé exothermique subsiste d'autant moins altéré, dans un système en équilibre, que la température est plus basse ; un composé endothermique, au contraire, se forme en très faible proportion à froid ; au fur et à mesure que la température s'élève, sa stabilité augmente. A une température extrêmement basse, au sein de systèmes en équilibre, on peut regarder la dissociation des composés exothermiques comme presque nulle, la dissociation des composés

[1] FABRE, *Annales de Chimie et de Physique*, 6e Série, t. X, p. 482.

endothermiques comme presque complète ; tout composé endothermique se résout spontanément en ses éléments ; tout composé exothermique se forme spontanément aux dépens de ses éléments ; en d'autres termes, *à une température extrêmement basse, le principe du travail maximum s'applique à toutes les réactions sans exception.*

Lorsqu'on s'élève de plus en plus dans l'échelle des températures, on voit croître le nombre des réactions, décompositions de composés exothermiques ou synthèses de composés endothermiques, qui font exception au principe du travail maximum. Selon l'heureuse expression de M. J. H. van't Hoff, *ce principe ne serait rigoureusement exact qu'au 0° absolu.*

Toutefois, si l'on veut comprendre exactement le sens et la portée de cette proposition, on ne doit point oublier l'existence des états de faux équilibre dont la théorie précédente ne tient aucun compte ; jamais on n'observe aucune réaction qui contredise à cette théorie, mais, en revanche, une foule de réactions que cette théorie prévoit comme nécessaires ne se produisent pas ; le système qui les devrait présenter demeure en équilibre.

ONZIÈME LEÇON

—

LES SYSTÈMES BIVARIANTS. — LE POINT INDIFFÉRENT

182. Divers types de systèmes bivariants : Dissolutions et mélanges doubles. — Un système bivariant est un système partagé en un nombre de phases égal au nombre des composants indépendants qui le forment ; un système formé de deux composants indépendants et partagé en deux phases en est le type le plus généralement étudié.

Ce type lui-même peut se scinder en deux classes.

Il peut arriver que l'une des deux phases en lesquelles le système est partagé soit formé par un composé défini, contenant un seul des deux composants indépendants ou ces deux composants, tandis que l'autre phase est un mélange en proportion variable des deux composants ; un système qui renferme des cristaux de chlorure de sodium en présence d'une solution aqueuse de chlorure de sodium, un système qui renferme de la glace en présence d'une solution aqueuse de nitrate de potassium, un système qui renferme des cristaux de sulfate de sodium hydraté (Na^2SO^4, $10 H^2O$) en présence d'une solution aqueuse de nitrate de sodium, donnent trois exemples caractéristiques appartenant à cette classe que nous nommerons la classe des *dissolutions*.

Il peut arriver, au contraire, que chacune des deux phases en lesquelles le système est partagé soit un mélange en proportion variable des deux composants indépendants ; cela a lieu lorsqu'un mélange liquide d'eau et d'alcool est surmonté d'une vapeur mixte qui renferme à la fois ces deux substances ; cela a encore lieu lorsqu'un mélange liquide d'éther et d'eau se partage en deux couches qui ont des compositions différentes : de tels systèmes forment la catégorie des *mélanges doubles*.

183. Loi d'équilibre des systèmes bivariants. Cet équilibre est stable en général. — Ces deux catégories de systèmes bivariants obéissent d'ailleurs à une même loi que nous avons formulée en étudiant la règle des phases (nº **90**). Si l'on se donne arbitrairement une température et une pression, on pourra, en général, observer le système en équilibre à cette température et sous cette pression ; la composition de chacune des deux phases en lesquelles est partagé le système en équilibre est déterminée par la connaissance de cette température et de cette pression.

Toutefois, par ces mots : *est déterminée*, il ne faut point entendre une détermination qui exclut toute ambiguïté ; il peut arriver, et il arrive dans certains cas que nous rencontrerons au cours de cette leçon, qu'à une température donnée et sous une pression donnée, un système bivariant formé des mêmes composants indépendants présente *deux* états d'équilibre distincts, correspondant à des compositions différentes des diverses phases.

Cette ambiguïté disparait lorsqu'on se donne non seulement la nature des deux composants indépendants, la température et la pression, mais encore la masse de chacun des composants indépendants ; dans ce cas, non seulement on connait sans ambiguïté la composition de chacune des phases dont se compose le système en équilibre, mais encore, sauf dans un cas exceptionnel qui nous occupera longuement en cette leçon, la masse de chacune des phases est déterminée.

Lors donc qu'un système bivariant est ainsi donné, il est impossible, sauf dans le cas exceptionnel dont nous venons de faire mention, de faire varier les masses des diverses phases qui se tiennent en équilibre sans faire varier leur composition, en sorte qu'à une température invariable et sous une pression invariable, le système en équilibre ne saurait éprouver aucune modification que l'équilibre ne soit aussitôt rompu ; hors le cas exceptionnel que nous avons réservé, l'équilibre d'un système bivariant n'est point un équilibre indifférent ; par là, les systèmes bivariants se séparent nettement des systèmes univariants.

On démontre que l'état d'équilibre d'un système bivariant est stable, hors le cas réservé où il se trouve être indifférent ; cette proposition a une importance considérable, car elle montre que l'on peut, en général, appliquer aux systèmes bivariants les deux lois du déplacement de l'équilibre par variation de la pression et du déplacement de l'équilibre par variation de la température ; en fait, au cours de la précédente leçon, nous avons emprunté à l'étude des systèmes bivariants plusieurs exemples de ces lois.

184. Dissolutions. Saturation. Courbe de solubilité. — Occupons-nous d'abord des dissolutions.

Deux composants indépendants, l'eau que nous désignerons par l'indice 0, et un sel anhydre que nous désignerons par l'indice 1, forment le système ; il est partagé en deux phases ; l'une est un sel solide, anhydre ou hydraté, de composition déterminée ; l'autre est un mélange de composition variable ; ce mélange renferme une masse d'eau M_0 et une masse de sel anhydre M_1 ; le rapport $\frac{M_1}{M_0} = s$ est la *concentration* de la dissolution.

Prenons une pression Π, que nous supposerons toujours la même ; ce pourra être, par exemple, la pression atmosphérique ; prenons en outre une température T ; supposons que sous cette pression Π, à cette température T, la dissolution soit en équilibre avec un excès de sel solide, cas auquel elle est dite saturée de ce sel ; la concentration de cette dissolution saturée aura une valeur S bien déterminée. Prenons deux axes de coordonnées rectangulaires (*fig.* 54) ; sur l'axe OT des abscisses portons les valeurs de la tem-

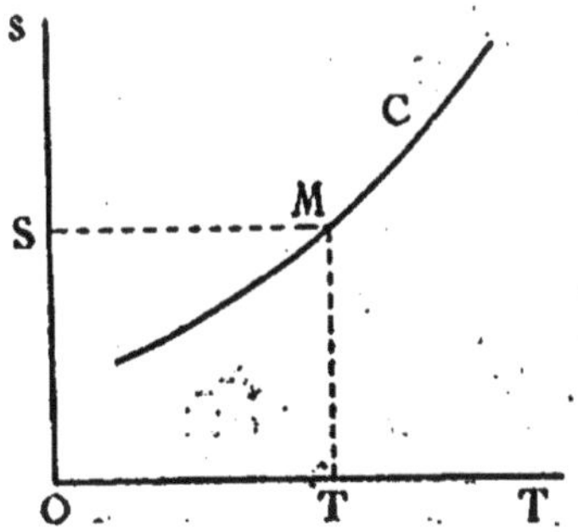

Fig. 54

pérature ; sur l'axe Os des ordonnées, portons les concentrations ; la concentration S de la dissolution saturée à la température T est représentée par un point M ayant pour coordonnées T, S ; lorsque, sans changer la pression, on fait varier la température T, le point M décrit une courbe C, qui est la *courbe de solubilité* du sel étudié sous la pression considérée.

185. A chaque température correspondent, pour un sel hydraté, deux solutions saturées. La courbe de solubilité est formée de deux branches. — Ce que nous venons de dire suppose qu'un seul point M corresponde à la température T ou, en d'autres termes, que *la concentration de la dissolution saturée à la température* T *ait une valeur* S *déterminée sans ambiguïté*. Si le précipité solide que renferme le système est un sel *anhydre*, il en est certainement ainsi ; mais il peut en être autrement *si ce précipité est un sel hydraté ; il peut arriver*, dans ce cas, *qu'à une même température* T *correspondent deux dissolutions saturées distinctes, l'une de concentration* S_1, *l'autre de concentration* S_2, *supérieure à* S_1, *la première étant plus riche en eau que le sel hydraté et la seconde moins riche en eau que le sel hydraté.*

Ces deux dissolutions sont représentées par deux points figuratifs M_1, M_2 (*fig.* 55) qui ont même abscisse T et qui ont pour ordonnées respectives S_1, S_2 ; lorsque la température T varie, ces deux points M_1, M_2 décrivent deux courbes C_1, C_2, dont l'ensemble compose la *courbe de solubilité* de l'hydrate ; la *branche inférieure* C_1 représente les solutions saturées plus riches en eau que l'hydrate ; la *branche supérieure* C_2 représente les solutions saturées moins riches en eau que l'hydrate. On peut dire que la branche inférieure subsiste seule dans le cas où le précipité est un sel anhydre ; elle existe également seule dans un très grand nombre de cas où le précipité est un sel hydraté.

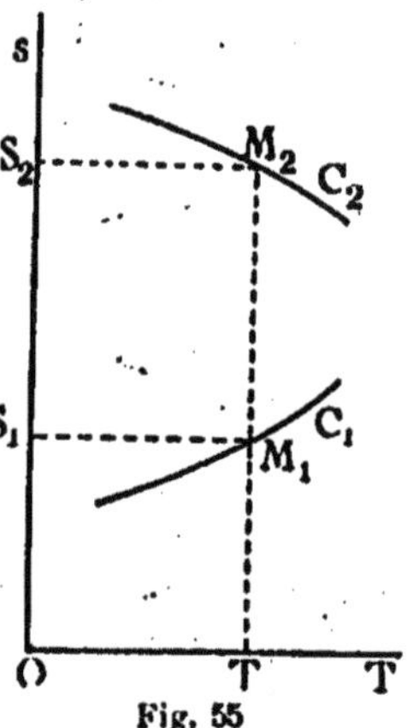

Fig. 55

180. Dissolutions non saturées et sursaturées. — Les divers états d'équilibres dont nous venons de parler sont tous stables. Si, d'une dissolution saturée, une petite quantité de sel solide se précipite, la solution se trouve amenée à un état où elle ne peut plus abandonner de sel solide, mais où elle dissout celui que l'on y projette, ce qu'on exprime en disant qu'elle n'est *pas saturée*. Si, dans une dissolution saturée, on dissout une petite quantité de sel solide, la dissolution se trouve aussitôt dans un état où il lui est impossible de dissoudre la moindre parcelle solide ; selon les prévisions de la thermodynamique, elle devrait abandonner le sel qu'elle contient en excès et revenir à la concentration qui convient à la saturation ; on sait que cette modification ne se produit pas toujours et que la dissolution peut demeurer à l'état de faux équilibre ; elle est alors dite *sursaturée*.

Une dissolution saturée devient donc non saturée par soustraction d'une petite quantité de sel solide et sursaturée par addition d'une petite quantité du même sel.

Si une solution est plus riche en eau que le sel solide précipité, ce qui a toujours lieu dans le cas où ce sel est anhydre, l'addition d'une petite quantité de sel à la dissolution en augmente la concentration ; si, au contraire, la solution est moins riche en eau que le sel solide, l'addition d'une petite quantité de ce sel à la dissolution en diminue la concentration.

Dès lors, on peut évidemment énoncer les propositions suivantes :

Si une dissolution saturée est représentée par un point de la branche inférieure C_1 de la courbe de solubilité, cette dissolution devient non saturée lorsqu'on en diminue la concentration et sursaturée lorsqu'on en augmente la concentration ; si, au contraire, une dissolution saturée est représentée par un point de la branche supérieure C_2 de la courbe de solubilité, cette dissolution devient non saturée lorsqu'on en augmente la concentration et sursaturée lorsqu'on en diminue la concentration.

En d'autres termes, *les dissolutions non saturées sont représentées par les points du plan* TOs (*fig.* 60) *qui sont placés au dessous de la branche inférieure* C_1 *ou au dessus de la branche supérieure* C_2

de la courbe de solubilité ; les dissolutions sursaturées sont représentées par les points situés entre les deux branches.

Dans le cas où la branche inférieure subsiste seule, cas qui nous est présenté par les solutions saturées des sels anhydres et par les solutions saturées d'un grand nombre de sels hydratés, *les solutions non saturées sont représentées par les points du plan* TOs (*fig.* 57) *qui se trouvent au dessous de la courbe de solubilité* C *et les solutions sursaturées par les points qui se trouvent au dessus de cette courbe.*

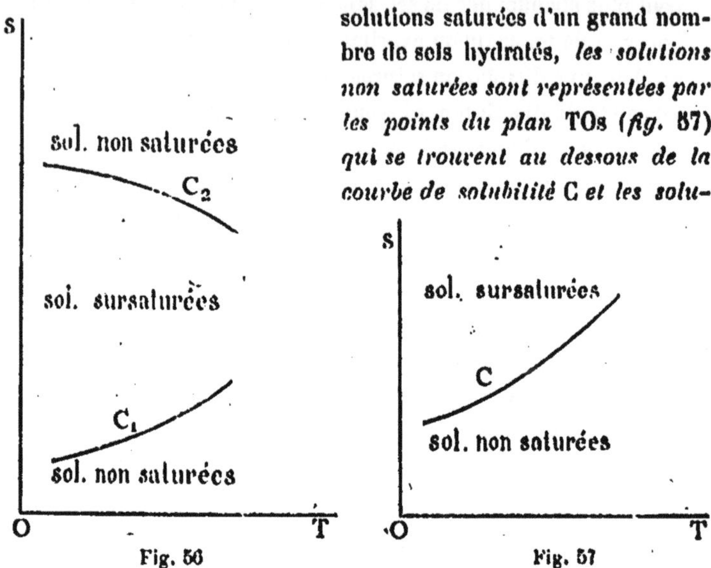

Fig. 56

Fig. 57

187. Chaleur de dissolution en solution saturée. — Lorsqu'une masse très petite de sel m passe, à la température T, du sein du précipité solide au sein d'une dissolution presque saturée à cette température T, le phénomène est accompagné d'une certaine absorption de chaleur ; la quantité de chaleur absorbée qui, toutes choses égales d'ailleurs, est proportionnelle à la petite masse m, dépend de la température T à laquelle le phénomène se produit ; on peut représenter cette quantité de chaleur absorbée par le produit Lm, L étant un coefficient fixe à une température donnée, mais variable avec la température ; L est ce qu'on nomme la *chaleur de dissolution en solution saturée* du sel considéré, à la température T.

La quantité de chaleur absorbée dont nous venons de parler est, dans certains cas, négative ; en d'autres termes, la dissolution du sel au sein d'une solution presque saturée peut être accompagnée d'un dégagement de chaleur ; dans ce cas, la chaleur de dissolution L est négative.

Il va sans dire que si, à une température déterminée, il existe deux solutions saturées distinctes de concentrations S_1, S_2, à ces deux solutions correspondent deux chaleurs de dissolution distinctes, L_1, L_2.

188. Déplacement de l'équilibre par variation de la température. — Les états d'équilibre que nous venons d'étudier étant tous stables, nous leur pouvons appliquer la loi du déplacement de l'équilibre par variation de la température.

Un système, renfermant le sel précité au contact de la dissolution, est en équilibre à la température T ; la dissolution saturée a la concentration S ; sans changer la pression, nous portons la température à une valeur T' un peu supérieure à T ; l'équilibre est rompu et il se produit dans le système un changement d'état qui ramène la concentration à la valeur S', caractérisant la dissolution saturée à la nouvelle température T'.

Si ce même changement d'état se produisait sans variation de température, il devrait absorber de la chaleur ; ce changement d'état consiste donc en la dissolution d'une petite quantité de sel si la chaleur de dissolution en solution saturée est positive ; il consiste en la précipitation d'une petite quantité de sel si la chaleur de dissolution en solution saturée est négative.

Souvenons-nous maintenant que le mélange d'une petite quantité du précipité à la solution accroît la concentration de cette solution si elle est plus riche en eau que le précipité et diminue la concentration de la solution si elle est moins riche en eau que le précipité ; nous pourrons énoncer les propositions suivantes :

Si la chaleur de dissolution en solution saturée est positive, la branche inférieure de la courbe de solubilité monte de gauche à droite, la branche supérieure de la courbe de solubilité descend de gauche à droite. Si la chaleur de dissolution en solution saturée est négative, la branche inférieure de la courbe de solubilité des-

cend de gauche à droite ; la branche supérieure de la courbe de solubilité monte de gauche à droite.

Faisons quelques applications de cette proposition à la branche inférieure de la courbe de solubilité, la seule qui existe dans le cas où le précipité est anhydre et dans un grand nombre de cas où il est hydraté.

La plupart des sels se dissolvent dans l'eau avec absorption de chaleur ; aussi la plupart des courbes de solubilité montent-elles de gauche à droite ; le sel est d'autant plus soluble que la température est plus élevée.

Le sulfate de sodium a présenté, le premier, l'exemple d'un sel d'autant moins soluble que la température est plus élevée.

Aux températures inférieures à 23°, une solution de sulfate de sodium demeure en équilibre au contact d'un précipité de sulfate de sodium hydraté $Na^2SO^4, 10H^2O$; ce sel se dissout avec absorption de chaleur ; sa solubilité augmente lorsque la température s'élève. Aux températures supérieures à 23°, on ne peut plus observer de sulfate de sodium à dix molécules d'eau en équilibre au contact d'une solution de sulfate de sodium ; en revanche, celle-ci peut demeurer en équilibre au contact d'un précipité de sulfate de sodium anhydre ; la solubilité du sulfate de sodium anhydre diminue lorsque la température s'élève ; la chaleur de dissolution du sulfate de sodium anhydre est négative, comme l'a montré M. Pauchon (1).

L'hydrate de calcium, le sulfate de cerium, se comportent comme le sulfate de sodium anhydre.

L'orthobutyrate calcique à une molécule d'eau a une solubilité qui décroît lorsque la température s'élève jusqu'à 60° ; à 60°, cette solubilité passe par un maximum ; elle croît ensuite en même temps que la température ; la loi du déplacement de l'équilibre par variation de la température nous donne alors les renseignements suivants :

Au dessous de 60°, l'orthobutyrate calcique se dissout, en solution presque saturée, avec dégagement de chaleur ; à 60°, la chaleur de dissolution en solution saturée est égale à 0 ; au delà de 60°, cette chaleur devient positive.

(1) PAUCHON, *Comptes rendus*, t. XCVII, p. 1555 ; 1883.

MM. Chancel et Parmentier (1) ont vérifié expérimentalement la première partie de cet énoncé.

189. Précautions que nécessite l'emploi de la loi précédente. — La loi du déplacement de l'équilibre par variation de la température est un théorème précis, qui conduit sûrement à des conséquences justes, pourvu qu'en l'appliquant, on se place exactement dans les conditions indiquées par l'énoncé ; faute de cette précaution, on peut, d'une application injustifiée de ce principe, tirer des conséquences fausses ; en voici un exemple :

L'isobutyrate calcique à 5 molécules d'eau est d'autant plus soluble que la température est plus élevée ; par conséquent la chaleur de dissolution de ce sel *en solution saturée* est positive ; MM. Chancel et Parmentier (2), ayant mesuré la chaleur de dissolution de l'isobutyrate calcique, la trouvèrent négative et en conclurent que la loi du déplacement de l'équilibre par variation de la température n'était pas toujours exacte ; M. H. Le Chatelier (3) fit remarquer fort justement que ces physiciens avaient mesuré non pas la chaleur de dissolution *en solution saturée*, mais la chaleur de dissolution *en solution très étendue*, quantité qui peut être très différente de la première, qui peut même avoir un autre signe ; par des expériences directes, il prouva que la chaleur de dissolution de l'isobutyrate de calcium hydraté, *en solution saturée*, est positive, comme l'exige la loi du déplacement de l'équilibre par variation de la température.

190. Les deux branches de la courbe de solubilité d'un hydrate se raccordent l'une à l'autre au point indifférent où la solution saturée a même composition que l'hydrate. — Prenons un sel hydraté dont la courbe de solubilité se compose de deux branches ; supposons que la chaleur de dissolution en solution saturée soit positive aussi bien pour l'une des deux branches que pour l'autre. La branche inférieure C_1 (*fig.* 88) monte de gauche à droite ; la branche supérieure C_2 descend de gauche à droite.

(1) CHANCEL et PARMENTIER, *Comptes rendus*, t. CIV, p. 474 et p. 881 ; 1887.
(2) CHANCEL et PARMENTIER, *Comptes rendus*, t. CIV, p. 474 et p. 881 ; 1887.
(3) H. LE CHATELIER, *Comptes rendus*, t. CIV, p. 679 ; 1887.

A une même température T correspondent un point M_1, d'ordonnée S_1, sur la branche C_1, et un point M_2, d'ordonnée S_2, sur la branche C_2 ; lorsque la température T s'élève, les deux points M_1, M_2 se rapprochent l'un de l'autre, les deux concentrations S_1, S_2, se rapprochent l'une de l'autre

Peut-il arriver qu'à une température déterminée Θ, les deux points M_1, M_2 viennent se réunir en un même point I, que les deux concentrations S_1, S_2 prennent une commune valeur Σ ?

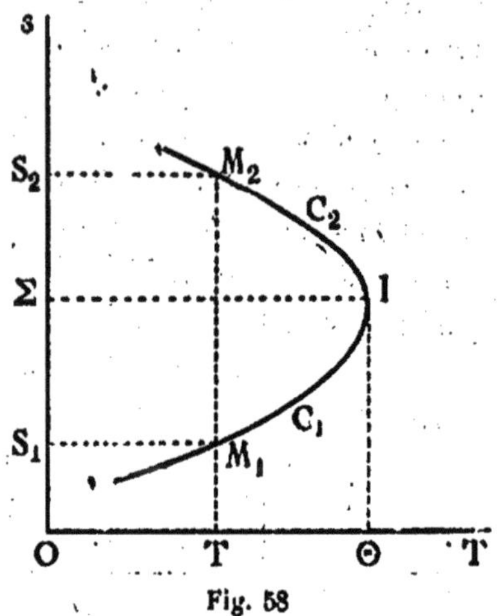

Fig. 58

La concentration S_1 est la concentration d'une dissolution plus riche en eau que le sel hydraté dont elle est saturée ; la concentration S_2 est la concentration d'une disssolution moins riche en eau que le même sel hydraté ; si ces deux concentrations S_1, S_2 tendent vers une commune limite Σ, Σ est certainement la concentration d'une dissolution ayant exactement même composition que le sel hydraté dont elle est saturée.

Ainsi, *les deux branches de la courbe de solubilité d'un hydrate peuvent, pour une certaine valeur Θ de la température, se réunir en un même point I, point où la dissolution saturée a la même composition que l'hydrate au contact duquel elle demeure en équilibre.*

De quelle manière se fait cette rencontre des deux branches de la courbe de solubilité ? On pourrait être tenté, pour répondre à cette question, d'appliquer encore à chacune de ces deux branches la loi du déplacement de l'équilibre par variation de la température ; on ferait de ce principe une application illégitime ; en effet, l'état d'équilibre de la dissolution saturée à la température Θ n'est plus un état d'équilibre stable ; la dissolution saturée ayant, à cette température, même composition que le précipité, on peut, sans faire varier la composition des deux phases et, partant, sans troubler l'équilibre, supposer qu'une certaine masse de sel hydraté se dissolve ou se précipite ; il est donc clair que la dissolution saturée à la température Θ est en *équilibre indifférent* avec le sel hydraté solide ; aussi donnerons-nous le nom de *point indifférent* au point I, de coordonnées Θ, Σ, qui représente cette dissolution.

La loi du déplacement de l'équilibre par variation de la température ne pouvant nous renseigner sur l'allure que présente la courbe de solubilité au voisinage du point I, nous devrons demander ce renseignement à un théorème spécial ; ce théorème spécial a été indiqué par M. J. Willard Gibbs et voici ce qu'il nous apprend :

Les deux branches C_1, C_2 *de la courbe de solubilité de l'hydrate se raccordent l'une à l'autre au point* I, *de manière à former une*

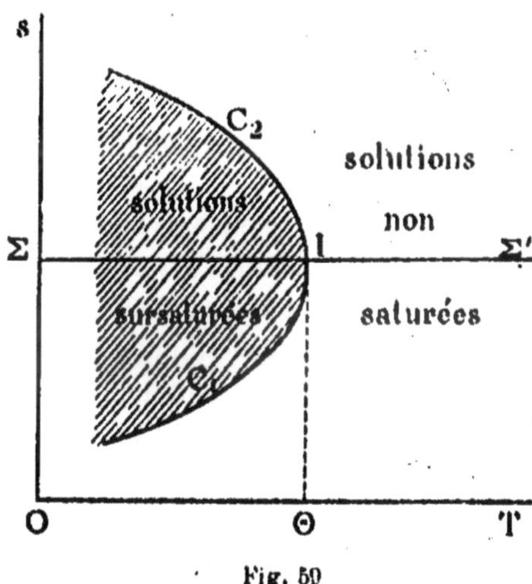

Fig. 50

courbe sans point anguleux qui admet au point I *une tangente parallèle à* Os.

101. La température de raccordement est le point de fusion aqueuse de l'hydrate. — La courbe de solubilité C_1IC_2 partage le plan en deux régions ; l'une de ces régions, couverte de hachures en la *fig.* 50, se trouve en la concavité de cette courbe ; tout point de cette région représente une solution sursaturée de l'hydrate ; l'autre région représente, par ses divers points, toutes les solutions non saturées de l'hydrate.

Traçons la ligne ΣΣ', parallèle à OT, dont les divers points ont pour ordonnée constante la concentration d'une dissolution de même composition que l'hydrate ; cette ligne passe au point I ; les points de cette ligne qui, ayant des abcisses inférieures à Θ, se trouvent à gauche du point I, représentent des dissolutions sursaturées ; les points qui, ayant des abscisses supérieures à Θ, sont à droite du point I, représentent des solutions non saturées.

Prenons une dissolution, de concentration Σ, séparée de tout précipité solide ; à une température supérieure à Θ, cette dissolution sera en équilibre ; mais si la température s'abaisse au-dessous de Θ, cette dissolution, sursaturée, ne pourra plus subsister en équilibre, sinon par un phénomène de faux équilibre ; elle pourra laisser déposer de l'hydrate et, comme cette précipitation n'altère point sa composition, la modification continuera jusqu'à ce que le liquide soit pris en masse ; *Θ est donc la température où se prend en masse une dissolution de même composition que l'hydrate.*

Prenons, d'autre part, une certaine masse d'hydrate à l'état solide et exempte de toute trace de dissolution ; à une température inférieure à Θ, cet hydrate ne pourra subir la fusion aqueuse, car la dissolution engendrée, ayant pour concentration Σ, serait sursaturée et se reprendrait en masse ; au contraire, à une température supérieure à Θ, si l'on pouvait observer cet hydrate en équilibre, cet état d'équilibre serait instable ; que l'hydrate subisse une trace de fusion aqueuse ; la solution engendrée, de concentration Σ, serait non saturée ; elle commencerait à dissoudre une nouvelle masse d'hydrate ; cette dissolution ne changeant pas la composition de la solution, la dissolution continuerait jusqu'à fusion aqueuse totale de l'hydrate ; *la température Θ est donc la température où l'hydrate solide subit la fusion aqueuse totale.*

102. Recherches expérimentales de M. Guthrie, de M. Bakhuis Roozboom et d'autres observateurs. — Les idées que nous venons d'exposer se trouvent en germe dans les travaux théoriques de M. J. Willard Gibbs ; mais elles ont été surtout mises en lumière par les recherches théoriques et expérimentales de M. Bakhuis Roozboom et de M. Guthrie.

En 1884, M. Guthrie (1) a décrit le point indifférent de l'hydrate d'éthylamine, point indifférent qui correspond à la température de − 8°; en 1885, M. Bakhuis Roozboom (2) a étudié les points indifférents des hydrates chlorhydrique et bromhydrique; en 1889, dans un travail d'une importance capitale (3), il a fixé à + 30°,2 C. la température du point indifférent pour l'hydrate $CaCl^2,6H^2O$.

M. Pickering (4) a reconnu, pour les hydrates sulfuriques $SO^3,5H^2O$ et $SO^3,2H^2O$, l'existence des deux branches C_1, C_2, de la courbe de solubilité et il a pu suivre chacune de ces deux branches sur un assez grand intervalle de température; pour l'hydrate SO^3,H^2O, il a trouvé une indication de l'existence de la branche supérieure, relative aux dissolutions plus concentrées que l'hydrate.

M. Pickering (5) a également repris l'étude des combinaisons que les amines forment avec l'eau, étude qui avait déjà fourni à M. Guthrie des exemples de points indifférents; M. Pickering a reconnu à nouveau l'existence de tels points.

Dans un très important travail sur les hydrates de chlorure ferrique, M. Bakhuis Roozboom (6) a reconnu l'existence du point indifférent pour chacun des quatre hydrates que peut former le chlorure ferrique. Ces points indifférents correspondent aux températures suivantes :

Pour $Fe^2Cl^6,12H^2O$,	$\theta = + 37°$C., environ;
$Fe^2Cl^6, 7H^2O$,	$\theta = + 32°,5$;
$Fe^2Cl^6, 5H^2O$,	$\theta = + 56°$;
$Fe^2Cl^6, 4H^2O$,	$\theta = + 73°,5$.

(1) Guthrie, *Philosophical Magazine*, 5e série, vol. XVIII, p. 22; 1884.

(2) H. W. Bakhuis Roozboom, *Recueil des Travaux chimiques des Pays Bas*, t. III, p. 84; 1884. — t. IV, p. 102; 1885.

(3) H. W. Bakhuis Roozboom, *Recueil des Travaux chimiques des Pays-Bas*, t. VIII, p. 1; 1889. — *Archives néerlandaises des Sciences exactes et naturelles*, t. XXIII, p. 199; 1889. — *Zeitschrift für physikalische Chemie*, t. IV, p. 31; 1889.

(4) Pickering, *Journal of Chemical Society*, vol. LVII, p. 338; 1890.

(5) Pickering, *Journal of Chemical Society*, vol. LXIII, pp. 141 et 890; 1893.

(6) H. W. Bakhuis Roozboom, *Archives néerlandaises des Sciences exactes et naturelles*, t. XXVIII; 1892. — *Zeitschrift für physikalische Chemie*, Bd. X, p. 477; 1892.

MM. Van't Hoff et Meyerhoffer [1] ont reconnu l'existence des deux branches de la courbe de solubilité et du point indifférent pour l'hydraté $MgCl, 12 H^2O$; ce point indifférent correspond à la température — 16°,3 C.

Enfin M. H. Le Chatelier [2] a étudié avec grand soin la solubilité du borate de lithium dans l'eau ; le borate de lithium fournit l'hydrate $Li^2Bo^2O^4, 16 H^2O$; la courbe de solubilité de cet hydrate se compose de deux branches ; la branche inférieure C_1, relative aux solutions moins concentrées que l'hydrate, a pu être suivie à partir de la température — 60° C. ; la branche supérieure C_2, relative aux solutions plus concentrées que l'hydrate, a pu être suivie à partir d'un point dont l'abscisse correspond à la température + 34° C. ; ces deux courbes se réunissent au point indifférent I, dont l'abscisse correspond à la température + 47° C. ; le tracé des deux courbes au voisinage du point I marque nettement qu'elles se raccordent en ce point et que leur tangente commune est parallèle à Os.

Les hydrates ne sont pas les seuls corps qui soient capables de présenter de tels phénomènes ; toutes les fois qu'on peut dissoudre en proportion variable dans un liquide 0 un corps 1 susceptible de former avec ce liquide une combinaison solide 2 de composition définie, on peut répéter au sujet de ces trois corps 0, 1, 2, tout ce que nous venons de dire au sujet de l'eau, d'un sel anhydre et de l'hydrate formé par leur union.

L'iode, dissous dans le chlore liquide, peut donner du chlorure d'iode ICl, susceptible de se déposer à l'état solide ; ce chlorure solide peut se présenter sous deux formes allotropiques que l'on désigne par les symboles ICl_α, ICl_β ; la première forme a pour point de fusion + 27°,2 C. et la seconde a pour point de fusion + 13°,9 C. ; M. Stortenbeker [3] a montré que chacune de ces deux températures correspondait à un point indifférent, l'une pour la courbe de solubilité de ICl_α dans le chlore liquide, l'autre pour la courbe de solubilité de ICl_β dans le même dissolvant.

(1) VAN'T HOFF et MEYERHOFFER, *Sitzungsberichte der Berliner Akademie*, 4 février et 18 février 1897.

(2) H. LE CHATELIER, *Comptes rendus*, t. CXXIV, p. 1091 ; 1897.

(3) W. STORTENBEKER, *Recueil des Travaux chimiques des Pays-Bas*, t. VI ; 288. — *Zeitschrift für physikalische Chemie*, Bd. III, p. 11 ; 1888.

Le corps 0 peut être un sel anhydre fondu, le corps 1 un autre sel anhydre, le corps 2 un sel double formé par la combinaison des deux premiers, en proportion définie; M. H. Le Chatelier (1) a étudié quelques systèmes de ce genre.

La dissolution du carbonate de lithium dans le carbonate de potassium fondu donne un sel double solide qui a pour formule $KLiCO^3$; la température du point indifférent est 515° C.. Le mélange fondu de borate de sodium et de pyrophosphate de sodium donne un sel double formé par l'union d'une molécule de chacun des deux sels simples; la température du point indifférent est 960° C. environ.

De ces exemples fournis par les sels fondus, on peut encore rapprocher l'exemple étudié par M. Kuriloff (2) et fourni par le composé d'addition de l'acide picrique $C^6H^2(AzO^2)^3OH$ et du naphtol-β : $C^{10}H^7OH$; ce corps $C^6H^2(AzO^2)^3OHC^{10}H^7OH$, mis en présence d'un mélange liquide d'acide picrique et de naphtol-β, présente un point indifférent très net à la température + 157° C.

103. Point indifférent d'un mélange double. — Une dissolution, soumise à la pression Π et portée à la température T, est en équilibre indifférent au contact d'un sel hydraté si, à cette température et sous cette pression, la dissolution saturée a même composition que l'hydrate; lorsqu'un mélange double est en équilibre sous la pression Π, à la température T, la composition de chacune des deux phases en lesquelles il est partagé est déterminée; si ces deux phases se trouvent avoir la même composition, cet état d'équilibre est indifférent.

Imaginons, par exemple, qu'un mélange de liquides volatils soit surmonté de la vapeur mixte qu'il émet; sous une pression donnée Π, à une température donnée T, le mélange liquide et la vapeur mixte qui demeurent en équilibre ont des compositions déterminées; si le mélange liquide et la vapeur mixte se trouvent avoir une même composition sous une certaine pression et à une certaine température, l'équilibre du système soumis à cette pression et porté à cette

(1) H. Le Chatelier, *Comptes rendus*, t. CXVIII, p. 801; 1894.

(2) Kuriloff, *Zeitschrift für physikalische Chemie*, Bd. XXIII, p. 90 et p. 673; 1897.

température est visiblement indifférent ; il est clair, en effet, que sans changer la composition d'aucune des deux phases, partant sans troubler l'équilibre du système, on peut soit vaporiser une partie du mélange liquide, soit condenser une partie de la vapeur mixte.

104. Les deux théorèmes de Gibbs et de Konovalow. — Dans quelles circonstances observerons-nous un tel état d'équilibre indifférent ? Deux théorèmes essentiels, découverts par M. J. Willard Gibbs, retrouvés par M. D. Konovalow, nous font connaître ces circonstances ; voici ces deux théorèmes.

PREMIER THÉORÈME DE GIBBS ET DE KONOVALOW. — *Sous une pression invariable, faisons varier dans un sens bien déterminé la composition du mélange liquide; le point d'ébullition de ce mélange varie; si, pour une certaine composition du mélange liquide, le point d'ébullition passe par un maximum ou un minimum, ce mélange liquide émet une vapeur saturée de même composition que lui; et réciproquement.*

DEUXIÈME THÉORÈME DE GIBBS ET DE KONOVALOW. — *A une température invariable, faisons varier dans un sens bien déterminé la composition du mélange liquide; si, pour une certaine composition du mélange liquide, la tension de vapeur saturée passe par un maximum ou un minimum, ce mélange liquide émet une vapeur saturée de même composition que lui; et réciproquement.*

105. Application du premier théorème aux mélanges de liquides volatils. — Nous allons passer en revue les conséquences de ces deux importants théorèmes et, tout d'abord, du premier.

Prenons un mélange liquide renfermant deux corps 1 et 2 ; un gramme de ce mélange renferme X grammes du corps 2 et (1 — X) grammes du corps 1 ; au fur et à mesure que la proportion du corps 2 dans le mélange ira en augmentant, X croîtra ; partant de la valeur 0 au moment où le liquide ne renferme que le corps 1 à l'état de pureté, X tend vers 1 lorsque le mélange tend vers le corps 2 pris à l'état de pureté.

Prenons ce mélange liquide sous une pression invariable II ; à chaque valeur de X correspondra un point d'ébullition T ; si nous prenons (*fig.* 60) X pour abscisse et T pour ordonnée d'un certain point M, le lieu du point M sera une courbe C; cette courbe partira du point M_1, qui a pour abscisse 0 et pour ordonnée la température T_1 d'ébullition, sous la pression constante Π, du liquide 1 pris à l'état de pureté; elle aboutira au point M_2 qui a pour abscisse 1 et pour ordonnée la température T_2, point d'ébullition, sous la pression constante Π, du liquide 2 pris à l'état de pureté.

A la température T et sous la pression Π un gramme de la vapeur saturée qui surmonte, en équilibre, le liquide de concentration X, renferme x grammes du corps 2 et $(1 - x)$ grammes du corps 1; prenons, dans le plan XOT, un point m ayant pour abscisse x et pour ordonnée T; ce point m *correspondra* au point M; l'ensemble de deux points correspondants M, m, ayant une abscisse commune T, nous fera connaître la composition du mélange liquide et la composition de la vapeur mixte qui peuvent coexister en équilibre sous la pression Π, à la température T. Lorsque le point M décrit, de M_1 en M_2, la courbe C, le point m décrit une autre courbe c qui joint également le point M_1 au point M_2.

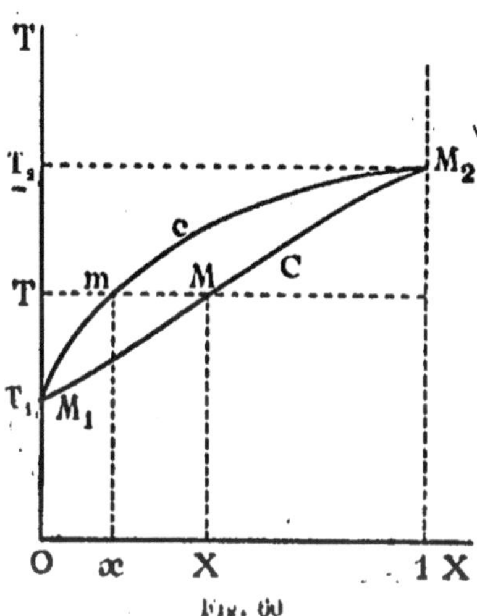

Fig. 60

Supposons, pour fixer les idées, que le corps 2 soit, sous la pression Π, moins volatil que le corps 1; son point d'ébullition T_2 sous cette pression sera supérieur au point d'ébullition T_1 du liquide 1. Trois cas principaux peuvent alors se présenter, au sujet desquels les principes de la thermodynamique nous fournissent les renseignements suivants :

PREMIER CAS : LA COURBE C MONTE SANS CESSE DU POINT M_1 AU POINT M_2. *Dans ce cas, la courbe* c *monte aussi sans cesse du point* M_1 *au point* M_2; *sauf aux points* M_1, M_2, *elle est toujours plus élevée que la courbe* C.

C'est à ce cas que se rapporte la *fig.* 60.

Deuxième cas : Entre les points M_1, M_2, la courbe C présente (*fig.* 61) un point I, d'abscisse ξ et d'ordonnée Θ, plus élevé que tous les autres.

D'après le premier théorème de Gibbs et de Konovalow, ce point I est un *point indifférent ;* sous la pression Π, à la température Θ, le mélange liquide et la vapeur mixte saturée ont même composition : $X = x = \xi$. *La courbe* c *passe aussi au point* I *qui est, sur cette*

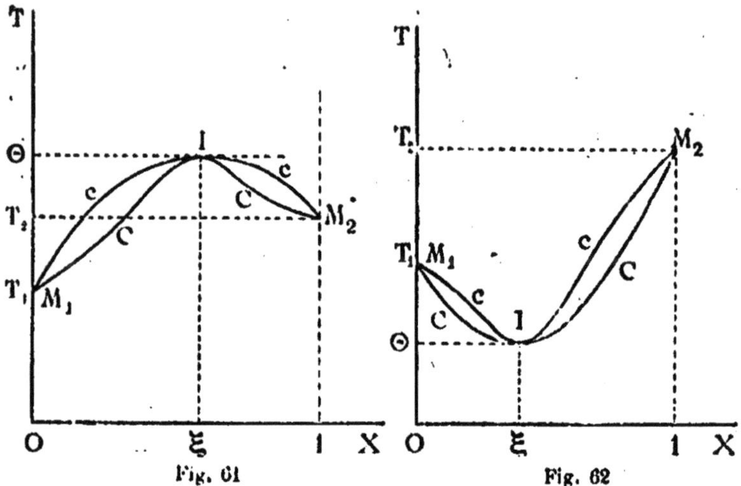

Fig. 61

Fig. 62

courbe, un point plus élevé que tous les autres ; hors des points M_1, I, M_2, *la courbe* c *est toujours plus élevée que la courbe* C.

Troisième cas : Entre les points M_1 M_2, la courbe C (*fig.* 62) présente un point I, d'abscisse ξ et d'ordonnée Θ, moins élevé que tous les autres.

Dans ce cas, la courbe c *passe aussi au point* I, *qui est, pour cette courbe, un point moins élevé que tous les autres ; hors des points* M_1, I, M_2, *la courbe* c *est toujours plus élevée que la courbe* C.

De chacun de ces trois cas, l'expérience nous offre de nombreux exemples.

Le premier cas est, de beaucoup, le plus fréquent ; il nous est présenté par les mélanges suivants :

Eau-alcool méthylique ;

Eau-alcool éthylique ;

Eau-acide acétique ;

Eau-acide butyrique.

Du second cas, voici divers exemples :

Eau-alcool propylique ;

Eau-alcool butylique ;

Sulfure de carbone-alcool éthylique ;

Sulfure de carbone-acétate d'éthyle ;

Tétrachlorure de carbone-alcool méthylique.

Les deux premiers mélanges ont été étudiés par M. Konovalow (1), les deux suivants par M. Brown (2) et le dernier par M. Thorpe (3).

Selon M. Konovalow, le mélange eau-acide formique nous offre un exemple du troisième cas.

106. Distillation d'un mélange de deux liquides volatils sous une pression constante. — Ces divers principes vont nous permettre d'étudier les phénomènes qui accompagnent la distillation d'un mélange de deux liquides sous une pression invariable. Dans l'alambic, le mélange liquide est surmonté d'une vapeur mixte ; on peut regarder cette vapeur comme ayant sensiblement la composition de la vapeur saturée en équilibre avec le liquide mixte dans les conditions de température et de pression qui règnent dans l'alambic. A chaque instant, une partie de cette vapeur se condense hors de l'alambic et une nouvelle masse du liquide se vaporise.

On peut démontrer la proposition suivante, que nous prendrons pour point de départ :

Si la vapeur saturée que renferme l'alambic n'a pas la même composition que le liquide qu'elle surmonte, le point d'ébullition du liquide s'élève par l'effet de la distillation.

Prenons, tout d'abord, un mélange liquide qui se trouve dans le premier de nos trois cas.

(1) D. Konovalow, *Wiedemann's Annalen*, t. XIV, p. 34 et 219 ; 1881.

(2) Brown, *Quaterly Journal of the Chemical Society of London*, vol. XXXIX, p. 529 ; 1881.

(3) Thorpe, *Quarterly Journal of the Chemical Society of London*, vol. XXXV, p. 544 ; 1879.

A un certain moment, le liquide contenu dans l'alambic a une certaine composition X, abscisse d'un certain point M (*fig.* 63) de la courbe C; la température qui règne dans l'alambic est le point d'ébullition T du liquide de composition X, c'est-à-dire l'ordonnée du point M; sur la courbe *c*, il y a un point *m*, de même ordonnée T que le point M; l'abscisse *x* de ce point *m* nous fait connaître la composition de la vapeur qui remplit l'alambic à l'instant considéré.

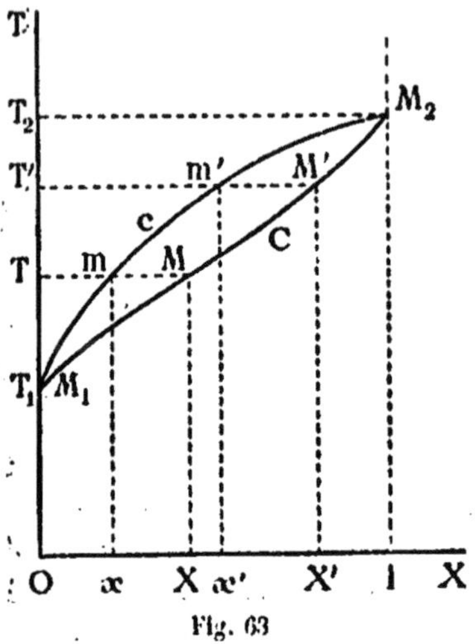

Fig. 63

La composition de la vapeur diffère de la composition du liquide; le point d'ébullition du liquide contenu dans l'alambic s'élève donc par l'effet de la distillation. Au bout d'un certain laps de temps, ce point d'ébullition a pris une valeur T' supérieure à T; si nous menons la ligne, parallèle à OX, dont tous les points ont pour ordonnée T', cette ligne rencontre les lignes C, *c*, aux points M', *m'*, qui ont pour abscisses respectives X', *x'*; X' est la composition du liquide que renferme l'alambic, *x'* la composition de la vapeur qui surmonte ce liquide, au moment où le point d'ébullition a pris la valeur T.

On peut donc énoncer la proposition suivante :

Lorsqu'on distille sous une pression invariable un mélange liquide qui se trouve dans le premier de nos trois cas, la composition du liquide restant dans l'alambic et la composition de la vapeur qui distille varient toujours dans le même sens et tendent à ne plus contenir que le moins volatil des deux corps mélangés.

Chacun sait que les choses se passent bien ainsi dans la distillation d'un mélange d'eau et d'alcool.

Les choses se passent d'une manière toute différente pour un mélange qui se trouve dans notre *second cas.*

197. Mélanges qui passent en entier à la distillation, sans variation du point d'ébullition. — Désignons toujours par ξ et θ les coordonnées du point indifférent I.

En raisonnant comme dans le cas précédent, nous établirons sans peine les propositions suivantes : *Lorsqu'on distille un mélange liquide dont la composition initiale correspond à une valeur de X inférieure ou supérieure à ξ, le point d'ébullition s'élève sans cesse et tend vers θ ; la composition du liquide que contient l'alambic et la composition de la vapeur qui le surmontent varient toujours dans le même sens, de manière à tendre vers la commune composition ξ.*

Qu'arrivera-t-il au moment où, le liquide et la vapeur ayant pris la commune composition ξ, le point d'ébullition aura atteint la valeur θ ? Notre principe, selon lequel le point d'ébullition doit s'élever sans cesse pendant la distillation, n'est plus applicable ; au contraire, au fur et à mesure que distille la vapeur contenue dans l'alambic, une vapeur de même composition peut la remplacer sans que ni la composition du liquide, ni la valeur du point d'ébullition soient changées. *Lorsque la composition du liquide a pris la valeur ξ et le point d'ébullition la valeur θ, il s'établit un régime permanent de distillation où le point d'ébullition garde la valeur θ, où la vapeur qui distille et le liquide contenu dans l'alambic gardent une composition invariable ξ.*

Ce régime de distillation est stable. Si, en effet, une cause quelconque le dérange dans un sens ou dans l'autre, la marche même de la distillation tendra, comme nous l'avons vu, à le rétablir.

Un mélange qui, comme le mélange d'acide formique et d'eau, se trouve dans notre *troisième cas*, peut présenter un *régime permanent* de distillation ; si le mélange liquide a la composition ξ qui convient au point indifférent, la vapeur a la même composition ; la distillation peut alors se produire sans changement de composition du liquide ni de la vapeur, partant, sans variation du point d'ébullition, qui demeure égal à θ ; mais ce régime permanent est *instable ;* si une circonstance quelconque le trouble, si légèrement que ce soit, la distillation s'écartera de plus en plus de ce régime. En effet, en raisonnant comme nous l'avons fait dans le premier cas, nous établirons sans peine la proposition suivante :

Si la valeur de X qui marque la composition initiale du liquide est inférieure à ξ, la distillation a pour effet d'augmenter sans cesse la proportion du fluide 1 dans la vapeur et dans le liquide, qui tendent tous deux à ne plus contenir que ce corps ; si, au contraire, la valeur de X qui marque la composition initiale du liquide est supérieure à ξ, la distillation a pour effet d'augmenter sans cesse la proportion du fluide 2 dans la vapeur et dans le liquide, qui tendent tous deux à ne plus contenir que ce corps.

108. Ces mélanges ne sont pas des composés définis. Recherches de MM. Roscoe et Dittmar. — Revenons au régime permanent et stable de distillation qui caractérise notre second cas.

Soumis à une pression invariable Π, le liquide de composition ξ distille à une température invariable Θ en fournissant une vapeur qui a même composition que lui ; il se comporte donc comme un corps liquide de composition définie qui se réduirait en vapeur et dont Θ serait le point d'ébullition sous la pression Π. Toutefois, si l'on était tenté de le prendre pour un composé défini, un caractère permettrait de l'en distinguer. La composition d'un composé défini ne change pas avec la pression à laquelle on le soumet ; au contraire, si, au lieu de distiller notre mélange liquide sous la pression Π, nous le distillons sous une pression différente Π', le mélange liquide capable de passer en entier à la distillation sans changement de composition et sans variation du point d'ébullition, correspondra à une valeur ξ' de X qui ne sera pas, en général, égale à ξ.

Une dissolution d'acide chlorhydrique, soumise à la pression atmosphérique, entre en ébullition à une température qui s'élève graduellement, par la distillation, jusqu'à atteindre 110° C. ; il distille alors un mélange en proportions constantes d'eau et d'acide chlorhydrique ; ce mélange avait été regardé par Bineau comme une combinaison chimique définie représentée par la formule $HCl, 8H^2O$. MM. Roscoe et Dittmar (¹) n'ont pas adopté cette manière de voir et

(¹) Roscoe et Dittmar, *Liebig's Annalen*, Bd. CXIII, p. 327 ; 1859. — *Annales de Chimie et de Physique*, 3e Série, t. LVIII, p. 492 ; 1860.

ils en ont montré l'inexactitude en faisant bouillir la dissolution d'acide chlorhydrique sous diverses pressions. L'ébullition parvenait, dans chaque cas, à un régime permanent ; mais au lieu de reproduire constamment le prétendu hydrate HCl, 8 H^2O, le mélange qui distillait en ce régime permanent avait une composition variable avec la pression régnante et d'autant moins riche en acide que la pression était plus élevée.

On en jugera par le tableau suivant, où Π désigne la pression en centimètres de mercure et ξ le nombre de grammes d'acide chlorhydrique contenus dans 1 gramme de la dissolution qui présente, sous la pression Π, un point d'ébullition invariable.

Π	ξ	Π	ξ	Π	ξ
5	0,232	80	0,202	170	0,188
10	0,229	90	0,199	180	0,187
20	0,223	100	0,197	190	0,186
30	0,218	110	0,195	200	0,185
40	0,214	120	0,194	210	0,184
50	0,211	130	0,193	220	0,183
60	0,207	140	0,191	230	0,182
70	0,204	150	0,190	240	0,181
76	0,2024	160	0,189	250	0,180

Lorsqu'on soumet à la distillation une solution aqueuse quelconque d'acide nitrique sous la pression atmosphérique, il arrive toujours un moment où la température se fixe à 123° et où le mélange passe inaltéré à la distillation ; 1 gramme de ce mélange renferme 0^{gr},68 d'acide AzO^3H ; si l'on soumet à la distillation un mélange plus riche en acide nitrique, il passe d'abord de l'acide très concentré, une partie de cet acide se décompose même, et lorsque la température a atteint 123° le liquide qui passe et celui qui reste ont la même concentration ; lorsqu'on distille un acide plus faible, il passe de l'eau avec plus ou moins d'acide jusqu'à ce que la température atteigne 123°.

Ce mélange, qui possède un point d'ébullition fixe et passe en entier à la distillation, n'est pas un hydrate défini ; M. H. Roscoe (1) a

(1) Roscoe, *Liebig's Annalen*, Bd. CXVI, p 203 ; 1860.

montré que sa composition variait avec la pression sous laquelle la distillation a lieu ; 1 gramme de ce mélange renferme $0^{gr},68$ de l'acide AzO^3H si la distillation a lieu sous la pression de 76 centimètres de mercure ; si la distillation a lieu sous la pression de 7 centimètres de mercure, ce gramme de mélange ne renferme plus que $0^{gr},667$ d'acide ; il en renferme $0^{gr},686$ si la distillation a lieu sous la pression de 122 centimètres de mercure.

190. Application du deuxième théorème de Gibbs et de Konovalow aux mélanges de liquides volatils. — L'étude des tensions de vapeur saturée d'un mélange dont on fait varier la composition X à une température invariable T prête à des remarques semblables de tout point à celles que nous avons faites au sujet des points d'ébullition sous une pression donnée.

Soient, à la température T, P_1, P_2 les tensions de vapeur saturée des liquides 1 et 2 pris à l'état de pureté ; supposons encore que le

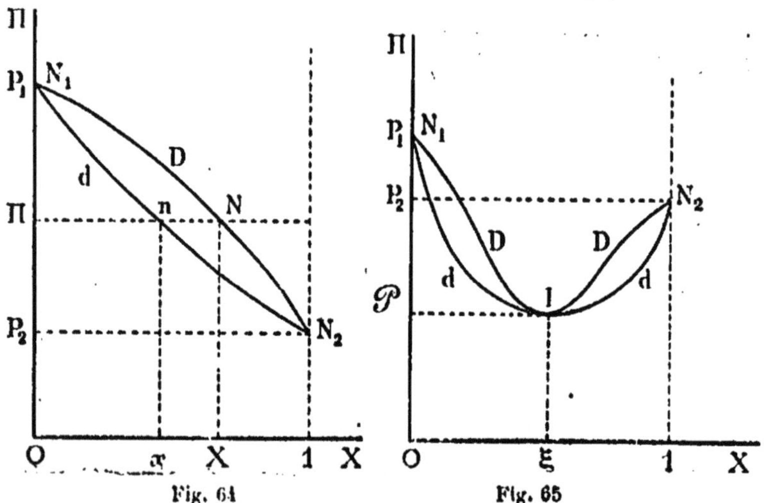

Fig. 64

Fig. 65

liquide 1 soit plus volatil que le liquide 2, en sorte que P_1 surpasse P_2.

Le mélange de composition X a, à la température considérée, une tension de vapeur saturée Π. Prenons (*fig.* 64) un point N ayant pour abscisse X et pour ordonnée Π ; lorsqu'on fera varier X de 0 à 1, le point N décrira une courbe D joignant le point N_1, de coordonnées 0, P_1, au point N_2, de coordonnées 1, P_2.

Le mélange liquide dont X est la composition et Π la tension de vapeur saturée est surmonté d'une vapeur saturée dont x est la composition ; le point n d'abscisse x et d'ordonnée Π, associé au point N de même ordonnée, achève de représenter un état d'équilibre du système. Lorsque X varie de 0 à 1, x varie également de 0 à 1 et le point n décrit une courbe d qui joint le point N_1 au point N_2.

Trois cas principaux sont à distinguer :

Premier cas. La courbe D descend sans cesse du point N_1 au point N_2. — *Dans ce cas, la courbe* d *descend également sans cesse du point* N_1 *au point* N_2 ; *la courbe* d *est, en tout son parcours, au dessous de la courbe* D.

C'est à ce cas que se rapporte la figure 64.

Deuxième cas. Entre les points N_1, N_2 (*fig.* 65), la courbe D présente un point I, d'ordonnée $\mathcal{P}$ plus petite que toutes les autres. — *D'après le second théorème de Gibbs et de Konovalow, ce point est un point indifférent où le liquide et la vapeur saturée ont même composition* $X = x = \xi$, *en sorte que le point* I *est aussi sur la courbe* d ; *il est pour cette courbe un point d'ordonnée plus petite que toutes les autres ; hors des points* N_1, I, N_2, *la courbe* d *se trouve, en entier, au dessous de la courbe* D.

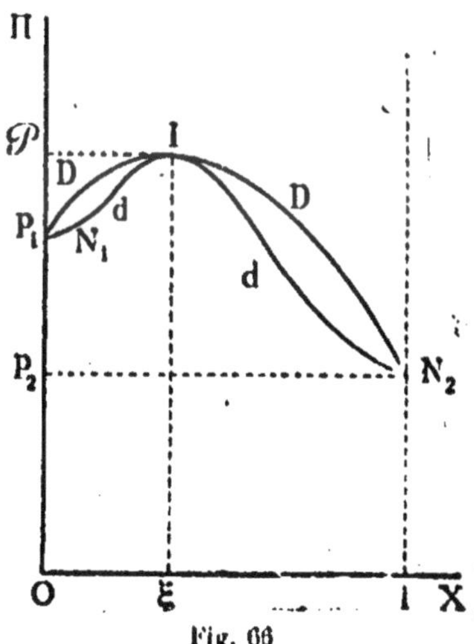

Fig. 66

Troisième cas. Entre les points N_1, N_2 (*fig.* 66), la courbe D présente un point I, d'ordonnée $\mathcal{P}$ plus grande que toutes les autres. — *La courbe* d *passe aussi en ce point* I, *qui est un point indifférent* ($X = x = \xi$), *et y a une ordonnée plus grande que toutes les autres. Hors des points* N_1, I, N_2, *la courbe* d *est constamment au-dessous de la courbe* D.

200. Distillation d'un mélange de deux liquides à température constante. — Ces renseignements, fournis par la thermodynamique, nous permettront de discuter les phénomènes de distillation qui se produisent lorsque, sans changer la température, on aspire constamment la vapeur émise par le liquide mixte, pourvu que nous invoquions la proposition suivante, fournie également par la thermodynamique :

Lorsque le liquide et la vapeur qu'il émet n'ont pas la même composition, la distillation ne peut se produire, à une température invariable, que si la pression de la vapeur diminue sans cesse.

En raisonnant comme nous l'avons fait au sujet de la distillation sous pression constante, nous parviendrons sans peine à établir les résultats suivants :

Premier cas. — *Durant la distillation, la tension de la vapeur diminue sans cesse et tend vers la tension de vapeur saturée* P_2 *du corps 2 pris à l'état de pureté ; la proportion du corps 1 diminue sans cesse, aussi bien dans le liquide que dans la vapeur ; tous deux tendent à n'être plus formés que du corps 2.*

Deuxième cas. — *Que la valeur de X qui représente la composition initiale du liquide soit inférieure à ξ ou supérieure à ξ, la tension de la vapeur diminue sans cesse et tend vers* $\mathfrak{L}$ *; la composition X du liquide et la composition x de la vapeur varient toutes deux dans le même sens et tendent vers ξ. Lorsque la tension de la vapeur atteint la valeur* $\mathfrak{L}$*, il s'établit un régime permanent de distillation ; la tension de la vapeur ne varie plus ; la vapeur qui distille et le liquide non distillé ont une même composition invariable ξ. Ce régime permanent est stable.*

Troisième cas. — *Le système peut présenter un régime permanent de distillation, sous la pression invariable* $\mathfrak{L}$*, le liquide et la vapeur ayant la même composition invariable ξ ; mais ce régime est instable.*

Si la valeur de X qui représente la composition initiale du liquide est inférieure à ξ, tandis que la pression diminue et tend vers la tension de vapeur saturée P_1 *du fluide 1, la composition du liquide et la composition de la vapeur varient sans cesse dans le même sens ; ces deux fluides tendent à être formés seulement du corps* 1.

Si la valeur de X *qui représente la composition initiale du liquide est supérieure à* ξ, *tandis que la pression diminue et tend vers la tension de vapeur saturée* P_2 *du corps* 2, *la composition du liquide et la composition de la vapeur varient sans cesse dans le même sens ; ces deux fluides tendent à être formés seulement du corps* 2.

Dans notre second cas, le mélange de concentration ξ qui a, à la température considérée, une tension de vapeur déterminée et passe inaltéré à la distillation, peut être confondu avec un composé défini ; cette confusion peut être aisément dissipée si l'on observe que la composition ξ du mélange qui offre ces propriétés dépend de la température.

L'évaporation, à la température ordinaire, d'une solution aqueuse d'acide chlorhydrique fournit toujours, au bout d'un certain temps, un mélange de tension de vapeur invariable et de composition invariable, que Bineau avait considéré comme un hydrate défini, représenté par la formule $HCl, 6H^2O$; MM. Roscoe et Dittmar (1) ont montré que la composition de ce mélange variait avec la température à laquelle se fait l'évaporation.

201. Relation entre la distillation sous pression constante et la distillation à température constante. — Entre le régime permanent qui peut s'établir lorsqu'on distille un mélange sous pression constante et le régime permanent qui peut s'établir lorsqu'on l'évapore à température constante, existe une relation.

Supposons que, sous la pression $\mathfrak{P}$, nous puissions observer un état d'équilibre indifférent où le mélange liquide et la vapeur saturée ont la même composition ξ ; le point d'ébullition Θ du mélange de composition ξ est maximum ou minimum parmi les points d'ébullition que peut présenter le mélange liquide sous la pression invariable $\mathfrak{P}$.

(1) Roscoe et Dittmar, *Liebigs' Annalen*, Bd. CXII, p. 327 ; 1859. — *Annales de Chimie et de Physique*, 3e série, t. LVIII, p. 492 ; 1860.

A la température invariable Θ, le mélange liquide de composition ξ émettra une vapeur saturée de même composition avec laquelle il sera en équilibre indifférent; la tension de vapeur saturée de ce mélange de composition ξ aura pour valeur $\mathfrak{L}$; cette valeur doit être un maximum ou un minimum parmi les tensions de vapeur saturées que peut présenter le mélange liquide à la température invariable Θ.

On démontre les deux propositions suivantes :

Si la température Θ est un *maximum* parmi les points d'ébullition que peut présenter le mélange liquide lorsqu'on fait varier sa composition en maintenant constante la pression $\mathfrak{L}$, la pression $\mathfrak{L}$ sera un *minimum* parmi les tensions de vapeur saturée que présente le mélange liquide lorsqu'on fait varier sa composition en laissant constante la température Θ.

Si la température Θ est un *minimum* parmi les points d'ébullition que présente le mélange liquide lorsqu'on fait varier sa composition en maintenant constante la pression $\mathfrak{L}$, la pression $\mathfrak{L}$ sera un *maximum* parmi les tensions de vapeur saturée que présente le mélange liquide lorsqu'on fait varier sa composition en laissant constante la température Θ.

La première de ces deux propositions équivaut visiblement à la suivante :

Supposons qu'un mélange liquide étant distillé sous la pression constante $\mathfrak{L}$, il arrive un moment où la distillation laisse passer une vapeur de composition invariable ξ, le point d'ébullition s'étant fixé à la valeur, désormais invariable, Θ; inversement, si l'on évapore ce mélange à la température Θ, la tension de vapeur saturée finira par se fixer à la valeur $\mathfrak{L}$, et l'évaporation fournira une vapeur de composition constante, encore égale à ξ.

Cette loi a été établie expérimentalement par MM. Roscoe et Dittmar (¹), en étudiant les mélanges d'eau et d'acide chlorhydrique.

(¹) Roscoe et Dittmar, *loc. cit.*

DOUZIÈME LEÇON

—

LES SYSTÈMES BIVARIANTS (*Suite*). — TRANSITION ET EUTEXIE

202. Point commun aux courbes de solubilité de deux hydrates. Trois cas à distinguer. — Supposons qu'une dissolution d'un sel dans l'eau puisse donner deux précipités solides différents, tous deux de composition définie : par exemple, un sel, anhydre ou hydraté et de la glace, ou bien un sel anhydre et un sel hydraté, ou bien encore deux sels hydratés différents ; opérons sous une pression donnée une fois pour toutes et demandons-nous si, sous cette pression, on peut observer en équilibre un système renfermant à la fois la dissolution et les deux précipités.

Lorsque les deux précipités coexistent au contact de la dissolution, le système, toujours formé de deux composants indépendants, est partagé en trois phases ; il n'est plus bivariant, mais univariant ; en général, il ne peut être en équilibre sous la pression considérée qu'à une température particulière que nous désignerons par θ.

Il n'est pas malaisé de définir d'une manière précise la température θ.

Soient a et b nos deux précipités. Sous la pression considérée, le précipité a a une courbe de solubilité, la courbe C_a (*fig.* 67); pour que la dissolution soit en équilibre au contact du corps a, il faut et il suffit que le point figuratif qui a pour abscisse la température et pour ordonnée la concentration de la dissolution se trouve sur la ligne C_a. Le précipité *b* a également une courbe de solubilité C_b; pour que la dissolution demeure en équilibre au contact du précipité *b*, il faut et il suffit que le point figuratif se trouve sur la courbe C_b.

On voit alors que *pour que la dissolution demeure en équilibre, sous la pression considérée, au contact des deux précipités* a *et* b, *il faut et il suffit que la température ait la valeur* Θ *et la concentration de la dissolution la valeur* Σ, Θ, Σ, *étant les coordonnées du point* ϖ, *commun aux deux courbes de solubilité* C_a, C_b.

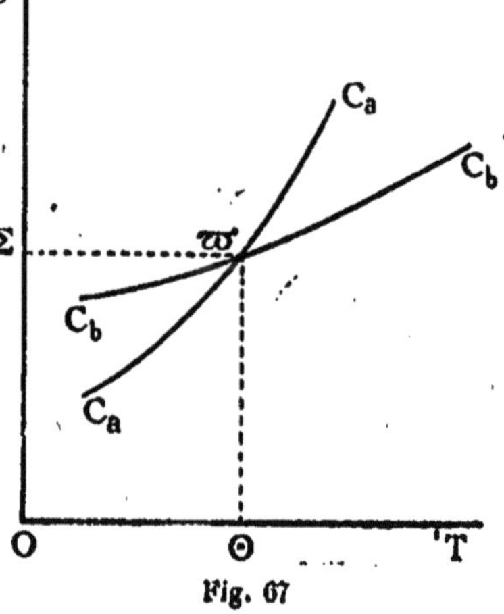

Fig. 67

Lorsque le point figuratif se trouve hors du point ϖ, il est impossible que notre système bivariant demeure en équilibre; il doit se transformer jusqu'à disparition complète de l'une des trois phases en lesquelles il est partagé. Quelles lois règleront ces transformations? Pour fixer ces lois, il nous faut distinguer trois cas qui sont les suivants :

Premier cas. — *La dissolution de concentration* Σ *renferme plus d'eau que chacun des deux précipités* a *et* b.

Ce cas peut encore se définir ainsi :

Les deux courbes C_a, C_b *qui se coupent au point* ϖ *sont les branches inférieures des courbes de solubilité des deux précipités* a, b.

Deuxième cas. — *La dissolution de concentration* Σ *renferme moins d'eau que chacun des deux précipités* a *et* b.

Ce cas peut encore se définir ainsi :

Les deux courbes C_a, C_b *qui se coupent au point* ϖ *sont les branches supérieures des courbes de solubilité des deux précipités* a *et* b.

Troisième cas. — *La dissolution de concentration* Σ *renferme moins d'eau que le précipité* a *et plus d'eau que le précipité* b.

Ce cas peut encore se définir ainsi :

La partie de la courbe C_a *qui passe au point* ϖ *est la branche supérieure de la courbe de solubilité du précipité* a ; *la partie de la courbe* C_b *qui passe au point* ϖ *est la branche inférieure de la courbe de solubilité du précipité* b.

Ce troisième cas présente des particularités qui le distinguent absolument des deux premiers ; au contraire, les propriétés des deux premiers sont tellement analogues qu'il nous suffira d'étudier l'un d'entre eux, le premier par exemple.

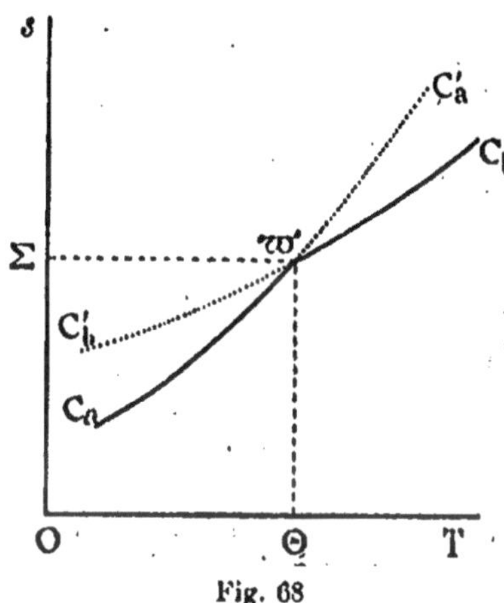

Fig. 68

203. Point de transition. — Des deux courbes C_a, C_b qui se coupent au point ϖ, il en est une qui, suivie de gauche à droite, monte plus vite ou descend moins vite que l'autre ; supposons que ce soit la courbe C_a. Alors, la branche C_a de cette courbe (*fig.* 68) qui se rapporte aux températures inférieures à Θ se trouve au-dessous de la branche correspondante C'_b de la courbe C_b ; au contraire, la branche C'_a de la courbe C_a qui se rapporte aux températures supérieures à Θ se trouve au-dessus de la branche correspondante C'_b de la courbe C_b.

A une température inférieure à Θ, la dissolution peut-elle demeurer en équilibre au contact du précipité *b* ? Pour que la dissolution demeure en équilibre au contact du précipité *b* il faut, en premier lieu, qu'elle ne puisse ni dissoudre, ni abandonner une certaine masse de ce précipité, ce qui exige que le point figuratif se trouve sur la ligne C_b ; mais cela ne suffit pas ; il faut encore que la dissolution ne puisse donner naissance à une certaine masse du précipité *a*, ce qui exige que le point figuratif se trouve au-dessous de la ligne C_a, puisque cette ligne est la courbe de solubilité d'un corps *moins riche en eau* que la dissolution. On voit donc qu'*aux températures inférieures à* Θ, *le précipité* b *ne peut demeurer en équilibre au contact de la dissolution.*

On démontrerait de même qu'*aux températures supérieures à* Θ, *le précipité* a *ne peut demeurer en équilibre au contact de la dissolution.*

Quant au mélange des deux précipités solides, exempt de solution liquide, il demeure forcément en équilibre aux températures voisines de Θ, *qu'elles soient inférieures à* Θ *ou supérieures à* Θ. Si, en effet, ce mélange de deux corps solides, dont chacun est moins riche en eau que la solution de concentration Σ, subissait la fusion aqueuse, la dissolution produite aurait une concentration supérieure à Σ ; la température étant voisine de Θ, le point figuratif de cette dissolution se trouverait au-dessus des deux courbes C_a, C_b, en sorte que la dissolution, sursaturée de chacun des corps *a* et *b*, ne pourrait demeurer en équilibre.

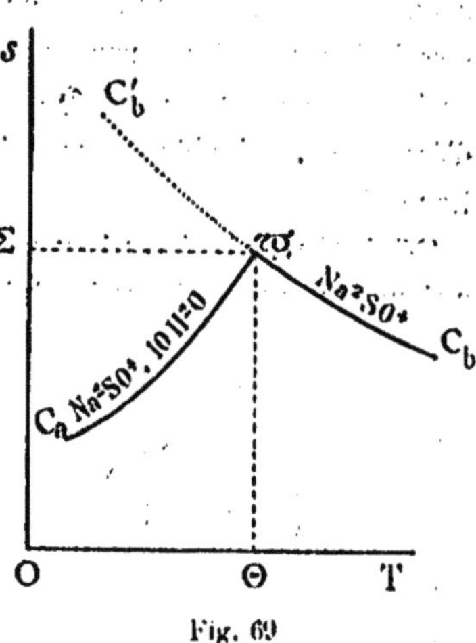

Fig. 69

204. Exemples divers : Sulfate de sodium. — L'expérience offre de nombreuses occasions d'appliquer ces principes.

Le cas le plus anciennement connu est celui qui est fourni par le sulfate de sodium, soigneusement étudié par Lœwel [1]. Le sulfate de sodium hydraté $Na^2SO^4,10\,H^2O$ se dissout avec absorption de chaleur, en sorte que la branche de courbe de solubilité le long de laquelle la dissolution est moins concentrée que l'hydrate (la seule qui soit connue) monte de gauche à droite suivant $C_a\varpi$ (*fig.* 69). Le sul-

[1] LŒWEL, *Annales de Chimie et de Physique*, 3e série, t. XXIX, p. 62, 1850.

fate de sodium anhydre Na^2SO^4 se dissout avec dégagement de chaleur, en sorte que la courbe de solubilité de ce corps descend de gauche à droite suivant ϖC_b. Ces deux courbes se coupent en un point ϖ, dont l'abscisse θ correspond sensiblement à la température + 33°C. D'après ce qui précède, aux températures inférieures à + 33°C., le seul véritable équilibre que l'on puisse observer est l'équilibre entre la dissolution et le sulfate de sodium hydraté; aux températures supérieures à + 33°C., le seul véritable équilibre que l'on puisse observer est l'équilibre entre la dissolution et le sulfate de sodium anhydre; c'est, en effet, ce que l'expérience montre. Par un phénomène de faux équilibre, on peut observer des systèmes où une dissolution, sursaturée par rapport au sulfate de sodium hydraté, est en équilibre en présence du sulfate de sodium anhydre; les états d'équilibre ainsi obtenus sont figurés par les divers points de la ligne $C'_b\varpi$.

205. Sulfate thorique. — M. H. W. Bakhuis Roozboom (1) a signalé un cas analogue à celui que présente le sulfate de sodium, mais où les phénomènes de sursaturation se produisent avec une facilité exceptionnelle; ce cas est celui du sulfate thorique.

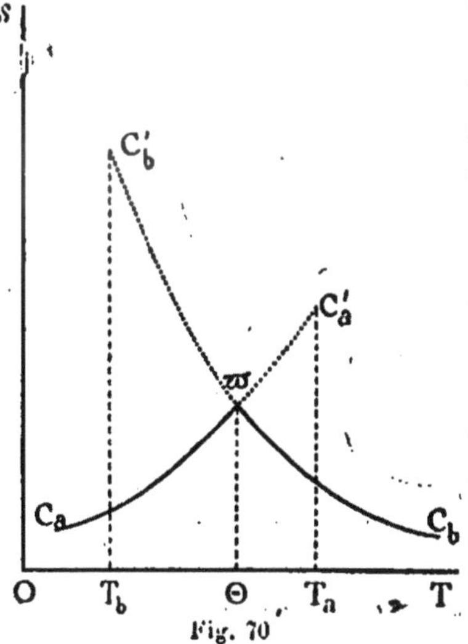

Fig. 70

Le sulfate thorique à 9 molécules d'eau $Th(SO^4)^2,9\ H^2O$ se dissout avec absorption de chaleur et correspond à une courbe de solubilité $C_a\varpi C'_a$ (*fig.* 70) qui monte de gauche à droite; au contraire, le sulfate thorique à 4 molécules d'eau $Th(SO^4)^2,4\ H^2O$ se dissout avec dégagement de chaleur et correspond à une courbe de so-

(1) Bakhuis Roozboom, *Archives néerlandaises des Sciences exactes et naturelles*, t. XXIV. — *Zeitschrift für physikalische Chemie*, Bd. V, p. 198, 1890.

lubilité $C'_b\varpi C_b$ qui descend de gauche à droite; ces deux courbes se coupent en un point de transition ϖ dont l'abscisse correspond à la température + 43° C.

Les deux branches $C_a\varpi$, ϖC_b correspondent seules à des états de véritable équilibre; toutefois, la ligne $C_a\varpi$ a pu être prolongée, au-delà du point ϖ, jusqu'au point C'_a dont l'abscisse T_a correspond à la température + 55°C., bien que le segment $\varpi C'_a$ représente des solutions sursaturées par rapport à l'hydrate à quatre molécules d'eau; et la ligne $C_b\varpi$ a pu être prolongée, en deçà du point ϖ, jusqu'au point C'_b dont l'abscisse T_b correspond à la température + 17° C., bien que le segment $C'_b\varpi$ représente des solutions sursaturées par rapport à l'hydrate à 0 molécules d'eau.

Lorsque nous rencontrerons ainsi un point commun aux courbes de solubilité de deux hydrates d'un même sel, et qu'en ce point, la dissolution sera à la fois plus riche en eau que chacun des deux hydrates ou moins riche en eau que chacun des deux hydrates, nous dirons que ce point est un *point de transition*.

206. Point d'eutexie. — Les choses se passent d'une manière bien différente dans le dernier des trois cas que nous avons

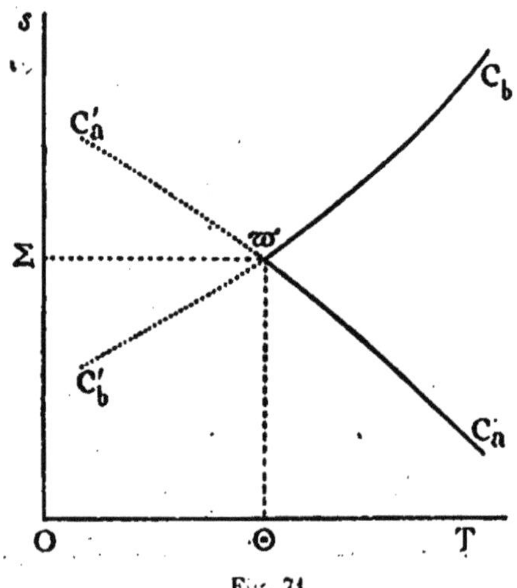

Fig. 71

énumérés; dans ce cas, la courbe de saturation $C_aC'_a$ du précipité *a* et la courbe de saturation $C_bC'_b$ du précipité *b* se coupent au point ϖ (*fig.* 71), d'abscisse θ, d'ordonnée Σ ; la dissolution de concentration Σ est moins riche en eau que le précipité *a* et plus riche en eau que le précipité *b*. En d'autres termes, la branche de courbe $C_aC'_a$ qui passe au point ϖ appartient à la branche supérieure de la courbe de solubilité de l'hydrate *a* ; au contraire, la branche de courbe $C_bC'_b$ qui passe au point ϖ appartient à la branche inférieure de la courbe de solubilité de l'hydrate *b*.

Pour fixer les idées, nous supposerons que les deux précipités se dissolvent avec *absorption* de chaleur ; dès lors, d'après ce que nous avons vu en la Leçon précédente (n° **188**), la courbe C'_aC_a descend de gauche à droite, tandis que la courbe C'_bC_b monte de gauche à droite.

Hors du point ϖ, nous ne pouvons observer en équilibre le système partagé en trois phases ; mais il peut se faire que nous observions, en équilibre, un système partagé en deux phases, ce qui peut arriver de trois manières :

1° Le système peut être formé par le corps *a* au contact d'une dissolution ;

2° Le système peut être formé par le précipité *b* au contact d'une dissolution ;

3° Le système peut être formé par les deux précipités *a* et *b* en l'absence de toute dissolution.

Pour qu'un système formé du précipité *a* au contact d'une dissolution demeure en équilibre, il faut, d'abord, que la dissolution soit saturée du corps *a* ou, en d'autres termes, que le point figuratif se trouve sur la courbe $C_aC'_a$; mais cela ne suffit point ; il faut encore que la dissolution ne puisse donner naissance au précipité *b*, qu'elle ne soit point sursaturée par rapport à ce précipité, partant, que le point figuratif ne se trouve pas au dessus de la courbe $C_bC'_b$; d'où la conclusion suivante :

Pour qu'un système qui renferme le précipité a *et une dissolution demeure en équilibre, il faut et il suffit que le point figuratif se trouve sur la branche ϖC_a, issue du point ϖ et s'étendant à droite de ce point, de la courbe $C_aC'_a$.*

Pour qu'un système formé du précipité *b* au contact de la dissolution soit en équilibre, il faut tout d'abord que la dissolution soit saturée du corps *b*, c'est-à-dire que le point figuratif soit sur la ligne $C_bC'_b$; mais cela ne suffit pas; il faut encore que le précipité *a* ne puisse prendre naissance au sein de la dissolution et, comme les dissolutions sursaturées du corps *a* sont représentées par les divers points du plan situés au-dessous de la ligne $C_aC'_a$, il faut que le point figuratif considéré ne se trouve point au-dessous de cette ligne $C_aC'_a$; d'où la conclusion suivante :

Pour qu'un système qui renferme le précipité b *et une dissolution demeure en équilibre, il faut et il suffit que le point figuratif se trouve sur la branche* ϖC_b, *issue du point* ϖ *et s'étendant à droite de ce point, de la ligne* $C_bC'_b$.

Considérons enfin un système qui contient les deux précipités solides *a* et *b*; va-t-il demeurer en équilibre ou bien éprouver la fusion aqueuse?

Imaginons qu'une partie des deux hydrates éprouve la fusion aqueuse et engendre une dissolution; cette dissolution ne peut être plus riche en eau que l'hydrate *a* et, partant, que les deux hydrates; elle ne peut, non plus, être moins riche en eau que l'hydrate *b* et, partant, que les deux hydrates; elle a nécessairement une composition intermédiaire entre celle de l'hydrate *a* et celle de l'hydrate *b*.

Supposons la température inférieure à Θ; les points situés au dessous de la ligne $C'_b\varpi$ figurent des dissolutions sursaturées par rapport au précipité *a*; les points situés entre les lignes $C'_b\varpi$ et $C'_a\varpi$ figurent des dissolutions sursaturées par rapport aux deux précipités *a* et *b*; les points situés au dessus de la courbe $C'_a\varpi$ figurent des dissolutions sursaturées par rapport au précipité *b*; quelle que soit la composition de la dissolution formée, elle est sursaturée par rapport à l'un au moins des deux précipités *a* ou *b*, en sorte qu'elle redonnera un précipité solide et cela jusqu'à ce qu'elle ait entièrement disparu; la fusion aqueuse est donc impossible aux températures inférieures à Θ.

Aux températures inférieures à Θ, *un mélange solide des deux précipités* a *et* b *ne peut éprouver la fusion aqueuse; une solution de composition quelconque se prend en masse et forme un mélange des deux précipités.*

Considérons maintenant une température supérieure à Θ; les deux précipités solides *a* et *b* peuvent-ils demeurer en équilibre à cette température sans subir la fusion aqueuse? Un tel équilibre, à supposer qu'il soit possible de le réaliser, serait instable. Imaginons en effet qu'une très petite partie du mélange des deux solides subisse la fusion aqueuse et donne une goutte d'une dissolution.

Si le point figuratif de cette dissolution est au dessus de ϖC_a, la dissolution peut dissoudre le précipité *a*; s'il est au dessous de ϖC_b, la dissolution peut dissoudre le précipité *b*; quelle que soit donc la position du point figuratif, il est au moins un des deux précipités que la dissolution peut dissoudre. Donc, dès l'instant qu'une goutte de dissolution aura pris naissance dans le système à une température supérieure à Θ, l'équilibre ne pourra se rétablir dans le système que l'un au moins des deux précipités n'ait passé en entier au sein de la solution.

Aux températures supérieures à Θ, un système renfermant les deux corps solides a *et* b, *en proportion quelconque, passe à l'état liquide jusqu'à ce que l'un au moins des deux corps solides ait disparu.*

La température Θ est la température de fusion d'un système qui renferme à la fois les deux solides a *et* b.

207. Formation du mélange eutectique. — Nous allons mettre en évidence de nouvelles propriétés de la température Θ et de la concentration Σ en examinant la question suivante :

A une température supérieure à Θ, on prend une dissolution qui n'est saturée ni du corps a, *ni du corps* b, *qui, partant, est en équilibre; on en abaisse graduellement la température; quelles sont les précipitations qui se produisent au sein de la dissolution?*

Deux cas sont à distinguer selon que la concentration initiale de la dissolution est inférieure ou supérieure à Σ.

Premier cas. — *La concentration initiale* s *de la dissolution est supérieure à Σ.*

Le point figuratif de l'état initial de la dissolution est un point M (*fig.* 72) plus élevé que le point ϖ.

Lorsque la température s'abaisse, à partir de sa valeur initiale T, le point figuratif demeure tout d'abord dans la région comprise entre les lignes ϖC_a, ϖC_b; la dissolution n'étant saturée ni du corps *a*, ni du corps *b*, ne donne aucun précipité et sa concentration demeure invariable ; le point figuratif décrit une parallèle M*m* à la droite OT.

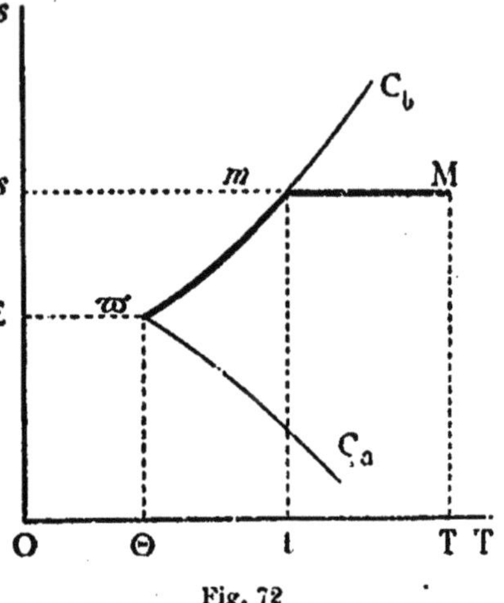

Fig. 72

Lorsque la température s'abaisse jusqu'à une certaine valeur *t*, le point figuratif vient se placer en *m* sur la ligne ϖC_b; la dissolution est alors saturée du corps *b*.

La température descendant au-dessous de *t*, la dissolution laisse déposer une certaine quantité du corps *b*, de manière à rester saturée de ce corps ; le point figuratif décrit la partie $m\varpi$ de la ligne ϖC_b.

Au moment où la température, baissant toujours, atteint la valeur Θ, le point figuratif est en ϖ et la concentration a la valeur Σ.

Si nous abaissons la température d'une petite quantité au-dessous de Θ, la dissolution se prend en masse ; le dépôt solide qu'elle fournit n'est point homogène ; il est formé par une juxtaposition de parcelles du solide *a* et de parcelles du solide *b* ; mais sa composition moyenne est bien déterminée ; elle est la même que la composition de la dissolution de concentration Σ qui l'a fourni.

Deuxième cas. — *La concentration initiale* s *de la dissolution est inférieure à* Σ.

Le point figuratif de l'état initial de la dissolution est un point M (*fig.* 73) moins élevé que le point ϖ.

Lorsque la température, partant de la valeur initiale T, commence à descendre, le point figuratif demeure, tout d'abord, compris entre les lignes ϖC_a, ϖC_b; la dissolution, n'étant saturée ni du corps *a*, ni

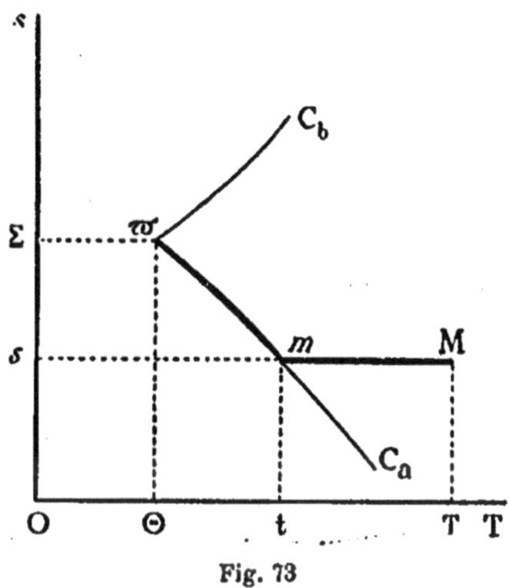

Fig. 73

du corps *b*, ne donne aucun précipité ; sa concentration demeure invariable et le point figuratif décrit une ligne parallèle M*m* à la ligne OT.

Cette parallèle rencontre en un point *m*, d'abscisse *t*, la ligne ϖC_a; au moment où la température atteint la valeur *t*, la dissolution devient saturée du corps *a*. Si l'on abaisse la température au-dessous de *t*, la dissolution abandonne du corps *a* à l'état solide de manière à demeurer saturée de ce corps ; le point figuratif décrit le segment $m\varpi$ de la ligne ϖC_a.

Au moment où la température atteint la valeur Θ, le point figuratif est en ϖ et la concentration de la dissolution a la valeur Σ.

Si l'on abaisse la température au-dessous de Θ, la dissolution se prend en masse ; elle fournit un précipité mixte, formé de parcelles du corps *a* et de parcelles du corps *b*, dont la composition moyenne est bien déterminée ; cette composition est celle de la dissolution de concentration Σ.

Si donc on refroidit une dissolution de composition initiale quelconque, elle laisse tout d'abord se précipiter soit du corps a, *soit du corps* b, *à l'état de pureté; mais au moment où la température, en baissant, traverse la valeur* θ, *la dissolution se prend en masse; le solide obtenu n'est pas homogène; il est formé par la juxtaposition de parcelles du corps* a *et de parcelles du corps* b; *mais sa composition moyenne est parfaitement déterminée; elle est identique à celle d'une dissolution de concentration* Σ.

M. Guthrie a donné le nom de *mélange eutectique* au magma solide obtenu dans ces conditions; le point ϖ est un *point d'eutexie*.

208. Cas particulier : glace et sel anhydre. — Les phénomènes dont nous venons de tracer les lois ont été d'abord étudiés en prenant pour corps *a* la glace et pour corps *b* un sel solide, anhydre ou hydraté; les mélanges réfrigérants que l'on obtient en mélangeant de la glace avec un sel, tel que le sel marin et le salpêtre, avaient déjà attiré l'attention des physiciens à la fin du XVIIIe siècle et leur avaient fait reconnaître quelques-unes des propriétés du point ϖ; on savait que le sel ne peut plus faire fondre la glace lorsque la température est inférieure à la température θ, *température pour laquelle la glace se forme au sein d'une solution saturée du sel*, ou, en d'autres termes, *abscisse du point de rencontre de la courbe* ϖC_a *des points de congélation et de la courbe de solubilité* ϖC_b *du sel considéré*. La température θ est, ainsi, la limite inférieure des températures que l'on peut produire au moyen d'un mélange réfrigérant formé de glace mêlée avec le sel considéré.

M. de Coppet [1] d'abord, puis M. Guthrie et d'autres observateurs se sont préoccupés de déterminer avec précision la température θ relative à un certain nombre de sels; voici quelques-unes de ces températures; on y a joint la valeur de l'ordonnée Σ du point ϖ.

Sel	θ	Σ
Sulfate de potassium	— 1°,9	0,10
Nitrate de potassium	— 2 ,8	0,13
Chlorure de potassium.	— 10 ,9	0,30
Nitrate d'ammonium	— 16, 7	0,45
Chlorure de sodium.	— 21, 3	0,33

(1) De Coppet, *Bulletin de la Société Vaudoise*, 2e série, t. XI, p. 1; 1871.

209. Non existence des cryohydrates. — Amenée à une température inférieure à Θ, la dissolution se prend en masse ; le magma obtenu n'est point un composé défini ; des parcelles de glace s'y enchevêtrent aux cristaux de sel ; mais sa composition est bien déterminée ; elle est identique à celle d'une dissolution de concentration Σ.

M. Guthrie (1), qui a observé avec beaucoup de soin la formation de ce solide de composition invariable, a d'abord regardé ce solide comme un hydrate défini dont Θ serait le point de fusion aqueuse ; à cet hydrate, il a donné le nom de *cryohydrate.*

On pourrait décider entre cette opinion et la théorie précédente en répétant les expériences de M. Guthrie sous une pression extrêmement différente de la pression atmosphérique ; la composition du solide que fournit la dissolution au moment de sa prise en masse devrait, dans l'opinion de M. Guthrie, être indépendante de la pression exercée sur le système ; dans l'opinion exposée ici, au contraire, elle en dépendrait en général.

A défaut de ces expériences qui seraient concluantes, mais que l'extrême petitesse de la variation à reconnaître rendrait extrêmement difficiles, d'autres arguments peuvent être invoqués à l'encontre de l'existence des cryohydrates.

En premier lieu, on ne peut trouver pour ces corps aucune formule simple, voici, par exemple, quelques-unes des formules proposées par M. Guthrie :

$$Na^2SO^4 + 166\ H^2O,$$
$$KClO^3 + 222\ H^2O,$$
$$Ba(AzO^3)^2 + 259\ H^2O,$$
$$AlAzH^4(SO^4)^2 + 261,4\ H^2O.$$

En second lieu, l'examen microscopique des prétendus cryohydrates, soit en lumière naturelle (2) si le sel est coloré, soit en lumière polarisée si le sel est incolore, mais anisotrope, montre que ces corps ne sont nullement homogènes et qu'ils sont formés de cristaux de sel enchevêtrés de cristaux de glace.

(1) Guthrie, *Philosophical Magazine*, 4e série, vol. XLIX, pp. 1, 206 et 266 ; 1875. — 5e série, vol. I, pp. 49, 354 et 446 ; 1876. — Vol. II, p. 211 ; 1876.

(2) Ponsot, *Annales de Chimie et de Physique*, 7e série, t. X, p. 79 ; 1897.

Ces arguments ont amené M. Guthrie [1] à renoncer à l'hypothèse de cryohydrates définis et à proposer, pour désigner ces corps, le nom de *mélanges eutectiques* qui est généralement employé aujourd'hui.

210. Points d'eutexie entre les hydrates de chlorure ferrique. Recherches de M. Bakhuis Roozboom. — De tous les hydrates solides que peut former une dissolution saline, la glace est toujours le plus hydraté et le sel anhydre le moins hydraté ; toujours moins riche en eau que le premier, la dissolution est toujours plus riche en eau que le second ; la courbe de solubilité du premier est réduite à sa branche supérieure, la courbe de solubilité du second à sa branche inférieure ; lorsque ces deux branches se rencontrent, leur point d'intersection est forcément un point d'eutexie.

Mais ces points d'eutexie ne sont pas les seuls que l'on puisse rencontrer ; lorsque la branche supérieure de la courbe de solubilité d'un hydrate rencontre la branche inférieure de la courbe de solubilité d'un autre hydrate moins riche en eau, le point de rencontre est un point d'eutexie.

L'exemple le plus remarquable de semblables points d'eutexie a été fourni à M. H. W. Bakhuis Roozboom [2] par l'étude de la solubilité du chlorure ferrique.

Si l'on compte l'hydrate de concentration nulle — la glace — et l'hydrate de concentration infinie — le chlorure ferrique anhydre — on peut obtenir six hydrates différents du chlorure ferrique qui sont, dans l'ordre de concentration croissante :

H^2O (glace),
Fe^2Cl^6, $12H^2O$,
Fe^2Cl^6, $7H^2O$,
Fe^2Cl^6, $5H^2O$,
Fe^2Cl^6, $4H^2O$,
Fe^2Cl^6.

(1) Guthrie, *Philosophical Magazine*, 5e série, vol. XVII, p. 462 ; 1884.

(2) H. W. Bakhuis Roozboom, *Archives néerlandaises des Sciences exactes et naturelles*, t. XXVII ; 1892. — *Zeitschrift für physikalische Chemie*, Bd. X, p. 477 ; 1892.

Si l'on excepte le premier et le dernier solides, chacun de ces corps correspond à une courbe de solubilité formée de deux branches se raccordant en un point indifférent ; en la précédente leçon (p. 250), nous avons indiqué les températures auxquelles correspondent ces quatre points indifférents.

La *fig.* 74 représente ces diverses courbes de solubilité ; les températures centigrades ont été prises pour abscisses ; pour ordonnée,

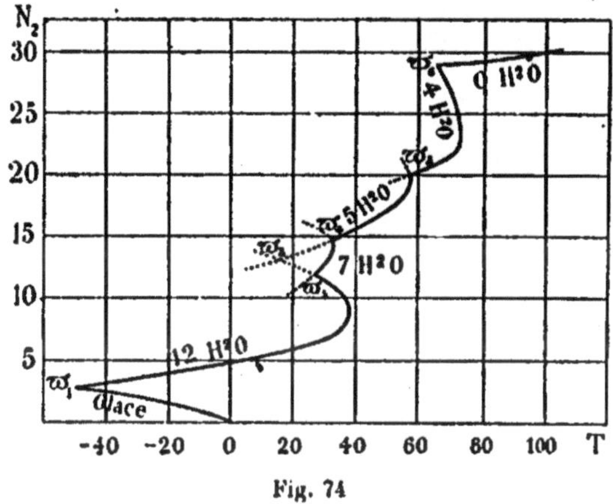

Fig. 74

on a pris la valeur N_2 du nombre de molécules de chlorure ferrique anhydre contenues dans 100 molécules d'eau, au sein de la dissolution.

On voit, sur cette figure, que la branche supérieure de la courbe de solubilité de chaque hydrate rencontre la branche inférieure de la courbe de solubilité de l'hydrate qui le suit immédiatement dans l'ordre des concentrations croissantes ; de plus, grâce aux phénomènes de sursaturation, en évitant l'introduction de germes cristallins de l'hydrate Fe^2Cl^6, $7H^2O$, on peut observer l'intersection de la branche supérieure de la courbe de solubilité de l'hydrate à 12 molécules d'eau avec la branche inférieure de la courbe de solubilité de l'hydrate à 5 molécules d'eau. On peut donc, par l'étude des systèmes formés de chlorure ferrique et d'eau, reconnaître l'existence de six points d'eutexie. Parmi ces points, il en est cinq dont les propriétés sont complètement établies par les recherches de M. Bakhuis Roozboom ; ces propriétés sont résumées dans le tableau suivant :

Point d'eutexie	Hydrates entre lesquels se produit l'eutexie		Température d'eutexie	Valeur de N_2 pour le mélange eutectique
ϖ_1	Glace	Fe^2Cl^6, $12H^2O$	— 55°,C	2,75
ϖ_2	Fe^2Cl^6, $12H^2O$	Fe^2Cl^6, $7H^2O$	27°,4	8,23
ϖ_3	Fe^2Cl^6, $12H^2O$	Fe^2Cl^6, $5H^2O$	non étudié	
ϖ_4	Fe^2Cl^6, $7H^2O$	Fe^2Cl^6, $5H^2O$	30°	6,66
ϖ_5	Fe^2Cl^6, $5H^2O$	Fe^2Cl^6, $4H^2O$	55°	20,32
ϖ_6	Fe^2Cl^6, $4H^2O$	Fe^2Cl^6	66°	29,20

Dans l'exemple que nous venons de citer, se rencontrent seulement des points d'eutexie ; voici maintenant quelques exemples remarquables où se rencontrent à la fois des points de transition et des points d'eutexie.

211. Études de MM. Van't Hoff et Meyerhoffer sur le chlorure de magnésium. — MM. Van't Hoff et Meyerhoffer [1] ont fait une étude approfondie de la solubilité des divers hydrates de chlorure de magnésium. En comprenant la glace, les hydrates fournis par le chlorure de magnésium sont au nombre de six :

Glace,
$MgCl^2$, $12H^2O$,
$MgCl^2$, $8H^2O$,
$MgCl^2$, $6H^2O$,
$MgCl^2$, $4H^2O$,
$MgCl^2$, $2H^2O$.

De plus, l'hydrate $MgCl^2$, $8H^2O$ existe sous deux formes distinctes que nous désignerons par les indices α et β.

Les courbes de solubilité de ces divers hydrates ont la disposition

(1) Van't Hoff et Meyerhoffer, *Sitzungsberichte der Berliner Akademie*, 4 février et 18 février 1897. — *Zeitschrift für physikalische Chemie*, Bd. XXVII, p. 75 ; 1898.

marquée en la *fig.* 75, les ordonnées représentent le nombre N_2 de molécules de $MgCl^2$ que contiennent 100 molécules d'eau.

Dans leurs recherches, MM. Van't Hoff et Meyerhoffer font figurer, au lieu de la concentration *s* de la dissolution, le nombre *y* qui,

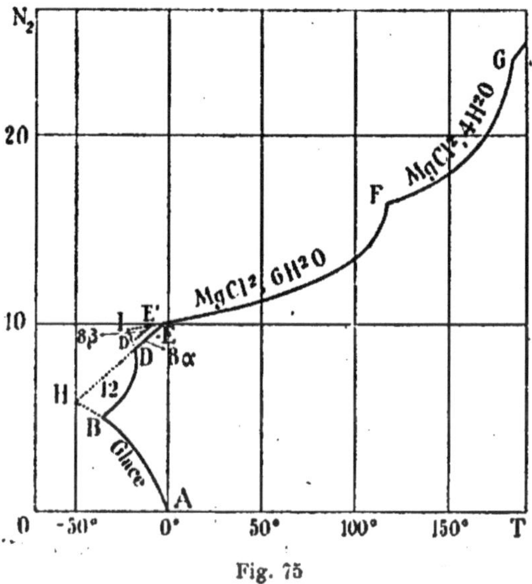

Fig. 75

transporté dans la formule $MgCl^2$, yH^2O, représenterait la constitution de la dissolution.

Ils ont noté d'une manière spéciale :

1° Le point A de fusion de la glace pure ($T = 0°$, $y = \infty$) ;

2° Le point B d'intersection de la courbe de congélation et de la courbe de solubilité de l'hydrate $MgCl^2$, $12H^2O$; c'est un *point d'eutexie* pour lequel on a

$$T = -33°,6 \qquad y = 20,3 ;$$

3° Le point C, point indifférent de $MgCl^2$, $12H^2O$:

$$T = -16°,3 \qquad y = 12 ;$$

4° Le point D, intersection des courbes de solubilité de

$MgCl^2$, $12H^2O$ et $MgCl^2$, $8H^2O$ α; c'est un *point d'eutexie*, pour lequel on a

$$T = -16°,7 \qquad y = 11,17;$$

5° Le point E, intersection des courbes de solubilité de $MgCl^2$, $8H^2O$ α et de $MgCl^2$, $6H^2O$; c'est un *point de transition* pour lequel on a

$$T = -3°,4 \qquad y = 10;$$

6° Le point F, intersection des courbes de solubilité de $MgCl^2$, $6H^2O$ et de $MgCl^2$, $4H^2O$; c'est un *point de transition* pour lequel on a

$$T = 116°,67 \qquad y = 6,18;$$

7° Le point G, intersection des courbes de solubilité de $MgCl^2$, $4H^2O$ et de $MgCl^2$, $2H^2O$; c'est un *point de transition* pour lequel on a

$$T = 181°,5 \qquad y = 4,2.$$

En outre, ils ont étudié un certain nombre de branches de courbe que des phénomènes de sursaturation rendent seuls observables; parmi ces branches de courbe qui sont tracées en pointillé sur la *fig.* 75, se trouve la courbe de solubilité D'E' de l'hydrate $MgCl^2$, $8H^2O$ β. Le point d'eutexie D' entre $MgCl^2$, $12H^2O$ et $MgCl^2$, $8H^2O$ β correspond à

$$T = -17°,4 \qquad y = 11,1,$$

tandis que le point de transition F' entre $MgCl^2$, $8H^2O$ β et $MgCl^2$, $6H^2O$ a pour coordonnées

$$T = -9°,6 \qquad y = 10,3.$$

Ce sont encore des phénomènes de sursaturation qui ont permis d'observer le point H, point d'eutexie entre la glace et l'hydrate $MgCl^2$, $8H^2O$ α, pour lequel

$$T = -50° \qquad y = 16,9,$$

ainsi que le point I, point d'eutexie entre les hydrates $MgCl^2$, $12H^2O$ et $MgCl^2$, $6H^2O$, pour lequel

$$T = -19°,4 \qquad y = 10,6.$$

212. Études de M. Bakhuis Roozboom sur le chlorure de calcium. — Un autre exemple remarquable est fourni par les hydrates de chlorure de calcium, objets d'un mémoire capital de M. Bakhuis Roozboom [1].

Si l'on y comprend la glace, les hydrates de chlorure de calcium sont au nombre de six :

Glace ;
$CaCl^2, 6H^2O$;
$CaCl^2, 4H^2O$ α ;
$CaCl^2, 4H^2O$ β ;
$CaCl^2, 2H^2O$;
$CaCl^2, H^2O$.

Les courbes de solubilité de ces hydrates ont la disposition marquée en la *fig.* 76 ; en cette figure, où l'échelle n'est pas conservée,

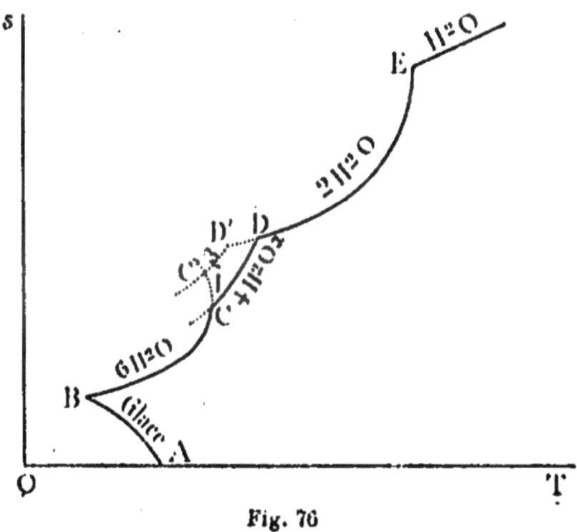

Fig. 76

les lignes pointillées représentent des états d'équilibre qui peuvent être observés grâce à des phénomènes de sursaturation.

Sur cette figure, on peut remarquer les points suivants :

(1) Bakhuis Roozboom, *Recueil des Travaux chimiques des Pays-Bas*, t. VIII, p. 4 ; — *Archives néerlandaises des Sciences exactes et naturelles*, t. XIII, p. 199.

1° Le point A, point de fusion de la glace pure :

$$T = 0°, \qquad s = 0;$$

2° Le point B, intersection de la courbe de congélation et de la courbe de solubilité de $CaCl^2$, 6 H^2O ; c'est un *point d'eutexie* pour lequel on a

$$T = -55°, \qquad s = 0{,}425;$$

3° Le point I, point indifférent de $CaCl^2$, 6 H^2O :

$$T = +30°{,}2, \qquad s = 1{,}027;$$

4° Le point C, intersection des courbes de solubilité de $CaCl^2$, 6 H^2O et de $CaCl^2$, 4 H^2O α ; c'est un *point de transition* pour lequel on a

$$T = +29°{,}8, \qquad s = 1{,}006;$$

5° Le point C', intersection des courbes de solubilité de $CaCl^2$, 6 H^2O et de $CaCl^2$, 4 H^2O β ; c'est un *point d'eutexie* pour lequel on a

$$T = +29°{,}2 \qquad s = 1{,}128;$$

6° Le point D, intersection des courbes de solubilité de $CaCl^2$, 4 H^2O α et de $CaCl^2$, 2 H^2O ; c'est un *point de transition* pour lequel on a

$$T = +45°{,}3, \qquad s = 1{,}302;$$

7° Le point D', intersection des courbes de solubilité de $CaCl^2$, 4 H^2O β et de $CaCl^2$, 2 H^2O ; c'est un *point de transition* pour lequel on a

$$T = +38°{,}4, \qquad s = 1{,}275;$$

8° Le point E, intersection de la courbe de solubilité de $CaCl^2$, 2 H^2O et de $CaCl^2$, H^2O ; c'est un *point de transition* pour lequel on a

$$T = +174°, \qquad s = 2{,}757.$$

Le point indifférent de $CaCl^2$, 2 H^2O serait très rapproché de ce point, car il correspondrait à

$$T = +176°, \qquad s = 3{,}08,$$

mais ce point n'a pu être observé.

Il est probable qu'au voisinage de 260°, on trouverait l'intersection des courbes de solubilité de $CaCl^2$, H^2O et de $CaCl^2$, qui serait un nouveau point de transition.

213. Études de M. Stortenbeker sur les chlorures d'iode. — Un mélange d'iode et de chlore à l'état liquide, étudié avec grand soin par M. Stortenbeker (¹), est comparable de tous points au mélange formé par l'eau et un sel anhydre; les solides que ce mélange peut laisser déposer dans les circonstances où a opéré M. Stortenbeker, sont les corps suivants :

I,
ICl α,
ICl β,
ICl^3.

Portons en abscisses les températures, en ordonnées le nombre y qui, transporté dans la formule I_yCl, donne la composition de la dissolution ; chacun des quatre solides que nous venons d'énumérer correspond à une courbe de solubilité ; ces quatre courbes ont la disposition représentée en la *fig.* 77 ; en cette figure, les lignes marquées en pointillé ne peuvent être observées que grâce à des phénomènes de sursaturation.

Sur cette figure, on remarque les points suivants ;

1° Le point A, point de fusion de l'iode :

$$T = 114°,1, \qquad y = 0 ;$$

2° Le point B d'intersection de la courbe de congélation de l'iode et de la courbe de solubilité de ICl α ; c'est un *point d'eutexie*, pour lequel on a

$$T = +7°,9, \qquad y = 0,66 ;$$

3° Le point B′ d'intersection de la courbe de congélation de l'iode et de la courbe de solubilité de ICl β ; c'est un *point d'eutexie*, dont les coordonnées sont mal connues ;

(¹) W. Stortenbeker, *Recueil des Travaux chimiques des Pays-Bas*, t. VI ; 1888. — *Zeitschrift für physikalische Chemie*, Bd. III, p. 11 ; 1888.

4° Le point indifférent I du chlorure I Cl α ; les coordonnées de ce point sont

$$T = 27°,2, \qquad y = 1 ;$$

5° Le point indifférent I′ du chlorure I Cl β ; les coordonnées de ce point sont

$$T = 13°,9, \qquad y = 1 ;$$

6° Le point d'intersection C de la courbe de solubilité du monochlorure I Cl α et de la courbe de solubilité du trichlorure ICl^3 ; c'est un *point d'eutexie*, où l'on a

$$T = 22°,7, \qquad y = 1,19 ;$$

7° Le point indifférent J du trichlorure ICl^3 ; les coordonnées de ce point sont

$$T = 101°, \qquad y = 3.$$

214. Études de M. Guthrie et de M. Le Chatelier sur les mélanges de deux sels fondus. — Au lieu d'observer les mélanges eutectiques de glace et de sel obtenus en

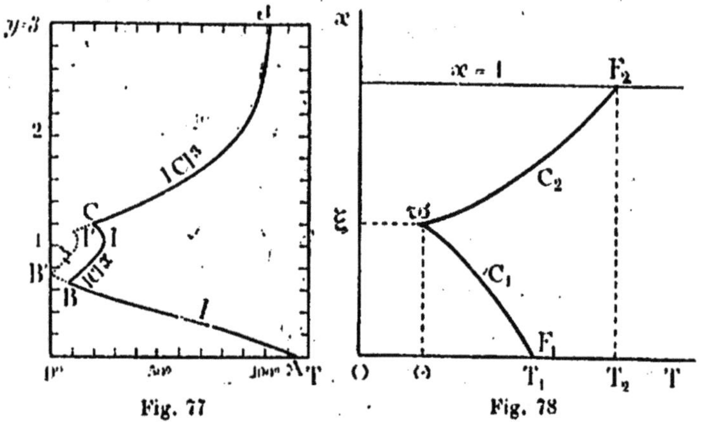

Fig. 77 Fig. 78

refroidissant une solution aqueuse de ce sel, on peut refroidir le liquide obtenu en dissolvant un sel dans un autre sel fondu ; on obtient alors des mélanges eutectiques des deux sels.

Dans ce cas, il est commode de représenter la composition du liquide non par le rapport $s = \frac{M_2}{M_1}$ de la masse M_2 du sel 2 à la masse

M_1 du sel 1, mais par le rapport $x = \frac{M_2}{M_1 + M_2}$ de la masse du sel 2 à la masse totale ($M_1 + M_2$) du liquide ; ce rapport peut varier depuis la valeur $x = 0$, qui correspond au sel 1 pris à l'état de pureté, jusqu'à la valeur $x = 1$, qui représente le sel 2 pris à l'état de pureté.

Prenons la valeur de la température T pour abscisse et la valeur de x pour ordonnée. La courbe de congélation du sel 1 au sein du mélange sera une courbe C_1 (*fig.* 78) ; cette courbe sera issue du point F_1 dont l'abscisse T_1 est le point de fusion du sel 1 à l'état de pureté et dont l'ordonnée est $x = 0$; elle montera de droite à gauche. La courbe de congélation du sel 2 sera une courbe C_2 ; cette courbe sera issue du point F_2 dont l'abscisse T_2 est le point de fusion du sel 2 à l'état de pureté et dont l'ordonnée est $x = 1$; elle descendra de droite à gauche.

Ces deux courbes se rencontrent au point d'eutexie ϖ, d'abscisse θ, d'ordonnée ξ.

M. Guthrie ([1]) a étudié un certain nombre de mélanges eutectiques formés par des sels fondus ; voici les coordonnées θ, ξ des points d'eutexie de quelques-uns de ces mélanges :

Sels mélangés	θ	ξ
1 Nitrate de potassium 2 Nitrate de plomb	207°	53,14
1 Nitrate de potassium 2 Nitrate de calcium	251°	74,01
1 Nitrate de potassium 2 Nitrate de strontium	258°	74,10
1 Nitrate de potassium 2 Nitrate de baryum	278°	70,47
1 Nitrate de potassium 2 Chromate de potassium	295°	96,24
1 Nitrate de potassium 2 Sulfate de potassium	300°	97,04
1 Nitrate de potassium 2 Nitrate de sodium	215°	67,10
1 Nitrate de sodium 2 Nitrate de plomb	268°	57,16

([1]) Guthrie, *Philosophical Magazine*, 5e série, vol. XVII, p. 462 ; 1884.

M. Guthrie a, en outre, tracé les courbes C_1, C_2, pour le mélange de nitrate de potassium et de nitrate de plomb.

M. H. Le Chatelier (¹) a étudié également les phénomènes d'eutexie que l'on observe en refroidissant le mélange de deux sels fondus. Au chlorure de sodium fondu, il a mélangé le carbonate de sodium, le pyrophosphate neutre de sodium, le chlorure de baryum; au sulfate de lithium fondu, il a mélangé le sulfate de calcium, le sulfate de sodium, le carbonate de lithium; dans tous ces cas, il a obtenu des phénomènes d'eutexie.

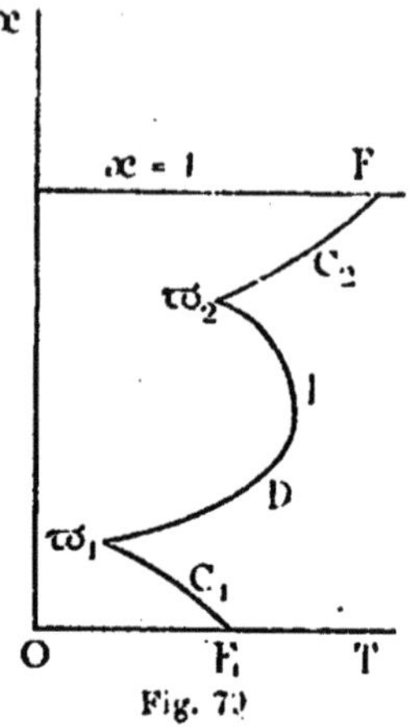

Fig. 79

Le phénomène se complique lorsque les deux sels fondus et mélangés peuvent former un sel double (²); aux deux courbes C_1, C_2, il convient, dans ce cas, d'ajoindre la courbe D (*fig.* 79) de solubilité du sel double dans le mélange liquide; cette courbe présente, en général, un point indifférent I; ses points d'intersection ϖ_1, ϖ_2, avec les courbes C_1, C_2, sont des points d'eutexie.

(¹) H. Le Chatelier, *Comptes rendus*, t. CXVIII, p. 709; 1894.
(²) H. Le Chatelier, *Comptes rendus*, t. CXVIII, p. 801; 1894.

TREIZIÈME LEÇON

LES CRISTAUX MIXTES. — LES MÉLANGES ISOMORPHES

215. Les sels isomorphes; observations de M. Rüdorff. — Prenons deux sels incapables de réagir chimiquement, par exemple le chlorure d'ammonium et le nitrate d'ammonium; mettons les en présence d'une quantité d'eau trop faible pour dissoudre en totalité ni l'un ni l'autre des deux sels; trois composants indépendants, l'eau, le chlorure d'ammonium, le nitrate d'ammonium, forment le système; ce système est, d'ailleurs, partagé en trois phases : les deux sels cristallisés et la solution aqueuse de ces deux sels; nous avons donc affaire à un système bivariant qui peut se mettre en équilibre sous toute pression et à toute température; lorsque l'équilibre est établi sous une pression donnée, à une température donnée, la dissolution, saturée de chacun des deux sels, doit avoir une composition parfaitement déterminée, indépendante des masses de chlorure d'ammonium, de nitrate d'ammonium et d'eau que l'on a mises en présence.

C'est, en effet, ce que des expériences déjà anciennes ont révélé à M. Rüdorff [1], non seulement en ce qui touche le couple de sels dont nous avons parlé, mais encore en ce qui touche un certain nombre de couples de sels incapables de toute réaction chimique, soit qu'ils aient même base, soit qu'ils aient même acide.

Mais l'expérience a, en même temps, révélé à M. Rüdorff un certain

[1] Rüdorff, *Poggendorff's Annalen*, Bd. CXLVIII, p. 456; 1873.

nombre de couples salins qui ne se soumettent pas à la règle ci-dessus énoncée.

Prenons, par exemple, au lieu de chlorure d'ammonium et de nitrate d'ammonium, du sulfate de potassium et du sulfate d'ammonium ; mettons les encore en présence d'une masse d'eau incapable de les dissoudre en totalité ; sous une pression donnée, à une température donnée, le système parvient encore à un état d'équilibre ; mais la composition de la dissolution, au sein du système en équilibre, n'est plus déterminée par la connaissance de la pression que le système supporte et de la température à laquelle il est porté ; elle dépend encore des valeurs relatives des masses des deux sels et de l'eau que l'on a mises en présence les unes des autres ; si, sans changer la température ni la pression, on ajoute au système une certaine masse de l'un ou de l'autre des deux sels, on voit la dissolution changer de composition, s'enrichir par rapport au sel ajouté, s'appauvrir par rapport à l'autre sel.

216. Interprétation des faits précédents ; les mélanges isomorphes sont des solutions solides. — Ces caractères ne peuvent convenir à un système bivariant ; seul, un système plurivariant peut les présenter ; il faut donc que le calcul qui nous a fait regarder comme bivariant le système : chlorure d'ammonium, nitrate d'ammonium, eau, devienne faux en quelque endroit, lorsque nous voulons l'étendre au système : sulfate de potassium, sulfate d'ammonium, eau. Or, l'erreur ne peut évidemment porter sur le nombre des composants indépendants, nombre qui est certainement 3 ; elle ne peut donc porter que sur le nombre des phases ; le nombre des phases en lesquelles le système est partagé lorsque l'équilibre est atteint ne peut être égal à 3 ; il ne peut excéder 2.

D'où provient cette réduction du nombre des phases ?

Le sulfate de potassium et le sulfate d'ammonium sont deux sels isomorphes ; lorsqu'on laisse longtemps, au contact d'une solution aqueuse, des masses de ces deux sels, les cristaux de l'un et les cristaux de l'autre cessent d'être distincts, et l'on finit par n'avoir plus que des cristaux mixtes, renfermant à la fois du sulfate de potassium et du sulfate d'ammonium.

Les expériences de M. Rüdorff, rapprochées des théorèmes de M. J. Willard Gibbs, nous montrent que les cristaux mixtes doivent être comptés non pas pour deux phases, mais pour une seule phase : ces cristaux ne sont donc pas, comme nombre d'auteurs l'ont supposé, de simples mélanges mécaniques, une juxtaposition ou un enchevêtrement de lamelles cristallines de sulfate de potassium et de lamelles cristallines de sulfate d'ammonium ; en eux, les deux sels composants sont physiquement mélangés d'une manière aussi intime qu'au sein de la dissolution aqueuse ; tout volume, si petit soit-il, que l'on peut découper en un de ces cristaux, renferme une certaine quantité de chacun des deux sels ; ces cristaux mixtes, formés par deux corps isomorphes, constituent, selon l'expression créée par M. J. H. van't Hoff à propos d'autres faits, une *solution solide*.

217. Théorie de la solubilité de deux sels isomorphes. — Cette assimilation à une solution solide de cristaux mixtes formés par deux sels isomorphes, conduit à une théorie complète des phénomènes qui se produisent lorsque deux sels isomorphes sont mis en présence de l'eau.

Nous avons, en effet, dans ce cas, un système formé de trois composants indépendants, l'eau 0 et les deux sels 1 et 2 ; ce système est partagé en deux phases, la dissolution liquide dont nous continuerons à désigner par s_1, s_2 les deux concentrations, et les cristaux mixtes C ; ce système est donc *trivariant* ; lorsqu'on se donne seulement la température et la pression, la composition de chacune des deux phases capables de demeurer en équilibre au contact l'une de l'autre n'est point complètement déterminée ; elle devient entièrement déterminée si, à la température et à la pression, on joint une nouvelle donnée, par exemple l'une des concentrations s_1 de la dissolution.

Supposons la pression Π donnée une fois pour toutes et égale, par exemple, à la pression atmosphérique. Toutes les fois que nous donnerons la température T et la première concentration s_1 de la dissolution liquide, la seconde concentration s_2 devra avoir une valeur bien déterminée si l'on veut que la dissolution liquide puisse demeurer en équilibre au contact de cristaux mixtes ; si donc, comme nous l'avons fait au n° **102**, nous portons sur trois axes de coordonnées rectangulaires les valeurs de la température T et des concentrations s_1 s_2, nous trouverons que la température et les concentrations de toute dissolution susceptible de demeurer en équilibre au contact de cristaux mixtes C sont les coordonnées d'un point M situé sur une surface S, conclusion semblable à celle que nous avons obtenue dans le cas où le solide C était un composé chimique de composition définie.

Mais, et c'est en cela que le problème qui nous occupe en ce moment est plus compliqué que le problème traité au n° **102**, la dissolution dont les propriétés (température et concentrations) sont représentées par les coordonnées d'un point M de la surface S ne demeure pas en équilibre au contact de n'importe quels cristaux mixtes; les cristaux mixtes qui peuvent demeurer en équilibre au contact de cette dissolution ont une composition bien déterminée, composition qui varie lorsque le point M vient successivement occuper diverses positions sur la surface S.

Ces principes, conséquences nécessaires des théories de M. Gibbs, ont été particulièrement mis en lumière par M. Bakhuis Roozboom (1) et par ses élèves.

218. Isomorphisme des sulfates de la série magnésienne. Études de M. Stortenbeker. — Les études expérimentales les plus complètes dont cette question ait fait l'objet sont dues à M. Stortenbeker. Elles ont porté sur les phénomènes d'isomorphisme que présentent les divers hydrates des sulfates de la série magnésienne :

$$MgSO^4,$$
$$ZnSO^4,$$
$$FeSO^4,$$
$$CuSO^4,$$
$$MnSO^4,$$
$$CdSO^4.$$

On sait que ces cas d'isomorphisme avaient déjà été étudiés par Mitscherlich.

(1) Bakhuis Roozboom, *Archives néerlandaises des Sciences exactes et naturelles*, t. XXVI, p. 137 ; 1891 — *Zeitschrift für physikalische Chemie*, Bd. VIII, p. 504 ; 1891.

Lorsqu'on dissout dans l'eau deux de ces sulfates, la dissolution peut laisser déposer des cristaux mixtes ; mais, en général, selon la température et la composition de la dissolution, on peut obtenir diverses sortes de cristaux mixtes.

Prenons, par exemple, le cas, si bien étudié par M. Stortenbeker [1], où la dissolution renferme du sulfate de zinc et du sulfate de cuivre ; trois sortes de cristaux mixtes peuvent être obtenues, savoir :

Des cristaux tricliniques (anorthiques) correspondant à la formule $(Zn, Cu) SO^4, 5H^2O$;

Des cristaux monocliniques (clinorhombiques) correspondant à la formule $(Zn, Cu) SO^4, 7H^2O$;

Des cristaux orthorhombiques correspondant à la même formule.

Touchant les surfaces de solubilité de ces cristaux, on pourra répéter tout ce qui a été dit aux nos **103, 104** et **105** au sujet des surfaces de solubilité des sels doubles.

A chaque espèce de cristaux mixtes correspondra une surface de solubilité rapportée aux axes OT, Os_1, Os_2 ; mais certaines parties de cette surface représenteront, en général, des états d'équilibre observables seulement au sein de dissolutions sursaturées par rapport à une autre espèce de cristaux ; si l'on supprime ces parties pour ne garder que la représentation des états d'équilibre d'où toute sursaturation se trouve exclue, on obtiendra un polyèdre à faces courbes présentant autant de faces qu'il y a d'espèces de cristaux mixtes. Les arêtes de ce polyèdre représenteront les dissolutions qui peuvent demeurer en équilibre au contact de deux espèces distinctes de cristaux mixtes.

Pour les mélanges de sulfate de cuivre et de sulfate de zinc, M. Stortenbeker n'a point construit en entier la surface dont nous venons de parler, mais seulement les points de cette surface qui correspondent à la température T = 18°. Dans le système d'axes Os_1, Os_2 (*fig.* 80) où s_1 représente la concentration en sulfate de cuivre et s_2 la concentration en sulfate de zinc, il obtient trois lignes qui se rapportent aux trois espèces de cristaux mixtes. Les parties

[1] Stortenbeker, *Zeitschrift für physikalische Chemie*, Bd. XXII, p. 60 ; 1897.

de ces lignes qui sont tracées en pointillé ne peuvent être observées que grâce à des phénomènes de sursaturation.

On voit qu'à 18°, les cristaux tricliniques à 5 molécules d'eau s'obtiennent tant que la teneur en sulfate de zinc ne dépasse pas une

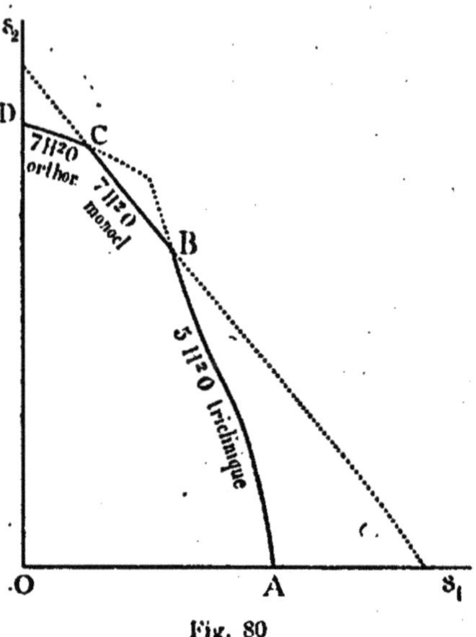

Fig. 80

certaine limite; on obtient ensuite les cristaux clinorhombiques à 7 molécules d'eau; enfin les cristaux orthorhombiques à 7 molécules d'eau ne se déposent qu'au sein de dissolutions très pauvres en sulfate de cuivre.

Les renseignements que donne cette figure ne suffisent pas à nous faire connaître toutes les propriétés qu'offrent à 18° les mélanges isomorphes de sulfate de cuivre et de sulfate de zinc; il nous faut encore connaître la proportion de zinc et de cuivre au sein des cristaux mixtes que laisse déposer la dissolution représentée par chacun des points des diverses lignes tracées en la *fig.* 80. M. Stortenbeker a fait connaître cette proportion; il a construit des courbes qui déterminent, pour la température 18°, la composition des cristaux lorsque l'on connaît la composition de la dissolution qui demeure en équilibre au contact de ces cristaux.

Prenons un nombre de grammes de chaque cristal marqué par son poids moléculaire et déterminons le nombre n d'atomes de cuivre qui s'y trouve contenu. Lorsque nous suivons la ligne AB de A en B, au sein des cristaux tricliniques à 5 molécules d'eau, n varie de 1 à 0,828 ; lorque nous suivons la ligne BC de B en C, au sein des cristaux clinorhombiques à 7 molécules d'eau, n varie de 0,319 à 0,149 ; enfin lorsque nous suivons la ligne CD de C en D, au sein des cristaux orthorhombiques à 7 molécules d'eau, n varie de 0,0197 à 0.

Donc, à une température donnée, et si l'on exclut tout phénomène de sursaturation, les cristaux de chaque espèce que l'on peut obtenir ont une composition qui demeure comprise entre deux limites données ; entre les compositions limites des cristaux de deux espèces différentes, il existe des lacunes ; certaines compositions ne correspondent à aucune espèce de cristaux susceptibles de demeurer en équilibre, à la température considérée, avec une dissolution exempte de toute sursaturation.

Les phénomènes que nous venons de décrire et les courbes qui les représentent changent avec la température. M. Stortenbeker n'a pas suivi, sur l'exemple dont nous venons de traiter, cette influence de la température ; mais il l'a examinée en étudiant les mélanges isomorphes de sulfate de manganèse et de sulfate de cuivre [1].

On peut obtenir, dans ce cas, deux espèces de cristaux mixtes. Des cristaux tricliniques (anorthiques) correspondant à la formule $(Cu, Mn) SO^4, 5 H^2O$ et des cristaux clinorhombiques correspondant à la formule $(Cu, Mn) SO^4, 7 H^2O$.

Prenons pour s_1 la concentration en sulfate de cuivre, pour s_2 la concentration en sufate de manganèse et, à chaque température, traçons les courbes de solubilité des deux espèces de cristaux mixtes, rapportées aux axes s_1Os_2.

A 18°, les courbes de solubilité sont disposées comme l'indique la *fig.* 81 ; en cette figure, les lignes pointillées représentent des dissolutions saturées par rapport à une espèce de cristaux, mais sursaturées par rapport à l'autre.

(1) STORTENBEKER, *Zeitschrift für physikalische Chemie*. Bd XXXIV, p. 111 ; 1900.

Si l'on suppose exclue toute espèce de sursaturation, on voit que les cristaux tricliniques à 5 molécules d'eau sont ceux que l'on obtient soit au contact des dissolutions riches en cuivre, soit au contact des dissolutions riches en manganèse ; seules, des dissolutions d'une composition intermédiaire peuvent fournir des cristaux clinorhombiques à 7 molécules d'eau.

Si l'on définit le nombre n comme dans le cas précédent, on voit que pour les cristaux tricliniques obtenus dans ces conditions, n est compris entre 1 et 0,229 (ce qui correspond à la courbe de solubi-

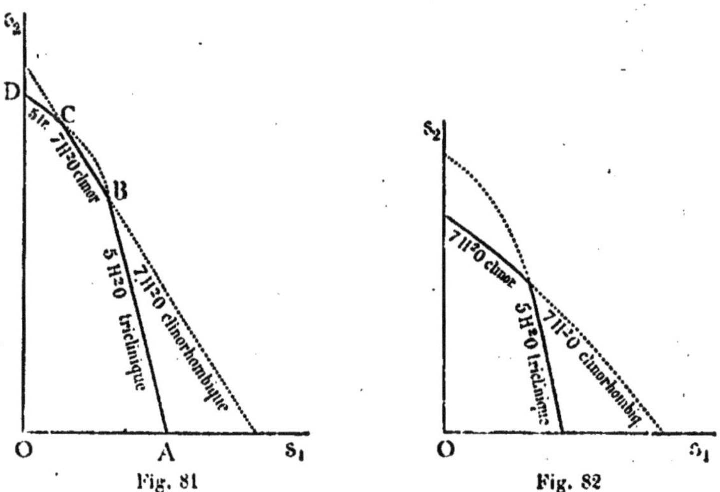

Fig. 81

Fig. 82

lité AB) ou bien entre 0,105 et 0 (ce qui correspond à la courbe de solubilité CD) ; tandis que, pour les cristaux clinorhombiques dont BC est la courbe de solubilité, n est compris entre 0,235 et 0,10.

A 10°, la disposition des courbes de solubilité est celle que représente la *fig.* 82 ; les dissolutions riches en cuivre continuent à donner les cristaux tricliniques à 5 molécules d'eau ; mais les dissolutions riches en manganèse donnent les cristaux clinorhombiques à 7 molécules d'eau.

Au contraire, à 23°, les courbes de solubilité sont disposées comme l'indique la *fig.* 83. Si l'on évite toute sursaturation, une dissolution ne peut rester en équilibre qu'au contact de cristaux tricliniques à 5 molécules d'eau ; les dissolutions saturées par rapport aux cristaux clinorhombiques à 7 molécules d'eau sont sursaturées par rapport aux cristaux précédents.

D'après ces renseignements, il n'est pas malaisé de reconnaître la disposition générale de la surface de solubilité, limitée par le plan

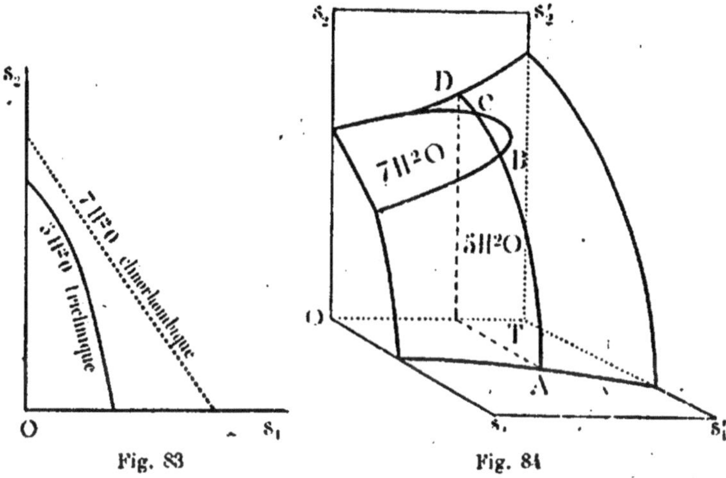

Fig. 83 Fig. 84

s_1Os_2 (*fig.* 84) qui correspond à T = 10° et par le plan $s'_1Ts'_2$, qui correspond à T = 23° ; la ligne ABCD, intersection de la surface par le plan T = 18°, est celle que représente la *fig.* 81.

M. Stortenbeker a encore étudié [1] les cristaux mixtes formés par le sulfate de cadmium et le sulfate ferreux ; par le sulfate de zinc et et le sulfate de magnesium ; par le sulfate de magnesium et le sulfate ferreux ; par le sulfate de cuivre et le sulfate de manganèse ; par le chlorure de cobalt et le chlorure de manganèse ; nous nous bornerons à renvoyer le lecteur à ses beaux mémoires.

210. Dissolutions qui donnent des cristaux mixtes et des composés définis. Études de M. Bakhuis Roozboom et de Retgers. — Il peut arriver qu'une dissolution de deux sels dans l'eau laisse précipiter, selon les circonstances, soit des cristaux mixtes, soit un composé défini tel qu'un

[1] Stortenbeker, *loc. cit.* et *Zeitschrift für physikalische Chemie*, Bd XVI, p. 250 ; 1895 et Bd. XVII. p. 643 ; 1895.

hydrate ou un sel double. La surface de solubilité, rapportée comme précédemment aux axes OT, Os_1, Os_2, se compose de plusieurs domaines ; parmi ces domaines, il en est qui correspondent à un composé défini, sel simple ou sel double ; il en est qui correspondent à des cristaux mixtes ; à chacun des points de ceux-ci répond un cristal mixte de constitution donnée ; mais cette constitution varie selon le point que l'on a choisi.

Un important exemple a été étudié (¹) par M. Bakhuis Roozboom ; il est fourni par les solutions aqueuses de chlorure ferrique et de chlorure d'ammonium. Bien que ces deux sels ne puissent être regardés comme isomorphes, leurs dissolutions peuvent, comme l'avait déjà observé M. Lehmann, fournir des cristaux mixtes; elles peuvent aussi fournir comme précipités des composés définis, savoir l'hydrate $Fe^2Cl^6, 12H^2O$ et le sel double $(AzH^4)^2 FeCl^5, H^2O$.

En la surface de solubilité, chacune de ces sortes de précipités a son domaine ; si l'on coupe la surface de solubilité par un plan perpendiculaire à OT, de manière à obtenir une isotherme, cette isotherme se composera de trois courbes qui représenteront les dissolutions capables de demeurer en équilibre soit au contact de l'hydrate ferrique, soit au contact du sel double, soit enfin au contact des cristaux mixtes.

A la température de 15°, si l'on prend pour coordonnée s_1 la concentration en sel ammoniac et pour coordonnée s_2 la concentration en chlorure ferrique, ces trois courbes offrent la disposition que présente la *fig.* 85. Selon cette disposition, les cristaux mixtes se précipitent au sein des dissolutions riches en sel ammoniac, l'hydrate ferrique au sein des dissolutions

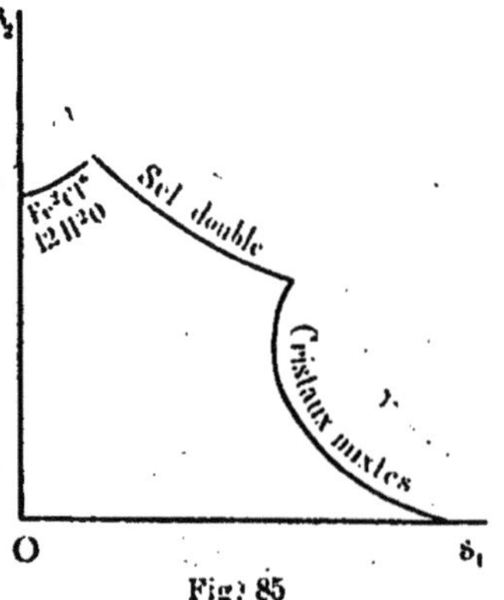

Fig. 85

(¹) Bakhuis Roozboom, *Archives néerlandaises des Sciences exactes et naturelles*, t. XXVII, p. 1; 1892. — *Zeitschrift für physikalische Chemie*, Bd. X, p. 145; 1892. — Mohr, *Zeitschrift für physikalische Chemie*, Bd. XXVII, p. 193; 1898.

très pauvres en sel ammoniac, le sel double au sein des dissolutions de composition intermédiaire.

Retgers, dont les travaux ([1]) ont contribué grandement à accroître nos connaissances touchant l'isomorphisme, a montré que cette propriété de déposer, selon les circonstances, soit des cristaux mixtes, soit un sel double, appartenait très souvent aux solutions de deux sels isomorphes.

Une disposition qui semble fréquemment réalisée est la suivante :

Les dissolutions dont la teneur en sel 2 n'excède pas une certaine limite fournissent des cristaux mixtes isomorphes de ceux que présente le sel 1 à l'état de pureté ; les dissolutions dont la teneur en sel 1 n'excède pas une certaine limite laissent précipiter des cristaux isomorphes du sel 2 ; enfin les dissolutions de composition intermédiaire fournissent un sel double de composition définie.

Ainsi se comportent ([2]) les solutions aqueuses des deux corps

$$K^2SO^4,$$
$$Na^2SO^4.$$

Les solutions riches en sulfate de potassium donnent des cristaux mixtes isomorphes du sulfate de potassium ; les solutions riches en sulfate de sodium donnent des cristaux mixtes isomorphes du sulfate de sodium ; enfin les solutions intermédiaires donnent un sel double dont la formule est

$$3K^2SO^4, Na^2SO^4.$$

Les solutions de carbonate de calcium et de carbonate de magnésium se comportent de même ([3]) ; on peut obtenir :

1° Des cristaux mixtes, isomorphes de la *calcite*, contenant de 0 à 0,025 de carbonate de magnésium ;

2° Des cristaux mixtes, isomorphes de la *magnésite*, contenant de 0 à 0,03 de carbonate de calcium ;

([1]) Ces travaux sont, pour la plupart, insérés au *Zeitschrift für physikalische Chemie*.

([2]) Retgers, *Zeitschrift für physikalische Chemie*, Bd. VI, p. 226 ; 1890.

([3]) Retgers, *Zeitschrift für physikalische Chemie*, Bd. VI, p. 227 ; 1890.

3° Un sel double, la *dolomie*, ayant pour formule

$$CaCO^3, MgCO^3.$$

Retgers a pu, par des considérations de ce genre, rendre compte des particularités que présentent les séries minéralogiques du pyroxène, de l'olivine et de la pyrite (1).

220. Deux sels isomorphes fondus; cas où il se produit une seule espèce de cristaux mixtes. — Nous venons d'étudier la formation des cristaux mixtes au sein d'une dissolution aqueuse qui renferme deux sels isomorphes. A côté de cette génération de cristaux mixtes par voie humide, on peut étudier leur génération par voie sèche; on peut fondre ensemble deux corps isomorphes et étudier les cristaux mixtes que le mélange fournit par congélation; le problème se trouve ainsi fort simplifié, car nous avons affaire non plus à trois, mais seulement à deux composants indépendants.

M. Bakhuis Roozboom a donné (2) une étude théorique très complète des diverses particularités qui se peuvent présenter, et ses disciples ont apporté à cette étude de remarquables confirmations expérimentales; nous nous bornerons ici à l'esquisse de quelques traits essentiels.

Le cas le plus simple qui se puisse présenter est celui où le mélange liquide formé par les corps 1 et 2 ne fournit jamais, quelle que soit sa composition, qu'une seule espèce de cristaux mixtes; au point de vue de la composition, ceux-ci présentent tous les intermédiaires entre les cristaux du corps 1 à l'état de pureté et les cristaux du corps 2 à l'état de pureté.

Nous avons affaire ici à ce que nous avons appelé un *mélange double* (n° **182**); ce mélange double est très comparable à celui que forme un mélange de deux liquides volatils surmonté d'une vapeur mixte; dans les raisonnements relatifs à ce dernier mélange

(1) Retgers, *Annales de l'École Polytechnique de Delft*, tome VI, p. 186; 1891.

(2) Bakhuis Roozboom, *Archives néerlandaises des Sciences exactes et naturelles*, série II, tome III, p. 414; 1900. — *Zeitschrift für physikalische Chemie*, Bd. XXX, p 385 et p. 413; 1900.

double, il suffira presque toujours de remplacer les mots *mélange liquide* et *vapeur mixte* respectivement par les mots *solution solide* et *mélange liquide* pour obtenir la théorie du premier mélange double.

Représentons la composition de chacun de nos deux mélanges comme nous l'avons fait au n° **105** : 1 gramme de solution solide ou liquide renferme X grammes du corps 2 et (1 — X) grammes du corps 1 ; X est variable de 0 à 1 ; X = 0 représente le corps 1 à l'état de pureté ; X = 1 représente le corps 2 à l'état de pureté. Sur l'axe des abscisses, portons cette valeur de X et sur l'axe des ordonnées la valeur T de la température (*fig.* 86). Supposons la pression invariable.

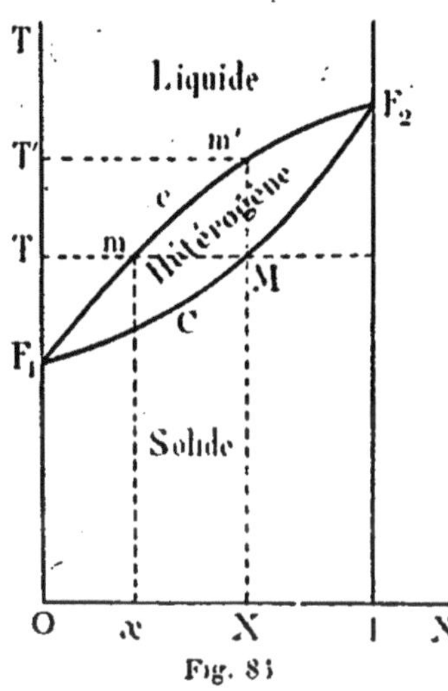

Fig. 86

Prenons une solution solide de composition X et élevons-en graduellement la température ; le point figuratif de l'état du système s'élèvera sur une parallèle XM à OT.

Tant que la température demeurera inférieure à une certaine valeur T, les cristaux n'éprouveront aucune trace de fusion.

Au moment où la température atteindra la valeur T, le point figuratif étant alors en M, on verra apparaître une première goutte liquide, qui n'aura pas forcément la composition X.

La température s'élevant au-dessus de T, le système qui conservera la composition *moyenne* X, sera en partie à l'état de cristaux, en partie à l'état liquide ; ni les cristaux, ni le mélange liquide n'auront la composition X.

Lorsque la température aura atteint une certaine limite T', supérieure à T, le point figuratif étant alors en *m'*, le système aura pris en entier l'état liquide ; le liquide, dont la composition sera assurément X, demeurera homogène aux températures supérieures à T'.

Si l'on fait varier X de 0 à 1, le point M décrit une certaine courbe C ; le point m' décrit une autre courbe c, située en entier au-dessus de la courbe C. Pour $X = 0$, les deux courbes C, c partent d'un même point F_1, dont l'ordonnée OF_1 est le point de fusion du corps F_1 pris à l'état de pureté ; pour $X = 1$, les deux courbes C, c se réunissent en un même point F_2, dont l'ordonnée $1 F_2$ représente la température de fusion du corps 2 pris à l'état de pureté.

Les deux courbes C, c, partagent le plan en trois régions. Lorsque le point figuratif se trouve dans la région située au-dessous de la courbe C, le système est à l'état de solide homogène ; lorsque le point figuratif est au dessus de la courbe c, le système forme un liquide homogène ; lorsque le point figuratif est entre C et c, le système de composition *moyenne* X est en partie à l'état solide, en partie à l'état liquide.

Si nous menons une parallèle TmM à OX, cette ligne rencontrera la courbe C en un point M, d'abscisse X, et la ligne c en un point m, d'abscisse x ; x représente la composition du liquide qui, à la température T, peut demeurer en équilibre au contact des cristaux de composition X.

Selon une opinion assez répandue parmi les chimistes qui ont insuffisamment médité les lois de la Statique chimique, les deux lignes C, c, coïncideraient dans un grand nombre de cas et se réduiraient à une droite joignant les points F_1, F_2. A une température donnée, un mélange fluide de composition donnée fournirait des cristaux de même composition.

M. G. Bruni [1] a fort bien montré que cette opinion était inadmissible. On peut, en effet, aux systèmes que nous étudions, appliquer les théorèmes de Gibbs et de Konovalow (n° **104**) et, en particulier, le premier. Il suffit de substituer aux mots *liquide mixte, vapeur mixte*, les mots *cristaux mixtes, liquide mixte.*

Si, à une certaine température, les cristaux mixtes peuvent demeurer en équilibre au contact d'un mélange liquide de même composition, à cette température les deux courbes C, c ont un point

[1] G. Bruni, *Rendiconti dell' Accademia dei Lincei*, vol. VII, p. 138 et p. 347 ; 1898.

commun ; elles doivent aussi, en vertu du théorème indiqué, avoir une tangente commune parallèle à OX. Si donc la composition du liquide qui peut demeurer en équilibre au contact des cristaux mixtes était toujours identique à celle de ces cristaux, non seulement les deux courbes C, *c* seraient confondues, mais leur tangente commune serait constamment parallèle à OX ; les deux courbes se réduiraient donc à une même droite parallèle à OX. Pour que cela fût possible, il faudrait que les deux corps 1 et 2 eussent même point de fusion et qu'il en fût de même de tous les cristaux mixtes qu'ils peuvent engendrer. De ce dernier cas, nous trouverons un exemple au n° **230**.

Cela ne veut pas dire que les deux courbes C et *c* ne puissent pas avoir, dans certains cas, un point commun I ; à la température Θ, qui sert d'abscisse au point I, les cristaux mixtes peuvent demeurer en équilibre au contact d'un mélange liquide de même composition, en sorte que cet état d'équilibre est indifférent. Au point indifférent I, les deux courbes admettent une tangente commune parallèle à OX ; ce point est donc, pour les deux courbes, un point d'ordonnée maximum ou un point d'ordonnée minimum.

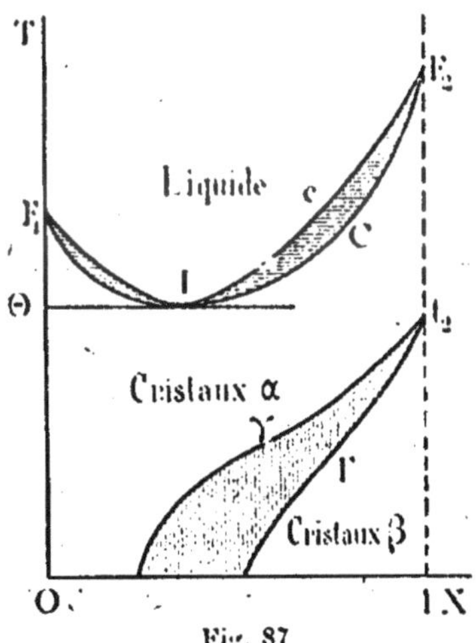

Fig. 87

Un exemple très net de ce dernier cas nous est fourni par les mélanges de bromure de mercure et d'iodure de mercure étudiés par M. Reinders [1].

Les mélanges liquides formés par le bromure de mercure et l'iodure de mercure fondus fournissent par refroidissement une seule espèce de cristaux mixtes ; ce sont des cristaux orthorhombiques isomorphes de l'iodure de mercure jaune.

[1] Reinders, *Zeitschrift für physikalische Chemie*, Bd. XXXII, p. 494 ; 1900.

Désignons par 1 le bromure de mercure et par 2 l'iodure de mercure.

A la valeur $X = 0$, correspond le point F_1 (*fig.* 87) dont l'ordonnée OF_1 est la température de fusion du bromure de mercure, c'est-à-dire 236° ; de ce point partent les deux courbes C, *c*, qui aboutissent au point F_2, d'abscisse $X = 1$, d'ordonnée OF_2 égale à la température de fusion de l'iodure jaune de mercure, c'est-à-dire à 255° ; les deux courbes C, *c*, se touchent en un point indifférent I d'ordonnée minimum ; $\theta = 216°,1$ est l'ordonnée de ce point ; à cette température, les cristaux mixtes ont même composition que le liquide dont ils sont surmontés ; ils contiennent 0,59 de molécule de bromure de mercure et 0,41 de molécule d'iodure de mercure.

221. Cas où il peut se former deux espèces de cristaux mixtes. — Dans un grand nombre de cas, deux substances isomorphes sont *isodimorphes* ; elles peuvent donner naissance à deux espèces différentes de cristaux mixtes, que nous désignerons alors par les indices α et β.

Touchant la transformation des cristaux mixtes β en cristaux mixtes α, on peut répéter presque textuellement ce que nous avons dit de la transformation des cristaux mixtes en un mélange liquide.

Prenons une valeur de X correspondant à une composition donnée et supposons que, pour cette composition, les cristaux β soient en équilibre véritable à basse température.

Si nous élevons graduellement la température de cristaux mixtes β dont X est la composition, ces cristaux demeureront inaltérés tant que la température restera inférieure à τ ; la température surpassant τ, ils commenceront à se transformer en cristaux α ; tant que la température demeurera comprise entre τ et τ', le système de composition moyenne X se composera de cristaux mixtes β et de cristaux mixtes α ayant, les uns et les autres, une composition différente de X ; enfin, lorsque la température surpassera τ', le système sera en entier à l'état de cristaux α.

Soient $\mathcal{M}$ le point d'abscisse X et d'ordonnée τ et μ' le point d'abscisse X et d'ordonnée τ'. Lorsque X varie, le point $\mathcal{M}$ décrit une courbe Γ et le point μ' décrit une courbe γ. Les points du plan situés au dessous de la courbe Γ représentent des états où le système est homogène sous la forme de cristaux β ; les points du plan situé au dessus de la courbe γ représentent des états où le système est homogène sous la forme de cristaux α ; enfin les points situés entre les deux courbes Γ et γ représentent des états hétérogènes où le système est formé de cristaux α et de cristaux β.

Les mélanges de bromure de mercure et d'iodure de mercure, étudiés par M. Reinders, nous fournissent encore un exemple très simple de ces propositions.

On sait que lorsque l'on abaisse la température jusqu'à 126° environ, l'iodure jaune de mercure se transforme en iodure rouge ; de même par un abaissement de température, les cristaux mixtes d'iodure et de bromure de mercure, qui sont isomorphes de l'iodure jaune et qui jouent ici le rôle de cristaux α, se transforment en cristaux mixtes isomorphes de l'iodure rouge et jouant le rôle de cristaux β.

M. Reinders a tracé, pour ces cristaux, les courbes Γ, γ, qui sont marquées en la *fig.* 87. Ces deux courbes se rejoignent pour $X = 1$ en un point t_2 dont l'ordonnée $1\,t_2$ est égale à la température de transformation de l'iodure jaune de mercure en iodure rouge, c'est à dire à 126°. Ces deux courbes ne se prolongent pas jusqu'à la ligne OT ou $X = 0$; en effet, à partir d'une certaine teneur en bromure de mercure, on n'observe plus que les cristaux mixtes α.

Sur la *fig.* 87, les régions couvertes de hachures correspondent à des états hétérogènes du système ; en la région couverte de hachures parallèles à OX, le système est formé de liquide et de cristaux mixtes α ; en la région couverte de hachures parallèles à OT, le système se compose de cristaux α et de cristaux β.

222. Les deux espèces de cristaux mixtes peuvent être fournies par le mélange liquide. Cas du point de transition. — Dans le cas que nous venons d'examiner, la transformation des cristaux α en cristaux β se produit à des températures trop basses pour que le mélange liquide soit observable ; le liquide ne peut donc laisser déposer que les seuls cristaux α, ce qui simplifie l'étude des phénomènes.

Dans un grand nombre de cas, il en est tout autrement ; le mélange liquide peut, selon les circonstances, fournir soit des cristaux α_1, soit des cristaux α_2 ; des cristaux α_1 s'il contient une forte proportion du corps 1, cas auquel X y a une valeur voisine de 0 ; des cristaux α_2 s'il contient une forte proportion du corps 2, cas auquel X y a une valeur voisine de 1.

Considérons, par exemple, un mélange liquide obtenu en fondant ensemble du nitrate d'argent et du nitrate de sodium, mélange qui a été étudié par M. Hissink [1] ; attribuons l'indice 1 au nitrate d'argent et l'indice 2 au nitrate de sodium.

Les mélanges liquides riches en nitrate d'argent (X voisin de 0) fournissent des cristaux mixtes α_1, qui sont des cristaux hexagonaux, isomorphes de ceux que fournit, à son point de congélation, le nitrate d'argent pur en fusion.

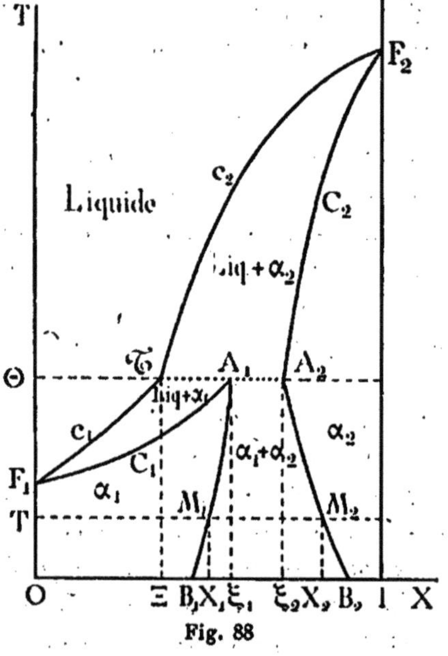

Fig. 88

Les mélanges liquides riches en nitrate de sodium (X voisin de 1) cristallisent en cristaux mixtes α_2, qui sont aussi des cristaux hexagonaux, mais de paramètres autres que les précédents ; ces cristaux sont isomorphes de ceux que le nitrate de sodium, fondu à l'état de pureté, fournit à son point de congélation.

A chacune des deux espèces de cristaux mixtes correspond une courbe ; ces deux courbes sont respectivement analogues à celles que nous avons nommées C et c (n° **220**) ; nous nommerons C_1, c_1, les deux courbes

(1) Hissink, *Zeitschrift für physikalische Chemie*, Bd. XXXII, p. 537 ; 1900.

qui se rapportent aux cristaux α_1 ; C_2, c_2, les deux courbes qui se rapportent aux cristaux α_2.

Les courbes c_1, c_2 ont l'aspect que représente la *fig.* 88. La ligne c_1 monte de gauche à droite à partir du point F_1 dont l'ordonnée $OF_1 = 208°,6$ est le point de congélation du nitrate d'argent pur. La ligne c_2 descend de droite à gauche à partir du point F_2 dont l'ordonnée $1 F_2 = 308°$ est le point de congélation du nitrate de sodium pur.

Ces deux courbes se rencontrent en un point $\mathfrak{T}$, d'ordonnée $O\Theta = 217°,5$.

Lors donc que la température de congélation croît de $OF_1 = 208°,6$ à $O\Theta = 217°,5$, le liquide mixte laisse déposer des cristaux mixtes d'espèce α_1 ; lorsque, dépassant $O\Theta = 217°,5$, la température de congélation croît jusqu'à $1 F_2 = 308°$, le liquide fournit des cristaux mixtes d'espèce α_2. On peut dire que la température Θ est une *température de transition* et que le point $\mathfrak{T}$, commun aux deux courbes c_1, c_2, est un *point de transition*.

La courbe C_1, issue du point F_1, monte de gauche à droite jusqu'au point A_1, d'ordonnée $O\Theta$, en demeurant au dessous, et partant à droite, de la ligne c_1 ; la courbe c_2, issue du point F_2, descend de droite à gauche jusqu'au point A_2, d'ordonnée $O\Theta$, en demeurant au dessous, et partant à droite, de la ligne c_2 ; enfin le point A_2 est à droite du point A_1.

Si nous désignons par Ξ, ξ_1, ξ_2, les abscisses des points $\mathfrak{T}$, A_1, A_2, nous avons

$$\Xi < \xi_1 < \xi_2.$$

A la température Θ, ordonnée du point $\mathfrak{T}$, un même liquide, de composition Ξ, peut demeurer en équilibre soit au contact de cristaux mixtes α_1, de composition ξ_1, soit au contact de cristaux mixtes α_2, de composition ξ_2 ; les principes de la thermodynamique montrent alors qu'à la température Θ, des cristaux α_1, de composition ξ_1, et des cristaux α_2, de composition ξ_2, placés en présence les uns des autres, demeurent en équilibre ; d · là découle une propriété importante des points A_1, A_2.

Prenons une température T, inférieure à Θ. A cette température, on peut observer des cristaux mixtes α_1 qui demeurent en équilibre au contact de cristaux mixtes α_2 ; il suffit pour cela que les cristaux mixtes α_1 aient une composition $X = \chi_1$ et que les cristaux mixtes α_2 aient une composition $X = \chi_2$, χ_2 étant supérieur à χ_1.

Soient M_1 le point de coordonnées (χ_1, T), M_2 le point de coordonnées (χ_2, T) ; lorsqu'on fait varier la température T en la maintenant inférieure à θ, le point M_1 décrit une ligne B_1M_1 et le point M_2 décrit une ligne B_2M_2.

D'après les propriétés que nous avons reconnues aux points A_1, A_2, la ligne B_1M_1 passe au point A_1 et la ligne B_2M_2 passe au point A_2.

Il est aisé maintenant de reconnaître les propriétés que présente le système lorsque l'on connaît la position de son point figuratif (X, T).

Si le point figuratif est au dessus des lignes c_1, c_2, le système es à l'état *homogène liquide.*

Si le point figuratif est dans la région $OF_1A_1B_1$ du plan, le système est formé de *cristaux mixtes homogènes d'espèce* α_1.

Si le point figuratif est dans la région $F_2A_2B_2 1$, le système est formé de *cristaux homogènes d'espèce* α_2.

Si le point figuratif ne se trouve dans aucune de ces trois régions, le système de composition *moyenne* X est *hétérogène.*

Il est formé de *liquide* et de *cristaux* α_1, si le point figuratif est dans le triangle $\mathfrak{E}F_1A_1$; de *liquide* et de *cristaux* α_2, si le point figuratif est dans le triangle $\mathfrak{E}F_2A_2$; de *cristaux* α_1 et de *cristaux* α_2, si le point figuratif est dans la région $B_1A_1B_2A_2$.

223. Cas du point d'eutexie. — La disposition que nous venons d'étudier n'est pas la seule que l'on puisse rencontrer ; les mélanges de nitrate de sodium et de nitrate de potassium, étudiés également par M. Hissink, en présentent une autre.

Attribuons ici l'indice 1 au nitrate de sodium et l'indice 2 au nitrate de potassium.

Les mélanges riches en nitrate de sodium fournissent des cristaux mixtes α_1 qui sont des cristaux hexagonaux, isomorphes des cristaux désignés par α_2 au n° précédent. Les mélanges riches en nitrate de potassium fournissent des cristaux mixtes α_2, qui sont orthorhombiques.

Issue du point F_1, dont l'ordonnée $OF_1 = 308°$ est le point de congélation du nitrate de sodium pur, la courbe c_1 descend constamment de gauche à droite (*fig.* 89) ; issue du point F_2, dont l'ordonnée $1 F_2 = 337°$ est le point de congélation du nitrate de potassium pur, la ligne c_2 descend constamment de droite à gauche.

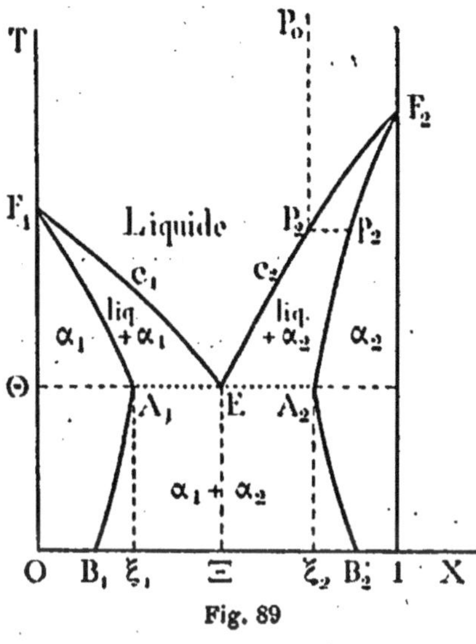

Fig. 89

Ces deux courbes se rencontrent en un point E, dont l'ordonnée $O\theta = 218°$ est inférieure aux températures de fusion du nitrate de sodium pur et du nitrate de potassium pur ; Ξ est l'abscisse du point E.

Les deux courbes C_1, C_2, issues respectivement des points F_1, F_2, descendent jusqu'aux points A_1, A_2, qui ont pour ordonnée commune $O\theta$; ξ_1 est l'abscisse du point A_1, ξ_2 est l'abscisse du point A_2, et l'on a forcément

$$\xi_1 < \Xi < \xi_2.$$

Voici les propriétés remarquables qu'entraîne une telle disposition :

Prenons, à une température suffisamment élevée, un mélange liquide des corps 1 et 2 et supposons, pour fixer les idées, que la composition de ce mélange corresponde à une valeur de X supérieure à Ξ. Le point figuratif est en P_0. Abaissons graduellement la température du système.

Tant que cette température demeurera supérieure à une certaine limite, le mélange restera liquide et ce liquide aura une composition invariable : le point figuratif de l'état du *liquide* suivra la ligne P_0P_2, parallèle à TO.

Il parviendra ainsi au point P_2, situé sur la ligne c_2 ; à ce moment, des cristaux mixtes de forme α_2 commenceront à se déposer ; pour obtenir le point figuratif p_2 de l'état de ces cristaux, il suffira, par le point P_2, de mener une parallèle à OX jusqu'à sa rencontre avec la courbe C_2. Ces cristaux étant plus riches en nitrate de potassium que le liquide d'où ils sont issus, leur précipitation fait décroître dans le liquide la valeur de X ; le point figuratif de l'état du liquide se déplace vers la gauche ; si le refroidissement est suffisamment lent pour que l'équilibre soit à chaque instant établi entre le liquide et les cristaux mixtes, le point figuratif de l'état du liquide descend la ligne c_1 et parvient jusqu'au point E.

Prenons, au point E, ce liquide dont Θ est la température et dont Ξ est la composition.

Aussitôt que nous abaissons au dessous de Θ la température d'un système dont la composition moyenne est Ξ, ce système doit former un mélange hétérogène constitué par des cristaux mixtes α_1 de composition ξ_1 et par des cristaux mixtes α_2 de composition ξ_2 ; donc, si nous continuons à refroidir notre liquide, il va se prendre en masse pour fournir un tel mélange solide ; ce mélange se produit de la même manière que les *mélanges eutectiques* étudiés au n° **207** ; comme eux, il a une composition moyenne déterminée ; comme eux, il est un mélange hétérogène de deux sortes de cristaux ; seulement ces cristaux, au lieu d'être des espèces chimiques déterminées, sont des cristaux mixtes ; chacun des deux espèces de cristaux mixtes que renferme le mélange eutectique a, d'ailleurs, une composition fixe.

Nous serions arrivés à des conclusions analogues en prenant au début un liquide dont la composition aurait correspondu à une valeur de X inférieure à Ξ.

Nous dirons dans le cas actuel que le point E est un *point d'eutexie.*

Dans le cas étudié par M. Hissink, le mélange eutectique obtenu à 218° avait sensiblement pour formule chimique :

$$0{,}507\,\mathrm{K\,Az\,O^3} + 0{,}493\,\mathrm{Na\,Az\,O^3}.$$

Il était formé par un conglomérat de cristaux α_1 ayant pour formule

$$0,24 \, KAzO^3 + 0,76 \, NaAzO^3$$

et de cristaux α_2 ayant pour formule

$$0,85 \, KAzO^3 + 0,15 \, NaAzO^3.$$

224. Corps isotrimorphes et isotétramorphes ; études de M. Hissink et de M. van Eyk. — Le nitrate d'argent et le nitrate de sodium, étudiés par M. Hissink, sont des corps *isotrimorphes ;* outre les cristaux α_1 et les cristaux α_2 dont il a été question au n° **222** et qui peuvent coexister avec le liquide, on peut observer d'autres cristaux mixtes β_1 à des températures où le liquide ne peut exister.

Le nitrate d'argent pur, hexagonal aux températures supérieures à 159°,5, est orthorhombique aux températures inférieures à 159°,5 ; les cristaux mixtes α_1 sont isomorphes du nitrate d'argent hexagonal ; les cristaux mixtes β_1 sont isomorphes du nitrate d'argent orthorhombique.

Ces cristaux mixtes β_1 prennent naissance, par un abaissement suffisant de température, aux dépens de cristaux mixtes α_1 très riches en nitrate d'argent.

On peut, pour la transformation des cristaux α_1 en cristaux β_1, construire les courbes Γ_1, γ_1 (*fig.* 90) analogues aux courbes Γ, γ dont il a été question au n° **221**.

Ces courbes sont issues du point τ_1 dont l'abscisse est $X = 0$ et dont l'ordonnée $O\tau_1 = 159°,5$ est la température de transformation des cristaux de nitrate d'argent pur. Elles descendent toutes deux de gauche à droite.

La ligne γ_1 rencontre la ligne A_1B_1 en un point B_1, d'ordonnée $O\theta_1 = 138°$; à cette ordonnée correspond un point D_1 sur la ligne Γ_1. Le point D_1 est un point d'*eutexie* ; par abaissement de température, les cristaux α_1 s'y transforment en un mélange de cristaux β_1 et α_2.

A la température 138°, les cristaux α_1 dont la composition est

$X = \theta_1 B_1$ demeurent en équilibre au contact des cristaux β_1 dont la composition est $X = \theta_1 D_1$; ils demeurent aussi en équilibre au contact des cristaux α_2 dont la composition est $X = \theta_1 B_2$; la thermody-

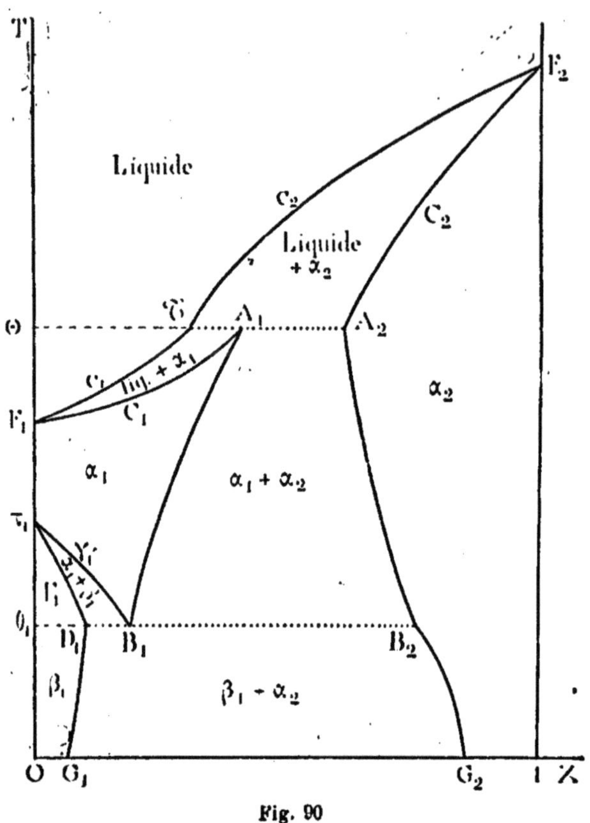

Fig. 90

namique en conclut sans peine que les cristaux β_1 et α_2 dont nous venons de marquer la composition demeurent en équilibre à 138°, au contact les uns des autres.

Aux températures inférieures à 138°, on peut observer des états d'équilibre entre les cristaux β_1 et α_2. Les deux points qui figuren les cristaux mixtes β_1 et α_2 capables de demeurer en contact à une température donnée ont pour lieux deux courbes. D'après ce que nous venons de dire, la première de ces deux courbes, G_1D_1, vient passer au point D_1 et la seconde, G_2B_2, aboutit au point B_2.

On obtient ainsi des courbes dont la *fig.* 90 marque la disposition ; en cette figure, l'échelle n'est pas conservée.

Les admirables recherches de M. van Eyk (¹) sur les mélanges de

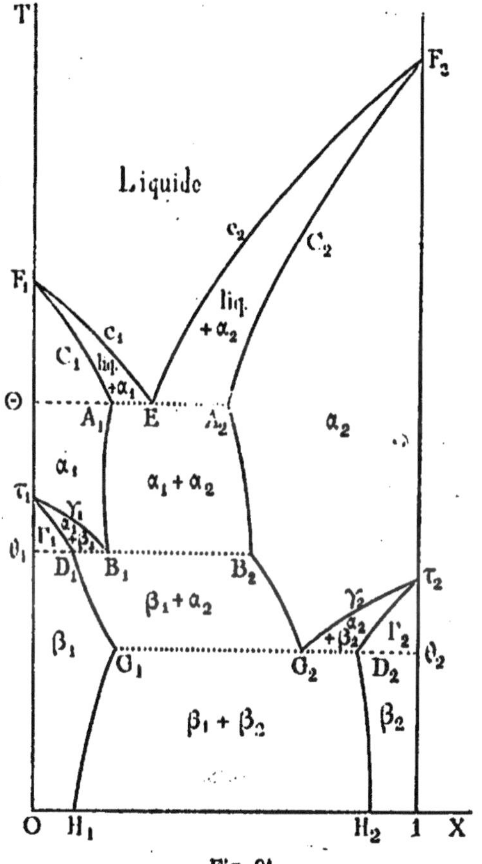

Fig. 91

nitrate de potassium et de nitrate de thallium ont démêlé un cas encore plus compliqué, car les deux sels considérés sont *isotétra-*

(¹) Van Eyk, *Zeitschrift für physikalische Chemie*, Bd. XXX, p. 430 ; 1899. — *Archives néerlandaises des Sciences exactes et naturelles*, série II, t. IV, p. 118 ; 1901.

morphes; la *fig.* 91, où l'on a pris pour corps 1 le nitrate de thallium et pour corps 2 le nitrate de potassium, et où l'échelle n'a pas été conservée, résume les résultats de ces recherches.

Le liquide peut coexister avec des cristaux α_1, s'il est riche en nitrate de thallium et avec des cristaux α_2 s'il est riche en nitrate de potassium ; les cristaux α_1 et les cristaux α_2 appartiennent également au système hexagonal, mais ne sont pas isomorphes entre eux.

A la congélation en cristaux α_1, correspondent les courbes c_1, C_1, qui partent du point F_1, où $OF_1 = 206°$, et descendent de gauche à droite ; à la congélation en cristaux α_2, correspondent les courbes c_2, C_2, qui partent du point F_2, d'ordonnée 339°, et descendent de droite à gauche.

Les lignes c_1, c_2 se rejoignent au point E. point d'eutexie qui correspond à la température $O\Theta = 182°$.

A température plus basse, les cristaux α_1 se transforment en cristaux β_1 qui sont orthorhombiques ; à cette transformation correspondent les courbes γ_1, Γ_1, qui partent du point τ_1, d'ordonnée 144°,3, et descendent de gauche à droite jusqu'aux points B_1, D_1. d'ordonnée commune $O\theta_1 = 133°$.

La température baissant encore, les cristaux α_2 se transforment en cristaux β_2 qui sont orthorhombiques. A cette transformation, correspondent les courbes γ_2, Γ_2 ; issues du point τ_2, dont l'ordonnée est 129°,5, ces courbes descendent de droite à gauche jusqu'aux points D_2, G_2, d'ordonnée commune 108°,5.

Ces cas si compliqués, ramenés à des représentations si claires et si parlantes, sont bien propres à faire ressortir l'importance des règles de la thermodynamique dans l'étude de l'isomorphisme.

QUATORZIÈME LEÇON

—

LES CRISTAUX MIXTES (*suite*). — LES ANTIPODES OPTIQUES. LES ALLIAGES MÉTALLIQUES.

I. LES ANTIPODES OPTIQUES

225. Les cristaux mixtes ne se limitent pas aux mélanges de corps isomorphes. Leur fréquence en chimie organique. — Les cristaux mixtes se rencontrent d'une manière constante lorsque l'on fait cristalliser ensemble deux corps de formules chimiques semblables, isomorphes au sens que Mitscherlich donnait à ce mot. Mais fréquemment aussi des substances que ne rapprochent point leurs formules chimiques se montrent capables de former des cristaux mixtes. Ainsi, au nº **219**, nous avons vu le chlorure ferrique former des cristaux mixtes avec le chlorure d'ammonium. Les faits de ce genre montrent qu'il convient d'être prudent lorsqu'on fait usage de la loi de Mitscherlich dans l'appréciation des analogies chimiques ; la propriété de donner des cristaux mixtes accompagne souvent la similitude des formules chimiques, mais elle peut se rencontrer alors que cette similitude fait défaut.

Les composés de la chimie organique, et particulièrement les corps de la série aromatique, sont, dans un très grand nombre de cas, susceptibles de former deux à deux des cristaux mixtes. Cette propriété est souvent corrélative d'un véritable isomorphisme cristallographique ; c'est ce qui a lieu, par exemple, pour l'azobenzol et le stilbène, étudiés à ce point de vue par M. G. Bruni [1]. D'ailleurs, les formules de ces deux corps

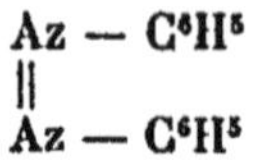

$$\begin{array}{l} Az - C^6H^5 \\ \| \\ Az - C^6H^5 \end{array} \qquad\qquad \begin{array}{l} HC - C^6H^5 \\ \| \\ HC - C^6H^5 \end{array}$$

azobenzol 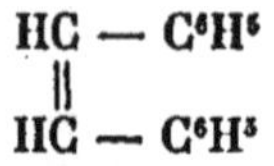 — stilbène

peuvent être regardées comme analogues, en sorte que nous nous trouvons en présence d'un cas d'isomorphisme complet, au sens que Mitscherlich donnait à ce mot.

Dans d'autres cas, il est plus difficile d'admettre une analogie entre les formules chimiques de corps qui se mélangent en cristallisant ; c'est ainsi [2] que le carbazol et l'anthracène forment l'un et l'autre des cristaux mixtes avec le phénanthrène, bien que les formules chimiques de ces trois corps

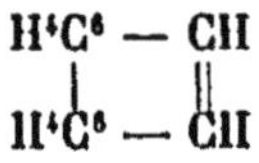

$$\begin{array}{l} H^4C^6 - CH \\ \;\;|\qquad\;\; \| \\ H^4C^6 - CH \end{array} \qquad \begin{array}{c} CH \\ H^4C^6 \; | \; C^6H^4 \\ CH \end{array} \qquad \begin{array}{l} H^4C^6 \\ \;|\quad \searrow \\ \;|\quad\;\; AzH \\ \;|\quad \swarrow \\ H^4C^6 \end{array}$$

phénanthrène 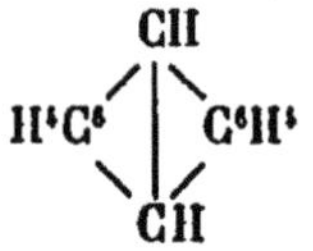 — anthracène 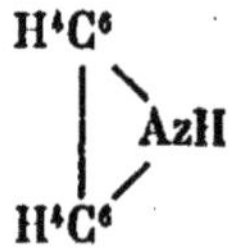 — carbazol

puissent être difficilement regardées comme analogues.

L'absence d'analogie est encore bien plus frappante entre la naphtaline et l'acide monochloracétique, dont les mélanges ont été étudiés par M. Cady [3]. Au sein de ces mélanges, il se forme deux espèces de cristaux mixtes ; les uns, riches en naphtaline, sont isomorphes des cristaux de naphtaline pure ; les autres, riches en acide monochloracétique, sont isomorphes de ceux que fournit cet acide pris isolément.

Les phénomènes observés ont la même allure que ceux qui ont été décrits au nº **223**. Il peut se former un conglomérat eutectique, dont la composition moyenne est fixe, et qui est composé de deux espèces de cristaux mixtes.

(1) G. Bruni, *Rendiconti dell' Accademia dei Lincei*, vol. VIII, p. 570 ; 1899.
(2) G. Bruni, *Rendiconti dell' Accademia dei Lincei*, vol. VII, p. 138 ; 1898.
(3) Cady, *Journal of physical Chemistry*, t. III, p. 127 ; 1899.

La chimie organique fournit d'innombrables exemples de cristaux mixtes dont plusieurs ont déjà été étudiés par M. Küster, M. Garelli, M. Bruni et divers autres observateurs.

226. Antipodes optiques. Corps inactifs auxquels ils peuvent donner naissance. — La notion de cristal mixte prend une grande importance dans les discussions relatives aux propriétés des corps doués de pouvoir rotatoire, discussions essentielles au progrès des doctrines stéréochimiques.

Tout le monde connait les travaux de Pasteur sur les acides tartriques et les tartrates.

Il existe deux acides tartriques qui possèdent exactement les mêmes propriétés physiques et chimiques, sauf une ; les dissolutions du premier possèdent un certain pouvoir rotatoire *dextrorsum* ; les dissolutions du second possèdent exactement le même pouvoir rotatoire, mais *sinistrorsum*. Le premier est l'acide *droit*, le second est l'acide *gauche*.

Les cristaux que fournit l'acide droit ne possèdent pas le pouvoir rotatoire, mais ils sont frappés d'*hémiédrie non superposable ou hémiédrie plagière* ; le cristal n'est pas superposable à son image dans un miroir.

L'acide gauche fournit également des cristaux sans action sur la lumière polarisée et frappés d'hémiédrie plagièdre. *Un cristal gauche est superposable à l'image d'un cristal droit dans un miroir et réciproquement.*

En figurant chaque atome de carbone quadrivalent sous la forme d'un tétraèdre régulier, la notation stéréochimique attribue à ces deux acides deux formules distinctes comme les cristaux qu'ils fournissent. La formule de l'acide droit n'est pas superposable à son image dans un miroir, mais en se reflétant dans un miroir, elle reproduit la formule de l'acide gauche.

Ces deux acides ont un *isomère*, l'*acide inactif*, dont les dissolutions sont sans action sur la lumière polarisée ; les cristaux qu'il ournit sont *holoèdres* ; chacun d'eux est superposable à son image vue dans un miroir ; à cet acide inactif, la stéréochimie attribue une formule qui se reproduit, identique à elle-même, par réflexion dans un miroir plan ; aucune réaction ne dédouble cet acide en acide droit et acide gauche.

En se combinant molécule à molécule, l'acide tartrique droit et l'acide tartrique gauche forment un *polymère*, l'*acide racémique*. L'acide racémique, dont la formule stéréochimique est alors superposable à son image dans un miroir, donne des cristaux holoédriques doués de la même propriété ; en le dissolvant, on obtient un liquide dénué de pouvoir rotatoire.

Ces propriétés ne sont pas particulières aux acides tartriques et aux tartrates ; un grand nombre de composés organiques les possèdent également.

Un tel composé présente deux variétés isomériques qui offrent exactement les mêmes propriétés physiques et chimiques, sauf une ; la variété *droite*, à l'état de fusion ou de dissolution, possède un pouvoir rotatoire dextrorsum ; la variété *gauche* possède exactement le même pouvoir rotatoire, mais sinistrorsum. Les cristaux des deux variétés sont frappés d'hémiédrie plagièdre ; les cristaux de la variété droite, en se reflétant dans un miroir, reproduisent les cristaux de la variété gauche et inversement. Ces cristaux sont, en général, dénués de pouvoir rotatoire ; lorsqu'ils en sont doués, les cristaux droits et les cristaux gauches ont des pouvoirs rotatoires égaux, mais de sens contraires. A ces deux isomères, la notation stéréochimique attribue des formules différentes ; l'une de ces formules est l'image de l'autre dans un miroir. On dit que ces deux corps isomères sont *enantiomorphes* ou bien encore qu'ils sont *antipodes optiques* l'un de l'autre.

Souvent, à ces deux antipodes optiques, il y a lieu d'adjoindre un troisième *isomère inactif;* dénué de pouvoir rotatoire en tous ces états, cet isomère inactif fournit des cristaux holoèdres ; la stéréochimie lui attribue une formule qui se reproduit, identique à elle-même, par réflexion dans un miroir.

Dans un grand nombre de cas, une molécule de l'isomère droit peut se combiner avec une molécule de l'isomère gauche pour former un polymère qui est sans action sur la lumière polarisée et qui donne des cristaux holoèdres ; par analogie avec l'acide racémique et les racémates, qui sont ainsi formés, on donne à ce polymère le nom de *combinaison racémique.*

La combinaison racémique n'est pas le seul corps solide qui, en fondant ou se dissolvant, fournisse un liquide *inactif par compensation.* La même propriété appartient à un mélange de cristaux droits et de cristaux gauches où ces deux espèces de cristaux figurent en quantités égales. Elle appartient également aux cristaux mixtes que les deux variétés droite et gauche sont souvent susceptibles de fournir, lorsque ces deux variétés figurent en même proportion dans ces cristaux mixtes.

Non seulement les deux antipodes optiques peuvent fournir des cristaux mixtes, mais il arrive encore que chacun d'eux peut fournir des cristaux mixtes avec l'isomère inactif. Ainsi M. Fock [1] a fait la curieuse observation que voici :

L'acide pinonique (*pinonsaüre*) inactif, qui est orthorhombique, forme soit avec l'acide pinonique droit, soit avec l'acide pinonique gauche, des cristaux mixtes orthorhombiques. Il forme aussi, avec l'acide pinonique droit, des cristaux mixtes quadratiques, frappés d'hémiédrie plagièdre, et rigoureusement isomorphes des cristaux que donne l'acide pinonique droit lorsqu'il est isolé. Enfin, il donne, avec l'acide pinonique gauche, des cristaux mixtes symétriques des précédents.

Une combinaison racémique peut peut-être fournir des cristaux mixtes avec chacun des deux antipodes optiques, bien que jusqu'ici, le fait n'ait pas été constaté avec certitude.

227. Congélation du mélange de deux antipodes optiques. — Supposons que deux corps, antipodes optiques l'un de l'autre, soient fondus et mêlés ensemble. Étudions le point de congélation de ce mélange et la nature du précipité obtenu.

Pour marquer la composition du mélange liquide ou, s'il y a lieu, du précipité obtenu, nous porterons sur l'axe des abscisses la masse X de l'antipode gauche que renferme l'unité de masse du mélange ; (1 — X) sera la masse de l'antipode droit qui lui est adjointe. Sur l'axe des ordonnées, nous porterons la température T.

[1] Fock, *Zeitschrift für Krystallographie*, Bd. XXXI, p. 479 ; 1899.

Les deux antipodes droit et gauche ont exactement les mêmes propriétés physiques ; si donc le mélange liquide qui contient X grammes de l'antipode gauche et $(1 - X)$ grammes de l'antipode droit présente un certain point de congélation, le mélange liquide qui contient X grammes de l'antipode droit et $(1 - X)$ grammes de l'antipode gauche devra présenter identiquement le même point de congélation. La courbe des points de congélation sera donc symétrique par rapport à la ligne $X = \frac{1}{2}$.

Si le système peut fournir des cristaux mixtes, la courbe de congélation de ces cristaux présentera le même axe de symétrie.

228. La congélation du mélange ne fournit ni composé racémique, ni cristaux mixtes. — Ce cas est le plus simple.

Les mélanges riches en antipode droit laissent déposer des cristaux qui renferment exclusivement cet antipode droit ; le phénomène peut être de tout point comparé à la formation de la glace au sein d'une solution saline. Le point de congélation est d'autant plus bas que la richesse du mélange liquide en antipode gauche est plus grande.

La courbe de congélation des cristaux droits (*fig.* 92) part du point F_1, point de fusion des cristaux droits à l'état de pureté, et descend de gauche à droite. La courbe de congélation des cristaux gauches part du point F_2, point de fusion des cristaux gauches à l'état de pureté ; les deux points F_1, F_2 ont la même ordonnée égale à la température de fusion commune des cristaux droits et des cristaux gauches.

Ces deux courbes se rencontrent en un point E, d'abscisse $\frac{1}{2}$ et d'ordonnée θ ; c'est un point d'eutexie, analogue à celui que l'on observe (nº **214**) en étudiant la congélation d'un mélange de deux sels fondus qui ne forment pas de sel double ; les deux cas ne diffèrent l'un de l'autre que par la disposition des deux courbes de fusion, qui sont quelconques dans le cas traité au nº **214** et symétriques l'une de l'autre par rapport à la ligne $X = \frac{1}{2}$ dans le cas actuel. Le conglomérat eutectique a pour composition moyenne $X = \frac{1}{2}$; il renferme en égale proportion des cristaux droits et des cristaux gauches ; fondu ou dissous, il donnera un mélange inactif par compensation.

Ce cas, théoriquement possible, ne semble pas avoir été rencontré jusqu'ici parmi ceux qui ont fait l'objet de déterminations précises.

220. La congélation du mélange peut donner un composé racémique. — Nous rencontrons ici un cas particulier du problème traité au n° **214** : congélation d'un mélange de

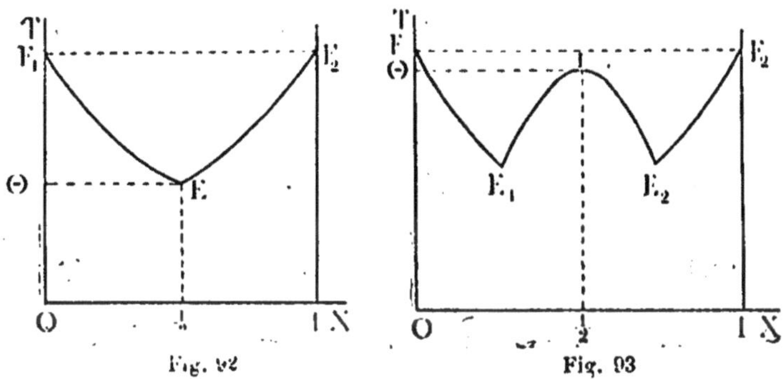

Fig. 92 Fig. 93

deux sels fondus capables de donner un sel double ; la symétrie des courbes de congélation par rapport à la ligne $X = \frac{1}{2}$ distingue seule ce cas particulier du cas général.

Les mélanges liquides qui renferment une forte proportion de l'antipode droit laissent déposer ce corps à l'état de pureté ; on obtient une courbe de fusion F_1E_1 qui descend de gauche à droite (*fig.* 93) ; c'est une portion de la ligne F_1E tracée en la *fig.* 92.

De même, les mélanges liquides riches en antipode gauche laissent déposer ce corps à l'état de pureté ; on obtient une courbe de fusion F_2E_2 qui descend de droite à gauche ; c'est une portion de la ligne F_2E tracée en la *fig.* 92.

Les deux points E_1, E_2 sont reliés l'un à l'autre par la courbe de congélation E_1IE_2 de la combinaison racémique ; symétrique par rapport à la ligne $X = \frac{1}{2}$, cette courbe admet assurément, pour l'abscisse $X = \frac{1}{2}$, un point I où la tangente est parallèle à OX ; ce point I est un point indifférent; le mélange liquide y a même composition que la combinaison racémique ; l'ordonnée θ de ce point est le point de fusion de cette combinaison.

Cette disposition est fréquente ; on la rencontre notamment dans l'étude de l'éther méthylbenzoïque, de l'acide benzylaminosuccinique, de l'acide aminosuccinique [1], de la benzoyltétrahydroquinaldine [2].

Dans certains cas, la courbe de congélation $E_1 I E_2$ de la combinaison racémique est extrêmement réduite et l'on obtient la disposition de la *fig.* 94. On tend ainsi vers le cas qui a été étudié au n° précédent. L'acide phénylglycolique (*Mandelsaüre*) et l'éther diméthylique de l'acide diacétyltartrique, étudiés par M. Adriani, en sont deux exemples.

Dans d'autres cas, les deux courbes F_1E_1, F_2E_2 (*fig.* 95) sont très

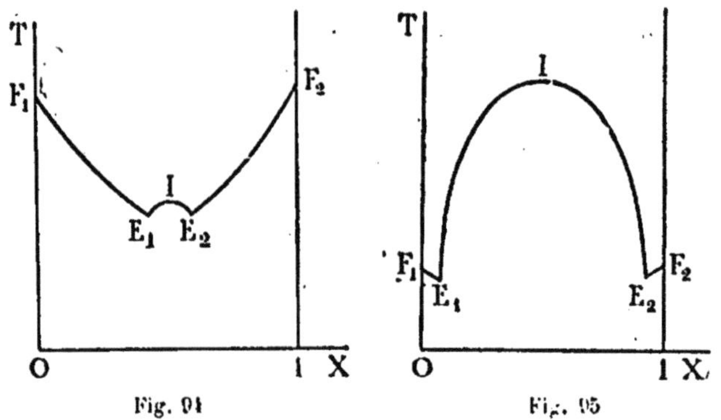

Fig. 94 Fig. 95

réduites et la courbe de congélation $E_1 I E_2$ de la combinaison racémique occupe presque tout le champ de la congélation. C'est le cas de l'acide tartrique ; c'est aussi, selon M. Adriani, le cas de l'éther diméthylique de l'acide tartrique.

230. La congélation du mélange donne des cristaux mixtes. — La congélation du mélange peut donner des cristaux mixtes dont chaque élément renferme le corps droit et son isomère gauche unis dans une certaine proportion ; soient, dans

(1) Centnerszwer, *Zeitschrift für physikalische Chemie*, Bd. XXIX, p. 715 ; 1899.

(2) Adriani, *Zeitschrift für physikalische Chemie*, Bd. XXXIII, p. 453 ; 1900.

l'unité de masse de ces cristaux mixtes, x la masse du corps droit et $(1 - x)$ la masse du corps gauche ; pour $x = \frac{1}{2}$, les cristaux seront holoèdres ; par fusion ou dissolution, ils donneront un corps inactif par compensation ; pour deux valeurs de x équidistantes de $\frac{1}{2}$, on aura deux formes cristallines non superposables et symétriques l'une de l'autre par rapport à un plan.

Soit T la température de congélation du liquide de composition X et soit M le point de coordonnées X, T (*fig.* 96) ; à cette tempéra-

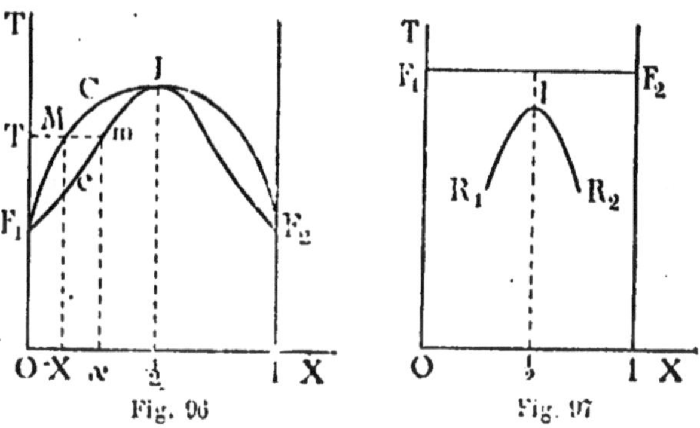

Fig. 96

Fig. 97

ture T, le liquide de composition X dépose des cristaux mixtes de composition x ; soit m le point de coordonnées x, T.

Lorsque X varie de 0 à 1, le point M décrit la courbe C et le point m la courbe c, tracée au dessous de la courbe C. Ces deux courbes passent par le point de fusion F_1 des cristaux droits pris à l'état de pureté et par le point de fusion F_2 des cristaux gauches pris à l'état de pureté.

La courbe C, nécessairement formée par deux branches symétriques l'une de l'autre par rapport à la ligne $X = \frac{1}{2}$, admet, pour l'abscisse $X = \frac{1}{2}$, un point d'ordonnée maximum ou d'ordonnée minimum. D'après le premier théorème de Gibbs et de Konovalow (n° **101**), que l'on peut appliquer au mélange double formé par les cristaux mixtes et le liquide mixte, ce point appartient aussi à la ligne c, pour laquelle il est également un point d'ordonnée maximum ou minimum. En ce point indifférent I, le liquide mixte, qui est inactif par compensation, doit donner en se congelant les cristaux mixtes holoèdres de composition $x = \frac{1}{2}$.

Selon M. Adriani, cette disposition s'observe dans la congélation de la carvoxime, de la bihydrocarvoxime et de l'oxime benzoïque.

L'oxime camphorique présente un cas particulier très curieux auquel se rapporte la *fig.* 97. Quelle que soit la composition X du mélange liquide, M. Adriani a trouvé son point de congélation invariable et égal à 118°,8; la ligne C se réduit ici à une droite F_1F_2 parallèle à OX.

Chacun des points de cette ligne peut être, si l'on veut, regardé comme un point d'ordonnée maximum; à chacun de ces points on peut appliquer le premier théorème de Gibbs et de Konovalow; quelle que soit la composition du liquide mixte, il laisse déposer des cristaux mixtes de même composition.

Nous avons ici un exemple d'une règle que divers auteurs croyaient générale dans la congélation des cristaux mixtes (n° **220**).

Une autre particularité rend cet exemple, étudié par M. Adriani, très intéressant; lorsqu'on abaisse la température, on voit les cristaux mixtes se transformer en cristaux d'une combinaison racémique; on a pu construire une partie R_1IR_2 de la courbe, analogue à la courbe de congélation d'une combinaison racémique au sein d'un liquide mixte, qui correspond à cette transformation; le point le plus élevé I de cette courbe correspond à la température de 103°.

231. Formation, en dissolution, d'une combinaison racémique. — La précipitation, du sein d'une dissolution, de l'un des corps que nous venons d'étudier, conduit à étudier l'équilibre non plus d'un système bivariant, mais d'un système trivariant; cette étude est, au point de vue expérimental, beaucoup moins avancée que la précédente; elle a donné lieu, cependant, à quelques recherches intéressantes; de ce nombre est l'analyse des conditions de formation du racémate double de sodium et d'ammonium, analyse dont nous sommes redevables à MM. van't Hoff et van Deventer (¹).

(¹) VAN'T HOFF et VAN DEVENTER, *Zeitschrift für physikalische Chemie*, Bd. , p. 173. — VAN'T HOFF, GOLDSCHMIDT et JORISSEN, *Ibid.*, Bd. XVII, p. 49.

La formation, au sein d'une dissolution, d'un racémate aux dépens du tartrate droit et du tartrate gauche est comparable de tous points à la formation d'un sel double aux dépens de deux sels simples, formation que nous avons précédemment étudiée (nos **102** et suivant). L'étude du phénomène sera seulement simplifiée par suite de l'identité qui existe entre les propriétés physiques des deux isomères droit et gauche.

Prenons, comme nous l'avons fait en étudiant les sels doubles, trois axes de coordonnées rectangulaires OT, Os_1, Os_2 (*fig.* 98) ; sur le premier, portons les températures, sur le second les concentra-

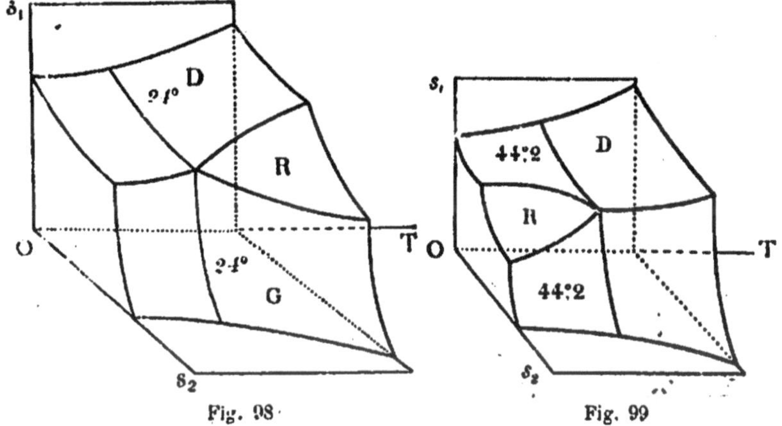

Fig. 98 Fig. 99

tions de la dissolution en tartrate droit, sur le troisième, les concentrations en tartrate gauche.

Nous serons amenés à représenter tous les états d'équilibre possibles par une surface que formeront le domaine D du tartrate droit, le domaine G du tartrate gauche, le domaine R du racémate ; cette figure sera symétrique par rapport au plan bissecteur du dièdre TOs_1s_2.

Le racémate double de sodium et d'ammonium se forme aux dépens des deux tartrates doubles selon la formule

$$NaAzH^4C^4H^4O^6, 4H^2O\ (D) + NaAzH^4C^4H^4O^6, 4H^2O\ (G)$$
$$= Na^2(AzH^4)^2(C^4H^4O^6)^2, 2H^2O + 4H^2O.$$

Ce racémate ne prend naissance au sein de la dissolution qu'aux températures supérieures à 24° ; aux températures inférieures à 24°, la surface présente seulement le domaine du tartrate droit et le domaine du tartrate gauche.

Les deux tartrates, droit et gauche, de rubidium (1) fournissent un racémate, selon la formule

$$Rb^2C^4O^6H^4\ (D) + Rb^2C^4O^6H^4\ (G) + 4H^2O = Rb^4(C^4O^6H^4)^2, 4H^2O.$$

Au sein de la dissolution, ce racémate se forme seulement aux températures inférieures à 40°,4 ; aux températures plus élevées, la surface présente uniquement le domaine du tartrate droit et le domaine du tartrate gauche (*fig.* 99).

II. LES ALLIAGES MÉTALLIQUES.

232. Mélanges liquides qui laissent déposer les métaux à l'état de pureté ou un composé défini. — Les principes développés dans les Leçons précédentes et, particulièrement, la notion de cristal mixte, commencent à jeter quelque jour sur la constitution, longtemps si obscure, des alliages métalliques ; la plupart des alliages que l'on regardait comme des composés chimiques définis, ayant une composition fixe et un point de fusion déterminé, sont considérés aujourd'hui comme des conglomérats eutectiques formés soit de deux solides simples, cristallisés ou non, soit de deux espèces de cristaux mixtes ou de deux solutions solides.

M. G. Charpy (2) a étudié avec le plus grand soin (n° **106**) l'alliage formé par le plomb, l'étain et le bismuth ; il a étudié également,

(1) Van't Hoff et Muller, *Berichte der Deutschen Chemischen Gesellschaft*, Bd. XXXI, p. 2206.

(2) G. Charpy, *Étude sur les alliages blancs dits antifriction* (*Contribution à l'étude des alliages*, publiée par la commission des alliages de la Société d'Encouragement pour l'industrie nationale, p. 203 ; Paris, 1901. — Ce recueil est une source de précieux renseignements touchant les alliages).

bien qu'avec de moindres détails, les alliages ternaires suivants :

Sn, Cu, Sb,
Sn, Pb, Sb,
Pb, Cu, Sb,
Zn, Sn, Sb,
Cu, Sn, Pb.

Hors ces cas, les seuls alliages qui aient été étudiés minutieusement sont des mélanges de deux métaux que nous désignerons par les indices 1 et 2.

Le cas le plus simple que l'on puisse rencontrer est celui où un abaissement de température imposé au mélange fondu des deux métaux provoque toujours soit le dépôt du métal 1 à l'état de pureté, soit le dépôt du métal 2 à l'état de pureté.

Ce cas est tout semblable à celui que nous avons traité au n° **214**, où un liquide, formé par deux sels à l'état de fusion, ne peut fournir d'autre solide que l'un ou l'autre de ces sels, pris à l'état de pureté.

Pour abscisse (*fig.* 100), prenons la valeur de X qui représente la composition du mélange liquide ; pour ordonnée, prenons la température.

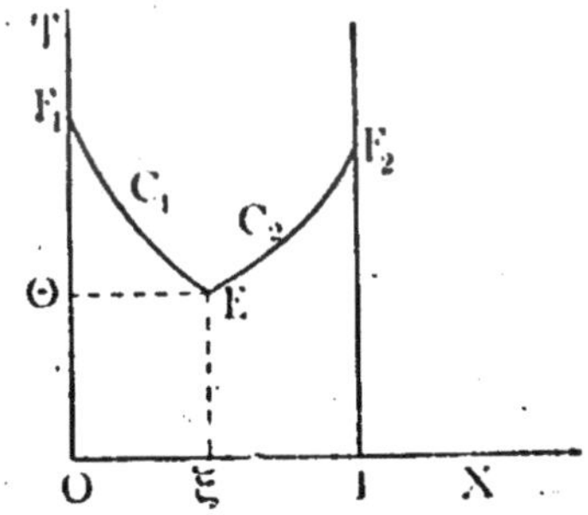

Fig. 100

La courbe de congélation C_1 du métal 1 part du point F_1, dont l'ordonnée est le point de fusion de ce métal, et descend de gauche à droite ; la courbe de congélation C_2 du métal 2 part du point F_2, dont l'ordonnée est le point de fusion de ce métal, et descend de droite à gauche. Ces deux courbes se rencontrent au point d'eutexie E, dont ξ est l'abscisse et Θ l'ordonnée ; ξ et Θ marquent la composition du conglomérat eutectique et son point de fusion.

M. Guthrie [1] a étudié quelques systèmes qui rentrent dans cette

[1] Guthrie, *Philosophical Magazine*, 5e Série, vol. XXII, p. 46 ; 1884.

catégorie ; voici les valeurs qu'il a trouvées pour les coordonnées ξ, θ du point d'eutexie :

Métaux mélangés	θ	ξ
1 Bismuth. . . . . 2 Zinc	248°	0,0715
1 Bismuth. . . . . 2 Étain.	133°	0,539
1 Bismuth. . . . . 2 Plomb	122°, 7	0,4142
1 Bismuth. . . . . 2 Cadmium	144°	0,4081

C'est encore à cette catégorie que se rattache le système, étudié par M. Roberts-Austen (¹), formé par les deux métaux : plomb (1) et étain (2) ; on a, dans ce cas,

$$\theta = 183°, \qquad \xi = 0,62.$$

Mais parmi les systèmes de cette catégorie, aucun sans doute n'a été étudié avec autant de soin que l'alliage formé par les deux métaux : plomb (1) et antimoine (2), objet des recherches de M. Roland-Gosselin, de M. H. Gautier (²) et de M. Charpy (³).

Lorsque la composition du mélange liquide varie depuis $X = 0$ jusqu'à $\xi = 0,13$, le point de congélation s'abaisse de $T_0 = 326°$, point de fusion du plomb pur, jusqu'à $\theta = 228°$.

Lorsque la composition du mélange liquide varie depuis $\xi = 0,13$ jusqu'à $X = 1$, le point de congélation se relève de $\theta = 228°$ à $T_1 = 632°$, point de congélation de l'antimoine pur.

(¹) Roberts-Austen, *Proceedings of the Royal Society*, vol. LXIII, p. 452 ; 1898.

(²) H. Gautier, *Bulletin de la Société d'Encouragement*, oct. 1896, et *Contribution à l'étude des alliages*, p. 93.

(³) G. Charpy, *Bulletin de la Société d'Encouragement*, mars 1897 et *Contribution à l'étude des alliages*, p. 121 et p. 203.

Le point

$$\theta = 228^\circ, \qquad \xi = 0,13$$

est un point d'eutexie.

Lorsqu'un mélange liquide pour lequel X est compris entre 0 et 0,13 est amené au point de congélation, il fournit des cristaux de plomb pur; la teneur X en antimoine augmente, le point de congélation T s'abaisse; il en est ainsi jusqu'au moment où X atteint la valeur 0,13 et T la valeur 228°; à ce moment, le liquide restant se prend en masse. Au microscope, le lingot obtenu se montre formé de grands cristaux de plomb empâtés dans un eutectique finement grenu.

Au contraire, un mélange liquide pour lequel X est compris entre 1 et 0,13, amené au point de congélation, laisse déposer des cristaux d'antimoine; la teneur X en antimoine et le point de congélation T s'abaissent, jusqu'au moment où X atteint la valeur 0,13 et T la valeur 228°; alors, le reste du liquide se prend en un eutectique qui cimente les cristaux d'antimoine, ce que l'observation microscopique permet de reconnaître.

Selon les mêmes auteurs, l'alliage formé par le zinc (1) et l'aluminium (2) présenterait des phénomènes de tout point analogues aux précédents. X croissant de 0 à 0,05, le point de congélation décroîtrait de $T_0 = 433^\circ$, point de fusion du zinc, à $\theta = 389^\circ$; le solide produit serait du zinc pur. X continuant à croître de 0,05 à 1, le point de congélation croîtrait de $\theta = 389^\circ$ à $T_1 = 650^\circ$, point de fusion de l'aluminium; le solide produit serait de l'aluminium pur. Le point

$$\theta = 389^\circ, \qquad \xi = 0,05$$

serait un point d'eutexie.

Un cas plus compliqué que le précédent peut se présenter : c'est celui où les liquides contenant de fortes proportions du métal 1 laissent déposer le métal 1 à l'état de pureté, où les liquides contenant de fortes proportions du métal 2 laissent déposer le métal 2 à l'état de pureté, enfin où les liquides de composition intermédiaire laissent déposer un composé défini.

Les courbes de congélation ont alors, le plus souvent, la disposition que nous avons trouvée (*fig.* 79, p. 289) en étudiant un mélange de deux sels fondus où peut naître un sel double.

Le type de ces alliages paraît être l'alliage formé par l'étain (1) et le cuivre (2), étudié [1] par M. H. Le Chatelier, par MM. Roberts Austen et Stansfield, par M. G. Charpy.

Lorsque X varie de 0 à 0,03, le point de solidification s'abaisse de $T_0 = 232°$, point de fusion de l'étain pur, à $\theta = 227°$; le solide déposé est de l'étain pur.

Lorsque X varie de 0,72 à 1, le point de congélation s'élève de $\mathfrak{T} = 770°$ à $T_1 = 1050°$, point de fusion du cuivre pur ; le solide déposé est du cuivre pur.

Lorsque X croît de 0,03 à 0,72, le point de congélation s'élève sans cesse de $\theta = 227°$ à $\mathfrak{T} = 770°$; le solide déposé est un composé défini : $SnCu^3$.

D'après ce que nous venons de dire, la courbe de congélation de ce composé défini ne présente pas de point indifférent ; le point

$$\theta = 227°, \qquad \xi = 0,03$$

est un point d'eutexie ; le point

$$\mathfrak{T} = 770°, \qquad X = 0,72$$

est un point de transition.

Dans d'autres cas, la courbe de congélation du composé défini présente un point indifférent ; les trois courbes de congélation ont alors très exactement la disposition représentée en la *fig.* 79, p. 289. Tel serait le cas réalisé, selon M. H. Le Chatelier [2], par les alliages de cuivre et d'antimoine au sein desquels peut se former le composé défini $SbCu^2$.

233. Mélanges métalliques liquides qui donnent des solutions solides. — Le cas dont nous venons de parler est le plus simple, mais il paraît assez rare ; le plus souvent, lorsqu'on refroidit un mélange de deux métaux en fusion, on obtient une

(1) Voir : *Contribution à l'étude des alliages*, p. 99, et p. 139.

(2) H. Le Chatelier *Bulletin de la Société d'Encouragement*, 1895, p. 573.

solution solide qui contient les deux métaux en proportion variable.

Le cas le plus simple qui puisse se présenter est celui ou les deux métaux, isomorphes entre eux, forment, quelles que soient leurs proportions, une seule espèce de cristaux mixtes ; tous les points de congélation se rangent alors sur une courbe unique, (*fig.* 86, p. 302) unissant le point de fusion de l'un des métaux au point de fusion de l'autre.

Ce cas est celui des alliages d'argent et d'or. Les points de congélation se rangent tous sur une ligne sensiblement droite allant du point de fusion de l'argent au point de fusion de l'or.

Les alliages de bismuth et d'antimoine, dont la courbe de fusibilité et la structure microscopique ont été étudiées par M. Roland-Gosselin et par M. G. Charpy [1], rentrent dans le même type ; les points de congélation se rangent sur une courbe unique joignant le point de fusion $T_0 = 268°$ du bismuth au point de fusion $T_1 = 622°$ de l'antimoine.

Le cas particulièrement simple réalisé par ces alliages est assez rare ; en général, il peut se former deux espèces de solutions solides, cristallisées ou non ; les unes qui comprennent comme cas particulier le métal 1 pris isolément, se forment dans les mélanges liquides riches de ce métal ; les autres, au nombre desquelles on doit compter le métal 2 pur, prennent naissance dans les mélanges liquides qui renferment surtout le métal 2.

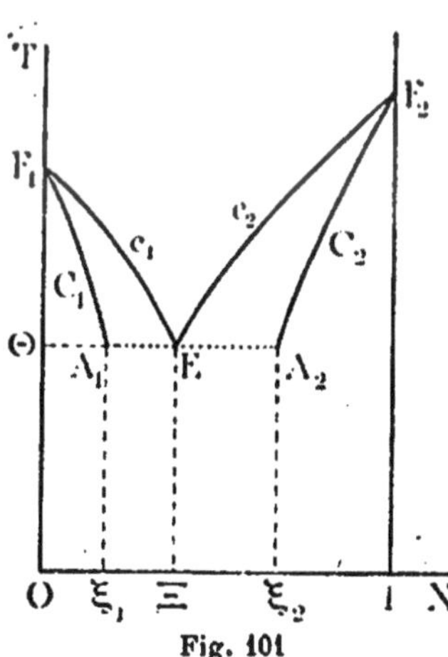

Fig. 101

A ces deux espèces de solutions solides correspondent deux courbes de congélation distinctes, C_1 et C_2, la première, issue du point F_1 (*fig.* 101) dont l'ordonnée est la température de fusion du métal 1, la seconde issue du point F_2 dont l'ordonnée est la température de fusion du métal 2.

[1] G. Charpy, *Contribution à l'étude des alliages* p. 114 et p. 138.

En général, la première de ces courbes descend de gauche à droite et la seconde de droite à gauche; la disposition en est semblable à celle que M. Reinders a rencontrée en étudiant les mélanges en fusion de nitrate de potassium et de nitrate de sodium (n° **223**).

Les courbes C_1, C_2 se coupent en un certain point E, de coordonnées Ξ, Θ.

A ces courbes, il faut adjoindre les courbes de fusion C_1, C_2 des solutions solides. A la température Θ correspond, sur la première courbe, un point A_1, d'abscisse ξ_1, et sur la seconde courbe, un point A_2, d'abscisse ξ_2.

A la température Θ, se produit un conglomérat eutectique, de composition moyenne Ξ; ce conglomérat est une juxtaposition de masses formées par la solution solide de première espèce, dont ξ_1 est la composition, et de masses appartenant à la solution solide de seconde espèce, dont ξ_2 est la composition.

Ces propriétés sont celles des alliages d'argent et de cuivre.

On connait des alliages solides où le cuivre est uni à une proportion d'argent variable de 0 à une certaine limite, et des alliages où l'argent est uni à une proportion de cuivre variable également de 0 à une certaine limite. En outre, on connait un alliage, l'alliage de Levol, où le cuivre et l'argent figurent dans un rapport fixe. Cet alliage a un point de fusion fixe qui est $\Theta = 777°$. Il fut longtemps regardé comme un composé défini, auquel on attribuait la formule Ag^3Cu^2.

En étudiant la congélation des mélanges fondus d'argent et de cuivre, M. Roberts-Austen (1) et MM. Heycock et Neville (2) ont déterminé deux courbes de congélation c_1, c_2; leur point d'intersection a précisément pour coordonnées la composition et le point de fusion de l'alliage de Levol; celui-ci est donc un conglomérat eutectique; par l'examen microscopique de l'alliage de Levol, M. Osmond (3) a corroboré cette conclusion.

(1) Roberts-Austen *Proceedings of the Royal Society of London*, 1875, p.481 — *Annual Mint Report*, 1900; p. 70.
(2) Heycock et Neville, *Philosophical Transactions*, t. CLXXXIX, p. 25.
(3) Osmond, *Comptes rendus*, t. CXXIV, p. 1094; 1897.

Les alliages de cuivre et d'or [1] donnent lieu à des considérations de tout point semblables aux précédentes.

Les deux courbes de congélation c_1, c_2 des deux espèces de cristaux mixtes, au lieu de se réunir en un point d'eutexie, comme il arrive dans les deux derniers cas que nous venons de citer, peuvent se rejoindre en un point de transition. La disposition qu'elles affectent est alors semblable à celle que M. Hissink a trouvée en étudiant la congélation du nitrate d'argent et du nitrate de sodium (*fig.* 108, p. 307).

Un exemple particulièrement remarquable, et voisin de ce type, vient d'être étudié par M. Reinders [2]; il est fourni par les alliages des deux métaux suivants :

1, Zinc,
2, Antimoine.

Soient ϖ_1, ϖ_2 les poids moléculaires de ces deux métaux.

Lorsque $\frac{\varpi_1}{\varpi_2}$ X varie de 0 à 1, le mélange peut laisser déposer quatre espèces de cristaux mixtes distincts, que nous désignerons par les indices 1, 2, 3, 4 ; à ces quatre espèces de cristaux correspondent quatre courbes de congélation différentes ; c_1, c_2, c_3, c_4 ; chacune de ces courbes rejoint la suivante en un point de transition.

$\frac{\varpi_1}{\varpi_2}$ X croissant de 0 à 0,08, le point de congélation s'élève, sur la courbe c_1, du point de fusion $T_0 = 232°$ de l'étain pur à la température $\mathfrak{T}_{12} = 243°$ du premier point de transition.

$\frac{\varpi_1}{\varpi_2}$ X croissant de 0,08 à 0,2, le point de congélation s'élève, sur la courbe c_2, de $\mathfrak{T}_{12}$ à la température $\mathfrak{T}_{23} = 310°$ du deuxième point de transition.

$\frac{\varpi_1}{\varpi_2}$ X croissant de 0,2 à 0,51, le point de congélation s'élève, sur la courbe c_3, de $\mathfrak{T}_{23}$ à la température $\mathfrak{T}_{34} = 430°$ du troisième point de transition.

Enfin, $\frac{\varpi_1}{\varpi_2}$ X croissant de 0,51 à 1, le point de congélation s'élève,

(1) Roberts-Austen, *Annual Mint Report*, 1900 ; p. 70.
(2) W. Reinders, *Zeitschrift für anorganische Chemie*, Bd. XXV, p. 113; 1901.

sur la courbe c_4, de τ_{34} jusqu'au point de fusion $T_1 = 622°$ de l'antimoine pur.

De même qu'aux deux courbes de congélation c_1, c_2 de la *fig.* 88 (p. 307) correspondent deux courbes de fusion C_1, C_2 reliées l'une à l'autre par une ligne A_1 A_2, parallèle à OX et ayant pour ordonnée constante la température de transition τ, de même, nous aurons ici quatre courbes de fusion C_1, C_2, C_3, C_4 ; chacune de ces courbes se reliera à la suivante par un segment rectiligne, parallèle à OX, ayant pour ordonnée constante l'ordonnée du point de transition correspondant.

Selon M. Reinders, le premier segment rectiligne A_1 A_2, qui a pour ordonnée constante $\tau_{12} = 243°$, s'étend sensiblement de $\frac{\varpi_1}{\varpi_2} X = 0,1$ (point A_1) à $\frac{\varpi_1}{\varpi_2} X = 0,065$ (point A_2).

Le second segment rectiligne A'_2A_3, qui a pour ordonnée constante $\tau_{23} = 310°$, s'étend sensiblement de $\frac{\varpi_1}{\varpi_2} X = 0,3$ (point A'_2) à $\frac{\varpi_1}{\varpi_2} X = 0,6$ (point A_3).

Le troisième segment rectiligne A'_3 A_4, dont l'ordonnée constante est $\tau_{34} = 430°$, va du point A'_3, dont l'abscisse est $\frac{\varpi_1}{\varpi_2} X = 0,55$, au point A_4, dont l'abscisse est $\frac{\varpi_1}{\varpi_2} X = 0,9$.

Les courbes C_1, C_2, C_3, C_4, dont on connait ainsi les extrémités, n'ont pas été déterminées.

234. Les fers carburés. Théorie de M. Bakhuis-Roozboom. — Un assez grand nombre d'alliages ont été étudiés selon les principes ici exposés ; cette étude difficile [1] n'a donné, dans bien des cas, que des résultats encore hypothétiques ; nous ne nous attarderons pas à exposer ici tous ces résultats.

Il en est, toutefois, que nous ne pouvons passer sous silence ; bien qu'encore incomplets, ils jettent déjà un grand jour sur un sujet de première importance ; nous voulons parler des recherches qui concernent la constitution des carbures de fer. Ces recherches innom-

[1] Voir à ce sujet : ROBERTS-AUSTEN et A. STANSFIELD, *La constitution des alliages métalliques* (Rapports présentés au Congrès international de Physique réuni à Paris en 1900 ; t. I, p. 363). — Voir aussi la *Contribution à l'étude des alliages métalliques*, déjà citée.

brables ont permis à M. Bakuis-Roozboom (¹) de donner une représentation très satisfaisante des phénomènes qui se produisent au sein d'un mélange de fer et de carbone refroidi, à partir de l'état liquide, avec une extrême lenteur.

Lorsqu'on abaisse la température d'un mélange fondu de fer et de

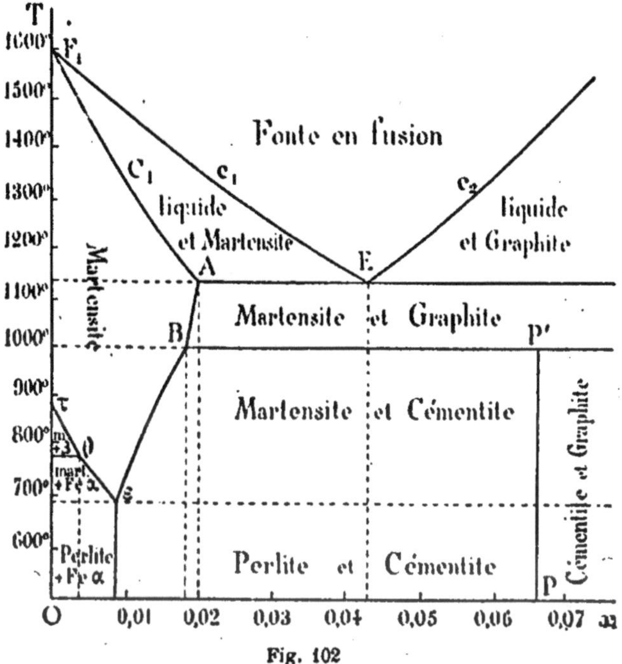

Fig. 102

carbone, deux cas sont à distinguer selon que la teneur en carbone de la fonte en fusion est inférieure ou supérieure à 4,3 %.

Attribuons l'indice 1 au fer, l'indice 2 au carbone, et supposons en

(¹) Bakhuis-Roozboom, *Eisen und Stahl vom Standpunkte der Phasenlehre*, (Zeitschrift für physikalische Chemie, Bd. XXXIV, p. 437; 1900) — *Iron and steel from the Point of View of the « Phase-Doctrine »* (Journal of the Iron and Steel Institute, n°, II, 1900) — Stansfield, *The present Position of the Solution Theory of carburised Iron* (*Ibid*). — Bakhuis-Roozboom, *Le fer et l'acier au point de vue de la doctrine des phases*, (Contribution...., p. 327). — Osmond, *Remarques sur le mémoire précédent*, (*Ibid*...., p. 370). — H. Le Chatelier, *Observations sur le mémoire de M. Bakhuis-Roosboom*, (*Ibid*.., p. 379).

premier lieu, que la valeur de x qui marque la composition de la fonte soit supérieure à 0,043.

Dans ces conditions, la fonte refroidie laisse déposer du carbone pur à l'état de graphite ; la température à laquelle s'effectue ce dépôt, à laquelle, par conséquent, la fonte en fusion peut être regardée comme une solution saturée de graphite dans le fer, dépend de la teneur en carbone du mélange liquide ; elle est d'autant plus basse que x est plus faible ; lorsque x s'abaisse jusqu'à la valeur 0,043, cette température descend à 1130°. Le lieu des points qui ont pour abscisse une valeur de x et pour ordonnée la température que nous venons de définir est la ligne c_2 (*fig.* 102), courbe de solubilité du graphite dans le fer en fusion.

Lorsque, dans le mélange liquide, la valeur de x est inférieure à 0,043, les choses se passent tout autrement ; en refroidissant la fonte en fusion, on obtient des cristaux mixtes, contenant en proportion variable du fer et du carbone, et auxquels on donne le nom de *martensite* ; la martensite est le principal constituant de la *fonte blanche*.

La ligne c_1 est la courbe de congélation de la martensite au sein du mélange liquide ; elle descend de gauche à droite depuis le point F_1 ($x = 0$, $T = 1600°$) jusqu'au point E ($x = 0,423$, $T = 1130°$).

L'étude de cette congélation n'est pas complète tant que l'on ne connait pas la composition des cristaux de martensite qui se forment à une température donnée ; pour connaître cette composition, il suffit de tracer la courbe de fusion C_1 de la martensite ; issue du point F_1, cette courbe descend jusqu'au point A qui a pour ordonnée $T = 1130°$ et pour abscisse $x = 0,02$.

Le point E est un point d'eutexie. Lorsque la température s'abaissera jusqu'en ce point, la partie liquide de la fonte aura certainement pour composition $x = 0,043$.

Par un nouvel abaissement de température, si petit soit-il, ce liquide se prendra en masse et formera un conglomérat eutectique, contenant en moyenne 4,3 °/₀ de carbone ; ce conglomérat sera formé par la juxtaposition de cristaux de graphite pur et de cristaux mixtes de martensite à 2 °/₀ de carbone.

Les conglomérats solides fournis par la congélation peuvent subir, aux températures inférieures à 1130°, diverses modifications.

En premier lieu, dans les conglomérats de martensite et de graphite, à une température inférieure à 1000°, il peut se former une combinaison définie, qui se sépare de la masse ; amorphe, elle forme ciment entre les cristaux de graphite ou entre les cristaux de martensite ; cette combinaison, dont la formule est Fe^3C, est la *cémentite*.

Le système que forment les deux composants indépendants fer et carbone, partagé en trois phases, graphite, martensite, cémentite, ne peut, sous la pression atmosphérique, demeurer en équilibre qu'à une seule température, laquelle est voisine de 1000° ; la composition de chacune des trois phases en équilibre est également déterminée ; cette condition est remplie d'elle même pour le graphite et la cémentite ; les cristaux de martensite qui peuvent demeurer en équilibre avec ces deux substances contiennent environ 1,8 % de carbone ($x = 0,018$).

Hors des conditions indiquées, une des trois phases disparaîtra du système.

Si la température est supérieure à 1000°, la cémentite se décomposera en martensite et graphite qui demeureront seuls au contact l'un de l'autre.

Si la température est inférieure à 1000°, la martensite et le graphite se combineront, pour donner de la cémentite, jusqu'à ce que l'un des composants ait totalement disparu.

La cémentite contient environ 6,6 % de carbone ($x = 0,066$) ; si donc la valeur de x qui représente la constitution moyenne du conglomérat surpasse 0,066, cas auquel le point figuratif sera à droite de la ligne PP' ($x = 0,066$), le conglomérat parvenu à l'état d'équilibre ne contiendra plus que de la cémentite et du graphite ; si, au contraire, la valeur de x qui représente la composition moyenne du conglomérat est inférieure à 0,066, cas auquel le point figuratif sera à gauche de la ligne PP', le conglomérat en équilibre sera formé de cristaux mixtes de martensite soudés par de la cémentite amorphe.

Aux températures comprises entre 1130° et 1000°, on peut observer des cristaux mixtes de martensite en équilibre avec des cristaux de graphite ; à chaque température, correspond un état d'équilibre de ce système bivariant soumis à la pression atmosphérique et, en cet état d'équilbre, la composition de chaque phase est donnée ; donc, à chaque température comprise entre 1130° et 1000°, les cristaux de martensite qui peuvent coexister avec des cristaux de graphite ont une composition donnée, et la loi qui relie cette composition à la température peut être représentée par une certaine courbe.

D'après la signification du point A, cette courbe passe nécessairement par ce point ; d'autre part, nous avons vu qu'à la température de 1000°, correspond un point B dont l'abscisse est $x = 0{,}018$.

Si le point qui figure la température et la composition moyenne du système se trouve à gauche de la ligne AB, il ne peut, dans le système, s'établir un état d'équilibre entre la martensite et le graphite ; les cristaux de martensite, trop pauvres en carbone, dissolvent la totalité de graphite.

Aux températures inférieures à 1000°, on ne peut plus observer d'état d'équilibre entre la martensite et le graphite, mais on peut en observer entre la martensite et la cémentite ; les cristaux de martensite susceptibles de figurer en de tels états d'équilibre ont, à chaque température, une composition déterminée qui correspond à un point de la ligne Bε ; cette ligne est nécessairement issue du point B ($x = 0{,}018$, $T = 1000°$). Cette ligne descend jusqu'au point ε, ($x = 0{,}0085$, $T = 690°$) dont nous verrons l'importance.

Entre 1000° et 690°, au sein des systèmes trop pauvres en carbone pour contenir autre chose que de la martensite, se produisent de nouvelles transformations ; le fer se sépare à l'état de pureté ; cette séparation peut avoir lieu sous deux formes différentes que nous désignerons, avec M. Osmond, par Fe_α et Fe_β.

La forme Fe_α a un très grand coefficient d'aimantation ; ce coefficient est très faible pour la forme Fe_β. La forme Fe_α se change en la forme Fe_β lorsque la température surpasse 770° ; au contraire, au dessous de cette température, le fer passe de la forme Fe_β à la forme Fe_α.

Une troisième forme Fe_γ est celle que prend le fer aux températures supérieures à 890° ; c'est de cette dernière forme que la martensite est isomorphe ; on peut dire que le fer Fe_γ est de la martensite à 0 % de carbone.

La courbe de solubilité du fer Fe_β dans la martensite part du point τ ($x = 0$, $T = 890°$) qui correspond au point de transformation du fer Fe_β en fer Fe_γ ; elle descend de gauche à droite jusqu'au point θ($x = 0{,}0035$, $T = 770°$).

De ce point θ part la courbe de solubilité du fer Fe_α dans la martensite, courbe qui descend jusqu'au point ε dont nous avons parlé tout à l'heure.

Un système dont le point figuratif se trouve à gauche de la ligne $\tau\theta$ est un conglomérat de fer Fe_β et de cristaux de martensite ; un système dont le point figuratif se trouve à gauche de $\theta\varepsilon$ est un conglomérat de fer Fe_α et de cristaux de martensite.

Le point ε est un point d'eutexie ; la martensite capable de subsister jusqu'à la température de ce point ($T = 690°$) a une composition bien déterminée ($x = 0{,}0085$). Le moindre abaissement de la température la dédouble et elle fournit alors un eutectique, de même composition moyenne, que forment des lamelles de *ferrite* (Fe_α) soudées par de la cémentite. Arnold et Sorby, qui avaient pris cet eutectique pour un composé défini, lui avaient donné le nom de *perlite*.

On voit qu'à une température inférieure à 690°, un mélange de fer et de carbone en équilibre doit présenter un état que détermine la la seule connaissance de sa composition moyenne x. Selon cette valeur de x, cet état se range dans l'une des trois catégories que nous allons définir :

1° Si x est compris entre 0 et 0,0085, le système est formé par de la *perlite* (eutectique de ferrite et de cémentite) avec un excès de cristaux de *ferrite* (Fe_α).

2° Si x est compris entre 0,0085 et 0,066, le système est formé par de la *perlite* avec un excès de *cémentite* (Fe^3C).

3° Si x est supérieur à 0,066, le système est formé de *cémentite* et de *graphite*.

On sait qu'un carbure de fer présente, à une température donnée, un état qui n'est point fixé par la seule connaissance de sa composition; les modifications permanentes connues sous le nom de *trempe* et de *recuit* peuvent imposer à cet état des variations infinies; la théorie précédente doit donc être regardée comme une théorie simplifiée et idéale, vraie pour les systèmes parfaitement recuits; pour les systèmes qui ne se trouvent pas dans ce cas idéal, elle devrait céder la place à une théorie qui serait, sans doute, d'une extrême complication.

QUINZIÈME LEÇON

LES ÉTATS CRITIQUES

235. Le point critique dans la vaporisation d'un fluide unique. — Étudions la vaporisation d'un fluide, de l'anhydride carbonique, par exemple.

A chaque température T, correspond une pression P, la *tension de vapeur saturée à la température* T, qui assure l'équilibre entre le liquide et la vapeur.

Lorsqu'à la température T et sous la tension de vapeur saturée qui se rapporte à cette température, l'unité de masse de vapeur se condense, il y a dégagement d'une quantité de chaleur L, qui est la *chaleur de vaporisation à la température* T.

A la température T et sous la tension de vapeur saturée relative à cette température, l'unité de masse de vapeur occupe un volume v et l'unité de masse du liquide occupe un volume v' ; v, v' sont les *volumes spécifiques de la vapeur saturée et du liquide saturé à la température* T.

Faisons croître la température T et suivons les variations des quatre quantités P, L, v, v', dont nous venons de rappeler la définition.

Lorsque la température T croît jusqu'à une température Θ, voisine de 31°,35 C., la tension de vapeur saturée croît jusqu'à une valeur $\mathfrak{P}$, voisine de 72^{atm},9. La chaleur de vaporisation diminue et tend vers 0.

La vapeur saturée devient de plus en plus dense, en sorte que son volume spécifique v diminue ; le liquide saturé devient de moins en moins dense, en sorte que son volume spécifique augmente ; la différence $(v - v')$ tend vers 0 ; v et v' tendent vers une même valeur que nous désignerons par $\mathfrak{U}$.

Ainsi, à une température inférieure à θ et très peu différente de θ, le liquide saturé et la vapeur saturée se transforment l'un en l'autre sans absorption ni dégagement appréciable de chaleur et sans changement appréciable de volume ; les diverses propriétés physiques, propriétés optiques, propriétés capillaires, etc., de l'une des deux phases ne se peuvent plus distinguer des propriétés analogues de l'autre phase.

On peut donc dire que lorsque la température tend vers la valeur θ, l'anhydride carbonique liquide et l'anhydride carbonique en vapeur tendent vers un même état que l'on nomme l'*état critique* de de l'anhydride carbonique ; θ, $\mathfrak{L}$, $\mathfrak{U}$, se nomment la *température critique*, la *pression critique*, le *volume critique* de ce fluide.

Si, prenant les températures pour abscisses et les pressions pour ordonnées (*fig.* 103), nous traçons la courbe C des tensions de vapeur saturée, cette courbe montera de gauche à droite jusqu'au point γ, d'abcisse θ et d'ordonnée $\mathfrak{L}$, qui porte le nom de *point critique*.

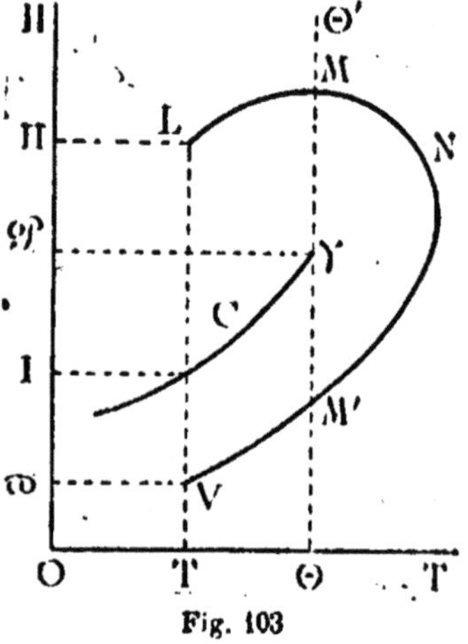

Fig. 103

Si la température T surpasse la température critique θ, on ne peut plus, sous aucune pression, observer l'anhydride carbonique partagé en deux phases, liquide et vapeur ; ce corps est alors constamment homogène, en un état qui se nomme l'état de gaz.

A une température T, inférieure à θ, prenons le système sous une pression Π, supérieure à la tension de vapeur saturée P à la même température ; le point figuratif est alors en L et le système est à l'état liquide.

Nous pouvons faire varier la température et la pression de telle sorte que le point figuratif décrive un chemin tel que LMNM'V ; ce chemin coupe la ligne $\Theta\Theta'$ au-dessus du point critique γ, descend en demeurant à droite de $\Theta\Theta'$, perce de nouveau cette ligne en un point M' situé au dessous du point critique γ, et parvient en un point V dont l'abscisse est la température initiale T, mais dont l'ordonnée ϖ est inférieure à la tension de vapeur saturée à cette température.

Tant que le point figuratif va de L en M, le système est en entier à l'état liquide ; il est à l'état gazeux lorsque le point figuratif parcourt le chemin MNM' ; enfin le trajet M'V correspond à un état de vapeur homogène.

Or, tandis que le point figuratif décrit un semblable trajet, on n'observe à aucun instant un changement brusque de l'une quelconque des propriétés du système ; le passage de l'état liquide initial à l'état final de vapeur s'est fait d'une manière graduelle et parfaitement continue.

On peut donc prendre un système, à une température inférieure à la température critique, sous forme de liquide homogène et, par une transformation graduelle, exempte de tout changement brusque, le ramener à la même température sous la forme de vapeur ; il suffit de faire décrire au point figuratif du système un chemin qui contourne le point critique.

En 1869, Thomas Andrews a fait, sur l'anhydride carbonique, ces observations capitales ; depuis, un grand nombre d'observateurs les ont répétées sur une foule de fluides ; la notion d'*état critique* domine l'étude des transformations d'un fluide de composition définie susceptible de se présenter sous les deux états de liquide et de vapeur.

Nous allons voir que cette notion est susceptible d'une extension beaucoup plus grande.

230. Mélanges doubles liquides. La température où les deux couches ont même composition ne correspond pas à un point indifférent. — Avec M. W. Alexejew (1) et M. V. Rothmund (2), prenons un mélange d'eau et

(1) W. Alexejew, *Wiedemann's Annalen*, Bd. XXVIII, p. 305 ; 1886.

(2) V. Rothmund, *Zeitschrift für physikalische Chemie*, Bd. XXVI, p. 433 ; 1898.

de phénol ; le mélange de ces deux liquides ne demeure pas toujours homogène ; lorsque les proportions d'eau et de phénol sont convenablement choisies, il se sépare en deux couches de composition et de densité différentes, formant ainsi un mélange double liquide qui est un système bivariant.

Sous une pression donnée et à une température donnée, chacune des deux phases en équilibre a une composition déterminée, indépendante des masses d'eau et de phénol que l'on a mises en présence. Ainsi, à la température de + 34°,2 C., un gramme de la couche la plus dense renferme 0gr,688 de phénol ; un gramme de la couche la moins dense renferme 0gr,93 de la même substance.

Désignons, en général, par x le nombre de grammes de phénol que renferme 1 gramme de la couche la moins dense et par X le nombre de grammes de phénol que renferme 1 gramme de la couche la plus dense ; X est, naturellement, supérieur à x. Gardons une pression invariable, la pression atmosphérique par exemple, et étudions comment varient x et X lorsque l'on fait varier la température T.

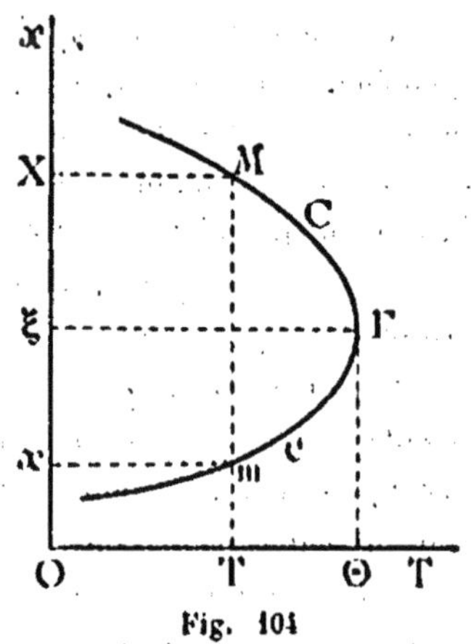

Fig. 104

Prenons, à cet effet, deux axes rectangulaires (*fig.* 104) ; portons les températures T en abscisses et les valeurs de x en ordonnées ; à une température donnée T, la composition de l'une des deux couches est représentée par un point M, de coordonnées T, X, la composition de l'autre couche par un point m, de coordonnées T, x.

Lorsque la température T varie, le point M décrit une certaine courbe C et le point m une autre courbe c.

Lorsque la température T, en croissant, tend vers une valeur $\Theta = 69°$ C., on voit les deux courbes C, c se rapprocher l'une de l'autre, les deux points M, m tendre vers un même point Γ, les deux compositions X, x, tendre vers une même limite ξ ; en même temps que les deux courbes C, c, se rejoignent au point Γ, elles s'y raccordent l'une à l'autre de manière à toucher en ce point une parallèle à Ox.

On pourrait penser que ce phénomène doit être rapproché de ceux que nous avons étudiés en la XIe Leçon et que *le point* Γ *est un point indifférent où deux couches liquides distinctes, mais de même composition, sont en équilibre l'une avec l'autre.*

Il est aisé de se convaincre que *cette supposition serait erronée.*

Si elle était exacte, en effet, nous pourrions dire du mélange double liquide formé par l'eau et le phénol tout ce qui a été dit du mélange double que forme un mélange de liquides volatils surmonté de la vapeur mixte qu'il émet ; l'une des deux couches en lesquelles se sépare le mélange double liquide jouerait le même rôle que le liquide mixte, l'autre couche jouerait le même rôle que la vapeur mixte ; si X, x étaient les compositions des deux couches susceptibles de demeurer en équilibre au contact l'une de l'autre à la température T, le point M (*fig.* 103), de coordonnées T, X, décrirait *une courbe à deux branches* CIC' ; le point m, de coordonnées T, x, décrirait *une autre courbe à deux branches* cIc' ; ces deux courbes passeraient au point I, de coordonnées θ, ξ, et y toucheraient une parallèle à Ox ; à une même température T, inférieure à θ, selon les masses d'eau et de phénol employées, notre mélange double pourrait présenter deux états d'équilibre distincts ; en l'un, les deux couches superposées auraient pour compositions X, x et pour points figuratifs M, m ; en l'autre, ces deux couches auraient pour compositions X', x' et pour points figuratifs M', m'.

Cette disposition est conforme à celle que nous présente la *fig.* 61 pour un mélange de liquides volatils dont le point d'ébullition passe par une valeur maximum ; elle n'a, au contraire, aucune analogie avec celle que nous présente la *fig.* 104. Lors donc que la température tend vers 69° C., nous ne pouvons supposer que les deux couches en lesquelles se partage le mélange d'eau et de phénol tendent vers deux solutions distinctes ayant même composition ; et, comme il n'est pas douteux qu'elles tendent à avoir même composition, nous sommes contraints d'admettre qu'elles ont pour état limite non pas *deux* solutions distinctes, mais *une seule* solution.

237. Cette température est une température critique. — Nous pouvons donc formuler la proposition suivante :

Lorsqu'on élève graduellement la température d'un mélange double liquide, il peut arriver que la composition et les diverses propriétés des deux couches en lesquelles il est partagé diffèrent de moins en moins ; lorsque la température atteint une certaine valeur Θ, *ces deux couches deviennent identiques sous tous rapports.*

L'analogie de cette loi avec celle qui a été découverte par Andrews dans l'étude de la vaporisation ou de la liquéfaction d'un fluide de composition définie est évidente ; en vertu de cette analogie, nous dirons que Θ *est la température critique et* ξ *la composition critique du mélange liquide étudié, sous la pression considérée.*

A une température inférieure à la température critique, le mélange est partagé en deux couches distinctes, séparées par une surfac

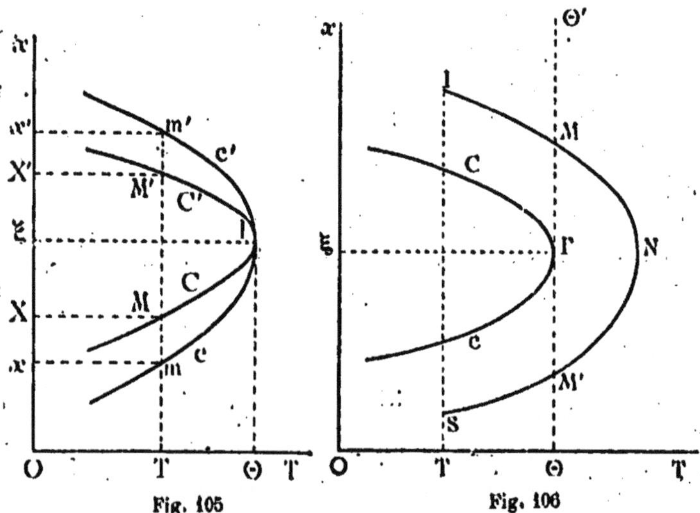

Fig. 105

Fig. 106

de contact bien nette ; lorsque la température atteint la valeur critique, la surface de séparation devient indécise et disparaît et, au lieu de deux couches distinctes, on n'a plus, aux températures supérieures à Θ, qu'un mélange homogène.

A une température T, inférieure à la température critique Θ, le mélange est à l'état homogène que nous nommons *couche supérieure* s'il est assez riche en eau pour que le point figuratif S (*fig.* 106) se trouve au dessous de la courbe *c*; il est partagé en deux couches si le point figuratif est entre les deux courbes *c* et C; il est à l'état homogène que nous nommons *couche inférieure*, s'il est assez riche en phénol pour que le point figuratif se trouve en I, au dessus de la courbe C.

Prenons le système dans ce dernier état; élevons la température, et ajoutons de l'eau, de manière que le point figuratif décrive le chemin IMN, qui coupe la ligne ΘΘ' en M, au dessus du point critique Γ; ensuite, continuons à ajouter de l'eau, mais abaissons la température de manière que le point figuratif décrive le chemin NM'S qui coupe la ligne ΘΘ' en M', au dessous du point critique Γ; le système, pris à la température T et à l'état de *couche supérieure*, revient à la même température, mais à l'état de *couche inférieure*; durant la modification, il est resté homogène et n'a éprouvé aucun changement brusque, ses diverses propriétés ont varié graduellement.

Un mélange liquide peut donc passer de l'état de couche supérieure à l'état de couche inférieure par une transformation continue; il suffit que le trajet du point figuratif contourne le point critique.

238. Mélanges qui se séparent en deux couches aux températures plus basses que la température critique. — Le mélange eau-phénol n'est pas le seul qui puisse se séparer en deux couches au dessous d'une certaine température critique Θ et qui demeure forcément homogène à une température supéreure à Θ; l'existence d'une telle température critique est un phénomène très général, comme on en peut juger par le premier tableau de la page suivante.

239. Mélanges qui se séparent en deux couches aux températures plus élevées que le point critique. — Dans tous les exemples que nous venons de citer, le mélange, susceptible de se partager en deux couches aux températures inférieures à la température critique Θ, est forcément homogène aux températures supérieures à θ ; on possède également des exemples, moins nombreux il est vrai, de mélanges qui demeurent forcément homogènes à des températures moins élevées que la température cri-

Mélanges étudiés	θ	Observateurs
Phénol-Eau	+ 69°	W. Alexejew
Acide benzoïque-Eau	+ 116°	»
Phénolate de phenylammonium-Eau	+ 140°	»
Aniline-Eau	+ 166°	»
Butylalcool secondaire-Eau	+ 108°	»
Isobutylalcool-Eau	+ 132°	»
Propionitrile-Eau	+ 113°	V. Rothmund
Acide salicylique-Eau	+ 95°	»
Furfurol-Eau	+ 122°	»
Acétylacétone-Eau	+ 88°	»
Acide isobutyrique-Eau	+ 24°	»
Méthyléthylcétone-Eau	+ 151°	»
Succinonitrile-Eau	+ 55°	Schreinemakers (1)
Chlorobenzine-Soufre	+ 116°	V. Alexejew
Essence de moutarde-Soufre	+ 124°	»
Aniline-Soufre	+ 138°	»
Benzine-Soufre	+ 164°	»
Toluène-Soufre	+ 179°	»
Sulfure de carbone-Alcool méthylique	+ 40°	V. Rothmund
Hexane-Alcool méthylique	+ 42°	»
Resorcine-Benzine	+ 109°	»
Zinc-Bismuth	Entre 800° et 900°	W. Spring et Romanow (2)

(1) SCHREINEMAKERS, *Zeitschrift für physikalische Chemie*, Bd. XXIII, p. 417 ; 1897.
(2) SPRING et ROMANOW, *Zeitschrift für anorganische Chemie*, Bd. XIII, p. 29 ; 1897.

tique θ, tandis qu'aux températures supérieures à θ, il peuvent se séparer en deux couches ; les deux courbes C et c sont alors disposées comme l'indique la *fig.* 107.

De ce nombre sont les trois mélanges suivants :

Mélanges étudiés	θ	Observateurs
Diéthylamine-Eau	+ 122°	F. Guthrie (1)
β-Collidine-Eau	+ 4°	V. Rothmund
Triéthylamine-Eau	+ 20°	»

(1) F. GUTHRIE, *Philosophical Magazine*, 5e série, vol. XVIII, p. 29 et p. 499 ; 1884.

240. Influence de la pression sur la température critique d'un mélange double liquide. — La température critique θ et la composition critique ξ peuvent naturellement dépendre de la pression sous laquelle on étudie le mélange. M. Van der Lée [1] a trouvé que la température critique d u mélange eau-phénol s'élevait en même temps que la pression.

D'ailleurs, il est nécessaire d'imposer à la pression un accroissement

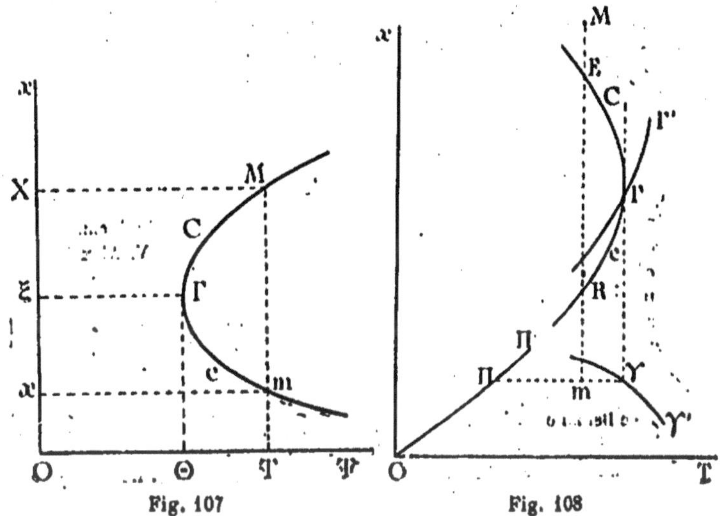

Fig. 107 Fig. 108

très considérable pour obtenir une variation appréciable du point critique.

241. Vaporisation d'un mélange de deux liquides; ligne critique; surface de rosée, surface d'ébullition. — Il n'en est plus de même lorsque les deux phases en lesquelles le mélange fluide est partagé sont une phase liquide (couche inférieure) et une phase vapeur (couche supérieure); dans ce cas toute variation de la pression impose des variations du même ordre de grandeur à la température critique et à la composition critique d'un mélange de composition donnée.

(1) Van der Lée, *Académie des Sciences d'Amsterdam*, Séance du 29 octobre 1898.

Si donc, sur trois axes de coordonnées rectangulaires, nous portons la température T (*fig.* 108), la pression Π, la composition x, à chaque pression Π correspondra un point Γ dont les coordonnées donneront la température critique et la composition critique relatives à cette pression. Lorsque la pression Π variera, ce point décrira une ligne, la *ligne critique* $\Gamma\Gamma'$.

En faisant varier la pression, ce ne sont pas seulement les éléments du point critique que l'on fera varier ; on déplacera en même temps chacune des deux courbes c, C ou mieux la courbe continue c C qu'elles forment par leur ensemble. Cette courbe engendrera une certaine surface, que nous nommerons la *surface limite*. La surface limite se composera de deux nappes, une nappe s, engendrée par la courbe c, et une nappe S, engendrée par la courbe C ; nous appellerons la nappe s la *surface de rosée* et la nappe S la *surface d'ébullition ;* ces dénominations vont être justifiées tout à l'heure.

Ces deux nappes se raccorderont l'une à l'autre le long de la ligne critique. Si l'on projette la surface limite sur le plan TOΠ, il est visible que la projection $\gamma\gamma'$ de la ligne critique fera partie du contour de la projection.

Par le point m, pris sur le plan TOΠ, menons une parallèle à Ox, elle rencontre la surface de rosée s en R et la surface d'ébullition S en E.

Choisissons un point de départ M situé au-dessus de E et, sans faire varier la pression Π ni la température T, ajoutons au système une masse graduellement constante du fluide 1 ; x diminuera et le point figuratif décrira la ligne Mm.

Tant que le point figuratif se trouvera au-dessus de E, le système demeurera à l'état de liquide homogène; au moment où le point figuratif atteindra la position E, la seconde phase apparaîtra dans le système sous forme d'une bulle de vapeur; il y aura *ébullition.*

Le point figuratif se trouvant entre E et R, le système sera partagé en deux phases; le liquide mixte sera surmonté d'une couche de vapeur. Lorsque le point figuratif parviendra en R, la dernière goutte de liquide disparaîtra; si le point figuratif continuait à descendre, le système se trouverait à l'état de vapeur homogène.

Si, à ce moment, nous introduisions du fluide 2 pour faire croître x, le point figuratif remonterait; le système serait d'abord à l'état de vapeur homogène, mais au moment où le point figuratif atteindrait la position R, une goutte liquide apparaîtrait; il y aurait *dépôt de rosée*.

En résumé, pour que le système demeure en équilibre dans un état où il est partagé en deux phases, liquide et vapeur, il faut que le point figuratif soit entre les deux nappes s, S, de la surface limite;

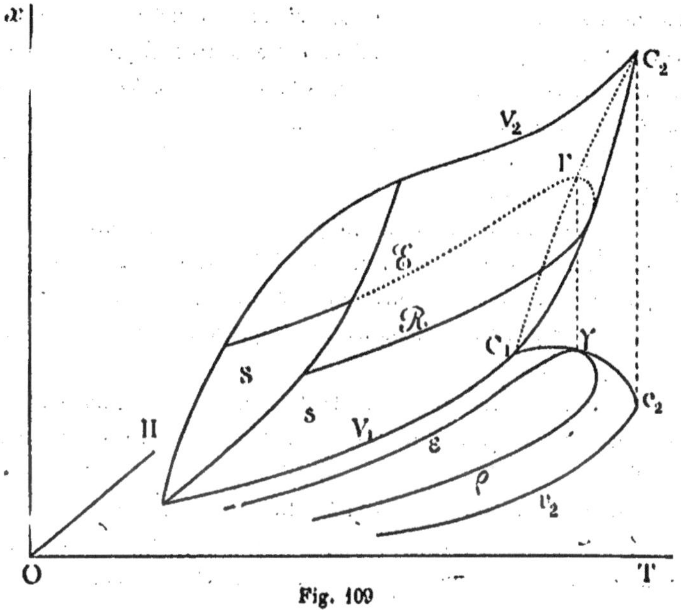

Fig. 109

s'il sort de cette région en traversant la surface S, le système passe à l'état de liquide homogène; s'il en sort en traversant la surface s, le système se vaporise en entier.

242. Ligne de rosée et ligne d'ébullition d'un mélange de composition donnée. — Lorsqu'on veut étudier la vaporisation ou la condensation d'un mélange fluide, on l'enferme dans un tube de Cailletet et on en fait varier la température et la pression; pendant ces opérations, la valeur de x qui caractérise la composition moyenne du mélange demeure invariable.

Il est donc intéressant de discuter les propriétés d'un système pour lequel on se donne la valeur x de la composition moyenne.

Le plan, perpendiculaire à Ox, qui correspond à cette valeur de x coupe (*fig.* 109) la surface d'ébullition S selon la courbe $\mathcal{E}$ et la surface de rosée s selon la courbe $\mathcal{R}$; ces deux courbes se raccordent au point critique Γ du mélange de concentration x, de manière à former une courbe unique, section de la surface limite par le plan considéré.

Dans le cas particulier où $x = 0$, les deux lignes $\mathcal{E}$ et $\mathcal{R}$ se confondent en une seule ligne V_1, qui est la courbe des tensions de vapeur saturée du fluide 1 pris à l'état de pureté; cette ligne aboutit au point C_1, point critique du fluide 1.

De même, dans le cas particulier où $x = 1$, les deux lignes $\mathcal{E}$ et $\mathcal{R}$ se confondent en une seule ligne V_2, qui est la courbe des tensions de vapeur saturée du fluide 2 pris à l'état de pureté; cette ligne aboutit au point critique C_2 du fluide 2.

La ligne critique $C_1\Gamma C_2$ unit le point C_1 au point C_2.

Projetons la figure sur le plan TOΠ ou $x = 0$.

La courbe des tensions de vapeur saturée V_2 du fluide 2 se projette en vraie grandeur suivant la ligne v_2, qui aboutit au point c_2, projection du point C_2.

La ligne critique se projette suivant la ligne $C_1\gamma c_2$; celle-ci fait partie du contour de la projection de la surface limite.

La ligne $\mathcal{E}\Gamma\mathcal{R}$ se projette en vraie grandeur suivant la ligne $\varepsilon\gamma\rho$, qui est la *ligne limite* du mélange de composition x; ε en est la *ligne d'ébullition* et ρ la *ligne de rosée*; elles se raccordent au point γ, projection du point critique Γ, et, en ce point, elles sont tangentes à la projection $C_1\gamma c_2$ de la ligne critique.

Prenons un mélange de composition x, à une température T et sous une pression Π qui servent de coordonnées à un point du plan TOΠ. Lorsque ce point figuratif se trouve à l'intérieur de la courbe limite $\varepsilon\gamma\rho$, le mélange de composition moyenne x est partagé en deux phases, un liquide mixte et une vapeur mixte. Une de ces deux phases disparaît et le système devient homogène lorsque le point figuratif vient à franchir la ligne limite. C'est la phase vapeur qui disparait si le point figuratif franchit la ligne limite en un point qui appartient à la ligne d'ébullition ; c'est au contraire la phase liquide qui disparait si le point figuratif franchit la ligne limite en un point qui appartient à la ligne de rosée.

243. Condensation normale. Condensation rétrograde. — La considération des lignes limites joue un rôle essentiel dans toutes les recherches relatives à la liquéfaction et à la vaporisation des mélanges fluides. L'analyse détaillée de ces recherches excéderait le plan de cet ouvrage ; aussi ne la donnerons-nous pas. Nous nous contenterons d'indiquer une conséquence remarquable des théories précédentes.

Supposons que la disposition de la ligne limite soit celle que représente la *fig* 110 : *le point* M, *dont l'abscisse* τ *est un maximum,*

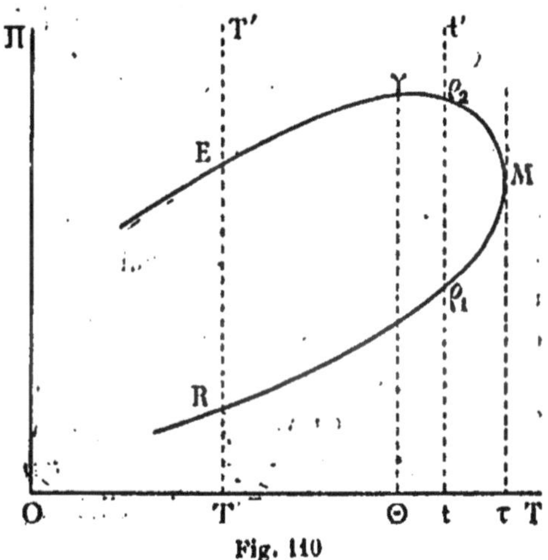

Fig. 110

appartient à la ligne de rosée; l'expérience montre qu'il en est ainsi dans un grand nombre de cas.

Prenons, d'abord, une température T inférieure à la température critique Θ du mélange de composition x ; à cette température, faisons croître graduellement la pression d'une valeur très basse à une très grande valeur : le point figuratif s'élèvera constamment sur la droite TT', qui rencontre la ligne de rosée en un point R et la ligne d'ébullition en un point plus élevé E.

Tant que la pression n'aura pas atteint la valeur TR, le système sera à l'état de vapeur homogène ; au moment où la pression atteindra cette valeur, qui correspond au *point de rosée*, une première goutte liquide apparaîtra ; la pression continuant à croître, la masse du liquide augmentera aux dépens de la vapeur ; lorsque la pression atteindra la valeur TE, qui correspond au *point d'ébullition*, la dernière bulle de vapeur disparaîtra et, pour les pressions plus fortes, le système sera à l'état de liquide homogène. Si l'on fait décroître la pression, les mêmes phénomènes se reproduiront en ordre inverse.

Lorsqu'on observe la suite des phénomènes que nous venons d'énumérer, on dit que le système subit la *condensation normale*.

La suite des faits observés est tout autre lorsqu'on comprime le système en maintenant constante une température t, supérieure à la température critique Θ et, d'ailleurs, inférieure à la température τ.

Le point figuratif s'élève sur la ligne tt', qui perce la ligne de rosée en un premier point ρ_1, puis en un second point ρ_2, d'ordonnée plus élevée que le premier.

Tant que la pression demeure inférieure à $t\rho_1$, le système demeure à l'état de vapeur homogène ; au moment où la pression atteint la valeur $t\rho_1$, qui correspond au *premier point de rosée*, une goutte liquide apparaît ; la pression continuant à croître, la masse du liquide augmente d'abord ; mais ensuite elle passe par un maximum, diminue et, au moment où la pression atteint la valeur $t\rho_2$, qui correspond au *second point de rosée*, la dernière goutte liquide disparaît ; si l'on comprime davantage le système, il demeure à l'état de vapeur homogène.

Cette suite de phénomènes constitue la *condensation rétrograde*.

La condensation rétrograde fut découverte en 1880 par M. L. Cailletet, qui étudiait la liquéfaction d'un mélange d'air et de gaz carbonique ; l'année suivante, M. van der Waals fit de son côté cette observation qu'il croyait nouvelle ; confirmée par les recherches de MM. Cailletet et Hautefeuille et d'Andrews, le phénomène de la condensation rétrograde joue un grand rôle dans les études théoriques et expérimentales relatives à la liquéfaction des mélanges gazeux ; ces études, développées par de nombreux physiciens, parmi lesquels nous citerons M. van der Waals, M. Kuenen et M. Caubet, ne peuvent être analysées ici ; le lecteur curieux de cette importante question, pourra se reporter à l'ouvrage de M. Caubet [1].

244. Les états critiques dans les mélanges de trois corps. — Un grand nombre de mélanges liquides formés par la réunion de trois corps sont susceptibles de se séparer en deux couches, de compositions différentes, qui demeurent en équilibre au contact l'une de l'autre ; dans certaines conditions, ces deux couches prennent la même composition, la même densité, les mêmes propriétés physiques ; en d'autres termes, lorsque ces conditions sont près d'être réalisées, les deux phases distinctes en lesquelles le système est partagé tendent vers un état limite commun qui est un *état critique.*

L'existence d'un état critique dans les mélanges formés de trois corps liquides a été signalée, dès 1876, par M. Duclaux en étudiant les mélanges suivants :

Alcool amylique, alcool, eau ;
Alcool, éther, eau ;
Acide acétique, éther, eau.

Depuis quelques années, l'étude des mélanges liquides ternaires et de leurs états critiques a fait l'objet de nombreux et importants travaux, théoriques ou expérimentaux, dûs à M. Schreinemakers [2], à M. Snell [3], à M. G. Bruni [4] ; nous devons nous borner à mentionner ici l'existence de ces travaux.

245. Formes cristallines limites. — L'existence d'états critiques paraît donc très générale ; il est possible de la constater dans la plupart des cas où un système fluide est divisé en deux phases, que le système soit formé d'un, de deux ou de trois compo-

(1) F. Caubet, *Liquéfaction des mélanges gazeux* (*Mémoires de la Société des Sciences physiques et naturelles de Bordeaux*, 5e série, t. I, 1901 et Paris, A. Hermann, 1901).

(2) Schreinemakers, nombreux mémoires publiés, depuis 1897, dans les *Archives néerlandaises des Sciences exactes et naturelles* et dans le *Zeitschrift für physikalische Chemie.*

(3) Snell, *Journal of physical Chemistry*, vol. II, p. 457 ; 1898.

(4) G. Bruni, *Rendiconti dell' Accademia dei Lincei*, 5e série, vol. VIII, p. 141 ; 1899.

sants; que les deux phases soient liquides, ou bien que l'une d'elles soit un liquide et l'autre une vapeur.

Il est vraisemblable que la notion d'état critique ne doit pas être restreinte aux systèmes fluides.

Pasteur avait déjà fait remarquer que les deux formes cristallines d'une substance dimorphe sont, en général, peu différentes l'une de l'autre; lorsqu'on fait croître la température et la pression, ces formes se modifient de telle manière que les caractères qui les distinguent aillent en s'atténuant; on est porté à penser que, la température et la pression ([1]) tendant vers certaines valeurs bien déterminées, qui seraient la *température critique* et la *pression critique*, les deux formes cristallines tendraient vers une forme limite commune, qui serait la *forme critique;* le dimorphisme d'une substance cristallisée serait alors comparable à la coexistence des deux formes liquide et vapeur dans un fluide; la forme cristalline limite à l'état de gaz, limite commune de l'état liquide et de l'état de vapeur.

Deux substances isodimorphes peuvent fournir deux sortes de cristaux mixtes; les formes cristallines de ces deux sortes de cristaux sont, en général, peu différentes. Ainsi, comme l'a montré Retgers (n° **210**), on peut obtenir des cristaux mixtes de carbonate calcique et de carbonate de magnésie qui sont isomorphes de la calcite; on peut en obtenir qui sont isomorphes de la magnésite. Or, la forme primitive de la calcite et la forme primitive de la magnésite sont deux rhomboèdres ayant des angles peu différents; ces angles, d'ailleurs, varient avec la température et les actions élastiques. On conçoit donc qu'il puisse exister des *cristaux mixtes critiques* imposant une limite commune aux deux formes de cristaux mixtes que l'on observe dans les conditions habituelles. Ces cristaux mixtes limites seraient comparables aux états critiques en lesquels viennent se confondre les deux phases d'un mélange de deux liquides.

([1]) Pour être rigoureux, il faudrait parler ici non de la pression, mais des six composantes des actions élastiques.

SEIZIÈME LEÇON

LA MECANIQUE CHIMIQUE DES GAZ PARFAITS

246. Nécessité d'hypothèses nouvelles pour pénétrer plus avant dans l'étude des systèmes chimiques. — Tout ce que nous avons dit jusqu'à présent, au sujet des divers problèmes de mécanique chimique, est d'une très grande généralité; une seule hypothèse, qui revient à négliger les actions capillaires, est venue particulariser quelque peu la forme du potentiel interne des systèmes étudiés (voir 6ᵉ Leçon, n° **89**).

Cette grande généralité, qui fait le prix des considérations développées dans les précédentes leçons, ne va pas sans quelque inconvénient; par le fait même qu'elles sont d'une extrême étendue, les règles énoncées sont moins aptes à pénétrer dans le détail des phénomènes. Nous savons, par exemple, que, sous une pression donnée, il suffit que la température soit déterminée pour que la dissolution saturée d'un certain sel ait une concentration déterminée; nous savons que cette concentration varie dans le même sens que la température ou en sens contraire, selon que le sel se dissout, en solution saturée, avec absorption ou avec dégagement de chaleur; mais là s'arrêtent nos connaissances; or, il est clair qu'elles sont loin d'être complètes et que nous pouvons légitimement désirer davantage; que nous pouvons, par exemple, demander à connaître, d'une manière exacte ou approchée, la forme de la loi qui relie à la température la concentration de la dissolution saturée.

Mais, pour obtenir, au moyen des principes de la Thermodynamique, des propositions plus détaillées que celles que nous avons obtenues jusqu'ici, il faut adjoindre aux hypothèses que nous avons déjà introduites, de nouvelles hypothèses plus particulières ; la difficulté consiste à découvrir des hypothèses telles qu'il en découle, en des cas d'une suffisante généralité, des conséquences exactes ou du moins, d'une approximation satisfaisante.

247. Caractères des systèmes qui vont être étudiés. — M. Horstmann et M. Gibbs sont arrivés à définir de tels cas et à formuler de telles hypothèses.

Les systèmes chimiques auxquels s'applique la théorie développée par ces physiciens peuvent contenir des solides, des liquides, des gaz.

Les solides et les liquides ne se mélangent pas entre eux et ne dissolvent pas les gaz, en sorte que *chacune des phases solides ou liquides que le système renferme est un composé chimique défini et pur.*

Le volume spécifique de chacune de ces phases solides ou liquides est négligeable par rapport aux volumes spécifiques des gaz que l'on considère.

La chaleur spécifique de chacun de ces corps solides ou liquides est sensiblement indépendante de la température.

Les gaz que le système renferme sont à l'état parfait.

248. Hypothèses qui caractérisent un mélange de gaz parfaits. — Ces diverses suppositions suffiraient à mettre en équations d'une manière complète les divers problèmes de mécanique chimique si la phase gazeuse que le système est supposé renfermer étaient formée par un gaz unique ; mais dans un grand nombre de cas importants, cette phase est un mélange de plusieurs gaz que l'on doit, d'après les principes que nous venons d'énoncer, regarder comme des gaz parfaits ; dès lors, nous sommes conduits à nous poser cette question : Comment sera caractérisé, au point de vue de la Thermodynamique, le mélange de deux ou de plusieurs gaz parfaits ?

Il est un certain nombre de propositions que tous les physiciens s'accordaient à regarder comme caractérisant le mélange de deux ou plusieurs gaz parfaits ; rappelons quelles sont ces propositions.

La première est celle-ci : *Un mélange de deux ou de plusieurs gaz parfaits, pris en proportions déterminées, se comporte, en toutes circonstances comme un gaz parfait unique;* ainsi, par exemple, l'air qui, pour les chimistes, est un mélange de plusieurs gaz est, à chaque instant, cité et étudié par les physiciens comme type d'un gaz voisin de l'état parfait.

La seconde est celle qui a été découverte par Berthollet et qui est connue sous le nom de *Loi du mélange des gaz : Pour maintenir en équilibre sous un volume donné et à une température donnée un mélange de gaz parfaits, il faut le soumettre à une pression égale à la somme des pressions qui maintiendraient respectivement, sous le même volume et à la même température, chacun des gaz mélangés.*

La troisième peut s'énoncer ainsi :

Si deux récipients, qui contiennent sous la même pression et à la même température deux gaz parfaits différents et susceptibles de se mélanger, sont mis en communication l'un avec l'autre, les deux gaz se diffusent l'un dans l'autre sans absorber ni dégager de chaleur.

Enfin la quatrième proposition est la classique *Loi du mélange des gaz et des vapeurs,* bien connue sous la forme suivante :

Lorsqu'un liquide est en équilibre, à une certaine température, avec sa vapeur mélangée à un gaz, la tension du mélange gazeux est la somme de la tension qu'atteint, à la même température, la vapeur saturée du même liquide dans un espace vide au préalable et de la pression qui maintiendrait le gaz, à la même température, sous un volume égal au volume du mélange.

Or, ces diverses lois caractérisent complètement, au point de vue de la Thermodynamique, les propriétés d'un mélange de gaz parfaits ; elles conduisent, en effet, à la proposition suivante qui permet de calculer toutes ces propriétés lorsqu'on connaît celles des gaz mélangés :

Le potentiel interne d'un mélange de gaz parfaits est constamment égal à la somme des potentiels internes qu'il conviendrait d'attribuer à chacun des gaz mélangés s'il occupait seul, à la même température, le volume entier du mélange.

249. Notations. — Nous connaissons maintenant le point de départ de la théorie de M. Horstmann et de M. Gibbs; laissons de côté les calculs que développe cette théorie pour énoncer de suite les résultats auxquels elle parvient.

Ces conséquences se condensent en trois formules essentielles.

Imaginons un système où peut se produire soit une réaction chimique déterminée, soit la réaction inverse; ce sera, par exemple, un système renfermant de l'hydrogène, de l'argent, du gaz sulfhydrique, du sulfure d'argent: il peut s'y produire soit la réaction

$$Ag^2S + H^2 = H^2S + Ag^2,$$

soit la réaction inverse.

Écrivons, comme nous venons de le faire pour cet exemple, l'équation chimique qui représente la première réaction. Au premier membre figurent certains corps gazeux a_1, a_2,. ... et certains corps solides ou liquides A_1, A_2,.....; au second membre figurent certains corps gazeux a'_1, a'_2,..... et certains corps solides ou liquides A'_1,A'_2,.....

Désignons de la manière suivante les poids moléculaires et les nombres de molécules de ces divers corps qui figurent dans l'équation chimique :

Corps	Poids moléculaires	Nombre de molécules réagissantes
a_1 a_2	ϖ_1 ϖ_2	n_1 n_2
A_1 A_2	Π_1 Π_2	N_1 N_2
a'_1 a'_2	ϖ'_1 ϖ'_2	n'_1 n'_2
A'_1 A'_2	Π'_1 Π'_2	N'_1 N'_2

Le premier membre de notre équation chimique représente une masse :

$$n_1\varpi_1 + n_2\varpi_2 + \ldots\ldots + N_1\Pi_1 + N_2\Pi_2 + \ldots\ldots$$

Le second membre représente une masse

$$n'_1\varpi'_1 + n'_2\varpi'_2 + \ldots\ldots + N'_1\Pi'_1 + N'_2\Pi'_2 + \ldots\ldots ;$$

Ces deux masses sont égales entre elles ; soit P leur commune valeur :

$$(1) \quad \begin{aligned} & n_1\varpi_1 + n_2\varpi_2 + \ldots\ldots + N_1\Pi_1 + N_2\Pi_2 + \ldots\ldots \\ & = n'_1\varpi'_1 + n'_2\varpi'_2 + \ldots\ldots + N'_1\Pi'_1 + N'_2\Pi'_2 + \ldots\ldots = P. \end{aligned}$$

Soient σ_1, σ_2, ... σ'_1, σ'_2, ... les volumes occupés, dans les conditions normales de température et de pression, par 1 gramme de chacun des gaz a_1, a_2, ... a'_1, a'_2, ... ; les masses de ces gaz qui figurent dans l'équation chimique occupent respectivement, dans les conditions normales de température et de pression, des volumes :

$$n_1\varpi_1\sigma_1 = U_1, \qquad n_2\varpi_2\sigma_2 = U_2, \ \ldots\ldots$$
$$n'_1\varpi'_1\sigma'_1 = U'_1, \qquad n'_2\varpi'_2\sigma'_2 = U'_2, \ \ldots\ldots$$

Enfin, dans les mêmes conditions, 1 gramme d'hydrogène occupe un volume Σ. Les rapports

$$\frac{U_1}{\Sigma} = V_1, \qquad \frac{U_2}{\Sigma} = V_2, \ \ldots\ldots$$
$$\frac{U'_1}{\Sigma} = V'_1, \qquad \frac{U'_2}{\Sigma} = V'_2, \ \ldots\ldots$$

sont des nombres simples que fournit immédiatement la lecture de l'équation chimique ; si, par exemple, le gaz a_1 est soumis à la loi d'Avogadro et d'Ampère, la masse ϖ_1 de ce gaz occupe, dans les conditions normales de température et de pression, le même volume que 2 grammes d'hydrogène ; on a donc

$$\varpi_1\sigma_1 = 2\Sigma$$

ou

$$V_1 = 2n_1.$$

Plus généralement, V_1, V_2, ..., V'_1, V'_2, ... sont les nombres qu'écrivent les chimistes lorsqu'ils veulent exprimer *en volumes* la réaction que l'équation chimique considérée exprime *en poids*.

250. Loi de l'équilibre des systèmes étudiés. — Supposons le système en équilibre à la température *absolue* T dans un récipient où il se trouve soit seul, soit en présence de gaz parfaits qui ne prennent pas part à la réaction ; soient p_1, p_2, ..., p_1', p_2', ..., les pressions partielles des gaz a_1, a_2, ..., a'_1, a'_2, ... dans ce mélange ; ces pressions vérifient la CONDITION D'ÉQUILIBRE

$$(3) \qquad V_1 \log p_1 + V_2 \log p_2 + \ldots\ldots \\ - V'_1 \log p'_1 - V'_2 \log p'_2 - \ldots\ldots = \frac{M}{T} + N \log T + Z,$$

M, N *et* Z *étant trois constantes*. Les symboles log représentent des *logarithmes vulgaires*.

Les pressions p_1, p_2, ... p'_1, p'_2, ... sont exprimées au moyen de l'unité que l'on veut ; le choix de cette unité influe seulement sur la valeur de la constante Z.

251. Chaleurs de réaction sous pression constante et sous volume constant. — Imaginons maintenant que, dans un système sensiblement en équilibre, une petite masse μ passe, sans changement de température, de l'état représenté par le premier membre de l'équation chimique à l'état représenté par le second membre de la même équation ; si la modification a lieu *sous pression constante*, elle dégage une quantité de chaleur $L\mu$; si elle a lieu *sous volume constant*, elle dégage une quantité de chaleur $\lambda\mu$; les quantités L et λ, ou mieux, les quantités PL et $P\lambda$, qui sont celles dont les traités de thermochimie donnent, en général, la valeur, sont déterminées par les deux formules que voici :

$$(4) \quad PL = \frac{\Pi_0 \Sigma}{T_0 E}(NT - 0{,}4301\,M),$$

$$(5) \quad P\lambda = \frac{\Pi_0 \Sigma}{T_0 E}\left[(N + V'_1 + V'_2 + \ldots - V_1 - V_2 - \ldots)T - 0{,}4301\,M\right].$$

Π_0 est la *pression normale* (par exemple la pression atmosphérique) et T_0 la *température normale* (par exemple la température de la glace fondante) qui font prendre au volume spécifique de l'hydrogène la valeur Σ.

Le quotient constant $\frac{\Pi_0 \Sigma}{T_0 E}$ est, en système C. G. S., extrêmement voisin de 1. Si donc les quantités PL et Pλ sont exprimées en *petites calories*, on peut remplacer les formules (4) et (5) par les formules

$$(4^{bis}) \qquad PL = NT - 0,4301\,M,$$

$$(5^{bis}) \qquad P\lambda = N + V'_1 + V'_2 + \ldots - V_1 V_2 - \ldots - 0,4301\,M.$$

252. Tensions de vapeur saturée. Formule d'Athanase Dupré. — Montrons, par quelques exemples, de combien d'applications les formules précédentes sont susceptibles.

Le cas le plus simple est celui où un seul corps gazeux figure dans le système ; le type d'une transformation de ce genre nous est fourni par la condensation de la vapeur d'eau, que représente l'équation chimique

$$H^2O \text{ (vapeur)} = H^2O \text{ (liquide)}.$$

La vapeur d'eau suivant la loi d'Avogadro et d'Ampère, et une seule molécule de vapeur d'eau figurant au premier membre de l'équation chimique, nous aurons $V = 2$ et la condition d'équilibre (3) deviendra :

$$2 \log p = \frac{M}{T} + N \log T + Z$$

ou, en posant

$$m = \frac{M}{2}, \qquad n = \frac{N}{2}, \qquad z = \frac{Z}{2},$$

$$(6) \qquad \log p = \frac{m}{T} + n \log T + z.$$

Athanase Dupré [1] avait proposé le premier de représenter par une semblable formule la relation qui existe entre la tension de vapeur saturée de l'eau ou de tout autre liquide et la température.

Cette formule (6) peut-elle représenter avec une exactitude suffisante les tensions de vapeur saturées mesurées par les observateurs ? C'est une question que bien des auteurs ont traitée et qui a été exa-

[1] ATHANASE DUPRÉ, *Théorie mécanique de la chaleur*, p. 97.

minée, en dernier lieu, d'une manière approfondie, par J. Bertrand (1).

Trois observations de tension de vapeur saturée, à des températures différentes et connues, permettent de déterminer les valeurs des trois constantes m, n, z ; il est alors facile de calculer la valeur de p que la formule (6) fait correspondre à chaque valeur de la température T et de comparer les nombres ainsi obtenus aux résultats de l'observation.

Prenons, par exemple, la vapeur d'eau.

Si la pression p est évaluée en millimètres de mercure normal, les constantes m, n et z ont les valeurs suivantes :

$$m = -2\,795,$$
$$n = -3{,}8682,$$
$$z = 17{,}44324.$$

J. Bertrand a comparé de cinq en cinq degrés, pour les températures comprises entre T = 243° (— 30° C.) et T = 273° (0° C.), puis de dix en dix degrés pour les températures comprises entre T = 273° (0° C.) et T = 503° (230° C.), les nombres fournis par la formule

$$\log p = 17{,}44324 - \frac{2\,795}{T} - 3{,}8682 \log T$$

avec les résultats des expériences de Regnault; voici quelques-uns des nombres qui résument cette comparaison :

T	T — 273°	obs.	calc.
243°	— 30°	0,39	0,39
273	0	4,60	4,59
323	+ 50	91,98	91,96
373	+ 100	760,00	763,04
423	+ 150	3 581,2	3 608,48
473	+ 200	11 689,0	11 701,72
483	+ 210	14 324,8	14 297,12
493	+ 220	17 390,4	17 306,72
503	+ 230	20 926,4	20 957,88

(1) J. Bertrand, *Thermodynamique* p. 101.

« L'erreur maxima, ajoute M. Bertrand, est de 169 millimètres pour T = 503° (230° C.), inférieure à 0,01 de la quantité calculée, et correspond à une erreur de 0°,47 sur la température. »

M. J. Bertrand a obtenu des résultats analogues pour les liquides suivants; p est toujours évalué en millimètres de mercure normal :

Nom du liquide	m	n	s
Eau	— 2795	— 3,8682	17,44324
Ether	— 1729,97	— 1,9787	13,4331147
Alcool	— 2743,842	— 4,22482	21,4468682
Ether chlorhydrique	— 1747,13	— 3,8721	17,04235
Chloroforme	— 2179,142	— 3,9158345	19,2979298
Sulfure de carbone . . .	— 1684	— 1,7689	12,58852
Chlorure de carbone	— 2226,8	— 3,94567	19,28670
Acide sulfureux.	— 1604,8	— 3,2108	16,99036
Ammoniaque	— 1449,83	— 1,8726	13,37156
Protoxyde d'azote	+ 328,05	+ 8,7119	—17,987082
Acide carbonique	— 819,77	+ 0,41861	6,41443
Essence de térébenthine. . .	— 2674,9	— 3,7283	18,88373
Hydrogène sulfuré.	— 992,6	— 0,51415	8,80739
Alcool méthylique	— 2661,25	— 4,6336	22,431907
Mercure	— 2010,25	+ 3,8806	— 4,79892
Soufre	— 4684,492	— 3,40483	19,10740

M. Ed. Riecke (¹) a montré que les tensions de vapeur du phosphore blanc liquide, mesurées par MM. Troost et Hautefeuille, pouvaient être convenablement représentées par la formule d'Athanase Dupré.

253. Tensions de dissociation. — La formule d'Athanase Dupré doit également s'appliquer, cela est évident, aux phénomènes de dissociation, lorsqu'un seul gaz intervient dans la réaction. J. Bertrand a montré, en effet, que des formules de ce type pouvaient représenter d'une manière satisfaisante les tensions de dissociation de certains chlorures ammoniacaux étudiés par Isambert. Toutefois, les déterminations d'Isambert étant peu précises, cette vérification n'avait qu'une valeur douteuse. MM. Joannis et Croizier (²)

(¹) Ed. Riecke, *Zeitschrift für physikalische Chemie*, Bd. VII, p. 115; 1891.

(²) Joannis et Croizier, *Mémoires de la Société des Sciences physiques et naturelles de Bordeaux*, 4ᵉ Série, t. V, p. 41, 1895.

ont repris l'étude de la dissociation des sels d'argent ammoniacaux ; ils ont trouvé que les lois de cette dissociation s'exprimaient fort exactement par la formule (6), avec les valeurs suivantes des constantes m, n et z ; les pressions p sont évaluées en centimètres de mercure normal :

Sel étudié	m	n	z	Limites de température C.
AgBr, 3 AzH^3	— 1787,1294	+ 1,075	+ 5,7148	0° à + 21°
AgBr, $^3/_2$ AzH^3	— 6650,6086	— 35,239	+ 111,1001	+ 30° à + 55°
AgBr, AzH^3	— 4033,0512	— 13,2489	+ 47,5817	+ 18° à + 64°
AgI, AzH^3	Même formule que pour AgBr. AzH^3.			
AgI, $^1/_2$ AzH^3	— 3438,3604	— 8,8803	+ 34,0799	+ 26° à + 100°
AgCAz, AzH^3	— 12497,1255	— 58,7176	+ 186,3516	+ 81° à + 117°
$AgAzO^3$, 3 AzH^3	— 5864,6826	— 26,1384	+ 85,3665	+ 15° à + 83°

M. Joannis (¹) a également étudié avec beaucoup de soin la dissociation du sodammonium et du potassammonium.

Il a trouvé que les tensions de dissociation du sodammonium, exprimées en centimètres de mercure, étaient très exactement représentées, entre les températures — 78° C. et + 26°,21 C., par la formule :

$$\log p = -\frac{619,9625}{T} + 5,055304 \log T - 7,814314.$$

Entre les températures — 20° C. et + 35°,15 C., les tensions de dissociation du potassammonium, mesurées au moyen de la même unité, sont très exactement représentées par la formule :

$$\log p = \frac{243,06}{T} + 11,775 \log T - 27,7003.$$

254. Loi de Guldberg et Waage. — Revenons au cas général où le système renferme un nombre quelconque de gaz prenant part à la réaction.

Si la température demeure invariable, le second membre de l'égalité (3) garde une valeur invariable ; il en est donc de même du premier membre ; or le premier membre de l'égalité (3) peut, en

(¹) Joannis, *Mémoires de la Société des Sciences physiques et naturelles de Bordeaux*, 4ᵉ Série, t. V, p. 218, 1895.

vertu des propriétés élémentaires des logarithmes, être regardé comme le logarithme du nombre suivant :

$$\frac{p_1^{V_1}\, p_2^{V_2} \ldots\ldots}{p_1'^{V'_1}\, p_2'^{V'_2} \ldots\ldots}.$$

Ce nombre demeurant constant en même temps que son logarithme, on arrive à la loi suivante :

Si divers systèmes, en lesquels peut se produire une réaction qui, pour tous, est représentée par la même équation, sont en équilibre à une même température, le rapport

$$\frac{p_1^{V_1}\, p_2^{V_2} \ldots\ldots}{p_1'^{V'_1}\, p_2'^{V'_2} \ldots\ldots} \tag{7}$$

a, en tous ces systèmes, la même valeur.

Cette loi est connue sous le nom de LOI DE NAUMANN ou encore de LOI DE GULDBERG ET WAAGE ; elle n'est en réalité qu'un cas particulier de la loi énoncée par ces deux derniers auteurs, et n'a point été énoncée par le premier.

255. Exemples divers : Carbamate d'ammoniaque.— De la loi de Naumann, les chimistes ont donné plusieurs vérifications intéressantes ; ainsi M. H. Pélabon a appliqué cette relation à certains systèmes où figurent quatre gaz ; tel est le système formé par le réalgar, l'hydrogène sulfuré, l'hydrogène et l'arsenic (1) ; ou bien encore le système formé par le sulfure de mercure, l'hydrogène, l'hydrogène sulfuré et le mercure (2). Nous nous limiterons ici aux cas les plus simples.

Le premier phénomène auquel nous appliquerons cette loi est la formation du carbamate d'ammoniaque solide aux dépens du gaz ammoniac (1) et du gaz carbonique (2).

La formule de la réaction est la suivante :

$$2\,AzH^3 + CO^2 = AzH^4OCOAzH^2.$$

(1) H. PÉLABON, *Comptes rendus*, t. CXXXII, p. 774 ; 1901.
(2) H. PÉLABON, *Comptes rendus*, t. CXXXII, p. 1411 ; 1901.

Deux molécules d'ammoniaque ($n_1 = 2$) et une molécule d'anhydride carbonique ($n_2 = 1$) y prennent part ; l'ammoniaque et l'anhydride carbonique obéissant à la loi d'Avogadro et d'Ampère, on aura

$$V_1 = 4, \qquad V_2 = 2.$$

Si donc divers systèmes renfermant du carbamate d'ammoniaque solide, du gaz ammoniac dont la pression partielle est p_1 et du gaz carbonique dont la pression partielle est p_2 sont en équilibre à une même température, le produit $p^4{}_1\, p^2{}_2 = (p^2{}_1\, p_2)^2$ aura la même valeur en tous ces systèmes ; il revient au même de dire que le produit

$$(8) \qquad p^2{}_1 p_2$$

a, en tous ces systèmes, la même valeur.

Supposons, tout d'abord, que le carbamate se dissocie dans une enceinte vide au préalable ; le système est partagé en deux phases : le carbamate solide et le mélange gazeux ; il ne renferme d'ailleurs qu'un seul composant indépendant, car chaque molécule d'anhydride carbonique qu'il renferme est accompagnée de deux molécules d'ammoniaque ; si l'on sait quelle masse du premier corps il contient, à l'état libre ou à l'état de combinaison, on sait également ce qu'il contient du second corps ; le système est donc univariant ; à chaque température T, l'équilibre est maintenu par une pression Π bien déterminée.

Cette pression Π est la somme des deux pressions partielles p_1, p_2 ; d'ailleurs, comme le gaz mixte renferme, dans ce cas, deux molécules de gaz ammoniac pour une molécule de gaz carbonique, la pression p_1 est double de la pression p_2, en sorte que l'on a

$$p_1 = \frac{2}{3}\Pi, \qquad p_2 = \frac{1}{3}\Pi$$

et la valeur du produit $p^2{}_1 p_2$ est, dans ce cas, égale à $\frac{4\Pi^3}{27}$; ce sera aussi sa valeur, en toutes circonstances, à la même température.

Supposons que le système étudié renferme non seulement deux

molécules d'ammoniaque par molécule d'anhydride carbonique, mais encore un *excès de gaz ammoniac*; à la température de l'expérience, ce gaz excédant, répandu dans le volume livré au mélange gazeux, y exercerait une pression ϖ_1; si, dans le système en équilibre à la température considérée, le gaz carbonique a une pression partielle p_2, le gaz ammoniac y exerce une pression partielle $p_1 = 2p_2 + \varpi_2$; comme la pression totale φ du mélange gazeux est égale à la somme $(p_1 + p_2)$, on voit que l'on a

$$p_1 = \frac{1}{3}(2\varphi + \varpi_1),$$

$$p_2 = \frac{1}{3}(\varphi - \varpi_1).$$

Le produit $p_1^2 p_2$ a pour valeur $\frac{(2\varphi + \varpi_1)^2(\varphi - \varpi_1)}{27}$; on sait d'ailleurs qu'il doit avoir pour valeur $\frac{4\Pi^3}{27}$; on obtient donc ainsi l'égalité

$$(2\varphi + \varpi_1)^2(\varphi - \varpi_1) = 4\Pi^3. \tag{9}$$

Supposons maintenant que, pour deux molécules d'ammoniaque, le système renferme non seulement une molécule d'anhydride carbonique, mais encore un *excès de gaz carbonique*; l'excès de gaz carbonique répandu, à la température de l'expérience, dans le volume livré au mélange gazeux, y exercerait une pression ϖ_2; si, dans le système en équilibre, le gaz ammoniac exerce une pression partielle p_1, le gaz carbonique exerce une pression partielle $p_2 = \frac{p_1}{2} + \varpi_2$; et comme la somme $(p_1 + p_2)$ doit toujours être égale à la pression totale φ du mélange gazeux, on a assurément

$$p_1 = \frac{2}{3}(\varphi - \varpi_2),$$

$$p_2 = \frac{1}{3}(\varphi + 2\varpi_2).$$

Le produit $p^2_1 p_2$ a pour valeur $\frac{4(\varphi - \varpi_1)^2(\varphi + 2\varpi_1)}{27}$; il a également pour valeur $\frac{4\Pi^3}{27}$; on a donc l'égalité

$$(\varphi - \varpi_2)^2(\varphi + 2\varpi_2) = \Pi^3. \tag{10}$$

Les valeurs des quantités ϖ_1, ϖ_2, φ, Π, étant visiblement accessibles à l'observation, on peut se proposer de vérifier les égalités (9) et (10).

M. Naumann, M. Horstmann, se sont occupés les premiers de tenter cette vérification; des expériences plus précises ont été faites par Isambert (1).

Cinq tubes barométriques, divisés en dixièmes de centimètre cube, et renfermant du carbamate d'ammoniaque, étaient rangés à côté l'un de l'autre dans une étuve; le premier ne renfermait aucun excès de gaz carbonique ni d'ammoniaque; il donnait *directement* la tension de dissociation Π du carbamate d'ammoniaque, dans le vide, à la température de l'étuve; ses indications sont rangées dans la colonne I, au tableau suivant.

Les quatre autres tubes renfermaient soit un excès d'anhydride carbonique, soit un excès d'ammoniaque.

Le tube II avait reçu un excès de gaz carbonique occupant, dans les conditions normales de température et de pression, $16^{cc},9$; le tube III avait reçu, de même, $6^{cc},1$ d'anhydride carbonique; le tube IV, 6^{cc} de gaz ammoniac; enfin le tube V, $11^{cc},4$ du même gaz; les indications des tubes II et III, jointes à la formule (10), fournissaient, à chaque température, deux *déterminations indirectes* de Π, inscrites au tableau suivant dans les colonnes II et III; les indications des tubes IV et V, jointes à la formule (9), fournissaient, à chaque température, deux autres *déterminations indirectes* de Π, inscrites dans les colonnes IV et V du tableau de la page suivante.

Les valeurs de Π déterminées indirectement au moyen des quatre derniers tubes s'écartent fort peu, en général, de la valeur de Π directement observée au moyen du premier. On peut donc regarder

(1) Isambert, *Comptes rendus*, t. XCIII, p. 731; 1881. — t. XCVII, p. 1212; 1883.

les observations d'Isambert comme confirmant très exactement la loi énoncée.

Températures centigrades	I	II	III	IV	V
34°,0	169mm,8	170mm,4	161mm,5	166mm,8	181mm,3
37°,2	211 ,0	210 ,8	204 ,6	205 ,9	215 ,5
39°,1	234 ,1	231 ,4	228 ,5	229 ,4	236 ,9
41°,8	269 ,4	271 ,7	267 ,7	265 ,6	274 ,5
42°,5	288 ,3	289 ,2	284 ,2	286 ,2	291 ,9
43°,9	313 ,8	314 ,5	311 ,8	313 ,5	318 ,4
46°,9	375 ,7	375 ,3	372 ,0	375 ,6	378 ,3
50°,1	453 ,8	452 ,9	452 ,2	454 ,1	455 ,0
52°,6	526 ,2	523 ,7	522 ,3	523 ,8	526 ,2

259. Cyanure d'ammonium. — Isambert a étudié également la dissociation de certains corps solides, non volatils, formés par l'union *molécule à molécule* de deux gaz composants ; les formules suivantes représentent de telles réactions :

$$AzH^3 + H^2S = HAzH^4S,$$
$$PhH^3 + HBr = PhH^4Br,$$
$$AzH^3 + HCAz = AzH^4CAz.$$

On a, dans ce cas, $n_1 = 1$, $n_2 = 1$ et, comme les gaz étudiés suivent la loi d'Avogadro et d'Ampère, $V_1 = 2$, $V_2 = 2$; à une température donnée, le produit $p_1{}^2p_2{}^2 = (p_1p_2)^2$ a une valeur déterminée et il en est de même du produit p_1p_2.

Si, en particulier, le solide considéré se dissocie dans le vide, sa tension de dissociation atteint une valeur Π, bien déterminée à chaque température ; il est clair, d'ailleurs, que dans ce cas les deux pressions partielles p_1, p_2 sont égales entre elles et égales à $\frac{\Pi}{2}$, en sorte que le produit p_1p_2 est égal à $\frac{\Pi^2}{4}$. Nous pouvons donc énoncer la proposition suivante :

Supposons qu'à une température donnée, l'un des solides que nous avons cités se trouve en équilibre avec une atmosphère ga-

zeuse où les gaz composants ont les pressions partielles p_1, p_2; on aura la relation

$$(11) \qquad p_1 p_2 = \frac{\Pi^2}{4},$$

Π étant la tension de dissociation du solide, à la température considérée, dans une enceinte préalablement vide.

Isambert a vérifié cette relation en étudiant la dissociation du bisulfhydrate d'ammoniaque [1] et du bromhydrate d'hydrogène phosphoré [2]; il l'a surtout soumise à un contrôle très minutieux en étudiant la dissociation du cyanure d'ammonium [3] en présence d'un excès de gaz ammoniac.

Soit ϖ_1 la pression qu'exercerait le gaz ammoniac en excès, à la température de l'expérience, s'il occupait seul le volume livré au mélange gazeux; dans ce mélange, l'acide cyanhydrique a une pression partielle p_2 et le gaz ammoniac une pression partielle p_1 qui est visiblement égale à $(p_2 + \varpi_1)$; la pression totale φ du mélange gazeux étant égale à la somme $(p_1 + p_2)$, on a évidemment

$$(12) \qquad p_2 = \frac{1}{2}(\varphi - \varpi_1).$$

D'autre part, p_1 étant égal à $(p_2 + \varpi_1)$, l'égalité (11) donne

$$p_2(p_2 + \varpi_1) = \frac{\Pi^2}{4}.$$

La mesure de φ, jointe à la connaissance de ϖ_1, permet de tirer de l'égalité (12) une première valeur de p_2; d'autre part, la mesure de la tension de dissociation Π du cyanure d'ammonium dans une enceinte vide au préalable, permet de tirer de l'égalité (13) une autre valeur de p_2, que nous désignerons par p'_2; si la loi qui nous occupe

(1) Isambert, *Comptes rendus*, t. XCIII, p. 731; 1881 — t. XCIV, p. 958; 1882. — t. XCV, p. 1355; 1882.

(2) Isambert, *Comptes rendus*, t. XCVI, p. 643; 1883.

(3) Isambert, *Comptes rendus* t. XCIV, p. 953; 1882 — *Annales de Chimie et de Physique*, 5e Série, t. XXVIII, p. 332; 1883.

est exacte, les deux pressions p_2, p'_2 doivent être égales entre elles.

Voici les valeurs de p_2 et de p'_2, obtenues par Isambert :

Températures centigrades	Π	φ	ϖ_1	p_2	p'_2
7°,3	175mm	358mm	314mm,2	21mm,2	22mm,7
7°,4	176 ,7	365 ,2	327 ,7	18 ,7	21 ,3
9°,2	196	369 ,8	317	26 ,4	27 ,8
9°,3	200	370	329	25	28
9°,4	202	373 ,4	323 ,2	25 ,1	26 ,9
10°,2	214	378 ,4	316	31 ,2	32 ,8
11°	227 ,4	393 ,3	323	35 ,1	35 ,8
11°,2	232 ,9	390	311 ,2	39 ,4	38 ,7
11°,2	231	395 ,6	320 ,6	37 ,5	38 ,2
11°,4	235 ,4	394 ,4	314	40 ,2	38 ,8
12°	246 ,2	397 ,8	309 ,2	44 ,3	42 ,9
14°,3	265 ,5	413 ,2	308 ,8	52 ,2	49 ,1
14°,4	268 ,3	412 ,2	307 ,2	52 ,5	49 ,8
15°,5	296 ,9	425 ,8	294 ,8	65 ,4	61 ,8
15°,7	300 ,9	426 ,1	295 ,1	65 ,5	63 ,2
15°,7	300 ,5	432 ,2	290 ,8	66 ,2	62 ,6
17°	322 ,4	441 ,1	287 ,3	76 ,9	72 ,2
17°,2	326 ,2	442 ,9	286	78 ,4	74

Ces nombres mettent hors de doute l'exactitude de la loi dite de Gulberg et Waage.

Isambert a étudié également la dissociation du cyanure d'ammonium dans le cas où l'acide cyanhydrique est en excès ; mais alors ce corps se condense en partie à l'état liquide ; le liquide formé dissout du cyanure d'ammonium et de l'ammoniaque, et les conditions posées au début de la présente Leçon ne sont plus vérifiées.

257. Influence de la température. Dissociation de l'oxyde de mercure. — Les diverses observations que nous avons mentionnées au n° précédent nous montrent que la formule (3) représente fort exactement la loi selon laquelle varie la composition du mélange gazeux au sein d'un système en équilibre lorsque, sans changer la température, on introduit dans le système un excès de l'un ou de l'autre des gaz qui prennent part à la réaction ; il reste à savoir si cette formule représente aussi exactement l'influence que la température exerce sur le degré de dissociation ; cette question n'a reçu jusqu'ici de réponse que dans le cas (n° **253**) où le système renferme un seul corps gazeux ; il importe de l'examiner dans des cas plus compliqués.

Voici une épreuve élégante à laquelle cette loi a été soumise par M. Pélabon [1] :

L'oxyde rouge de mercure peut se dissocier en vapeur de mercure et en oxygène, selon la formule

$$HgO = Hg + O.$$

La vapeur de mercure étant monoatomique et l'oxygène diatomique, si nous réservons l'indice 1 au mercure et l'indice 2 à l'oxygène, nous aurons

$$V_1 = 2, \qquad V_2 = 1$$

et l'égalité (3) pourra s'écrire :

$$2 \log p_1 + \log p_2 = \frac{M}{T} + N \log T + Z. \tag{14}$$

Supposons, en premier lieu, que l'on maintienne un excès de mercure liquide dans le système ; la pression partielle p_1 de la vapeur de mercure dans le mélange gazeux sera égale, en vertu de la loi du mélange des gaz et des vapeurs, dont l'exactitude est une de nos hypothèses fondamentales, à la tension de vapeur saturée F du mercure à la température de l'expérience ; d'ailleurs F est donné par la formule d'Athanase Dupré

$$\log F = \frac{m}{T} + n \log T + z. \tag{15}$$

Si les pressions sont mesurées en millimètres de mercure normal, les constantes m, n, z ont pour valeurs, comme nous l'avons vu p. 336,

$$m = 2010{,}25, \qquad n = +\ 3{,}8806, \qquad z = -\ 4{,}79892. \tag{16}$$

(1) H. Pélabon, *Comptes rendus*, t CXXVIII, p. 825 ; 1899. — *Mémoires de la Société des Sciences physiques et naturelles de Bordeaux*, 5e Série, t. V, p. 59 ; 1899.

Si, dans la formule (14), on remplace $\log p_1$ par la valeur de $\log F$ que fournit l'égalité (15), et si l'on pose

$$(17) \qquad \mu = M - 2m, \qquad \nu = N - 2n, \qquad \zeta = Z - 2z,$$

on voit que l'on peut écrire

$$(18) \qquad \log p_2 = \frac{\mu}{T} + \nu \log T + \zeta.$$

M. Pélabon a reconnu que l'on pouvait représenter fort exactement les valeurs de p_2, exprimées en millimètres de mercure, par une formule de ce type, à condition de prendre

$$(19) \qquad \mu = -27\,569, \qquad \nu = -57,58, \qquad \zeta = +203,94711.$$

Supposons maintenant que l'oxyde de mercure se dissocie dans une enceinte vide au préalable et que le mercure résultant de cette décomposition demeure en entier à l'état de vapeur; on aura nécessairement alors, en désignant par p'_2 la pression partielle de l'oxygène dans ce cas,

$$p_1 = 2 p'_2$$

et

$$2 \log p_1 = 2 \log p'_2 + 2 \log 2 = 2 \log p'_2 + \log 2^2$$
$$= 2 \log p'_2 + \log 4.$$

En reportant cette valeur de $2 \log p_1$ dans l'égalité (14), on trouve que l'on peut écrire

$$(20) \qquad \log p'_2 = \frac{\mu'}{T} + \nu' \log T + \zeta',$$

à la condition de poser

$$\mu' = \frac{M}{3}, \qquad \nu' = \frac{N}{3}, \qquad \zeta' = \frac{Z - \log 4}{3}$$

ou bien, en vertu des égalités (17),

$$(21) \qquad \mu' = \frac{\mu + 2m}{3}, \quad \nu' = \frac{\nu + 2n}{3}, \quad \zeta' = \frac{\zeta + 2z - \log 4}{3}.$$

Les égalités (16), (19) et (21) permettent de calculer les valeurs de μ', ν', ζ'; on trouve ainsi.

(22) $\mu' = -10\,529{,}8, \quad \nu' = -16{,}61, \quad \zeta' = +64{,}58240.$

Lors donc que l'oxyde de mercure se dissocie dans une enceinte vide au préalable, la pression partielle de l'oxygène doit, si la théorie précédente est exacte, être représentée par la formule (20), les constantes μ', ν', ζ' ayant les valeurs (22).

M. Pélabon a déterminé expérimentalement un certain nombre de valeurs de p'_2 et les a comparées aux valeurs calculées comme nous venons de l'indiquer; le tableau suivant donne une idée de la concordance très satisfaisante que présentent les deux séries de résultats :

Températures	p'_2 obs.	p'_2 calc.
500° C.	995mm	972mm
520°	1 392	1 403
580°	3 610	3 589
610°	5 162	5 308

258. Dissociation de l'acide sélenhydrique.— Une autre vérification de la formule (3), vérification qui ne le cède pas en importance à la précédente, nous est encore fournie par M. H. Pélabon [1], qui l'a obtenue en étudiant la formation de l'acide sélenhydrique aux dépens du selenium liquide et de l'hydrogène, selon la formule

$$H^2 + Se = H^2Se.$$

Pour simplifier, négligeons la volatilité du selenium; nous n'aurons alors dans le système que deux corps gazeux, l'hydrogène, dont la pression partielle sera p, et l'hydrogène sélénié, dont la pression partielle sera p'; nous aurons

$$V = 2, \qquad V = 2$$

[1] H. Pélabon, *Comptes rendus*, t. CXXI, p. 401; 1895. — *Mémoires de la Société des Sciences physiques et naturelles de Bordeaux*, 5e Série, t. III, p. 207; 1898.

et l'égalité (3) deviendra

$$2 \log p - 2 \log p' = \frac{M}{T} + N \log T + Z$$

ou bien, en posant

$$(23) \qquad m = \frac{M}{2}, \quad n = \frac{N}{2}, \quad z = \frac{Z}{2},$$

$$(24) \qquad \log \frac{p}{p'} = \frac{m}{T} + n \log T + z.$$

M. Pélabon a trouvé que les valeurs expérimentalement déterminées pour $\frac{p}{p'}$, entre les températures 320° C. et 720° C., se laissaient fort bien exprimer par une formule du type (24), à la condition d'y donner aux constantes m, n et z les valeurs suivantes :

$$(25) \qquad \begin{cases} m = 13\,170{,}3 \times 0{,}4301, \\ n = \quad 15{,}53, \\ z = -119{,}88 \times 0{,}4031. \end{cases}$$

Mais M. Pélabon a poussé plus loin ; non content d'avoir vérifié l'égalité (3), il a cherché à vérifier les égalités (4bis) et (5bis) qui, dans le cas qui nous occupe, deviennent identiques entre elles. Moyennant les égalités (23) et (25), il a pu calculer :

1° La température pour laquelle L devient égale à 0, température qu'il a trouvée égale à 575° C ;

2° La chaleur PL *absorbée* par la formation, à 15° C., d'une molécule (81 grammes) d'hydrogène sélénié aux dépens du selenium liquide et de l'hydrogène, quantité de chaleur qu'il a trouvée égale à 17 300 petites calories.

La température à laquelle L devient égal à 0 doit, d'après la loi du déplacement de l'équilibre par variation de la température, correspondre à un minimum de dissociation ou à un minimum du rapport $\frac{p}{p'}$; or, M. Pélabon a trouvé, par des expériences directes, qu'un tel minimum se produisait à une température comprise entre 550° C. et 600° C.

D'autre part, une détermination calorimétrique directe a donné à M. Fabre ([1]), pour valeur prise à 15° C. par le produit PL, le nombre 18000 petites calories.

Une autre vérification, analogue à la précédente, a été obtenue par M. Jouniaux en étudiant l'action de l'hydrogène sur le chlorure d'argent et l'action inverse de l'acide chlorhydrique sur l'argent ([2]). L'étude des états d'équilibre qui s'établissent aux températures comprises entre 525° et 700° lui a permis déterminer les coefficients M, N, Z, de la formule (3). Il a pu alors, par la formule (4), calculer la chaleur qui est *absorbée* lorsque l'acide chlorhydrique transforme une molécule d'argent en une molécule de chlorure d'argent. Il a trouvé,pour valeur de cette quantité de chaleur, 6 790 calories, tandis que les déterminations calorimétriques directes, dues à M. Berthelot, ont donné 7 000 calories.

Une recherche analogue touchant l'action de l'hydrogène sur le bromure d'argent et l'action inverse a donné à M. Jouniaux ([3]), pour chaleur de formation du bromure d'argent aux dépens de l'acide bromhydrique et de l'argent, — 13700 calories, tandis que les mesures de M. Berthelot donnent — 14 800 calories.

259. Variations de la densité de vapeur du perchlorure de phosphore. — Nous n'avons pas appliqué jusqu'ici la formule (3) aux phénomènes d'équilibre qui peuvent se produire dans les systèmes homogènes gazeux.

On a fait quelques études sur la dissociation d'un corps gazeux en ses composants également gazeux en refroidissant brusquement le vase fortement chauffé qui renferme le mélange et en analysant le mélange refroidi, dont la composition est supposée identique à celle du mélange non encore refroidi; les expériences poursuivies, par de nombreux expérimentateurs, sur la dissociation de l'acide iodhydrique ont été faites par cette méthode; malheureusement, l'attaque du verre, aux températures élevées, par les corps réagissants n'a point

([1]) Fabre, *Annales de chimie et de physique*, 6e Série, t. X, p 462; 1887.

([2]) A. Jouniaux, *Comptes rendus*, t. CXXXII. p. 1270; 1901. — *Actions des hydracides hydrogénés sur l'argent et réactions inverses*, p. 59 (Thèse de Lille; 1901).

([3]) A. Jouniaux, *Actions des hydracides...*, p. 96.

permis à ces expériences de donner des nombres qui pussent inspirer confiance.

La méthode du refroidissement brusque semble la seule méthode que l'on puisse appliquer à l'étude de la dissociation d'un gaz qui se forme sans condensation à partir de ses éléments gazeux; mais, dans le cas où le gaz qui se dissocie est formé avec condensation à partir de ses éléments, toute décomposition de ce gaz a pour effet de diminuer la densité par rapport à l'air du mélange gazeux où il se trouve en présence des gaz provenant de sa décomposition; l'étude des variations que subit la densité par rapport à l'air de ce mélange lorsqu'on fait varier la température et la pression, lorsqu'on introduit dans le système un excès de l'un ou de l'autre composant, fournit, au sujet de la dissociation du composé considéré, des renseignements indirects, mais précis.

Le perchlorure de phosphore se forme par union du chlore au protochlorure, selon la formule

$$Ph\,Cl^3 + Cl^2 = Ph\,Cl^5$$

et la réaction est accompagnée d'une condensation qui, à température invariable et sous pression invariable, réduit à moitié le volume du système.

Lorsqu'on détermine, comme l'a fait M. Cahours [1], la densité de vapeur du perchlorure de phosphore à des températures de plus en plus élevées, on voit cette densité diminuer de plus en plus; en même temps, la vapeur prend une coloration de plus en plus foncée, rappelant celle du chlore; aussi, dès que H. Sainte-Claire Deville eut fait connaître les phénomènes de dissociation, les chimistes s'empressèrent ils, avec Cannizaro et Hermann Kopp, d'admettre que la température, en s'élevant, amène une dissociation graduelle du perchlorure de phosphore en chlore et protochlorure; cette opinion a été mise hors de contestation par MM. Wanklyn et Robinson [2]; ces expérimentateurs ont prouvé, en effet, qu'en se diffusant au travers d'un corps

[1] Cahours, *Comptes rendus*, t. XXI, p. 625; 1845. — *Annales de chimie et de physique*, 3e série, vol. XX, p. 369; 1847.
[2] Wanklyn et Robinson, *Philosophical Magazine*, t. XXVI, p. 515; 1863.

poreux, les vapeurs émises par le perchlorure de phosphore fournissent un mélange qui contient un excès de chlore.

Si, dans le mélange où le perchlorure de phosphore se trouve en présence de ses éléments, p_1 désigne la pression partielle du protochlorure, p_2 la pression partielle du chlore et p'_1 la pression partielle du perchlorure, comme l'on a

$$V_1 = 2, \qquad V_2 = 2, \qquad V'_1 = 2,$$

l'égalité (3) devient

$$2 \log p_1 + 2 \log p_2 - 2 \log p'_1 = \frac{M}{T} + N \log T + Z$$

ou, en posant

$$\mu = \frac{M}{2}, \qquad \nu = \frac{N}{2}, \qquad \zeta = \frac{Z}{2},$$

$$\log p_1 + \log p_2 - \log p'_1 = \frac{\mu}{T} + \nu \log T + \zeta. \tag{26}$$

D'ailleurs, un calcul tout élémentaire montre que si l'on désigne par δ_1, δ_2, δ'_1 les densités des trois gaz par rapport à l'air, la densité Δ du mélange, rapportée à l'air, a pour valeur

$$\Delta = \frac{p_1\delta_1 + p_2\delta_2 + p'_1\delta'_1}{p_1 + p_2 + p'_1}. \tag{27}$$

Cahours a déterminé expérimentalement la valeur de Δ sous des pressions voisines de celles de l'atmosphère et à des températures comprises entre 182° C. et 336° C.; MM. Troost et Hautefeuille (1), d'une part, Würtz (2), d'autre part, ont repris des déterminations analogues sous des pressions inférieures à celle de l'atmosphère; enfin Würtz a déterminé la densité de vapeur d'un mélange qui, au lieu de renfermer une molécule de protochlorure de phosphore pour une molécule de chlore, renfermait un excès de protochlorure; en joignant à toutes ces déterminations expérimentales une ancienne observation de Mitscherlich, on obtient quarante trois valeurs de la densité Δ, relatives aux conditions les plus diverses; toutes ces valeurs, sauf une, sont, comme l'a montré M. Gibbs (3), représentées

(1) Troost et Hautefeuille, *Comptes rendus*, t. LXXXIII, p. 977 ; 1876.

(2) Wurtz, *Comptes rendus*, t. LXXVI, p. 601 ; 1873.

(3) J. Willard Gibbs, *American Journal of Arts and Science*, t. XVIII, p. 381 ; 1879.

très exactement par les formules (26) et (27), à condition de donner aux constantes μ, ν et ζ des valeurs convenablement choisies.

260. Dissociation d'un gaz dans une enceinte vide au préalable. — L'étude des densités de vapeur du perchlorure de phosphore fournit ainsi une remarquable confirmation de la théorie de la dissociation au sein d'un système qui renferme un mélange de gaz parfaits. Discutons les conséquences auxquelles conduit cette théorie dans le cas où le composé se dissocie dans une enceinte vide au préalable, en sorte que les gaz provenant de cette décomposition se trouvent dans le système juste en même proportion que dans le composé lui-même.

Désignons par x la masse de gaz non dissocié que renferme 1 gramme du mélange gazeux; x sera égal à 1 lorsque la combinaison sera intégrale et à 0 lorsque la décomposition sera complète; supposons que, laissant à la pression une valeur invariable Π, on fasse croître la température absolue T de 0 à $+\infty$ et voyons comment varie x, selon la formule (3).

Le problème est particulièrement simple dans le cas où le composé est formé sans condensation à partir de ses éléments; dans ce cas, la chaleur de formation sous pression constante et la chaleur de formation sous volume constant du corps composé sont égales entre elles, par définition; en outre, nous savons (3e Leçon, n° 44) qu'elles sont toutes deux indépendantes de la température; nous devons donc avoir, en vertu de l'égalité (4),

$$N = 0.$$

Deux cas sont alors à distinguer; ou bien M est négatif et *le composé est, sans cesse, exothermique*, ou bien M est positif et *le composé est, sans cesse, endothermique.*

Dans un cas comme dans l'autre, le second membre de l'égalité (3) se réduit à $\left(\frac{M}{T} + Z\right)$, ce qui permet d'établir les lois suivantes :

Premier cas : Le composé est exothermique. — Traçons deux axes rectangulaires OT, Ox (*fig.* 111); portons en abscisses les températures absolues T et, en ordonnées, les valeurs de x; pour T = 0, x part de la valeur 1; la courbe qui représente les variations de x

part du point A, en contact très intime avec la droite AA' qui a pour ordonnée constante $x = 1$; c'est seulement après un assez long parcours AB qu'elle s'écarte de cette droite d'une manière appréciable ; elle se met alors à descendre de gauche à droite suivant BC et, lorsque T croît au delà de toute limite, elle s'approche, sans l'atteindre, d'une droite LL' parallèle à OT; cette droite a une ordonnée constante supérieure à 0, en sorte que *la température croissant au-delà de toute limite, le système ne tend pas vers l'état de dissociation complète.*

La courbe qui représente les variations de x ne change pas si l'on

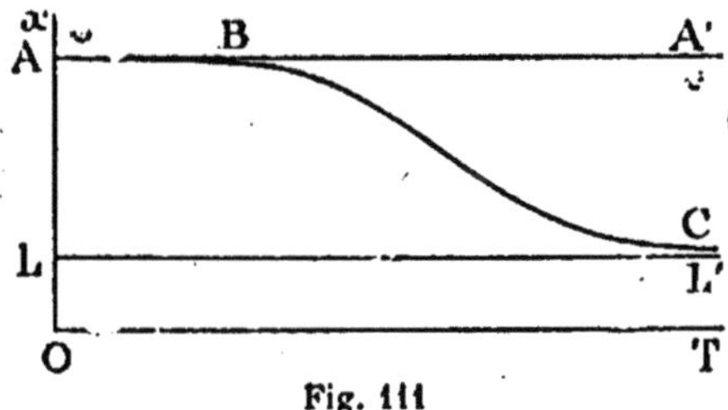

Fig. 111

change la valeur de la pression invariable sous laquelle l'expérience est supposée faite.

DEUXIÈME CAS : LE COMPOSÉ EST ENDOTHERMIQUE. — Le rapport x part, pour $T = 0$, de la valeur 0; la courbe (*fig.* 112) qui représente les

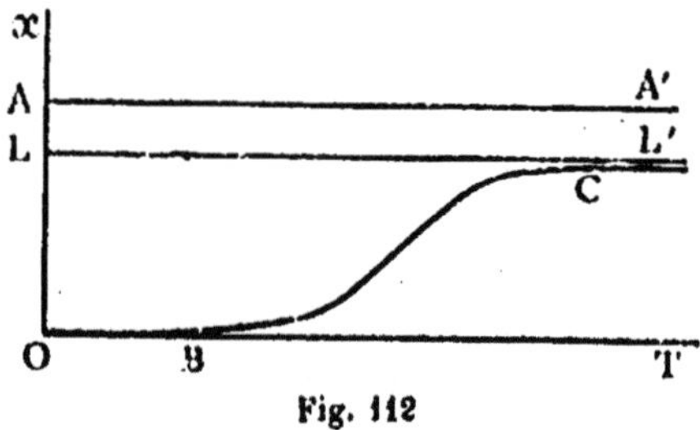

Fig. 112

variations de x part du point O; elle a, avec la ligne OT, un contact très intime, en sorte qu'elle ne s'éloigne sensiblement de cette courbe qu'après un assez long parcours OB; elle se met alors à monter de gauche à droite suivant BC et, lorsque la température croît au delà de toute limite, elle s'approche, sans l'atteindre, d'une droite LL', parallèle à OT ; cette droite LL' se trouve au-dessous de la droite AA' dont l'ordonnée constante est $x=1$; par conséquent, *lorsque la température croît au-delà de toute limite, l'état du système ne tend pas vers l'état de combinaison intégrale.*

La courbe qui représente les variations de x ne change pas si l'on change la valeur de la pression constante sous laquelle l'expérience est supposée faite.

Dans le cas où le composé étudié est formé avec condensation, les résultats deviennent un peu plus compliqués ; la trajectoire du point figuratif n'est plus indépendante de la pression ; elle est, au contraire, d'autant plus élevée que la pression est plus forte.

Supposons en particulier, avec M. Gibbs, que la constante N soit, ici encore, égale à 0 ; la chaleur de formation sous pression constante ne dépendra plus de la température ; elle sera une simple constante ; considérons seulement le cas où, M étant négatif, le COMPOSÉ EST CONSTAMMENT EXOTHERMIQUE.

Lorsque la température T part de zéro pour croître au-delà de toute limite, la pression gardant une valeur invariable Π, x part de

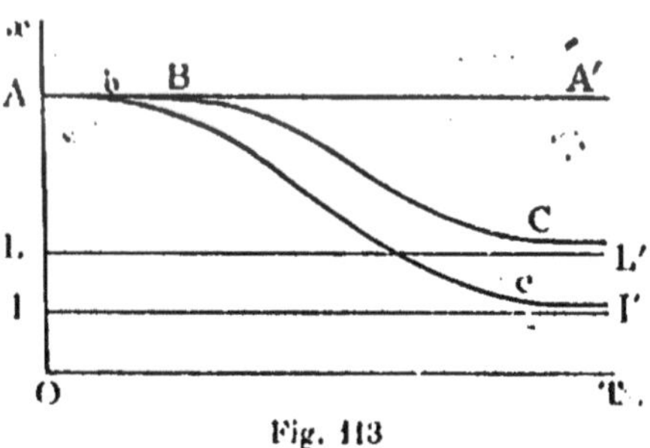

Fig. 113

la valeur 1 et la courbe qui figure les variations de x (*fig.* 113) part du point A dont l'ordonnée OA est égale à l'unité.

Lorsque la température s'élève, la courbe demeure sur une assez grande longueur AB presque confondue avec la droite AA' menée par le point A, parallèlement à OT ; elle s'en détache ensuite pour descendre de gauche à droite suivant BC ; lorsque la température croît au-delà de toute limite, elle se rapproche de plus en plus d'une ligne LL', parallèle à OT, mais située au-dessus de OT.

Sous une autre pression constante ϖ, inférieure à Π, les choses se passent d'une manière analogue, mais :

1° La courbe se détache de la droite AA' en un point *b*, situé à gauche du point B ;

2° La courbe *bc* est constamment au dessous de la courbe BC ;

3° Lorsque la température T croît au-delà de toute limite, la ligne *bc* s'approche de plus en plus d'une ligne *ll'*, parallèle à LL', mais située entre OT et LL'.

261. Variations des densités de vapeur. Sont-elles dues à la dissociation de polymères ? — C'est dans l'étude des grandes variations de densité de certaines vapeurs que les considérations précédentes trouvent leur principal emploi.

Si, dans diverses circonstances de température et de pression, on détermine la densité par rapport à l'air d'un gaz sensiblement parfait, on retrouvera toujours le même nombre ; cette densité est une constante. Il n'en sera plus de même pour un gaz qui s'éloigne d'une manière appréciable de l'état parfait ; par exemple, la densité du gaz carbonique par rapport à l'air, sous la pression de l'atmosphère, est un peu moins grande à 100° qu'à 0°.

La densité par rapport à l'air de certains gaz ou de certaines vapeurs subit de très grandes variations lorsque l'on fait varier la température et la pression ; la première observation de telles variations a été faite, en 1844, par Cahours, qui a vu la densité de vapeur de l'acide acétique, prise sous la pression de l'atmosphère, varier de 3,20 à 2,08, tandis que la température s'élevait de 125° C. à 338° C.

Depuis ce temps, les faits analogues se sont multipliés ; l'acide formique, le peroxyde d'azote, ont présenté des variations semblables à celles qu'avait manifestées l'acide acétique ; MM. Troost et Hautefeuille ont constaté que la densité de la vapeur de soufre, prise sous la pression de l'atmosphère, passait sensiblement de la valeur 6,6 à la valeur 2,2 lorsque la température passait de 500° C. à 1000° C. ; les expériences de MM. Crafts et Meier, faites par la méthode du *déplacement d'air*, ont prouvé que la densité de la vapeur d'iode, sensiblement constante et égale à 8,8 tant que la température demeurait inférieure à 700° C., décroissait ensuite rapidement pour atteindre une valeur peu supérieure à 4,4 lorsque la température dépassait 1 000° C.

On peut se contenter de constater ces faits et de dire que les gaz ou les vapeurs dont la densité par rapport à l'air subit de grandes variations, par suite des variations de température et de pression, sont fort loin de l'état gazeux parfait.

Certains physiciens ont pensé que l'on pouvait chercher de ces variations une interprétation plus complète et plus féconde : ils ont regardé les gaz où elles se manifestent comme susceptibles de se présenter sous deux états différents ; lorsque chacun de ces deux états gazeux est sensiblement parfait, sa densité par rapport à l'air est sensiblement indépendante de la température et de la pression ; mais les densités par rapport à l'air de ces deux gaz sont différentes ; elles sont entre elles dans un rapport simple ; un gaz dont la densité varie notablement avec la température et la pression est, en réalité, un mélange de deux gaz dont l'un est *polymère* de l'autre et les proportions de ce mélange varient avec la température et la pression.

Ainsi, selon cette hypothèse, il existe deux vapeurs d'iode dont l'une, à l'état isolé, aurait pour densité 8,8 et à laquelle la loi d'Avogadro et d'Ampère assignerait la formule I^2, tandis que l'autre aurait pour densité 4,4 et pour formule I, selon la même loi ; il existerait deux gaz acétiques, deux gaz formiques, deux peroxydes d'azote, la densité de l'un des deux gaz étant double de la densité de l'autre.

Il est un grand nombre de cas où l'existence de deux formes d'un même gaz, polymères l'une de l'autre, est incontestable ; tout le monde sait, par exemple, que l'oxygène existe à la fois à l'état d'oxygène ordinaire et à l'état d'ozone ; d'après les recherches de M. Soret, la densité de l'ozone est à la densité de l'oxygène dans le rapport $\frac{3}{2}$; la loi d'Avogadro et d'Ampère, qui donne à l'oxygène la formule O^2, donne à l'ozone la formule O^3. Dans ce cas, en effet, nous pouvons, à une même température et sous une même pression, observer des échantillons d'oxygène qui ont des densités différentes, des propriétés physiques et chimiques différentes, en sorte que nous ne pouvons mettre en doute l'existence d'un oxygène *allotropique*.

La chimie organique nous présente un grand nombre de faits analogues; ainsi tous les chimistes savent que le gaz acétylène peut se transformer en un polymère de densité triple, la benzine.

Mais si, dans ces divers cas, nous pouvons mettre hors de doute l'existence d'un même gaz sous deux formes polymériques distinctes, nous le devons aux phénomènes de faux équilibre; dans des conditions de température et de pression où les états de faux équilibre ne se produiraient point, l'oxygène, pris dans des conditions déterminées, renfermerait toujours une proportion d'ozone déterminée; à une température donnée, sous une pression donnée, ses propriétés seraient parfaitement déterminées; mais sa densité, prise par rapport à un gaz parfait, varierait avec la pression et avec la température; l'oxygène se comporterait, au sens près de la variation de densité produites par une élévation de température, comme se comportent la vapeur de soufre, la vapeur d'iode, la vapeur d'acide acétique; on ne peut donc arguer de ce fait que, sous une pression donnée et à une température donnée, chacun de ces gaz se présente dans un état parfaitement déterminé pour nier, en chacun d'eux, la coexistence de deux polymères; on peut seulement en conclure qu'il ne se produit pas de phénomènes de faux équilibre dans les conditions de température et de pression où les expériences ont été faites.

202. Comparaison des faits d'expérience avec la théorie de la dissociation. — Expliquer les variations que subit, lorsqu'on change la température et la pression, la densité par rapport à l'air de certains gaz en regardant chacun de ces gaz comme un mélange de deux états dont l'un est polymère de l'autre, c'est faire une hypothèse qui n'a rien d'inacceptable; cette hypothèse prendra un haut degré de probabilité si l'on montre qu'en appliquant à un tel mélange les propriétés thermodynamiques d'un mélange de gaz voisins de l'état parfait, on parvient à rendre compte d'une manière complète de ces changements de densité.

Supposons le polymère formé avec dégagement de chaleur et, pour simplifier, admettons, avec M. Gibbs, que la constante N soit égale à 0 ; si nous désignons par x la masse du polymère que renferme 1 gramme du mélange gazeux, les variations qu'éprouve x lorsque l'on fait croître la température en gardant à la pression une valeur invariable seront représentées par une des courbes ABC, Abc, de la *fig.* 113. Observons maintenant que la densité Δ par rapport à l'air de notre gaz complexe croît constamment avec x, part, pour $x = 0$, de la densité d du gaz non polymérisé et atteint, pour $x=1$, la densité D du polymère, et nous pourrons énoncer les résultats suivants :

Prenons deux axes rectangulaires (*fig.* 114) ; sur l'axe des abscisses, portons les températures absolues T et sur l'axe des ordonnées, les densités Δ ; prenons une valeur invariable Π de la pression et faisons croître la température T de 0 à $+\infty$. Le point figuratif part du point D, dont l'ordonnée OD est mesurée par la densité D du polymère ; la courbe qu'il décrit demeure, sur un assez long parcours DB, presque confondue avec la droite DD', menée par le point D parallèlement à OT ; elle descend ensuite de gauche à droite suivant BC ; lorsque T croît au delà de toute limite, le point figuratif se rapproche d'une ligne RR', parallèle à OT, mais dont l'ordonnée constante surpasse la densité d du gaz non polymérisé.

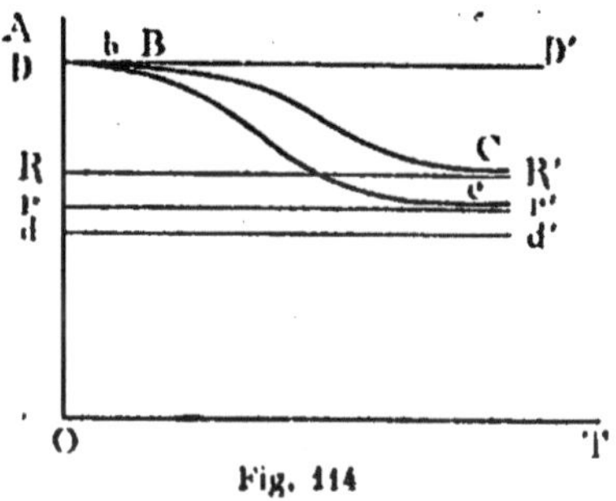

Fig. 114

Si l'on répète les mêmes observations sous une pression constante ϖ, inférieure à Π, on trouve, pour les représenter, une courbe analogue Dbc, mais :

1° Le point b, où la courbe Dbc se détache d'une manière appréciable de la ligne DD', est situé à gauche du point B ;

2° La ligne bc est constamment au dessous de la ligne BC ;

3° Lorsque T croît au delà de toute limite, le point figuratif s'approche d'une ligne rr', parallèle à OT, et située entre RR' et dd'.

263. Densité de la vapeur d'iode. — La disposition que nous venons de décrire est exactement celle des courbes par lesquelles MM. Crafts et Meier (¹) ont représenté les variations que subit la densité de vapeur de l'iode, lorsque la température varie de 500° à 1600°, sous une pression invariable, à laquelle MM. Crafts et Meier ont donné successivement les valeurs $0^{atm},4$, $0^{atm},3$, $0^{atm},2$, $0^{atm},1$.

Formule de M. Gibbs. — Mais ne nous contentons pas de cet accord qualitatif et cherchons une comparaison quantitative entre les résultats de la formule (3) et les données de l'expérience.

Prenons, pour exemple, la polymérisation du peroxyde d'azote, représentée par la formule

$$2\,AzO^2 = Az^2O^4.$$

Nous avons ici $V_1 = 4$, $V'_1 = 2$, en sorte que la formule (3) peut s'écrire :

$$2\log p_1 - \log p'_1 = \frac{M}{2T} + \frac{N}{2}\log T + \frac{Z}{2}.$$

Soient D et d les densités par rapport à l'air des corps Az^2O^4 et AzO^2, la première étant double de la seconde. L'égalité (27) nous donne

$$p_1 d + p'_1 D = (p_1 + p'_1)\Delta.$$

D'ailleurs, en désignant par Π la pression totale, nous avons

$$p_1 + p'_1 = \Pi.$$

Ces deux équations du premier degré en p_1 et p'_1 nous donnent

$$p_1 = \frac{D - \Delta}{D - d}\,\Pi = \frac{D - \Delta}{d}\,\Pi,$$

$$p'_1 = \frac{\Delta - d}{D - d}\,\Pi = \frac{\Delta - d}{d}\,\Pi.$$

(¹) CRAFTS et MEIER, *Comptes rendus*, t. XC, p. 600 ; 1880.

L'égalité (28) devient alors

$$(29) \qquad \log \frac{(D - \Delta)^2}{d(\Delta - d)} = \frac{M}{2T} + \frac{N}{2} \log T - \log \Pi + \frac{Z}{2}.$$

M. Gibbs (¹) a supposé N = 0, c'est à dire qu'il a admis que, sous pression constante, la chaleur de formation du polymère Az^2O^4 aux dépens du gaz AzO^2 était indépendante de la température ; il a montré que la formule (29) représentait d'une manière satisfaisante les déterminations de la densité de vapeur du peroxyde d'azote faites à des températures différentes et sous des pressions différentes, par Mitscherlich, R. Müller, H. Deville, M. Troost, M. Naumann, MM. Playfair et Wanklyn.

Une formule de même forme représente les densités de vapeur de l'acide acétique observées par Cahours, Bineau, M. Horstmann, M. Troost, M. Naumann, MM. Playfair et Wanklyn ; une autre, les densités de vapeur de l'acide formique déterminées par Bineau.

A la suite de recherches très précises sur la densité de vapeur du peroxyde d'azote, MM. E. et L. Natanson (²) ont observé que la formule (29) ne représentait pas avec une entière exactitude les variations de cette densité ; mais, au sujet de ces désaccords, deux points sont à observer :

1° Pour simplifier, M. Gibbs a attribué à la constante N la valeur 0, supposition qui n'est point obligatoire ;

2° La théorie précédente suppose que les deux gaz AzO^2, Az^2O^4 sont à l'état de gaz parfaits, supposition certainement éloignée de la vérité.

La théorie de M. Gibbs ne donne pas les lois de l'équilibre chimique au sein de systèmes qui renferment des gaz plus exactement que les lois de Mariotte et de Gay-Lussac ne font connaître la compressibilité et la dilatation d'un gaz unique ; mais il suffit qu'elle rende en mécanique chimique des services analogues à ceux que les lois de Mariotte et de Gay-Lussac rendent en physique pour être extrêmement précieuse.

(¹) GIBBS, *Transactions of Academy of Connecticut*, vol. III, p. 234 ; 1876. — *American Journal of Arts and Science*, vol. XVIII, p. 277 ; 1879.

(²) E. et L. NATANSON, *Wiedemann's Annalen*, Bd. XXIV, p. 454 ; 1885. — Bd. XXVII, p. 606 ; 1886.

DIX-SEPTIÈME LEÇON

—

ACTIONS CAPILLAIRES ET FAUX ÉQUILIBRES APPARENTS

265. Les théories précédentes sont souvent contredites par l'expérience. — Les comparaisons que nous avons eu constamment occasion de faire entre les résultats de la statique chimique fondée sur la thermodynamique et les données de l'expérience nous ont révélé des concordances nombreuses et précises; mais elles ont également mis en évidence des contradictions trop nombreuses et trop nettes pour qu'il soit possible de les passer sous silence.

La décomposition de l'eau absorbe de la chaleur; lors donc que l'on élève la température d'un mélange d'oxygène, d'hydrogène et de vapeur d'eau, la vapeur d'eau doit se dissocier de plus en plus; or, si nous prenons un mélange d'oxygène et d'hydrogène, et si nous en élevons graduellement la température, nous n'y déterminons tout d'abord aucune réaction chimique; puis, tout à coup, lorsque la température atteint environ 500°, une partie du mélange passe avec explosion à l'état de vapeur d'eau.

La formation de l'ozone aux dépens de l'oxygène absorbe de la chaleur; l'ozone doit donc être d'autant plus stable que la température est plus élevée; or, il suffit de chauffer à 200° de l'oxygène ozonisé pour y faire disparaître toute trace d'ozone.

Toutes les réactions explosives, toutes les combustions vives sont autant d'exceptions, ou mieux d'*objections*, au principe du déplacement de l'équilibre par variation de la température.

Les actions chimiques ne sont pas les seules qui fassent exception aux règles posées par la thermodynamique ; les changements d'état physique, les modifications allotropiques, fournissent également des objections à cette théorie.

D'après cette théorie, lorsqu'un liquide se transforme en vapeur, il existe, à chaque température, une pression et une seule pour laquelle il y a équilibre entre le liquide et la vapeur ; sous une pression inférieure à celle-là, le liquide doit se réduire en vapeur ; sous une pression supérieure, la vapeur doit se condenser. Ce n'est pas ce que montre l'expérience ; des gouttes d'eau, suspendues dans un liquide de même densité, peuvent, sans quitter l'état liquide, être portées à une température où la tension de vapeur saturée surpasse de beaucoup la pression qu'elles supportent ; de la vapeur bien sèche et bien pure peut, sans qu'aucune condensation se produise, être comprimée au-delà de la tension de la vapeur saturée à la température de l'expérience.

Lorsqu'un solide et le liquide provenant de sa fusion sont soumis à la pression atmosphérique, il existe, d'après la théorie précédente, une température et une seule où le solide est en équilibre avec le liquide ; aux températures plus élevées, le solide doit fondre ; aux températures plus basses, le liquide doit se congeler. Cette dernière prévision n'est point confirmée par l'expérience ; la température d'un corps peut être abaissée bien au-dessous du point de fusion sans que le corps quitte l'état liquide.

Lorsqu'un sel est en contact avec un dissolvant, il existe, sous chaque pression et à chaque température, une concentration pour laquelle le système est en équilibre ; en présence d'une dissolution moins concentrée, le sel solide doit se dissoudre ; d'une dissolution plus concentrée, le sel dissous doit, en partie, se précipiter à l'état solide. En ce dernier point, la théorie n'est pas d'accord avec l'expérience ; une dissolution peut être maintenue sursaturée sans que le sel qui y est contenu cristallise.

De même, une dissolution gazeuse peut-être maintenue sursaturée dans des conditions de température et de pression où, selon la thermodynamique, le gaz devrait se dégager.

D'après la loi des phases, il doit exister une température où le soufre orthorhombique (octaédrique) et le soufre clinorhombique (prismatique) coexistent en équilibre; au-dessus de cette température, le soufre orthorhombique doit se transformer en soufre clinorhombique ; au dessous de cette température, le soufre clinorhombique doit se transformer en soufre orthorhombique. En fait, au-dessous du point de transformation, on peut conserver du soufre clinorhombique à l'état de *surfusion* cristalline; au-dessus du point de transformation, on peut conserver du soufre orthorhombique à l'état de *surchauffe* cristalline.

266. Règle, énoncée par J. Moutier, qui résume ces contradictions. — Ces innombrables faits, qui contredisent la théorie thermodynamique, présentent tous un commun caractère.

Jamais nous ne rencontrons, dans le domaine des faits d'expérience, une modification que la thermodynamique déclare impossible; nous ne voyons jamais deux corps se combiner lorsque la théorie déclare qu'ils ne se combineront pas ; un composé se dissocier, lorsque la théorie affirme qu'il ne se décomposera pas; un liquide se réduire en vapeur ou se congeler, lorsque, selon la thermodynamique, il ne doit pas se vaporiser ou se congeler; *sans exception*, lorsque la thermodynamique annonce qu'une modification est impossible, la modification ne se produit point.

Mais, en revanche, lorsque la thermodynamique annonce qu'une modification se produira, la modification ne se produit point toujours.

La thermodynamique annonce qu'à la température ordinaire l'oxygène et l'hydrogène se combineront presque intégralement, que le nitre se décomposera; l'oxygène et l'hydrogène demeurent mélangés sans se combiner, le nitre ne se décompose pas. L'eau, en retard d'ébullition, devrait se réduire en vapeur; en surfusion, elle devrait se congeler; dans l'un et l'autre cas, elle demeure à l'état liquide.

En résumé, on peut énoncer cette proposition, due à J. Moutier et que nous avons déjà formulée au n° **99** :

Toutes les fois que la thermodynamique, à l'aide des hypothèses et des principes mentionnés jusqu'ici, annonce qu'un certain état sera, pour le système étudié, un état d'équilibre, l'expérience montre que le système, placé en cet état, y demeure effectivement en équilibre; mais lorsque la thermodynamique annonce que le système étudié, placé en un certain état, y subira une modification déterminée, il peut arriver que le système, placé en cet état, y demeure en équilibre.

267. Équilibres véritables et faux équilibres. — En d'autres termes, l'expérience reconnait toujours l'existence de tous les états d'équilibre prévus par la thermodynamique, états que nous nommerons ÉTATS DE VÉRITABLE ÉQUILIBRE; mais en outre, elle reconnait l'existence d'une foule d'états d'équilibre qui contredisent aux prévisions de la thermodynamique; à ces derniers, nous avons donné le nom d'ÉTATS DE FAUX ÉQUILIBRE.

268. Potentiel thermodynamique interne d'une masse homogène dont les diverses parcelles sont infiniment éloignées. — Une théorie permet, dans un grand nombre de cas, non seulement de comprendre l'existence d'états de faux équilibres, mais encore de prévoir les circonstances qui assureront le maintien de semblables états ou qui en provoqueront la rupture. Les grandes lignes de cette théorie ont été tracées par M. J. Willard Gibbs [1], dans diverses parties de son admirable mémoire sur l'équilibre des substances hétérogènes.

Prenons une certaine masse d'eau M, portée à une certaine température, 100° par exemple, et ayant une certaine densité. Divisons cette masse en parties infiniment petites, identiques entre elles, et semons-les dans l'espace à distance infinie les unes des autres.

Cette masse d'eau, ainsi pulvérisée et disséminée, admet un certain potentiel thermodynamique interne $\mathcal{F}$; on peut évidemment regarder ce potentiel comme la somme des potentiels thermodynamiques internes qu'admettraient les particules d'eau si chacune d'elles existait seule dans l'espace. D'ailleurs, comme ces petites parties sont supposées identiques entre elles, tous ces potentiels thermodynamiques partiels doivent être égaux entre eux; pour faire leur somme, il suffira de prendre la valeur de l'un d'entre eux et de multiplier cette

[1] J. WILLARD GIBBS, *Transactions of Academy of Connecticut*, vol. III. p. 120 et p. 416; 1876.

valeur par le nombre des parties en lesquelles la masse M a été divisée. Ainsi, si l'on désigne par g le potentiel thermodynamique interne que posséderait, dans les conditions indiquées, une de nos petites masses d'eau, absolument isolée dans l'espace ; si l'on désigne par n le nombre de ces petites masses en lesquelles la masse M a été divisée, on aura

$$\mathfrak{F} = ng.$$

Toutes choses égales d'ailleurs, le nombre n de parties, conformes à un type donné, que l'on peut découper dans la masse M est proportionnel à la grandeur de cette masse ; le résultat précédent peu donc s'énoncer ainsi :

Lorsque la masse d'eau M est pulvérisée en parties infiniment éloignées les unes des autres, le potentiel thermodynamique interne de cette masse est de la forme.

$$\mathfrak{F} = M\varphi,$$

φ étant une quantité qui dépend uniquement de la température et de la densité de l'eau.

209. Potentiel thermodynamique interne d'une masse homogène lorsque l'on tient compte de la disposition de ses parties. — Mais ce que nous avons l'intention de considérer, ce n'est pas une masse d'eau ainsi disséminée ; c'est une masse d'eau cohérente, dont les diverses parties sont juxtaposées les unes aux autres, qui forme un tout continu, limité par une certaine surface ; cette masse ne peut évidemment pas être regardée comme se trouvant dans le même état que la précédente ; on ne peut pas dire que disséminer les parties rapprochées ou rapprocher les parties disséminées soit une opération qui ne modifie pas notre masse d'eau.

Or, si la masse d'eau pulvérisée en parties infiniment petites et infiniment éloignées et la masse d'eau où ces parties sont ramassées ne peuvent pas être regardées comme se trouvant dans le même état, on ne peut pas affirmer sans hypothèse que ces deux masses ont le même potentiel interne ; pour ne faire aucune supposition, on doit penser, au moins provisoirement, que leurs potentiels thermodynamiques sont différents; que si $\mathfrak{M}\varphi$ est le potentiel thermodynamique interne de la masse pulvérisée, la même masse, ramenée à la continuité, aura un potentiel thermodynamique interne de la forme $(\mathfrak{M}\varphi + \Psi)$, Ψ dépendant non seulement de la densité est de la température de notre eau, mais encore de la disposition des diverses parties de la masse M ou, en d'autres termes, de la forme de cette masse.

Au sujet de cette quantité Ψ, la thermodynamique nous donne le renseignement suivant : Les diverses parties infiniment petites en lesquelles notre masse d'eau peut être divisée exercent les unes sur les autres certaines actions qui admettent un potentiel et Ψ est précisément ce potentiel.

On voit, dès lors, que la valeur de Ψ dépendra des hypothèses que l'on fera au sujet des actions qu'exercent les unes sur les autres les diverses masses infiniment petites en lesquelles la masse d'eau totale peut être divisée.

270. Hypothèse de l'attraction moléculaire. — Or, au sujet de ces hypothèses, notre choix est tout tracé ; depuis Newton, les physiciens ont presque constamment fait deux hypothèses touchant les actions que deux masses matérielles exercent l'une sur l'autre : l'hypothèse de *l'attraction universelle* et l'hypothèse de *l'attraction moléculaire* ; ces deux hypothèses se sont montrées d'une grande fécondité, tant en Mécanique céleste qu'en Mécanique physique ; il est, dès lors, naturel de les conserver et de les prendre pour point de départ de la détermination de Ψ.

Ces hypothèses peuvent être formulées ainsi :

Si deux masses très petites m, m' sont séparées par une distance r, chacune d'elles exerce sur l'autre une force attractive dirigée suivant la droite de jonction.

La force que la masse m exerce sur la masse m' est égale en grandeur à la force que la masse m' exerce sur la masse m.

La valeur de chacune de ces forces est la somme de deux termes.

Le premier terme (terme d'*attraction universelle*) a pour valeur

$$K \frac{mm'}{r^2},$$

K étant un coefficient constant, positif, dont la valeur ne dépend ni de la nature, ni de l'état des deux masses m et m'.

Le second terme (terme d'*attraction moléculaire*) a pour valeur

$$mm'f.$$

La valeur du coefficient f dépend non seulement de la distance r qui sépare les deux masses m, m', mais encore de la nature et de l'état de ces deux masses ; relativement à la variation qu'éprouve le coefficient f lorsque la distance r change de valeur, on ne fait que les suppositions suivantes :

Pour toute valeur sensible de la distance r, le coefficient f est si petit que le terme d'attraction moléculaire est négligeable en comparaison du terme d'attraction universelle ; au contraire, lorsque la distance r devient inférieure à une certaine limite λ, qui est d'une extrême petitesse et que l'on nomme le *rayon d'activité moléculaire*, le coefficient f prend une très grande valeur ; c'est alors le terme d'attraction universelle qui est négligeable par rapport au terme d'attraction moléculaire.

Tels sont les principes sur lesquels repose la détermination de Ψ, désormais réduite à un problème d'analyse mathématique.

Le premier résultat auquel les géomètres sont parvenus est le suivant :

Étant donnée la médiocre grandeur des masses qu'ont à traiter le physicien et le chimiste, on peut, dans la formation de Ψ, ne tenir aucun compte du terme d'attraction universelle et ne tenir compte que des attractions moléculaires.

Ce premier point acquis, ces méthodes, dues à Gauss, permettent de démontrer que Ψ est de la forme suivante :

$$\Psi = M\psi + AS,$$

S étant l'aire de la surface qui limite notre masse d'eau et ψ, A étant deux quantités qui dépendent de la nature de l'eau et de sa densité.

Si nous désignons par $\mathfrak{G}$ la somme $(\varphi + \psi)$ qui dépend de la température de l'eau et de sa densité, nous voyons que le potentiel interne de notre masse d'eau sera de la forme

$$\mathfrak{F} = M\mathfrak{G} + AS.$$

271. Potentiel interne d'un système partagé en un certain nombre de phases homogènes. — Plus généralement, considérons un système formé par un certain nombre de phases homogènes 1, 2..., φ; soient M_1, M_2..., M_φ les masses de ces phases; soient S, S'..., les aires des surfaces qui limitent ces diverses phases ou qui les séparent les unes des autres; le potentiel interne du système sera de la forme suivante :

$$(1) \qquad \mathcal{F} = M_1\mathcal{F}_1 + M_2\mathcal{F}_2 + \ldots + M_\varphi\mathcal{F}_\varphi + AS + A'S' + \ldots..$$

$\mathcal{F}_1$ est une quantité qui dépend de la température, de la nature, de l'état et de la densité du corps 1; $\mathcal{F}_2$,..., $\mathcal{F}_\varphi$ dépendent d'une manière analogue des corps 2,..., φ; quant à A, c'est une quantité qui dépend de la température, de la nature, de l'état, de la densité, du corps que limite la surface S ou des corps qu'elle sépare; les quantités A',... ont des propriétés analogues.

272. Comparaison avec la forme usitée aux Leçons précédentes. — Or, les lois développées à partir de la 6e Leçon découlent non pas de l'emploi de la formule (1) mais, comme nous l'avons indiqué au n° **80**, de l'emploi de la formule plus simple

$$(2) \qquad \mathcal{F} = M_1\mathcal{F}_1 + M_2\mathcal{F}_2 + \ldots + M_\varphi\mathcal{F}_\varphi,$$

qui se déduit de la formule (1) en négligeant les termes AS, A'S', ...

On conçoit donc que les lois tirées de cette formule simplifiée puissent, dans certains cas, se trouver inexactes; une comparaison fera bien saisir l'importance de l'erreur que l'on peut commettre en négligeant les termes AS, A'S',...

Supposons que l'on se propose de chercher la forme que prend, sous l'action de la pesanteur un système formé d'une ou de plusieurs masses fluides. Si l'on prend pour point de départ, dans l'analyse de ce problème, la formule simplifiée (2), on parvient à des propositions qui sont les lois de l'hydrostatique élémentaire; rapprochées de l'expérience, ces lois se montrent contredites par une foule de phénomènes que l'on nomme les *phénomènes de capillarité;* pour rendre compte de ces phénomènes, il suffit de prendre pour point de départ non plus l'équation simplifiée (2), mais l'équation complète (1).

Cette comparaison nous conduit tout naturellement à nous poser la question suivante :

Dans quels cas est-il permis, en Mécanique chimique, de faire usage de la formule simplifiée (2)? Dans quels cas, au contraire, est il nécessaire de faire usage de la formule complète (1)?

273. Lorsque toutes les phases ont de très grandes masses, les théories développées aux Leçons précédentes sont exactes. — La réponse à cette question repose sur la remarque essentielle que voici :

Lorsqu'on multiplie par un même nombre toutes les dimensions d'un système, les différentes masses qui composent ce système sont multipliées par le cube de ce nombre, tandis que les aires des surfaces qui limitent ou séparent les divers corps de ce système sont multipliées seulement par le carré de ce nombre ; si donc on fait grandir le système, les diverses masses qui le composent croîtront beaucoup plus rapidement que les surfaces qui s'y rencontrent ; si, au contraire, on réduit de plus en plus les dimensions du système, les diverses masses qui le composent diminueront beaucoup plus rapidement que les surfaces de séparation.

De là la conséquence suivante : On pourra toujours attribuer aux diverses phases qui composent un système des masses assez grandes pour que, dans la formule (1), les termes AS, A'S' soient négligeables devant le terme $(M_1\mathcal{F}_1 + M_2\mathcal{F}_2 + \ldots + M_\varphi\mathcal{F}_\varphi)$; on pourra alors faire usage de la formule simplifiée (2) d'où découlent toutes les lois développées dans ce qui précède ; en d'autres termes, *les lois de la Mécanique chimique développées dans les Leçons précédentes sont exactes toutes les fois que les diverses phases en lesquelles se partage le système étudié ont des masses suffisamment grandes.*

Lorsqu'au contraire, une ou plusieurs de ces phases ont de très petites masses, ces lois peuvent se trouver en défaut.

274. Application à la vaporisation d'un liquide ; cas où la théorie classique est exacte. — Prenons, par exemple, le phénomène de la vaporisation de l'eau.

Une masse M_1 d'eau est en contact avec une masse M_2 de vapeur par une surface Σ ; S_1 et S_2 sont les surfaces qui achèvent, avec la surface Σ, de délimiter les masses M_1 et M_2 ; le potentiel thermodynamique interne du système est de la forme

$$\mathcal{F} = M_1\mathcal{F}_1 + M_2\mathcal{F}_2 + \alpha\Sigma + A_1S_1 + A_2S_2. \tag{3}$$

Supposons tout d'abord que les masses du liquide et de la vapeur soient, toutes deux, extrêmement grandes ; dans ce cas, d'après la remarque précédente, les termes du potentiel $\mathcal{F}$ qui sont proportionnels à ces masses sont extrêmement grands par rapport aux termes qui sont proportionnels aux aires des surfaces limites ; on pourra, dans l'expression du potentiel thermodynamique interne, négliger ces derniers et réduire cette expression (3) à la forme simplifiée

$$\mathcal{F} = M_1\mathcal{F}_1 + M_2\mathcal{F}_2. \tag{4}$$

Or cette forme simplifiée est celle dont on tire la théorie classique de la vaporisation ; on retrouve donc, par le fait même, les diverses lois qui composent cette théorie :

A chaque température, il n'existe qu'une pression pour laquelle le liquide demeure en équilibre au contact de la vapeur ; sous une pression inférieure à cette *tension de vapeur saturée*, le liquide se vaporise ; sous une pression supérieure, le liquide se condense.

Mais ces lois que la théorie classique regarde comme des lois générales, nous apparaissent ici comme subordonnées à une condition : c'est que les masses de liquide et de vapeur que l'on considère soient toujours de très grandes masses. Dans tous les cas où cette condition ne sera point remplie, nous pourrons, sans contradiction, trouver ces lois inexactes.

275. Cas où le liquide renferme une bulle de vapeur très petite. Théorie des retards d'ébullition. — Supposons, par exemple, qu'une petite bulle de vapeur soit entourée de liquide ; nous ne pourrons plus, dans l'égalité (3), négliger le terme $\alpha\Sigma$ devant le terme $M_2\mathfrak{F}_2$; ces deux termes pourront être du même ordre de grandeur et même, si la bulle est infiniment petite, la valeur absolue du terme $\alpha\Sigma$ sera infiniment grande par rapport à la valeur absolue du terme $M_2\mathfrak{F}_2$; la présence de ce terme $\alpha\Sigma$ dans l'expression du potentiel thermodynamique interne changera entièrement les conclusions que l'on peut tirer de l'étude de ce potentiel ; en sorte que les lois de l'équilibre d'une très petite bulle de vapeur au sein d'un liquide pourront être absolument différentes des lois de l'équilibre d'une grande masse de vapeur au contact d'une grande masse de liquide.

Ces lois de l'équilibre d'une petite bulle de vapeur au sein d'une grande masse de liquide peuvent être établies en détail au moyen des principes que nous venons d'exposer ; elles conduisent aux conséquences suivantes :

Pour qu'une bulle de vapeur puisse croître aux dépens du liquide qui l'environne, il ne suffit pas que la pression en un point voisin de cette bulle soit inférieure à la tension de vapeur saturée ; il faut encore que le rayon de la bulle soit supérieur à une certaine limite, limite qui dépend, d'ailleurs, de la température et de la pression ; lorsque le rayon de la bulle est inférieur à cette limite, non seulement la bulle ne peut grossir aux dépens du liquide qui l'environne, mais encore la vapeur qu'elle renferme se condense forcément ; la bulle se résorbe.

Dès lors, une bulle de vapeur ne prendra jamais naissance dans une région où le liquide est continu ; en effet, si une pareille bulle pouvait commencer à se former, son rayon serait d'abord infiniment petit, partant, inférieur au rayon limite dont nous venons de parler ; dès lors, au lieu de continuer à grossir, elle devrait se résorber.

On voit que l'ébullition ne peut jamais commencer qu'en des points où préexistent des bulles gazeuses d'une certaine dimension ; c'est bien, en effet, la conclusion des nombreuses et précises expériences faites sur les retards d'ébullition par Donny, par Dufour, par M. Gernez.

276. Généralisation des considérations précédentes. — Ce que nous venons de dire au sujet de la transformation d'un liquide en vapeur se généralise sans peine et nous sommes ainsi conduits aux conclusions suivantes :

Lorsqu'un certain corps *a* peut prendre naissance aux dépens d'un autre corps *b*, les conditions qui permettent de prévoir si la transformation aura lieu ou n'aura pas lieu sont tout à fait différentes selon qu'une masse *a* d'étendue notable se trouve d'avance au contact du corps *b*, ou bien que le corps *b* existe seul au début de la modification.

C'est dans le premier cas seulement que sont légitimes les conséquences que l'on déduit habituellement des principes de la thermodynamique ; elles ne sont plus applicables au second cas ; si, par exemple, au nombre de ces conséquences se trouve une proposition affirmant que, dans certaines conditions, une masse notable du corps *a*, mise au contact du corps *b*, croîtra aux dépens de ce corps, on n'en saurait conclure que le corps *a* prendra naissance au sein du corps *b*, primitivement homogène.

277. Phénomènes divers qu'expliquent ces considérations. — Ces considérations ne s'appliquent pas seulement aux *retards d'ébullition* ; elles éclairent pleinement une foule d'autres phénomènes :

Le *retard à la condensation* d'une vapeur comprimée au-delà de la tension de vapeur saturée, retard auquel met fin l'introduction de gouttelettes liquides ou de poussières solides ;

La *sursaturation des dissolutions gazeuses*, qui cesse par l'introduction d'une bulle de gaz ;

Le *retard de décomposition* de certains corps endothermiques (eau oxygénée, acide azoteux), retard qui prend fin par l'introduction de bulles gazeuses ou de corps poreux ayant condensé des gaz ;

La *surfusion d'un liquide*, qui cesse par l'introduction d'une parcelle du solide à produire :

La *sursaturation d'une dissolution saline*, à laquelle met fin la chûte d'un cristal du sel à précipiter ou d'un sel isomorphe ;

Le *retard de transformation* d'une forme cristalline en une autre ; par exemple le retard de transformation du soufre clinorhombique en soufre orthorhombique à la température ordinaire, retard qui prend fin par le contact d'une parcelle de soufre rhombique; le retard de transformation du soufre orthorhombique en soufre clinorhombique, aux températures supérieures à 97°,2, retard qui cesse au contact d'un germe clinorhombique.

278. Ces phénomènes représentent des faux-équilibres apparents. — Dans aucun des cas que nous venons de citer, il ne se produit, à proprement parler, d'états de *faux équilibres*; tous les états d'équilibre que l'expérience révèle sont prévus par les principes de la thermodynamique, pourvu qu'en appliquant ces principes, on fasse usage des équations complètes où il est tenu compte des termes proportionnels aux surfaces de contact des diverses phases; s'il semble y avoir contradiction dans certains cas entre l'expérience et la théorie, c'est que la théorie a été simplifiée au moyen d'une supposition illégitime; dans tous les cas dont nous venons de parler, il ne se produit que des *faux équilibres apparents*.

DIX-HUITIÈME LEÇON

—

LES FAUX ÉQUILIBRES RÉELS

270. Il existe des faux équilibres réels. Études de M. H. Pélabon sur la formation de l'hydrogène sulfuré. — Les faux équilibres étudiés dans la précédente Leçon sont des faux équilibres apparents ; ils ne sont nullement en désaccord avec les principes mêmes de la thermodynamique ; ils contredisent seulement une hypothèse additionnelle qui représente, dans certains cas, une approximation suffisante et qui, dans d'autres cas, ne peut être conservée.

Faut-il en conclure que tous les faux équilibres sont des faux équilibres apparents ? Que l'expérience ne nous présente jamais aucun cas d'équilibre qui soit inconciliable avec les principes de la thermodynamique ? Certains auteurs semblent l'avoir pensé ; mais nous ne croyons pas qu'on puisse suivre leur opinion sur ce point.

Analysons l'expérience suivante, qui est due à M. H. Pélabon (1) :

Plusieurs tubes de verre, contenant $0^{gr},02$ de soufre pur et de l'hydrogène pur, ont été placés dans un fourneau dont la température a oscillé entre 280° et 285°. Au bout de 6 heures de chauffe, on a analysé le gaz de deux de ces tubes après les avoir refroidis brusquement ; en désignant par V le volume, dans les conditions normales de température et de pression, du gaz contenu dans le tube, par v le vo-

(1) H. Pélabon, *Mémoires de la Société des Sciences physiques et naturelles de Bordeaux*, 5e série, t. III, p. 257 ; 1898.

lume après absorption de l'hydrogène sulfuré par la potasse, et par ρ le rapport de la pression partielle de l'hydrogène sulfuré dans le mélange gazeux à la pression totale de celui-ci, on a trouvé :

$$V = 8^{cc},766 \qquad v = 8^{cc},547 \qquad \rho = 0,025,$$
$$V = 10^{cc},2 \qquad v = 9^{cc},95 \qquad \rho = 0,0248.$$

Après 38 heures, on a analysé le gaz d'un autre tube, qui a donné

$$V = 8^{cc},76 \qquad v = 7^{cc},9 \qquad \rho = 0,098.$$

Après 162 heures de chauffe,

$$V = 7^{cc},135 \qquad v = 4^{cc},75 \qquad \rho = 0,3336.$$

Après 300 heures,

$$V = 9^{cc},25 \qquad v = 6^{cc},15 \qquad \rho = 0,3354.$$

On voit que le rapport ρ croît d'abord avec le temps de chauffe ; mais au bout de 160 heures, le rapport ρ atteint une valeur qu'il garde ensuite indéfiniment, si la température ne varie pas ; lorsque ρ a atteint cette valeur, l'équilibre est établi dans le système.

On devrait s'attendre, d'après les lois de la thermodynamique, à ce qu'un système renfermant du soufre, de l'hydrogène et de l'acide sulfhydrique, où le rapport ρ a une valeur supérieure à cette limite 0,3355, soit le siège d'une décomposition partielle de l'acide sulfhydrique lorsqu'on le maintient à la température de 285° ; on verrait alors le rapport ρ diminuer tandis que l'on augmenterait la durée du temps de chauffe, et tendre vers la même limite 0,3355. Il n'en est rien ; quelque riche en hydrogène sulfuré que soit le mélange gazeux que l'on soumet à la température de 280°, on voit cet hydrogène sulfuré demeurer inaltéré et cela, même si le tube renferme seulement du soufre et du gaz sulfhydrique sans mélange d'hydrogène. A la température de 280°, en un système qui renferme de l'hydrogène, de l'acide sulfhydrique et de la vapeur *saturée* de soufre (¹), l'équilibre est

(¹) M. Pélabon a montré que le soufre liquide absorbe en abondance l'hydrogène sulfuré ; cette circonstance complique quelque peu la vérification des lois précédentes, comme on peut le voir dans le mémoire de M. Pélabon.

établi toutes les fois que la valeur du rapport ρ égale ou surpasse 0,3355.

La valeur $\rho = 0{,}3355$ correspond elle, pour la température de 280°, à un état de véritable équilibre ? L'hydrogène sulfuré étant un composé fortement exothermique, la valeur de ρ qui correspondrait à un état de véritable équilibre devrait diminuer en même temps que la température s'élèverait (n° **174**) ; or, à la température de 410°, le système étudié présente un état de véritable équilibre incontestable, et cet état correspond à une valeur de ρ comprise entre 97,5 et 98,2 ; à la température de 280°, la valeur de ρ qui correspondrait à un état de véritable équilibre différerait extrêmement peu de 1.

Nous pouvons donc énoncer la proposition suivante :

A 280°, tant que ρ est compris entre 0 et 0,3355, il se forme du gaz sulfhydrique, réaction conforme aux prévisions de la thermodynamique ; lorsque ρ est compris entre 0,3355 et 1, le système est en équilibre, alors que, selon les prévisions de la thermodynamique, il devrait s'y former du gaz sulfhydrique ; dans ce dernier cas, le système est à l'*état de faux équilibre*.

L'état que nous venons de définir est-il simplement un état de faux équilibre apparent ? Il ne semble pas qu'on puisse, d'aucune manière, lui appliquer les considérations qui nous ont permis de réduire aux lois de la thermodynamique les retards d'ébullition et les phénomènes analogues.

Cet état est-il un état d'équilibre illusoire ? Ne peut-on admettre que l'hydrogène sulfuré continue à se former dans un mélange maintenu à 280° et dans lequel ρ a une valeur supérieure à 0,3355, mais à se former si lentement que cette réaction échappe à tout contrôle ? C'est une opinion qu'il est loisible d'admettre, que l'expérience ne peut évidemment démontrer fausse, mais qu'elle ne peut pas davantage démontrer vraie. Il nous semble à la fois plus simple et plus logique d'admettre qu'un système où le rapport ρ surpasse 0,3355 demeure réellement en équilibre à la température de 280°, qu'un tel état d'équilibre est incompatible avec les lois de la thermodynamique, et que celles-ci ont besoin d'être modifiées et étendues afin de rendre compte des états de faux équilibre.

280. La condition de faux équilibre ne s'exprime pas par une égalité. — Lorsque l'on compare les lois de faux équilibre aux lois qui régissent les états de véritable équilibre, une première différence frappe immédiatement l'attention ; une loi de véritable équilibre s'exprime par une *égalité;* nous en avons vu de nombreux exemples au cours de cet ouvrage ; au contraire, une loi de faux équilibre s'exprime par une *inégalité*. Ainsi, dans le cas précédent, à la température de 280°, le système est en équilibre si ρ est *au moins égal à* 0,3355.

281. Région des faux équilibres. Ligne limite des faux équilibres. — Sur deux axes de coordonnées, OT, Oρ

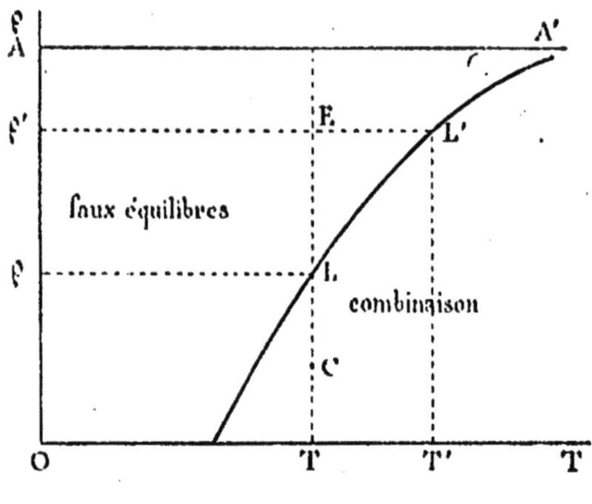

Fig. 115

(*fig.* 115), portons en abscisses les températures et en ordonnées les valeurs de ρ ; soit L le point dont l'abscisse représente 280°C. et dont l'ordonnée a pour valeur ρ = 0,3355 ; tout point C situé au-dessous de L sur la droite TL représente un état du système où l'hydrogène se combine au soufre pour former de l'hydrogène sulfuré ; au contraire, tout point E situé au-dessus du point L sur la ligne TL représente un état où le système demeure en faux équilibre.

Lorsque l'on fait varier la température T, le point L varie ; ainsi, d'après les expériences de M. Pélabon, on a, pour ordonnée du point L,

à 200° C., $\rho = 0{,}0210$,
à 235° C., $\rho = 0{,}0541$,
à 255° C, $\rho = 0{,}13$,
à 280-285° C., $\rho = 0{,}3355$,
à 310° C., $\rho = 0{,}69$,
à 350° C., $\rho = 0{,}972$.

Lorsque la température T croît, le point L décrit une ligne LL' qui monte rapidement de gauche à droite.

Cette ligne partage le plan en deux régions; tout point de la région située au-dessous de la ligne LL' représente un état où le système est le siège d'une combinaison; c'est la *région de combinaison;* tout point de la région située au-dessous de la ligne LL représente un état de faux équilibre; c'est la *région des faux équilibres;* la ligne LL' est la *ligne limite des faux équilibres.*

Lorsqu'à une température T, on porte un tube qui renferme 0gr,02 de soufre par centimètre cube dans une atmosphère d'hydrogène, la

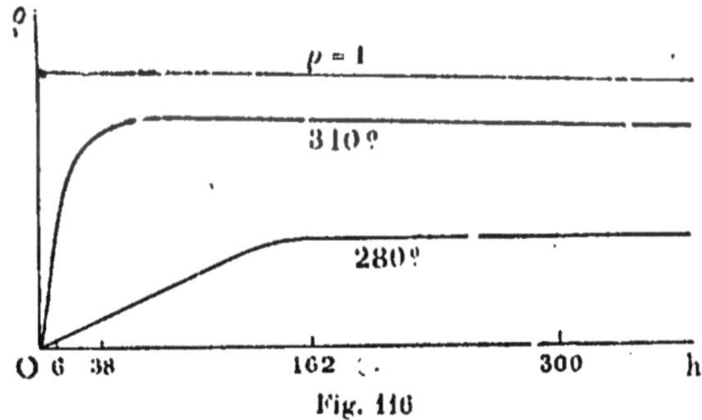

Fig. 116

teneur ρ en hydrogène sulfuré tend vers l'ordonnée correspondante de la ligne limite des faux équilibres et ne la dépasse jamais; cette valeur limite de ρ est d'ailleurs atteinte d'autant plus rapidement que la température T est plus élevée.

Si, pour chaque température T, on porte le nombre *h* des heures de chauffe en abscisses et les valeurs de ρ en ordonnées, on obtient une courbe (*fig.* 116) qui monte d'abord de gauche à droite, puis devient parallèle à Oh ; en la première partie de cette courbe, l'ascension est d'autant plus rapide que la température T est plus élevée; aux températures supérieures à 350°, l'équilibre est atteint en quelques minutes.

282. Cas où la région des faux équilibres sépare deux régions correspondant à deux réactions inverses l'une de l'autre. Étude de M. Jouniaux sur la réduction du chlorure d'argent par l'hydrogène. — Dans le cas dont nous venons de parler, la ligne limite des faux équilibres est unique; elle sépare la région des faux équilibres d'une région où se produit une réaction de sens bien déterminé, la combinaison.

Dans d'autres cas, la condition pour que le système se trouve à l'état de faux équilibre s'exprime par une double inégalité; la région des faux équilibres est comprise entre deux lignes limites; l'une d'elles sépare cette région d'une région où se produit une certaine réaction; l'autre, d'une région où se produit la réaction inverse.

Les études de M. A. Jouniaux (¹) sur les deux réactions, inverses l'une de l'autre,

$$AgCl + H = Ag + HCl,$$
$$Ag + HCl = AgCl + H$$

vont nous en fournir un exemple.

La composition d'un volume déterminé d'un mélange d'hydrogène et de gaz chlorhydrique est représentée, dans les recherches de M. Jouniaux, par le rapport ρ du volume de gaz chlorhydrique au volume total du mélange, ces volumes étant lus dans les mêmes conditions de température et de pression.

A la température ordinaire et sous une pression de 380 millimètres de mercure, on remplit d'hydrogène sec et pur un tube de verre d'Iéna renfermant du chlorure d'argent; on porte le tube à 448°; après l'avoir chauffé un temps h, on le refroidit brusquement et l'on

(¹) A. Jouniaux, *Comptes rendus*, t. CXXIX, p. 883; 1899. — *Actions des hydracides halogénés sur l'argent et réactions inverses*, thèse de Lille, 1901.

analyse le mélange gazeux qu'il renferme; on trouve les résultats suivants :

h	ρ	h	ρ
7 heures	0,7109	70 heures	0,8866
24 »	0,8257	408 »	0 8858
36 »	0,8246	504 »	0,8842

Si l'on porte les valeurs de h en abscisses et les valeurs de ρ en ordonnées, on obtient une courbe aa' qui monte d'abord de gauche à droite, puis devient parallèle à Oh (*fig.* 117). Après 60 heures de chauffe environ, la réduction du chlorure d'argent par l'hydrogène s'arrête; la valeur de ρ est alors voisine de

$$r = 0,8888.$$

Le système est à l'état d'équilibre.

Si l'hydrogène introduit dans le tube était employé en entier à réduire le chlorure d'argent, l'acide chlorhydrique mis en liberté exercerait une pression exactement double de celle qu'exerçait l'hydrogène absorbé; le système inverse de celui que nous avons pris pour point de départ dans l'expérience précédente est donc formé par de l'argent en présence d'acide chlorhydrique, ce dernier exerçant, à la température ordinaire, une pression mesurée par 760 millimètres de mercure. Prenons un tel système; chauffons-le à 448° pendant un temps h que nous porterons en abscisse, et portons en ordonnée la valeur de ρ au bout de ce temps; les résultats obtenus sont les suivants :

h	ρ	h	ρ
8 heures	0,0593	70 heures	0,0158
24 »	0,0302	408 »	0,0167
36 »	0,0242	504 »	0,0155

Ces résultats sont représentés par la courbe AA', qui descend d'abord de gauche à droite, puis devient parallèle à Oh. Après 60 ou 70 heures, la formation de chlorure d'argent s'arrête; la valeur de ρ est sensiblement

$$R = 0{,}0155$$

et le système est alors à l'état d'équilibre.

Ainsi, à 418°, un système de même composition centésimale que

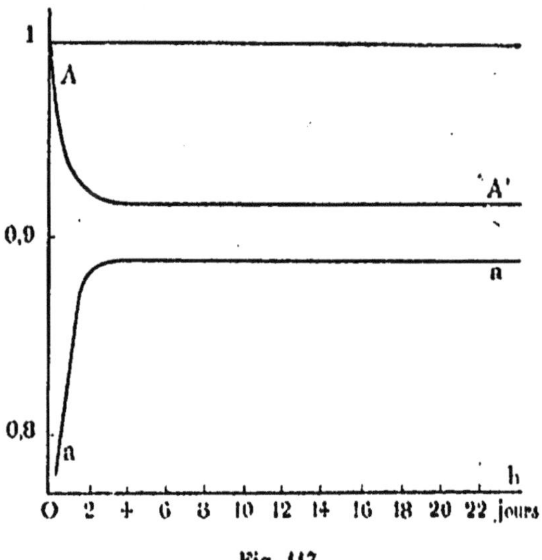

Fig. 117

l'un des deux systèmes inverses étudiés dans ce qui précède sera à l'état de faux équilibre toutes les fois que l'on aura

$$r \leqq \rho \leqq R$$

C'est ici une double inégalité qui définit la condition d'équilibre.

Les deux valeurs de r, R, toujours déterminées en prenant à la température ordinaire l'hydrogène sous la pression de 380 millimètres de mercure et le gaz chlorhydrique sous la pression de 760 millimètres de mercure, varient avec la température T à laquelle on porte le système. Les valeurs obtenues par M. Jouniaux sont les suivantes :

T	r	R
200°	à peine sensible	1
250°	0,05	1
350°	0,7588	0,95
448°	0,8888	0,9155
490°	0,9036	0,9094

Si l'on porte les valeurs de T en abscisses et les valeurs de r et de R en ordonnées, on obtient (*fig.* 118), *deux lignes limites ll'*,

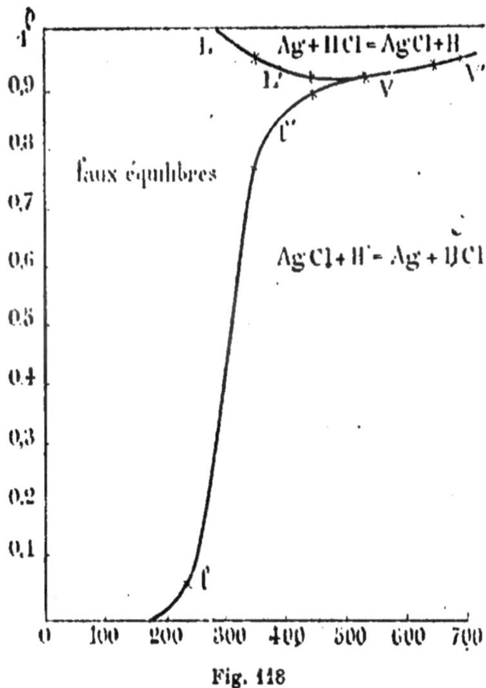

Fig. 118

LL'. Entre ces deux lignes s'étend la *région des faux équilibres;* la ligne *ll'* sépare cette région de celle où l'*hydrogène réduit le chlorure d'argent*; la ligne LL' sépare cette région de celle où l'*acide chlorhydrique attaque l'argent.*

283. Autre exemple : Carbonate de magnesium et bicarbonate de potassium. Études de M. Engel.— Voici un autre exemple [1] où la région des faux équilibres sépare deux régions qui correspondent respectivement à deux réactions inverses l'une de l'autre.

Le carbonate de magnesium se combine avec le bicarbonate de potassium pour former un sel double qui a pour formule

$$CO^3Mg,\ CO^3HK + 4H^2O.$$

Placé en présence de l'eau, ce sel se décompose ; le carbonate de magnesium, presque insoluble, se dépose, tandis que le bicarbonate de potassium se dissout ; lorsque la dissolution de bicarbonate de potassium est suffisamment concentrée, la décomposition s'arrête et l'équilibre s'établit.

A ce moment, le système est partagé en trois phases : la dissolution, le sel double solide, le carbonate de magnesium solide ; il est, d'ailleurs, formé de trois composants indépendants : le bicarbonate de potassium, le carbonate de magnesium, l'eau ; c'est donc un système bivariant ; sous la pression atmosphérique, à chaque température correspondrait un état de véritable équilibre défini par une composition donnée de la dissolution. La dissolution renfermant presque exclusivement du bicarbonate de potassium et de l'eau, sa composition peut être fixée par sa concentration s. L'équilibre correspondrait alors, à chaque température T, à une valeur S de la concentration : à cette température, en présence d'une dissolution de concentration inférieure à S ($s < S$), le sel double se décomposerait : au contraire, en présence d'une dissolution de concentration supérieure à S ($s > S$), le bicarbonate de potassium se combinerait au carbonate de magnesium.

Ce n'est point ainsi que les choses se passent en réalité.

A une température donnée T, la dissolution décompose le sel double tant que la concentration s est inférieure à une certaine li-

(1) Engel, *Comptes rendus*, t. CI, p. 749; 1885.

mite donnée σ ($s < \sigma$) ; la concentration étant comprise entre deux limites σ, Σ, la seconde supérieure à la première,

$$\sigma \leqq s \leqq \Sigma,$$

le système demeure en équilibre ; enfin, lorsque la concentration surpasse Σ ($s > \Sigma$), le bicarbonate de potassium se combine au carbonate de magnesium.

Sur deux axes de coordonnées rectangulaires OT, Os (*fig.* 119), portons en abscisses les températures T et en ordonnées les concentrations ; pour une même température T, soient l, L les points qui ont pour ordonnée respective σ, Σ.

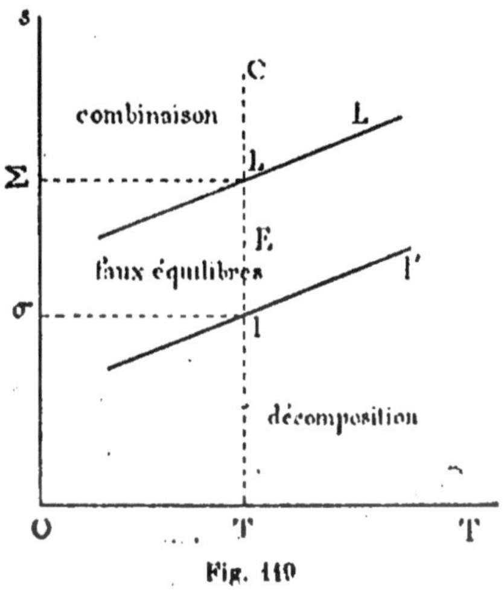

Fig. 119

Tout point D, situé au dessous du point l, sur la droite Tl, représente un état du système au sein duquel le sel double se décompose ; tout point C, situé au dessus du point L, représente un état au sein duquel le bicarbonate de potassium se combine au carbonate de magnésium ; tout point E, compris entre le point l et le point L, représente un état de faux équilibre.

Lorsque la température T varie, les concentrations σ, Σ varient également et les deux points l, L décrivent deux lignes ll', LL' ;

d'après les expériences de M. Engel, aux températures comprises entre 14° et 40°, ces lignes montent toutes deux de gauche à droite. Elles partagent le plan en trois régions ; la région située au dessous de la ligne ll' est la *région de décomposition ;* la région située au dessus de la ligne LL' est la *région de combinaison ;* la région située entre les lignes ll', LL' est la *région des faux équilibres.*

284. Retour à la notion de modification réversible. — Les équilibres chimiques étudiés dans les précédentes Leçons étaient tous marqués d'un caractère commun ; chacun de ces états d'équilibre était la limite commune de deux réactions inverses l'une de l'autre (n°s **46, 47, 53, 54, 55, 56**). De ce caractère découlait une conséquence capitale ; une suite continue d'états d'équilibre constituait une modification réversible (n°s **59, 60, 61**). Or, c'est parce qu'une suite continue d'états d'équilibre constituait une modification réversible qu'il était possible d'appliquer à ces états d'équilibre les théorèmes divers de la thermodynamique.

Tous ces théorèmes, tous les corollaires que l'on en peut déduire, deviennent caducs lorsque l'équilibre chimique n'est plus la limite commune de deux réactions inverses l'une de l'autre. Nous ne devrons donc pas nous étonner de trouver les états de faux équilibre en contradiction avec des propositions telles que la loi des phases ou les lois du déplacement de l'équilibre.

Ces contradictions, en effet, se rencontrent à chaque instant ; citons en une, à titre d'exemple :

La combinaison de l'hydrogène avec le soufre est exothermique. D'après la loi du déplacement de l'équilibre par les variations de la température, la masse de gaz sulfhydrique formée au sein d'un système où l'on chauffe de l'hydrogène et du soufre sous volume constant, devrait, au moment de l'équilibre, être d'autant plus faible que la température serait plus élevée. En réalité (n° **281**), la teneur du système en gaz sulfhydrique, au moment où la réaction prend fin, croît sans cesse avec la température lorsque celle-ci s'élève jusqu'à 448°.

285. Relation entre les états de véritable équilibre et les états de faux équilibre. Action de l'hydrogène sur le chlorure d'argent et action inverse. — Souvent un système chimique, susceptible de présenter des états de faux équilibre à certaines températures, peut offrir des états d'équilibre véritable à d'autres températures, en général plus élevées que les premières. Dans certains cas, il est possible de suivre le passage continu de l'une des formes d'équilibre à l'autre.

Prenons, par exemple, l'action de l'hydrogène sur le chlorure d'argent et l'action inverse de l'acide chlorhydrique sur l'argent (n° **282**). A une température telle que 350° ou 448°, les valeurs de ρ pour lesquelles le système peut être en équilibre sont comprises entre deux limites r et R qui sont notablement différentes ; mais au fur et à mesure que la température s'élève, ces deux limites se rapprochent l'une de l'autre ; à 490°, r est à peine inférieur à R, puisque l'on a

$$r = 0{,}9036, \qquad R = 0{,}9094.$$

Aux températures plus élevées [1], les deux limites r et R sont identiques ; on parvient au même état d'équilibre en partant du système hydrogène — chlorure d'argent ou bien en partant du système acide chlorhydrique — argent. Cette valeur commune de r et de R, que nous désignerons par $\mathcal{R}$, est la suivante, aux diverses températures :

T	$\mathcal{R}$	T	$\mathcal{R}$
540°	0,9155	650°	0,938
600°	0,928	700°	0,95

Au lieu de deux lignes limites de faux équilibres, nous n'avons plus, aux températures supérieures à 500°, qu'une ligne unique d'équilibres véritables, VV', (*fig.* 118) dont chaque point a pour abscisse une valeur de T et pour ordonnée la valeur correspondante de $\mathcal{R}$. Cette ligne monte de gauche à droite, comme l'exige la loi du déplace-

[1] A. Jouniaux, *Comptes rendus*, t. CXXXII, p. 1270 ; 1901. — *Actions des hydracides...*, thèse de Lille, 1901.

ment de l'équilibre par variation de la température, car la réaction

$$AgCl + H = Ag + HCl.$$

est endothermique.

286. Action de l'hydrogène sur le selenium et action inverse. Études de M. Pélabon. — La relation entre les états de faux équilibre et les états d'équilibre véritable est encore plus nettement et plus complètement mise en évidence dans l'exemple que nous offre la dissociation de l'hydrogène sélénié et l'action inverse du selenium sur l'hydrogène. Étudié d'abord par M. Ditte ([1]), cet exemple a fait l'objet de recherches qui sont parmi les plus importantes de la chimie physique. Ces recherches sont dues à M. Pélabon ([2]).

Le système étudié renferme, en un volume invariable, du selenium liquide, des vapeurs de selenium, de l'hydrogène, de l'hydrogène sélénié.

Nous avons étudié (16e Leçon, n° **258**) la condition qui régit les états de véritable équilibre d'un semblable système. Nous avons vu que si l'on désignait par p la pression partielle de l'hydrogène dans le mélange gazeux et par p' la pression partielle de l'hydrogène sélénié, on aurait, au sein d'un système en véritable équilibre à la température *absolue* T,

$$\log \frac{p}{p'} = \frac{m}{T} + n \log T + z, \tag{1}$$

m, n et z étant trois constantes convenablement choisies.

Aux températures supérieures à 350°, le système présente des états de véritable équilibre bien caractérisés ; on peut donc, au moyen de trois expériences convenablement choisies et faites à des températures supérieures à 350°, déterminer les valeurs qu'il convient d'attribuer, dans l'équation précédente, aux constantes m, n, z.

Ces valeurs une fois déterminées, on peut, au moyen de l'équation

([1]) Ditte, *Annales de l'École normale supérieure*, 2e série, t. I, p. 293 ; 1872.

([2]) Pélabon, *Sur la dissociation de l'acide sélenhydrique* (Mémoires de la Société des Sciences Physiques et Naturelles de Bordeaux, 5e série, t. III, p. 141 et Paris, A. Hermann, 1898).

précédente, calculer à chaque température absolue T et, partant, à chaque température centigrade t, la valeur que devrait prendre le rapport $\frac{p}{p'}$ pour que le système se trouve en état de véritable équilibre ; prenons deux axes rectangulaires et, avec M. Pélabon, portons

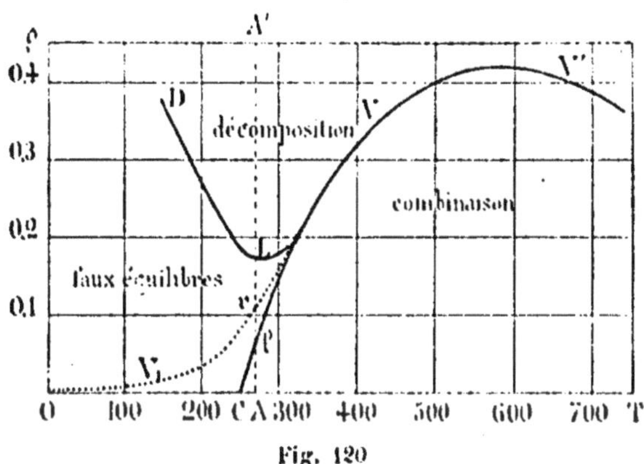

Fig. 120

en abscisses (*fig.* 120) les températures centigrades et en ordonnées les valeurs du rapport $\rho = \frac{p'}{p + p'}$, déduites du calcul précédent ; nous obtenons une courbe V_1VV' qui représentera les états de véritable équilibre du système.

A une température supérieure à 350°, le système ne sera en équilibre que si le point figuratif se trouve sur la courbe VV' ; s'il se trouve au-dessous de cette courbe, il se formera dans le système de l'hydrogène sélénié ; si le point figuratif est au-dessus de cette courbe, l'hydrogène sélénié contenu dans le système se détruira en partie.

Il en sera tout autrement aux températures inférieures à 350°.

Opérons, par exemple, à 270°.

Prenons des tubes qui ne renferment, au début, que de l'hydrogène et du selenium ; la valeur initiale de ρ est égal à 0 ; chauffons les longtemps à 270° ; ρ croît tout d'abord, par suite de la formation d'acide sélenhydrique ; puis, au bout d'un temps suffisant, l'équilibre s'établit ; ρ garde alors une valeur invariable et voisine de

$$r = 0,048.$$

Ainsi, dans une expérience où le tube avait été chauffé pendant 490 heures, ρ avait la valeur 0,0491 ; dans une autre où le tube avait été chauffé pendant un mois, ρ avait la valeur 0,0478.

Supposons, au contraire, que nous prenions, au début de l'expérience, des mélanges renfermant une forte proportion d'hydrogène sélénié ; imaginons, par exemple que la valeur initiale de ρ soit voisine de 0,40 ; maintenons ces mélanges à 270° ; l'hydrogène sélénié qu'ils renferment se décomposera en partie ; la valeur de ρ diminuera ; au bout d'un temps de chauffe suffisant, l'équilibre s'établira et ρ gardera alors une valeur invariable voisine de

$$R = 0,16.$$

Ainsi, dans quatre expériences où les temps de chauffe ont été respectivement

102 heures, 288 heures, 480 heures, 490 heures,

les valeurs limites de ρ ont été respectivement égales à

0,171, 0,165, 0,1605 0,163.

Donc, toutes les fois que ρ vérifie l'inégalité

$$\rho < r,$$

à 270°, l'hydrogène se combine au selenium ; toutes les fois que ρ vérifie l'inégalité

$$\rho > R,$$

à 270°, l'hydrogène sélénié se décompose ; enfin, toutes les fois que ρ est compris entre r et R,

$$r \leqq \rho \leqq R, \qquad (2)$$

à 270°, le système est en équilibre.

Si l'on calcule, d'après la formule (1), la valeur de ρ qui, à la température de 270°, mettrait le système en état de véritable équilibre, on trouve que cette valeur de ρ est voisine de

$$\mathfrak{R} = 0,10.$$

Elle est donc comprise entre r et R et vérifie la condition (2).

A la droite $O\rho$ (*fig.* 120), menons une parallèle AA′ ayant pour abscisse constante 270° ; élevons-nous le long de cette droite de A en A′ ; nous rencontrons successivement un point l, d'ordonnée r, un point v, d'ordonnée $\mathfrak{R}$, et un point L d'ordonnée R. Les points de la droite AA′ situés au-dessous du point l représentent des systèmes au sein desquels il se forme de l'acide sélenhydrique ; les points situés entre le point l et le point L, parmi lesquels se trouve le point v, représentent des systèmes en équilibre ; les points situés au-dessus du point L représentent des systèmes où l'hydrogène sélénié se décompose.

Lorsque la température, que nous avons, jusqu'ici, supposée égale à 270°, vient à prendre d'autres valeurs, les points l et L varient et décrivent respectivement les lignes Cl et DL (*fig* 120). Ces lignes partagent le plan en trois régions ; d'après les propriétés que présente un système selon que le point figuratif se trouve en l'une ou en l'autre de ces trois régions, on peut donner à ces régions les dénominations suivantes : *région de combinaison*, située au-dessous de la ligne Cl ; *région des faux équilibres*, située entre les lignes Cl et DL ; *région de décomposition*, située au-dessus de la ligne DL.

La ligne V_1v, *prolongement théorique de la ligne des équilibres véritables*, déterminé au moyen de la formule (1), se trouve tout entière tracée dans la région des faux équilibres.

La ligne Cl se détache de l'axe des températures en un point dont l'abscisse est voisine de 250° ; elle monte sans cesse de gauche à droite.

La ligne DL a été suivie par M. Pélabon à partir de la température 150°, à laquelle correspond une valeur de R voisine de 0,3824 ; cette courbe descend d'abord de gauche à droite jusqu'à la température de 270° environ, où elle présente une ordonnée minimum égale à peu près à 0,16 ; ensuite, elle remonte de gauche à droite.

Comment se fait le passage entre la loi de formation et de décomposition de l'hydrogène sélénié, telle que nous venons de la mettre en lumière, et la loi qui régit ces mêmes phénomènes aux températures supérieures à 350°, où l'on ne rencontre plus de faux équilibres et où une *simple ligne d'équilibres véritables* VV' sépare la *région de combinaison* de la *région de décomposition*? Lorsque la température surpasse 300°, les trois lignes Cl, DL, V_1v se rapprochent; elles se raccordent sensiblement entre elles à 325° et demeurent confondues aux températures supérieures à 325°. Voici quelques expériences de M. Pélabon qui mettent cette allure en pleine évidence:

Températures	Durée de chauffe	r	ℜ	R
300°	212 heures	0,124	0,15	0,172
»	322 »	0,127	»	0,170
315°	196 »	0,164	0,174	0,185
»	320 »	0,1625	»	0,1801
325°	175 »	0,187	0,192	0,193
»	213 »	0,1882	»	0,192

287. Le domaine des faux équilibres séparé du domaine des équilibres véritables par un domaine de réaction illimitée. Action de l'hydrogène sur le soufre et action inverse. — Dans les deux cas que nous venons d'analyser, on passe par une transition insensible des basses températures où le système admet une région de faux équilibres qui, par deux lignes de faux équilibres limites, confine à deux régions consacrées à des réactions inverses l'une de l'autre, aux températures élevées où le système n'admet plus que des états de véritable équilibre.

Il n'en est pas toujours ainsi.

Reprenons, par exemple, le cas étudié au n° **270**.

Jusqu'à 350° environ, le gaz sulfhydrique est indécomposable par la chaleur; au contraire à partir de 200°, l'hydrogène se combine avec le soufre; la réaction s'arrête lorsque le mélange gazeux atteint une certaine teneur en gaz sulfhydrique; cette teneur est d'autant plus grande que la température est plus élevée.

Donc, de 200° à 358°, une ligne limite de faux équilibres *ll'* (*fig.* 121) monte de gauche à droite; les points situés au-dessous de cette ligne représentent des états du système tels que l'hydrogène et le soufre se combinent; les points situés au-dessus de cette ligne représentent des états de faux équilibre.

Aux températures comprises entre 350° et 400°, l'acide sulfhydrique demeure indécomposable par la chaleur; en revanche, l'hydrogène se combine *en totalité* avec le soufre. La combinaison est *illimitée*. Les états d'équilibre du système sont représentés par la partie $l'v$ de la ligne $\rho = 1$.

Lorsque la température prend une valeur supérieure à 400°, le système présente un état de véritable équilibre, limite commune de ces deux réactions inverses : combinaison de l'hydrogène et du soufre,

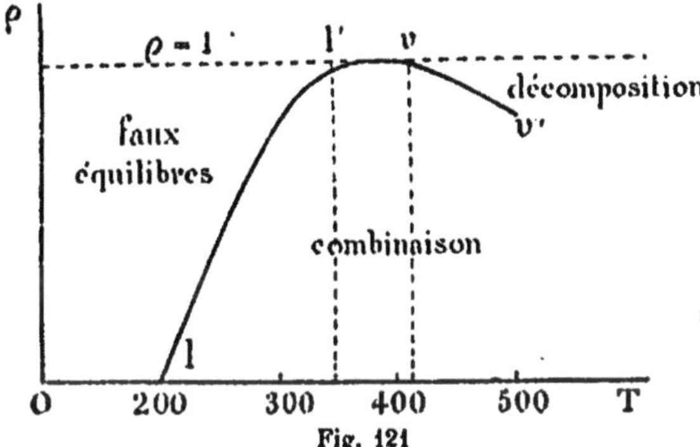

Fig. 121

décomposition de l'acide sulfhydrique. A 440°, par exemple, la limite que l'on obtient, soit en partant du composé pur, soit en partant des composants est la même ou, du moins, la différence est de l'ordre des erreurs d'expérience.

Deux tubes, renfermant chacun $0^{gr},02$ de soufre par centimètre cube, ont été maintenus pendant 6 heures à 440°.

Le premier, qui était rempli d'hydrogène sulfuré pur, a donné pour ρ le nombre 0,975 ; le second, qui ne contenait que de l'hydrogène et du soufre, a donné pour ρ le nombre 0,982, pratiquement égal au précédent.

Aux températures qui surpassent 400°, les états d'équilibre du système, qui sont des états d'équilibre véritable, sont représentés par la ligne vv'; au-dessous de cette ligne se trouve la région de combinaison, au-dessus la région de décomposition.

La formation de l'hydrogène sulfuré étant exothermique dans les conditions indiquées, la loi du déplacement de l'équilibre par variation de la température exige que la ligne vv' descende de gauche à droite.

En résumé, selon ces importantes expériences de M. Pélabon, on peut décrire de la manière suivante l'influence que la température exerce sur la formation ou la destruction de l'acide sulfhydrique :

Aux températures inférieures à $t = 200°$, l'acide sulfhydrique ne se décompose pas; l'hydrogène ne réagit pas sur le soufre.

Entre la température $t = 200°$ et la température $\tau = 350°$, l'acide sulfhydrique ne se décompose pas; l'hydrogène se combine avec le soufre; la combinaison est limitée; le mélange gazeux obtenu est d'autant plus riche en hydrogène sulfuré que la température est plus élevée.

Aux températures comprises entre $\tau = 350°$ et $\theta = 400°$, l'hydrogène sulfuré est indécomposable par la chaleur; l'hydrogène se combine intégralement avec le soufre.

Aux températures supérieures à $\theta = 400°$, l'acide sulfhydrique se dissocie; cette dissociation est limitée par l'action inverse; elle est d'autant plus marquée que la température est plus élevée.

288. Action de l'oxygène sur l'hydrogène. Études de MM. Armand Gautier et H. Hélier. — L'histoire d'un grand nombre de combinaisons exothermiques paraît être la suivante :

Aux températures inférieures à t, *le corps composé est indestructible; les éléments de ce corps ne peuvent se combiner.*

Aux températures comprises entre t *et* τ, *le corps composé est indestructible; les éléments de ce corps peuvent se combiner; cette combinaison est limitée; la limite correspond à un degré de combinaison d'autant plus élevé que la température est, elle-même, plus élevée.*

Aux températures comprises entre τ *et* θ, *le corps composé est indestructible; les éléments se combinent; cette réaction ne s'arrête que lorsque la combinaison est intégrale.*

Aux températures supérieures à θ, *le composé se décompose; les éléments se combinent; ces deux réactions sont limitées; à une température donnée, un même état d'équilibre limite les états du système en lesquels il se produit une décomposition et les états en lesquels il se produit une combinaison; cet état d'équilibre correspond à une décomposition d'autant plus complète que la température est plus élevée; les températures supérieures à* θ *forment proprement le domaine de* DISSOCIATION.

Prenons, par exemple, l'eau.

Depuis Lavoisier, on sait qu'aux basses températures l'eau ne se décompose pas, que l'oxygène et l'hydrogène ne se combinent pas; on sait aussi qu'à des températures suffisamment élevées, où l'eau est indécomposable, l'oxygène et l'hydrogène se combinent en totalité. On peut donc dire que l'on a reconnu, depuis les origines de la chimie, l'existence des températures inférieures à *t* et l'existence des températures comprises entre τ et θ.

En démontrant que la vapeur d'eau était dissociable à très haute température (nos **49** et **50**), H. Sainte-Claire Deville a mis en évidence l'existence de températures, supérieures à θ, où s'établissent de véritables équilibres.

Enfin, MM. Armand Gautier et H. Hélier ont exploré récemment la zone de combinaison limitée comprise entre *t* et τ.

Chauffons, sous la pression atmosphérique, un mélange qui contient 16 grammes d'oxygène pour 1 gramme d'hydrogène.

A 180°, l'oxygène et l'hydrogène commencent à se combiner; à 200°, la combinaison devient mesurable; en employant un artifice dont nous dirons quelques mots en la dernière Leçon, (n° **320**) MM. Gautier et Hélier (¹) ont pu suivre la combinaison jusqu'à 825° sans obtenir d'explosion. Dans tout cet intervalle de température, la combinaison de l'hydrogène et de l'oxygène est limitée ; la valeur du rapport ω de la masse d'eau formée à la masse d'eau possible, qui limite la combinaison, croît avec la température comme l'indique le tableau de la page suivante.

A ces températures, la vapeur d'eau, soit seule, soit mélangée à une certaine quantité de gaz tonnant, est indécomposable ; la combinaison de l'oxygène et de l'hydrogène n'est donc pas limitée par la

(¹) ARMAND GAUTIER et H. HÉLIER, *Comptes rendus*, t. CXXII, p. 566; 1896. — H. HÉLIER, *Annales de Chimie et de Physique*, 7e Série, t. X, p. 521; 1897.

réaction inverse, mais par un domaine de faux équilibres. L'intervalle de température en lequel ont été faites les expériences de MM. Armand Gautier et H. Hélier se trouve tout entier au-dessous de la

Températures	x	Températures	x
180° C.	0,0004	416° C.	0,357
200	0,0012	433	0,3981
235	0,013	498	0,5638
260	0,016	620	0,8452
331	0,0978	637	0,8565
376	0,2511	875	0,961

température que nous avons appelée τ; la température τ est donc supérieure à 875°; plus haut dans l'échelle des températures, et probablement au dessus de 1000°, se trouve la température que nous avons nommée θ, à partir de laquelle on pénètre dans la région de dissociation de la vapeur d'eau, objet des recherches de H. Sainte-Claire Deville.

D'après les recherches de M. H. Hélier, la valeur de x qui, à une température donnée, inférieure à τ, limite la combinaison de l'hydrogène et de l'oxygène soumis à la pression atmosphérique, change lorsque le mélange, au lieu de contenir 16 grammes d'oxygène pour 2 grammes d'hydrogène, renferme un excès de l'un des gaz composants; elle change aussi si l'on adjoint au mélange un gaz inerte, de l'azote par exemple.

280. Action de l'oxygène sur l'oxyde de carbone. — Ce que nous venons de dire au sujet de la formation de la vapeur d'eau et de sa dissociation peut se répéter presque textuellement en ce qui concerne l'anhydride carbonique.

Aux températures inférieures à une certaine limite t, le gaz carbonique est indécomposable, l'oxyde de carbone ne se combine pas à l'oxygène; aux températures suffisamment élevées pour être comprises entre deux certaines limites τ et θ, le gaz carbonique est indécomposable, mais l'oxyde de carbone se combine intégralement à l'oxygène; ces faits sont connus depuis longtemps. Les expériences de H. Sainte-

Claire Deville nous ont appris (nº **51**) qu'au delà de la température Θ, le gaz carbonique peut se dissocier ; il s'établit alors des équilibres véritables. M. Hélier a fait connaître la région de combustion limitée, comprise entre t et τ.

Il a trouvé que lorsqu'on chauffait, sous la pression constante de l'atmosphère, un mélange renfermant deux molécules d'oxyde de carbone et une molécule d'oxygène, avec des précautions suffisantes pour éviter toute explosion, la formation d'acide carbonique s'arrêtait lorsque le rapport x de la masse de cet acide formée à la masse possible avait atteint une certaine valeur, variable avec la température et croissante avec elle, comme l'indique le tableau suivant :

Températures	x	Températures	x
195° C.	0,0013	504° C.	0,073
302	0,0044	566	0,1443
365	0,0141	575	0,1727
365	0,0101	600	0,2114
408	0,0303	689	0,4636
418	0,0341	788	0,603
468	0,0464	855	0,650
500	0,062		

Dans tout cet intervalle de températures, le gaz carbonique est indécomposable, en sorte que la formation de ce corps est limitée non pas par l'action inverse, mais par l'établissement d'un faux équilibre. Ce n'est qu'aux températures beaucoup plus élevées que l'on pénètre, comme l'a démontré H. Sainte-Claire Deville, dans la région de dissociation du gaz carbonique.

200. Phénomènes analogues présentés par les combinaisons endothermiques. — Un composé formé, à partir de ses éléments, avec absorption de chaleur, peut fort bien présenter des phénomènes analogues à ceux que nous venons de décrire pourun composé exothermique ; à la *fig.* 121, nous devons alors substituer un schéma tel que la *fig.* 122. D'ailleurs, x continue à désigner le rapport de la masse du composé existant dans le système à la massepossible.

Quatre régions sont à distinguer :

1° *Aux températures inférieures à* t, *aucune réaction ne se produit dans un système renfermant le composé et les éléments capables de le former, quelque soit la valeur de* x ;

2° *Aux températures comprises entre* t *et* τ, *le composé ne peut se former aux dépens de ses éléments ; au contraire, si la valeur*

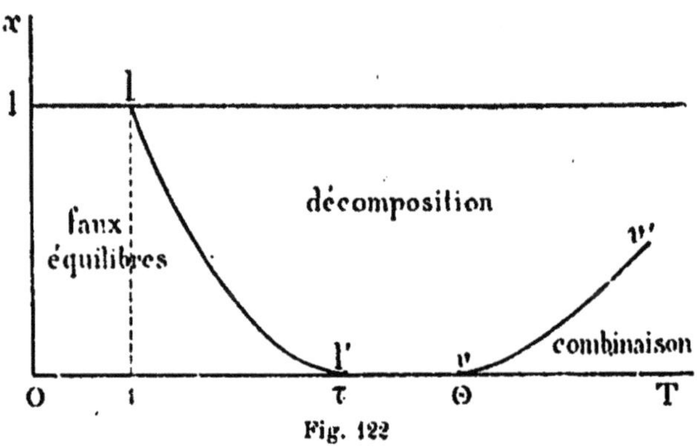

Fig. 122

initiale de x *est suffisamment grande, le corps composé se détruit en partie ; la décomposition est limitée ; la valeur de* x *qui limite la décomposition est d'autant moins élevée que la température est plus élevée ; la réaction est limitée non par l'action inverse, mais par la production de faux équilibres ;*

3° *Aux températures comprises entre* τ *et* Θ, *le composé ne peut se former ; il se décompose ; cette réaction est illimitée ;*

4° *Aux températures supérieures à* Θ, *selon la valeur qu'a le rapport* x *dans le système, celui-ci peut être le siège soit d'une décomposition, soit d'une combinaison ; à une température donnée, les deux réactions, inverses l'une de l'autre, sont limitées par une même valeur de* x ; *cette valeur limite de* x *croit avec la température.*

Ces distinctions permettent de classer les propriétés d'une foule de composés endothermiques.

291. Ozone. — Pour l'oxygène ozonisé, la température ordinaire est déjà supérieure à la température τ ; à cette température, plus rapidement à 100°, plus rapidement encore à 200°, l'ozone subit une destruction que l'on peut regarder comme complète ; nous savons, d'autre part, que MM. Troost et Hautefeuille (n° **170**) ont mis en évidence la transformation directe, mais partielle, de l'oxygène en ozone à des températures voisines de 1 200° ; ces températures sont donc supérieures à θ.

202. Trichlorure de silicium. Recherches de MM. Troost et Hautefeuille. — MM. Troost et Hautefeuille [1], ont pu explorer complètement les diverses parties du champ que représente la *fig.* 122 pour certains composés du silicium, et, en particulier, pour le trichlorure de silicium Si^2Cl^6.

A 250°, ce corps ne prend pas naissance par l'action des vapeurs du tétrachlorure $SiCl^4$ sur le silicium ; en revanche, les vapeurs du trichlorure de silicium sont indécomposables à cette température.

A 350° les vapeurs du trichlorure de silicium subissent une décomposition très limitée et très lente ; le dépôt de silicium sur les parois du vase est à peine sensible au bout de 24 heures ; les vapeurs de tétrachlorure tout toujours sans action sur le silicium.

Lorsque la température s'élève, la décomposition du trichlorure de silicium en tétrachlorure et silicium devient de plus en plus marquée ; elle détruit à 440° une fraction notable du corps composé ; à 800°, si l'expérience est suffisamment prolongée, la décomposition est complète.

Au contraire, à 1 000°, la décomposition n'est plus que partielle ; d'autre part, à cette température, le tétrachlorure se combine partiellement au silicium pour donner du trichlorure.

203. Les systèmes à réaction illimitée et le principe du travail maximum. — Un nombre considérable de réactions chimiques se classent dans la catégorie dont la formation de l'hydrogène sulfuré et la décomposition du trichlorure de silicium sont les types. Toutes ces réactions donnent lieu à une observation importante : *Aux températures comprises entre* t *et* τ, *où la seule réaction possible est limitée par des états de faux équi-*

(1) TROOST et HAUTEFEUILLE, *Annales de Chimie et de Physique*, 5e série, t. VII, 1876.

libre, et aux températures entre t et Θ, où cette réaction est illimitée, elle est exothermique, en sorte que le principe du travail maximum est vérifié; pour trouver le principe du travail maximum en défaut, il faut atteindre les températures, supérieures à Θ, où se peuvent établir des états de véritable équilibre.

294. Les systèmes à réaction illimitée ne sont pas essentiellement distincts des systèmes à réaction limitée. — Il semble, au premier abord, qu'une différence radicale sépare les systèmes incapables de réaction illimitée, que nous avons étudiés aux nos **285** et **286**, des systèmes qui peuvent, entre certaines températures, donner lieu à des réactions illimitées; tels les systèmes étudiés du n° **287** au n° **293**. En réalité, comme nous l'allons montrer, on peut fort bien admettre qu'une telle différence est une différence non de nature, mais de degré.

Prenons un système qui renferme des gaz voisins de l'état parfait et où un composé exothermique peut se produire ou se dissocier; par exemple, un système où se trouvent du soufre, liquide et en vapeur,

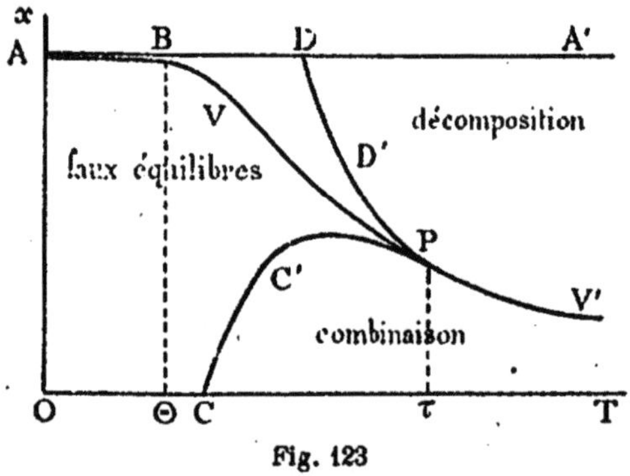

Fig. 123

de l'hydrogène et de l'acide sulfhydrique; soit x le rapport entre la masse du composé que le système renferme et la masse de ce même composé qu'il renfermerait, si la combinaison de ses éléments était poussée aussi loin que possible; chauffons le système, soit sous pression constante, soit sous volume constant.

La ligne VV′ (*fig.* 123), des équilibres véritables a, dans le plan TOx, une forme que nous avons déjà tracée en la *fig.* **111**; jusqu'à un point B, d'abscisse Θ, elle demeure *pratiquement* confondue avec la ligne AA′, parallèle à OT, et ayant pour ordonnée constante $x = 1$; elle s'en détache alors et descend de gauche à droite.

Soient CC′ la ligne qui sépare la région des faux équilibres de la région de combinaison et DD′ la ligne qui sépare la région des faux équilibres de la région de décomposition; si les choses se passent conformément à ce que nous avons vu au n° **286**, ces deux lignes doivent se confondre avec la ligne des équilibres véritables VV′ à partir d'un certain point P, d'abcisse τ.

La température τ peut être notablement supérieure à Θ; nous obtenons alors une disposition analogue à celle que nous avons étudiée dans le système hydrogène, selenium, acide sélenhydrique; la nouvelle disposition est simplement symétrique de celle-ci par rapport à un axe parallèle à OT.

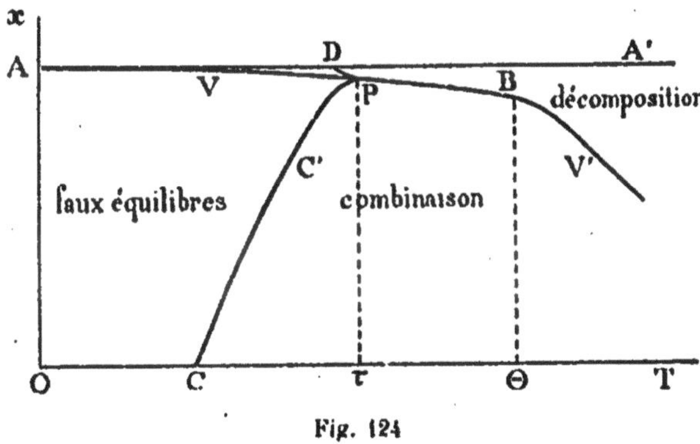

Fig. 124

La température τ peut, au contraire, être notablement inférieure à la température Θ, le point P se trouvant fort à gauche du point B; dans ce cas, que représente la *fig.* **124**, la ligne CC′ est seule discernable; la ligne DD′ est réduite à un segment indiscernable DP. *Pratiquement*, la statique chimique de notre système se résume dans les propositions que nous avons énoncées à la fin du n° **287**.

205. On peut toujours refroidir assez un système chimique pour qu'il se trouve à l'état de faux équilibre. — Nous n'avons donc plus, dans l'étude d'un système chimique, que trois sortes de températures à distinguer :

1° Des *températures élevées*, où le système est susceptible de deux réactions, inverses l'une de l'autre, ayant pour commune limite une suite d'états de véritable équilibre ;

2° Des *températures moyennes*, où le système est susceptible de deux réactions limitées, non plus par la réaction inverse, mais par des états de faux équilibre ;

3° Des *températures basses*, où le système n'est plus susceptible d'aucune réaction.

Et en effet, toutes les observations semblent s'accorder avec ce principe : *Étant donné un système chimique, on peut toujours abaisser suffisamment la température pour que ce système demeure à l'état de faux équilibre.*

Ainsi, au-dessous de 250°, un mélange qui renferme seulement du selenium et de l'hydrogène, sans trace d'acide sélenhydrique, demeure à l'état de faux équilibre ; aucune réaction ne s'y produit ; au-dessous de 215°, un système renfermant du soufre et de l'hydrogène est à l'état de faux équilibre chimique.

206. Faux équilibres aux très basses températures. Recherches de M. Pictet. — Pour certains systèmes, l'état de faux équilibre chimique ne peut être obtenu qu'en abaissant extrêmement la température ; c'est ce qu'a constaté M. R. Pictet ([1]). A 125° C., on peut comprimer fortement un mélange d'acide sulfurique congelé et de soude caustique sans qu'aucune réaction se produise ; tant que la température est inférieure à — 80° C., la combinaison n'a pas lieu ; elle se produit brusquement à cette température de — 80° C., en dégageant une quantité de chaleur telle que l'éprouvette renfermant le mélange est brisée.

L'acide sulfurique et la potasse demeurent en équilibre aux températures inférieures à — 90° C. ; l'acide sulfurique et une solution ammoniacale concentrée aux températures inférieures — 65° C. ; à

([1]) R. Pictet, *Comptes rendus*, t. CXV, p. 814 ; 1892.

— 120° C., l'acide sulfurique et l'acide chlorhydrique laissent sa couleur bleue au tournesol; le tournesol vire brusquement au rouge à — 110° C. avec l'acide chlorhydrique, à — 105° C. avec l'acide sulfurique.

Il faut remarquer, toutefois, que certains des systèmes dont nous venons de parler ne sont peut-être pas, aux températures réalisées par M. Pictet, des systèmes en équilibre, mais seulement des systèmes où se produit une réaction extrêmement lente ; selon M. Besson [1], l'acide chlorhydrique qui a séjourné à très basse température, à — 80° par exemple, au contact du sodium, renferme de petites quantités de chlorure de sodium.

207. Le point de réaction. — Prenons, à très basse température, un système à l'état de faux équilibre et élevons-en graduellement la température; à un certain moment, le système cessera d'être en faux équilibre et une réaction s'y produira. La température, à laquelle un système donné, soumis à une pression donnée ou maintenu sous un volume donné, cesse d'être à l'état de faux équilibre et devient le siège d'une modification chimique, se nomme le *point de réaction* de ce système. Ainsi le point de réaction d'un système qui renferme de l'hydrogène et du selenium, sans trace d'hydrogène sélénié, et que l'on chauffe sous volume constant, est voisin de 250° ; à cette température, il commence à s'y former de l'acide sélenhydrique.

Pour certains systèmes, le point de réaction peut correspondre à une température très basse; nous avons vu que le point de réaction du tournesol et de l'acide chlorhydrique était voisin de — 110° C.

Dans d'autres cas, au contraire, ce point de réaction correspond à une température extrêmement élevée; l'un de ces cas nous est offert par un mélange d'hydrogène et d'azote.

Le gaz ammoniac se formerait, à partir de l'hydrogène et de l'azote, avec un grand dégagement de chaleur; si donc, un mélange de ces trois gaz maintenu, soit sous pression constante, soit sous volume constant, était à l'état de véritable équilibre, la combinaison y serait presque complète à basse température; c'est seulement à tempéra-

(1) Besson, *Comptes rendus*, t. CXXIV, p. 763; 1897.

ture élevée que le gaz ammoniac présenterait une dissociation appréciable.

En fait, un mélange d'hydrogène et d'azote, contenant ou non du gaz ammoniac, peut être maintenu à l'état de faux équilibre presque à toutes les températures que produisent nos foyers; ce n'est qu'aux températures extrêmemement élevées, engendrées par des étincelles électriques très chaudes, que la combinaison commence à se produire, comme l'a montré Morren [1]; son observation a été confirmée, au moyen de l'appareil à tubes chaud et froid, par H. Sainte-Claire Deville [2].

Le point de réaction d'un système peut dépendre d'une foule de circonstances : de la pression initiale supportée par le système, si on le chauffe sous volume constant; de la pression, si on le chauffe sous pression constante; de la composition initiale du système et des corps étrangers qui peuvent y être mêlés.

Enfin, dans certains cas, ces diverses circonstances peuvent influer non seulement sur la température de réaction, mais encore sur la

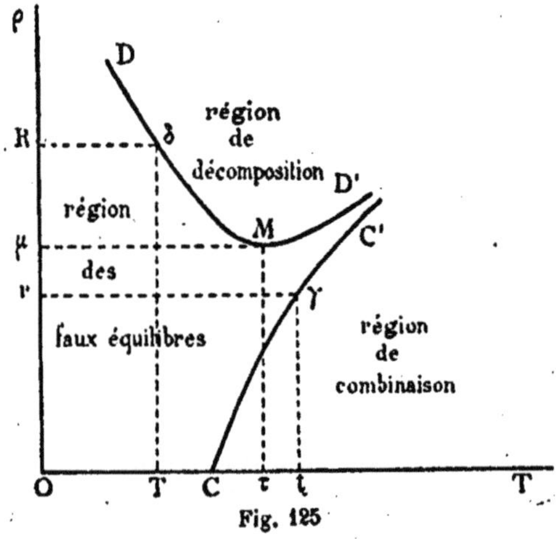

Fig. 125

nature de la réaction qui commence de se produire au moment où cette température est atteinte.

(1) MORREN, *Comptes rendus*, t. XLVIII, p. 342; 1859.
(2) H. SAINTE-CLAIRE DEVILLE, *Leçons sur la Dissociation*, 1864.

Prenons, par exemple, un système formé d'hydrogène, de selenium et d'acide sélenhydrique. Traçons (*fig.* 125) la ligne CC' qui sépare la région de combinaison de la région des faux équilibres et la ligne DD' qui sépare la région de décomposition de la région des faux équilibres ; cette dernière ligne présente un point M plus bas que tous les autres ; soit $\mu = O\mu$ l'ordonnée de ce point.

Prenons un système dans lequel la valeur initiale r du rapport ρ soit inférieure à μ ; supposons la température assez basse pour que le système soit à l'état de faux équilibre et élevons graduellement cette température ; le point figuratif décrit la droite $r\gamma$ qui rencontre en γ la ligne CC' ; l'abscisse t du point γ est le point de réaction du système ; au moment où la température atteint, puis dépasse cette valeur t, le système devient le siège d'une *combinaison*.

Prenons, au contraire, un système dans lequel la valeur initiale R du rapport ρ est supérieure à μ, et dont la température est assez basse pour qu'il y ait équilibre ; lorsque la température s'élèvera, le point figuratif décrira la ligne Rδ, parallèle à OT, qui rencontre en δ la ligne DD' ; l'abscisse T du point δ sera le point de réaction du système ; aussitôt que le système atteindra ce point, le système deviendra le siège d'une *décomposition*.

208. Point de réaction dans la phosphorescence du phosphore. Études de M. Joubert. — Dans la majorité des cas, la complexité est moindre ; au moment où le système atteint le point de réaction, il s'y produit une réaction dont la nature ne dépend pas de la composition initiale du système. Ainsi, quelle que soit la composition initiale d'un système qui renferme du soufre, de l'hydrogène, de l'hydrogène sulfuré, le point de réaction correspond toujours à la combinaison commençante.

Il en est de même dans le cas de la combinaison de l'oxygène et du phosphore, étudiée en détail par M. Joubert [1].

Considérons un espace qui renferme de l'oxygène et de la vapeur saturée de phosphore, en présence d'un excès de phosphore. L'oxygène et le phosphore peuvent se combiner soit rapidement, ce qui

[1] Joubert, *Annales de l'École normale supérieure*, 2e série, t. III, p. 209 ; 1874.

constitue le phénomène de la combustion du phosphore, soit lentement, ce qui produit la phosphorescence.

En un semblable système, il existe un *point de réaction;* au dessous de cette température, aucune combinaison ne se produit dans le système; au dessus, se produit la phosphorescence, puis la combustion.

Ce point de réaction n'est pas fixe; il dépend de la pression que le système supporte; il est d'autant plus élevé que la pression est plus élevée.

Prenons pour abscisses les pressions Π (*fig.* 126), pour ordonnées les températures T. A chaque pression Π, correspond un point de

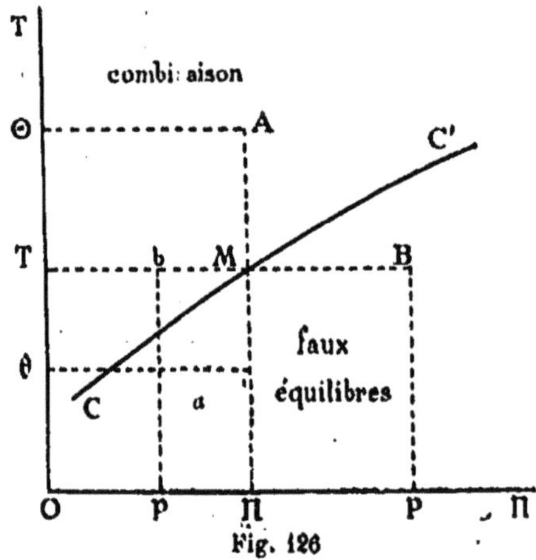

Fig. 126

réaction T; le point M, de coordonnées Π, T, a pour lieu une certaine courbe CC'.

Cette courbe partage le plan en deux régions.

Prenons un point *a* d'abscisse Π, d'ordonnée θ inférieure à T, point de réaction sous la pression Π; ce point représente un système où il ne se produit aucune réaction; le point *a* est donc dans *la région des faux équilibres, qui coïncide avec la région située au-dessous de la courbe* CC'.

Prenons, au contraire, un point A, d'abscisse Π, d'ordonnée Θ, supérieure à T; ce point représente un système en lequel l'oxygène et le phosphore se combinent; le point A est donc dans *la région de combinaison, qui coïncide avec la région située au-dessus de la courbe CC'.*

La courbe CC' monte de gauche à droite; la région de combinaison est donc à gauche de la courbe CC' et la région des faux équilibres à droite de la même courbe.

Dès lors, si nous prenons un point *b*, d'ordonnée T et d'abscisse *p*, inférieure à Π, ce point représente un système où l'oxygène et le phosphore se combinent; un point B, de même ordonnée T, mais d'abscisse P, supérieure à Π, représente un système où aucune réaction ne se produit. Donc, *à chaque température* T, *correspond une certaine pression limite* Π; *sous une pression inférieure à* Π, *l'oxygène se combine avec le phosphore; sous une pression supérieure à* Π, *un système renfermant de l'oxygène et du phosphore est en équilibre; la pression* Π *est d'autant plus élevée que la température est elle-même plus élevée.* C'est la loi énoncée et vérifiée par M. Joubert qui a donné, des valeurs de Π, le tableau suivant :

Températures	Π	Températures	Π
1°,4 C.	355mm	9°,3 C.	538mm
3 ,0	387	11 ,5	580
4 ,4	408	14 ,2	650
5 ,0	428	18 ,0	730
6 ,0	460	19 ,2	760
8 ,0	519		

La ligne CC' est sensiblement rectiligne.

La forme et la position de cette ligne varient beaucoup lorsqu'à l'oxygène on mélange certains gaz inertes. M. Joubert a fait une étude très complète de cette variation.

La combustion de l'hydrogène phosphoré dans l'oxygène a donné lieu à des observations analogues de la part de M. Van de Stadt (1).

290. Analogie des états de faux équilibres avec les équilibres mécaniques dus au frottement. — Les quelques exemples que nous venons d'étudier nous font clairement

(1) Van de Stadt, *Zeitschrift für physikalische Chemie*, Bd. XII, p. 322; 1893.

saisir les principaux caractères des faux équilibres; en particulier, ils nous montrent nettement que, dans un système capable de faux équilibres, la condition d'équilibre ne s'exprime plus par une égalité, mais par une inégalité ou par une double inégalité.

Ce caractère est-il incompatible avec l'analogie de la statique chimique et de la statique proprement dite, analogie que nous regardons comme une des idées directrices de la science? Bien au contraire, et ce caractère établit un rapprochement étroit entre les systèmes chimiques capables de faux équilibres et les systèmes mécaniques doués de *frottement*.

Prenons l'exemple suivant, ingénieusement imaginé par M. Pélabon :

Considérons un cylindre d'axe vertical plein d'air, fermé à la partie inférieure ; dans ce cylindre se meut un piston sur lequel on peut déposer des poids ; pour simplifier, supposons égale à l'unité l'aire de la section du cylindre.

Désignons par Π la pression de l'atmosphère gazeuse qui se trouve au-dessus du piston, par ϖ le poids de celui-ci, par p le poids additionnel qu'il porte.

Si l'on néglige le frottement du piston sur les parois du cylindre, il y a pour chaque poids p une position d'équilibre du piston et une seule ; par exemple, si V représente la distance de la base du piston au fond du cylindre lorsque $p = 0$, et x la valeur de la même longueur lorsque le poids additionnel a la valeur p, on aura, en appliquant la loi de Mariotte à la masse gazeuse renfermée dans le cylindre, la relation

$$(3) \qquad (\Pi + \varpi)V = (\Pi + \varpi + p)x$$

qui déterminera la position d'équilibre en question.

Prenons deux axes de coordonnées rectangulaires (*fig.* 127) ; sur l'axe des abscisses OP, portons la valeur du poids additionnel p ; sur l'axe des ordonnées, la valeur correspondante de x calculée par l'équation (3) ; le point v, de coordonnées p, x, représentera un état d'équilibre du piston supposé *sans frottement* ; lorsque p variera, le point v décrira une ligne VV, que nous nommerons la *ligne des véritables équilibres* du piston.

Supposons maintenant que le piston frotte à l'intérieur du cylindre et désignons par P le poids additionnel ; pour que l'équilibre ait lieu, il ne sera plus nécessaire que la pression $(H + \varpi + P)$ exercée par le cylindre soit égale à la pression $(H + \varpi)\frac{V}{x}$ de la masse gazeuse ; il suffira que la valeur absolue de la différence de ces

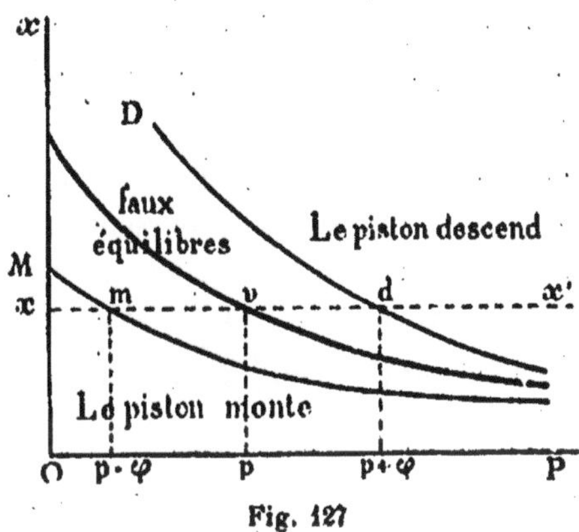

Fig. 127

deux pressions ne surpasse pas une grandeur φ, dépendant de la nature des surfaces contiguës du cylindre et du piston. La condition d'équilibre du piston est donc, *en tenant compte du frottement*,

$$(4) \qquad -\varphi \leqq H + \varpi + P - (H + \varpi)\frac{V}{x} \leqq \varphi.$$

On peut encore l'écrire autrement. Désignons par

$$(5) \qquad p = (H + \varpi)\left(\frac{V}{x} - 1\right)$$

la valeur de P qui correspondrait à l'état de véritable équilibre où le fond du cylindre et la base du piston sont à une distance x ; le point v, de coordonnées (p, x), sera visiblement le point d'ordonnée x sur la ligne des véritables équilibres, car l'équation (5) n'est que l'équation (4) résolue par rapport à p. La double inégalité (4) pourra s'écrire

$$(6) \qquad p - \varphi \leqq P \leqq p + \varphi.$$

Par le point v, menons une parallèle à l'axe OP ; sur cette ligne, marquons deux points m, d, ayant respectivement pour abscisses $(p - \varphi)$ et $(p + \varphi)$; les distances dv, vm, sont toutes deux égales à φ ; tout point du segment md représente un état d'équilibre du piston.

Un point de la ligne xm, situé à gauche du point m, représente un système où la distance de la base du piston au fond du cylindre est x, mais où la pression du gaz $(H + \varpi)\frac{V}{x}$ surpasse la pression $(H + P + \varpi)$ exercée par le piston d'une quantité supérieure à φ dans ces conditions, le gaz se détend et le piston monte.

Un point de la ligne dx', située à droite du point d, représente un système où la distance de la base du piston au fond du cylindre est encore x, mais où la pression $(H + P + \varpi)$ exercée par le piston surpasse la pression du gaz $(H + \varpi)\frac{V}{x}$ d'une quantité supérieure à φ ; dans ces conditions, le gaz se comprime et le piston descend.

Pour chaque valeur de x on peut répéter des considérations analogues.

Lorsque l'on fait varier x, le point m décrit une ligne Mm et le point d une ligne Dd ; ces deux lignes partagent le plan en trois régions ; tout point de la région située à gauche de la ligne Mm représente un système où, sans vitesse initiale, *le piston monte* ; tout point de la région située à droite de la ligne Dd représente un système où, sans vitesse initiale, *le piston descend* ; enfin tout point de la région située entre ces deux lignes, y compris les points mêmes de ces deux lignes, représente un système où, sans vitesse initiale, le piston demeure immobile ; c'est la *région des faux équilibres.*

La ligne des véritables équilibres est tout entière, tracée en la région des faux équilibres.

Cet exemple rend saisissante l'analogie qui existe entre les systèmes mécaniques à frottement et les systèmes chimiques à faux équilibres.

300. L'existence de faux équilibres dans les systèmes chimiques est non point exceptionnelle, mais régulière. — L'existence du frottement dans un mécanisme ne doit pas être regardée comme une exception, mais comme la règle ; dans un grand nombre de cas, ce frottement est assez faible pour pouvoir être négligé et, débarrassées de cette complication, les lois de la mécanique prennent la forme simple sous laquelle on les expose d'ordinaire ; mais il serait dangereux d'oublier que ces formes sont incomplètes et ne constituent, dans les cas les plus favorables, qu'une approximation ; on s'exposerait à chercher le mouvement perpétuel.

L'analogie nous conduit à supposer que les faux équilibres chimiques ne sont pas des faits exceptionnels, mais sont de règle ; tout système chimique est susceptible de présenter de tels états d'équilibre ; seulement, dans un grand nombre de cas, les états de faux équilibre sont tous si voisins de l'état de véritable équilibre que l'on ne peut plus, pratiquement, les distinguer de ce dernier, qui semble seul réalisable.

Ainsi, les expériences de M. Pélabon ne permettent plus de mettre en évidence une région de faux équilibres, au sein du système formé d'hydrogène, de selenium et d'acide sélenhydrique, aux

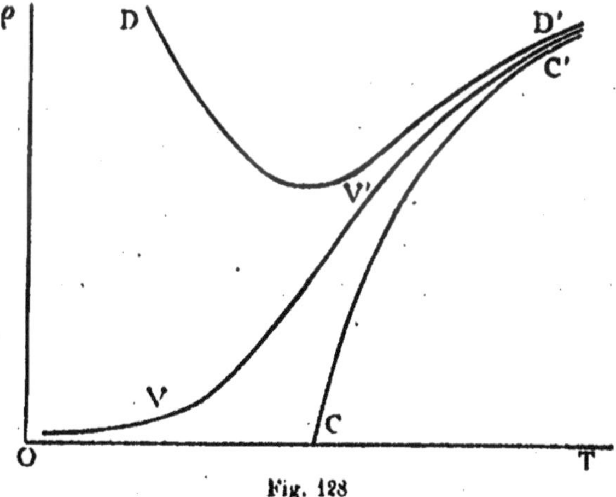

Fig. 128

températures supérieures à 325°. Mais on peut fort bien interpréter ces résultats de la manière suivante : Les deux courbes CC', DD', (*fig.* 128) qui limitent la région des faux équilibres demeurent, à toute température, distinctes l'une de l'autre et de la ligne VV' des équilibres véritables ; mais, aux températures supérieures à 325°, les deux lignes CC', DD' sont trop voisines et la région des faux équilibres est réduite à une bande trop étroite pour que l'expérience puisse distinguer les faux équilibres des équilibres véritables.

Cette manière de voir entraîne un changement profond dans les idées que nous avions admises jusqu'ici touchant l'équilibre chimique. L'état d'équilibre chimique nous était apparu (4e Leçon, n° **61**) comme la frontière commune entre les états où le système subit une modification d'un sens déterminé, et les états où le système subit une modification de sens opposé ; il était l'état en lequel deux réactions de sens inverse se limitent l'une l'autre ; sa propriété essentielle s'exprimait par cette proposition : Une suite continue d'états d'équilibre est une *modification réversible.*

Ces idées, qui se groupaient autour de la notion de réversibilité, nous apparaissent maintenant comme des notions incapables de représenter exactement la réalité ; la statique chimique construite au moyen de ces notions est une statique trop simple ; elle donne seulement les lois d'un cas idéal, d'un cas limite dont certains systèmes s'approchent plus ou moins. De même, la mécanique où l'on fait abstraction du frottement est une mécanique trop simplifiée ; ses lois sont des lois limites dont, dans certains cas, les lois réelles du mouvement s'approchent plus ou moins.

Un dernier rapprochement s'impose entre l'évolution de la mécanique et l'évolution de la mécanique chimique.

Les systèmes mécaniques qui nous entourent communément sont rendus extrêmement complexes par la présence continuelle du frottement ; aussi, tant que l'on n'a pas, avec Képler et Galilée, abordé la mécanique astronomique exempte de frottements, tant qu'on s'est borné à considérer des groupes de corps susceptibles de frotter les uns sur les autres, n'a-t-on pu découvrir les lois simples, telles que la loi de l'inertie, qui devaient servir de fondement à la dynamique, — à une dynamique trop abstraite et trop idéale sans doute, mais dont la création devait nécessairement précéder la théorie du frottement.

De même, les actions chimiques qui se produisent à la température ordinaire donnent lieu à de continuels faux équilibres. Tant qu'on s'est borné à les considérer, on n'a pu asseoir la mécanique chimique sur ses véritables bases. Les principes de cette science n'ont été clairement aperçus qu'après que H. Sainte-Claire Deville, en créant la chimie des hautes températures, eut éliminé le frottement chimique.

DIX-NEUVIÈME LEÇON

LES ESPACES INÉGALEMENT CHAUFFÉS

301. Formation et dissociation de l'hydrogène sélénié dans un espace inégalement chauffé. Trois cas à distinguer. — Les principes que nous venons de poser permettent de discuter les phénomènes qui se produisent dans des espaces inégalement chauffés.

Nous prendrons pour exemple la formation de l'acide sélenhydrique aux dépens du selenium et de l'hydrogène et nous négligerons à dessein la volatilité du selenium ; cette volatilité apporte aux lois que nous allons énoncer quelques perturbations faciles à préciser ; mais, en la négligeant, nous aurons l'avantage d'obtenir des énoncés applicables à des corps qui sont non volatils ou très peu volatils.

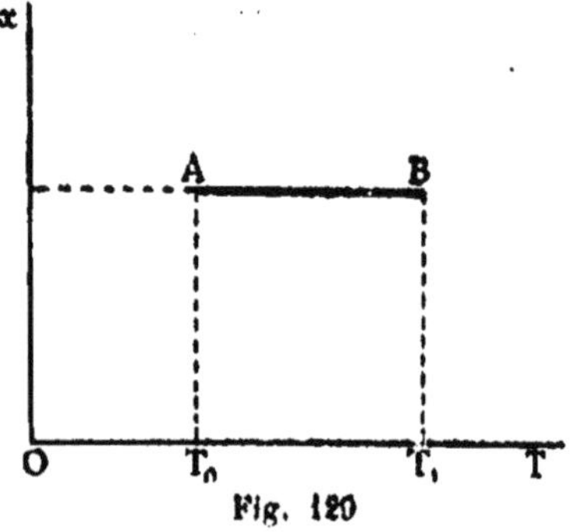

Fig. 120

Prenons pour abscisses les températures T et pour ordonnées le rapport x de la masse du composé existant dans le système à la masse qui s'y trouverait si la combinaison était poussée aussi loin que possible (*fig.* 120).

Nous supposerons le selenium, l'hydrogène, l'acide sélenhydrique, enfermés dans un tube où la température varie entre une limite inférieure T_0, (*température de l'extrémité froide*) et une limite supérieure T_1 (*température de l'extrémité chaude*).

Grâce à la diffusion des gaz, le rapport x, égal ici au rapport $\rho = \frac{p'}{p + p'}$ considéré par M. Pélabon, a sensiblement la même valeur en toutes les parties de la masse gazeuse, à un même instant; les diverses parties du tube correspondent donc, à un même instant, à des valeurs différentes de T, mais à une même valeur de x; elles sont représentées par les divers points d'une droite AB, parallèle, à OT, dont les extrémités A et B ont respectivement pour abscisses T_0, T_1.

Supposons qu'une partie quelconque de la droite AB soit tracée dans la région de décomposition; dans les parties du tube chauffé que représentent les points de la droite AB situés dans la région de décomposition, l'acide sélenhydrique se dédouble forcément en selenium et hydrogène; d'où cette première proposition : *Le système contenu dans le tube inégalement chauffé ne peut être en équilibre tant que quelque point de la droite représentative* AB *se trouve dans la région de décomposition.*

Supposons, en second lieu, que certains points de la droite représentative AB se trouvent en la région de combinaison; si, dans les parties du tube que ces points représentent, il se trouve du selenium solide ou liquide, de l'acide sélenhydrique se formera en ces parties; *le système contenu dans le tube inégalement chauffé ne peut donc se trouver en équilibre tant qu'il existe du selenium solide ou liquide en une partie du tube représentée par un point de la région de combinaison.*

Ces principes posés, examinons quelques problèmes qui ont été étudiés expérimentalement par M. Pélabon [1].

Reprenons (*fig.* 130) le croquis qui donne, pour le système étudié, la disposition de la ligne des équilibres véritables, de la région des faux équilibres, de la région de décomposition et de la région de combinaison. Plusieurs températures méritent d'être remarquées.

Les deux lignes limites des faux équilibres se fondent pratiquement

[1] H. PÉLABON, *Sur la dissociation de l'acide sélenhydrique* (Mémoires de la Société des Sciences physiques et naturelles de Bordeaux, 5e série, t. III, p. 232).

avec la ligne des équilibres véritables en un point P dont l'abscisse n'excède pas 350°.

La ligne PV' des équilibres véritables admet un point M, d'ordonnée maximum, dont l'abscisse est voisine de 675°.

La ligne DP admet un point *m*, d'ordonnée minimum; l'abscisse de ce point est sensiblement 270°; si, par le point *m*, on mène la tangente à la ligne DP, tangente qui est parallèle à OT, cette tangente rencontre la ligne CP en un point μ dont l'abscisse est 310°.

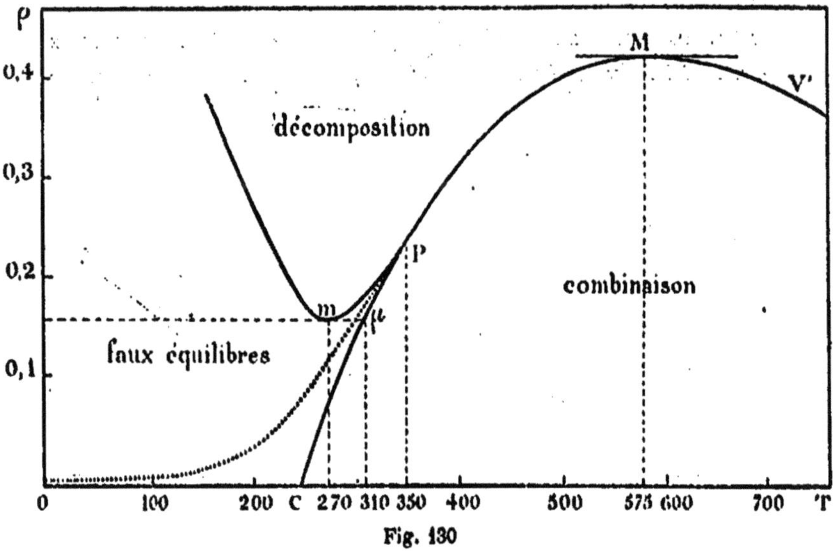

Fig. 130

Enfin, le point C de l'axe OT, d'où part la ligne CP, correspond à une température inférieure à 250°.

Les expériences faites par M. Pélabon se rapportent aux trois cas suivants:

Premier cas. — *Toutes les parties du tube sont à des températures comprises entre* 350° *et* 675°.

La droite qui représente l'état du système en équilibre ne peut en aucune manière empiéter sur la région de décomposition; elle ne peut être non plus en entier tracée dans la région de combinaison, car l'excès de selenium liquide se trouverait en une partie du tube représentée par un point de la région de combinaison ; donc, pour qu'il y ait équilibre, il faut que la droite représentative AB du système en équilibre ait un point commun avec la ligne des équilibres véritables et tous ses autres points dans la région de combinaison ; en outre, le selenium doit être tout entier rassemblé dans la partie du tube représentée par le premier point ; il est clair, d'ailleurs, que cette disposition assure l'équilibre.

Dès lors, la position finale de la droite AB est celle que représente la *fig.* 131 ; *à la fin de l'expérience, l'excès de selenium est tout entier ramassé dans la région la plus froide du tube chauffé ; la composition du système est la même que s'il avait été tout entier*

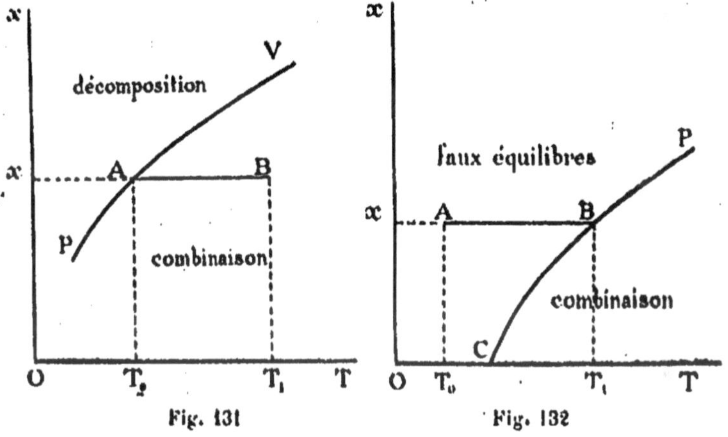

Fig. 131 Fig. 132

maintenu à la température T_0 *de l'extrémité froide* ; on peut dire que *le principe de Watt ou de la paroi froide est ici applicable.*

Voici des expériences, dues à M. Pélabon, qui justifient cet énoncé :

$$T_0 = 425^\circ, \qquad T_1 = 658^\circ, \qquad \rho = 0,3678.$$

Un tube maintenu le même temps *entièrement* à $T_0 = 425^\circ$ donnerait pour ρ la valeur $\rho = 0,342$; maintenu à la température $T_1 = 660^\circ$, il donnerait $\rho = 0,395$.

$$T_0 = 440^\circ, \qquad T_1 = 640^\circ, \qquad \rho = 0,3628.$$

Un tube maintenu à la température $T_0 = 440^\circ$ donnerait pour ρ le nombre 0,882; chauffé totalement à la température $T_1 = 640°$, il donnerait $\rho = 0,401$.

$$T_0 = 380°, \qquad T_1 = 810°, \qquad \rho = 0,245.$$

Un tube maintenu en entier à 380° eût donné $\rho = 0,234$; à 810° la valeur de ρ eût été $\rho = 0,398$.

Dans toutes ces expériences, le selenium avait été, au début de l'opération, placé à l'extrémité du tube qui devait être portée à la température la plus élevée; à la fin de l'expérience, il était ramassé à l'extrémité froide.

Malgré l'incertitude qui règne sur les valeurs exactes des températures extrêmes, les résultats précédents sont suffisament nets.

Deuxième cas. — *Les températures des diverses parties du tube sont toutes inférieures à* 310°; certaines de ces parties sont, d'ailleurs, portées à des températures supérieures à 280°; initialement, le système ne renferme pas d'acide sélenhydrique; le selenium a été placé dans la partie du tube qui doit être le plus fortement chauffée.

Au début, les points figuratifs des diverses portions du système sont sur l'axe OT entre les points T_0, T_1; ceux de ces points (*fig.* 132) qui se trouvent entre le point C et le point T_1 sont dans la région de combinaison; parmi ces points, se trouvent ceux qui représentent les parties du tube où est réuni le selenium en excès; il se forme donc de l'acide sélenhydrique, x augmente et la droite figurative s'élève tant qu'elle n'a pas atteint la position AB; au moment où cette position est atteinte, l'équilibre est évidemment établi dans tout le système. *La composition du système en équilibre est la même que s'il avait été porté tout entier à la température* T_1 *de son point le plus chaud; l'excès de sélénium demeure à l'extrémité chaude du tube, là où on l'avait placé initialement.*

On peut dire que l'on a à faire usage, dans le cas actuel, du *principe de Watt renversé.*

Voici deux expériences qui confirment cette loi :

$$T_0 = \text{température du laboratoire}, \qquad T_1 = 260°,$$
$$\rho = 0,0312.$$

Un tube maintenu *totalement*; pendant le même temps, à la température $T_1 = 260°$, a donné également

$$\rho = 0{,}0312.$$

T_0 = température du laboratoire. $T_1 = 285°$.

$$\rho = 0{,}084.$$

Un tube totalement chauffé à la température $T_1 = 285°$, a donné

$$\rho = 0{,}085.$$

Troisième cas. — *L'extrémité froide du tube est à une température inférieure à 270°; l'extrémité chaude est à une température supérieure à 310°.* Initialement, le tube ne renferme pas d'hydrogène sélénié; le selenium est réuni à l'extrémité chaude du tube.

Au commencement de l'expérience, l'état du système est représenté par la droite $T_0 T_1$ (*fig.* 133) dont une partie CT_1 se trouve

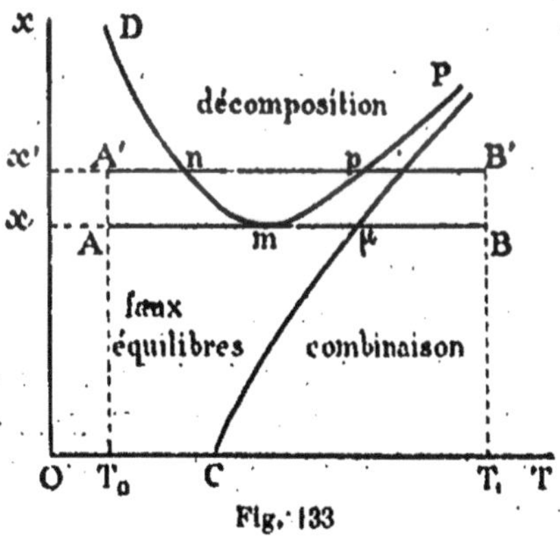

Fig. 133

dans la région de combinaison; certains point de cette partie représentent précisément les portions du tube où se trouve du selenium; dans ces portions il se produit de l'acide sélenhydrique qui se diffuse dans le reste du tube où il ne peut se détruire, aucun points de la ligne figurative n'étant dans la région de décomposition; x augmente donc et la ligne figurative s'élève jusqu'à la position AB_1 où elle touche en *m* la ligne DP.

S'arrêtera-t-elle à cette position ?

Les parties chaudes du tube sont dans la région de combinaison et elles contiennent encore du selenium; il se formera donc, en ces parties, de l'acide sélenhydrique et ω augmentera, ce qui amènera la droite figurative en A'B'; mais une petite partie *np* de cette droite, composée de points dont la température est voisine de 270°, se trouvera dans la région de décomposition; dans les parties correspondantes du système, l'acide sélenhydrique se décomposera; du selenium se déposera, qui aura été transporté par *volatilisation apparente* à partir des régions chaudes du tube. Pendant ce temps, de l'hydrogène sélénié continuera à se former au dépens du selenium que contiennent les régions chaudes du tube. Il est clair que, *pour que l'équilibre s'établisse, il sera nécessaire et suffisant* :

1° *Que tout le selenium ait été transporté par volatilisation apparente de la région chaude du tube à la région dont la température est voisine de* 270°;

2° *Que la ligne figurative occupe la position* AB, *c'est-à-dire que la composition du mélange gazeux, indépendante des températures extrêmes* T_0, T_1, *soit la même que dans un système maintenu tout entier à la température de* 270°.

Le transport du selenium, par volatilisation apparente, dans la région du tube dont la température est voisine de 270°, peut être masqué par la volatilisation réelle qui transporte le selenium des régions chaudes aux régions froides. M. Ditte et M. Pélabon ont imaginé des expériences ingénieuses, mais trop longues à décrire ici, pour séparer ces deux phénomènes et mettre le premier hors de contestation.

Quant à la seconde loi, elle est confirmée par les expériences suivantes, qui sont dues à M. Pélabon. La température T_0 a été, dans toutes ces expériences, la température du laboratoire; la température T_1 a beaucoup varié sans que ρ varie sensiblement :

$T_1 = 592°$, $\rho = 0,1986$, après 160 heures,
$T_1 = 680°$, $\rho = 0,2002$, » 162 »
$T_1 = 700°$, $\rho = 0,1977$, » 69 »

D'autre part, dans des tubes maintenus entièrement à 270°, après des temps de chauffe de 192, 288, 480 et 490 heures, on a trouvé les valeurs suivantes de ρ.

0,171, 0,165, 0,1605, 0,163.

302. Phénomènes de volatilisation apparente. — La formation, à haute température, de l'acide sélenhydrique aux dépens du selenium et sa destruction à température plus basse produisent un transport du selenium par *volatilisation apparente*.

Ce phénomène n'est point isolé ; dans des conditions semblables de tout point aux précédentes, sauf les valeurs absolues des températures, qui sont ici plus élevées, M. Ditte a obtenu un transport du tellure par volatilisation apparente.

MM. Troost et Hautefeuille (1) ont découvert également certains faits remarquables de volatilisation apparente.

Si, sur du silicium porté à 1200° dans un four à réverbère, et parfaitement fixe à cette température, on fait passer un courant très lent de tétrachlorure de silicium $SiCl^4$, on constate qu'au bout d'un certain temps le silicium a été transporté par volatilisation apparente dans la région moyennement chaude du tube, dont la température est comprise entre 500° et 800°. En réalité, par l'action du tétrachlorure de silicium sur le silicium, il s'est formé du trichlorure de silicium Si^2Cl^6, volatil à ces températures, qu'un refroidissement brusque permettrait de recueillir, mais qui, comme nous l'avons vu, se décompose complètement aux températures comprises entre 700° et 800°.

Le fluorure de silicium $SiFl^4$, passant sur du silicium au blanc, le transporte également, par volatilisation apparente, dans les parties du tube portées au rouge vif ; un refroidissement brusque permet de recueillir le sous-fluorure auquel est dû ce transport.

Le chlore, passant sur du platine porté à 1400°, le transporte, par volatilisation apparente, dans une région moins chaude du tube ; il s'est formé un protochlorure de platine qu'un refroidissement brusque permet de recueillir.

(1) TROOST et HAUTEFEUILLE, *Comptes Rendus*, t. LXXIII, p. 443 et 563 ; 1871.

L'hydrogène [1], passant au rouge vif sur de l'oxyde de zinc, parfaitement fixe à cette température, peut le transformer, avec absorption de chaleur, en vapeur d'eau et vapeur de zinc ; inversement, ce dernier mélange passant dans les régions moins chaudes du tube, s'y transforme de nouveau, avec dégagement de chaleur, en hydrogène et oxyde de zinc, qui se dépose à l'état cristallisé.

Par un phénomène de *minéralisation* analogue [2], l'hydrogène, passant sur du sulfure de zinc amorphe, le déplace et le transforme en cristaux hexagonaux de *würtzite* (blende hexagonale).

303. La vaporisation présente des phénomènes analogues à ceux qui viennent d'être étudiés. — L'étude des simples phénomènes de vaporisation fournit des exemples de chacun des trois cas réalisés par M. Pélabon au moyen de l'acide sélenhydrique.

Aux températures où l'on observe d'ordinaire la vaporisation des liquides tels que l'eau, l'alcool, on peut admettre que les états de faux équilibres sont si voisins des états de véritable équilibre qu'ils en sont pratiquement indiscernables ; dès lors, quelles que soient les températures d'une enceinte qui contient un liquide et sa vapeur, les conditions dans lesquelles se trouve cette enceinte sont celles du premier cas ; la tension finale de la vapeur dans l'enceinte sera la même que si l'enceinte tout entière était portée à la température de son point le plus froid ; c'est dans la région froide que le liquide se trouvera en entier condensé ; cette proposition constitue l'une des formes du *Principe de Watt*.

La condensation de la vapeur de phosphore à l'état de phosphore blanc se conforme à cette loi ; il n'en est point de même de la condensation de la vapeur de phosphore à l'état de phosphore rouge ; à la température ordinaire, la vapeur saturée de phosphore blanc a une tension qui surpasse de beaucoup la tension de vapeur saturée du phosphore rouge, celle-ci étant pratiquement nulle; néanmoins la vapeur saturée de phosphore blanc demeure indéfiniment, *du moins*

(1) H. Sainte-Claire Deville, *Annales de Chimie et de Physique*, 3e série, t. XLIII, p. 477 ; 1855.

(2) H. Sainte-Claire Deville et Troost, *Annales de Chimie et de Physique*, 4e série, t. V, p. 118 ; 1865.

dans l'obscurité, sans se transformer en phosphore rouge. Ce phénomène de faux équilibre fait prévoir la possibilité de réaliser une enceinte inégalement chauffée, remplie de vapeur de phosphore à une haute tension, et dans laquelle le phosphore se condenserait, à l'état de phosphore rouge, ailleurs que sur les parois les plus froides de l'enceinte ; c'est l'expérience qu'ont réalisée MM. Troost et Hautefeuille [1] ; elle est d'autant plus convaincante que la condensation des vapeurs à l'état de phosphore blanc, modification exempte de faux équilibre, a lieu, en même temps, sur les parois froides de l'enceinte.

Voici cette expérience :

Du phosphore blanc est chauffé à 500° envion dans la partie centrale d'un tube de verre dont les deux extrémités sont maintenues l'une à 350° (vapeur de mercure bouillant) et l'autre à 324° (vapeur de bromure de mercure). Au bout d'une heure trente minutes, la portion du tube portée à 350° présentait un enduit rouge orangé, uniforme et translucide, tandis que l'autre extrémité, portée à 324° n'en présentait pas la moindre trace ; on n'y voyait que quelques gouttes de phosphore blanc liquide.

Dans une autre série d'expérience, MM. Troost et Hautefeuille ont porté l'une des extrémités à 440° (vapeur de soufre bouillant sous la pression atmosphérique) et l'autre extrémité à 420° (vapeur de soufre bouillant sous la pression de 0m,470 de mercure) ; au bout de quinze à vingt minutes, on a constaté l'existence d'un bel enduit rouge dans l'extrémité portée à 440°, et tout au plus d'une couche jaune extrêmement ténue dans l'extrémité portée à 420°.

La transformation des vapeurs d'acide cyanique en cyamélide solide donne lieu à des observations analogues, dues également à MM. Troost et Hautefeuille.

Tandis que la vapeur d'acide cyanique se tranforme en cyamélide au bout de quelques heures à 250°, et de quelques minutes à 350°, elle résiste pendant plusieurs jours à la température ordinaire.

Si, dans une enceinte dont une partie est portée à 350°, tandis que

(1) L. Troost et Hautefeuille, *Annales de l'École Normale Supérieure*, 2e Série, t. II, p. 253 ; 1873.

le reste est maintenu à 100°, on fait arriver des vapeurs d'acide cyanique, ces vapeurs se condensent à l'état de cyamélide sur les parois chauffées à 350°, et la tension de la vapeur d'acide cyanique prend la valeur 1 200 millimètres, qui est celle de la vapeur saturée de cyamélide à 350° ; l'équilibre qui s'établit est le même que si l'enceinte tout entière était portée à la température de son point le plus chaud.

VINGTIÈME LEÇON

—

LA DYNAMIQUE CHIMIQUE ET LES EXPLOSIONS

304. La dynamique chimique. — Jusqu'ici, nous nous sommes surtout occupés des conditions dans lesquelles un système chimique se trouve à l'état d'équilibre, qu'il s'agisse soit d'un équilibre véritable, soit d'un faux équilibre ; nous avons traité de la *Statique chimique*.

Lorsqu'un système n'est pas en équilibre chimique, il se transforme ; son état varie d'un instant à l'autre ; quelles lois régissent ces variations ? Établir ces lois est l'objet de la *Dynamique chimique*, partie de la Mécanique chimique beaucoup moins avancée que la Statique.

Nous nous proposons d'indiquer ici, d'une manière très succincte, quelques unes des idées directrices de cette science ; pour ne point entrer en des complications peu utiles, nous supposerons en général, et à moins d'avertir formellement du contraire, qu'il s'agit d'un *système homogène*.

305. Vitesse d'une réaction. — Pour fixer les idées, supposons que la réaction qui se produit dans le système étudié soit une combinaison ; à un certain instant t, le système renferme une masse m du composé formé par cette combinaison ; cette masse croit avec le temps, en sorte qu'à un instant t', postérieur à t, cette masse a une valeur m', supérieure à m.

Le rapport $\frac{m' - m}{t' - t}$ est ce qu'on nomme la *vitesse moyenne de la combinaison* entre les instants t et t'. Si l'on suppose que l'on prenne pour instant t' un instant de plus en plus voisin de l'instant t, $(t'-t)$ tend vers 0 et il en est de même de $(m'-m)$; mais le rapport $\frac{m'-m}{t'-t}$ tend vers une limite que nous désignerons par v,

$$\text{Lim}\,\frac{m'-m}{t'-t}=v,$$

et que nous nommerons *vitesse de la combinaison à l'instant t.*

306. Principe fondamental de la dynamique chimique. — LE PRINCIPE FONDAMENTAL DE LA DYNAMIQUE CHIMIQUE est le suivant :

La vitesse de la combinaison qui se produit à un instant donné au sein d'un système homogène est déterminée lorsqu'on connaît, à cet instant, la nature et l'état des corps qui forment le système considéré, la température à laquelle ce système est porté, la pression à laquelle il est soumis.

307. Accélération d'une réaction. — Ce principe est profondément différent de celui qui régit la Dynamique des mouvements locaux ou Dynamique proprement dite ; pour mettre clairement cette différence en évidence, nous allons introduire une notion qui, d'ailleurs, nous sera utile par la suite ; c'est la notion d'*accélération de la réaction.*

Soient v la vitesse de la combinaison à l'instant t et v' la vitesse de la même réaction à l'instant t', postérieur à t ; le rapport $\frac{v'-v}{t'-t}$ est *l'accélération moyenne de la combinaison* entre les instants t et t'; si nous prenons pour instant t' un instant de plus en plus voisin de t, $(t'-t)$ tend vers 0 ; il en est de même de $(v'-v)$; mais le rapport $\frac{v'-v}{t'-t}$ tend vers une limite, positive ou négative, que nous désignerons par γ,

$$\text{Lim}\,\frac{v'-v}{t'-t}=\gamma,$$

et que nous nommerons l'*accélération de la combinaison à l'instant* t.

308. Comparaison du principe fondamental de la dynamique chimique et du principe fondamental de la dynamique proprement dite. — Prenons maintenant un point matériel M qui se meut sur une ligne droite ; soit l le chemin qu'à l'instant t, ce mobile a parcouru, à partir d'une certaine origine O ; soit l' la valeur de ce chemin à un instant t', postérieur à t ; on sait que la *vitesse de ce point mobile à l'instant* t est la limite vers laquelle tend le rapport $\frac{l'-l}{t'-t}$ lorsque l'instant t' est pris de plus en plus voisin de l'instant t ; une fois définie la vitesse de ce mobile à l'instant t, *l'accélération du mobile à l'instant* t se définit exactement comme nous avons défini l'accélération de la combinaison.

Or, pour le cas particulier du mouvement rectiligne, auquel nous nous limiterons pour plus de simplicité, le principe fondamental de la dynamique est le suivant :

Si m *est la masse du point mobile, si* F *est la composante, prise suivant la trajectoire rectiligne, de la force qui agit sur le point, l'accélération est à chaque instant égale au quotient* $\frac{F}{m}$:

$$\gamma = \frac{F}{m}.$$

Or, le plus souvent, la force F est connue lorsqu'on connaît la nature de la masse m, sa position, la nature et la position des corps qui agissent sur cette masse ; on peut donc dire que *l'accélération est déterminée lorsque l'on connaît l'état et les circonstances dans lesquelles se trouve le corps mobile.*

Mais, de ce que l'accélération est déterminée par les conditions qui déterminent la force, il n'en résulte pas que la vitesse le soit ; un même point, mobile sur une même droite et soumis à l'influence des mêmes corps, peut passer par une même position, en des circonstances différentes, avec des vitesses différentes.

Supposons, par exemple, qu'il se trouve, sur la droite considérée, une position d'équilibre du point soumis à l'action des forces étudiées, c'est-à-dire une position où le point, soumis à ces forces, demeurerait indéfiniment s'il y était placé avec une vitesse nulle.

Il pourra fort bien se faire que le point mobile arrive en cette position avec une vitesse différente de 0 ; alors, il n'y demeurera pas ; il la dépassera *en vertu de la vitesse acquise.*

Rien de semblable ne peut se présenter en dynamique chimique ; le système étant placé dans un état donné et soumis à des actions déterminées, la réaction dont il est le siège a une vitesse déterminée ; en particulier, si le système est placé dans un état qui remplit les conditions de l'équilibre, la vitesse de réaction est nécessairement égale à 0 ; si le système est amené d'une manière quelconque en cet état, il y demeure en équilibre ; ici, *on ne peut rien observer d'analogue à une vitesse acquise.*

Pour fixer les idées, nous avons supposé qu'il s'agissait d'une combinaison ; mais tout ce que nous venons de dire peut s'entendre d'une décomposition, à la condition de désigner par m la masse du composé qui a été détruite ou, ce qui revient au même, la masse des éléments que cette destruction a mis en liberté ; on peut également entendre tout ce qui précède d'une double décomposition ou de toute autre réaction chimique compliquée, à la condition de désigner par m la masse du corps ou des corps engendrés par cette réaction.

309. Influence de la composition du système sur la vitesse de la réaction. — Peut-on préciser d'avantage le principe fondamental de la dynamique chimique et formuler la loi qui, en un système, relie la vitesse de combinaison aux conditions en lesquelles ce système se trouve placé ? On ne peut énoncer d'une manière certaine et générale que quelques propositions très simples.

Imaginons, tout d'abord, que l'on maintienne invariable la température T à laquelle le système est porté ; de plus, que l'on maintienne invariable soit la pression qu'il supporte, soit le volume dans lequel il est renfermé. Dans ces conditions, nous pourrons énoncer la proposition suivante :

La vitesse de la réaction diminue au fur et à mesure qu'augmente, dans le système, la masse m *du corps ou des corps engendrés par cette réaction.*

On y peut joindre cette autre proposition :

Si la valeur μ *de la masse* m *correspond à un état d'équilibre du système, la vitesse de combinaison tend vers* 0 *lorsque la masse* m *tend vers* μ.

310. Toute réaction isothermique est une réaction modérée. — Cette première loi donne immédiatement une conséquence qu'il importe de mettre en lumière.

Considérons une réaction qui se produit dans les conditions supposées : d'une part, la température est maintenue constante ; d'autre part, on maintient invariable soit le volume, soit la pression. A l'instant t, m est la masse du composé formé et v la vitesse de réaction ; à l'instant t', postérieur à t, ces mêmes grandeurs ont pour valeurs respectives m', v'. Le système ayant été le siège d'une réaction du sens considéré entre les instants t et t', la masse m' est nécessairement supérieure à la masse m, en sorte que la vitesse v' est inférieure à la vitesse v.

Lorsqu'on maintient invariable la température T *du système (réaction isothermique) et, en outre, qu'on laisse une valeur invariable soit au volume qu'occupe le système, soit à la pression qu'il supporte, la vitesse de la réaction dont il est le siège diminue d'un instant à l'instant suivant.*

Nous nommerons *réaction modérée* une réaction dont la vitesse diminue d'un instant à l'instant suivant ; nous pourrons dire alors que *toute réaction isothermique accomplie soit sous volume constant, soit sous pression constante, est une réaction modérée.*

311. L'accélération d'une réaction modérée est négative. — Soit v la vitesse d'une réaction à l'instant t; soit v' la vitesse de la même réaction à un instant t', postérieur à t; si la réaction est modérée, v' est inférieur à v et le rapport $\frac{v'-v}{t'-t}$, accélération moyenne de la réaction entre les instants t et t', est négatif; il en est de même quelque voisin de t que soit l'instant t', ce qui nous permet d'énoncer la proposition suivante :

Une réaction qui est modérée à l'instant t *est une réaction dont l'accélération est négative à cet instant.*

312. Influence de la température sur la vitesse de réaction. — Considérons une combinaison qui, à la température de l'expérience, est illimitée et ne s'arrête que lorsque les éléments contenus dans le système se sont intégralement combinés; ou bien encore, une combinaison limitée, mais dont la limite, dans les conditions où l'on opère (soit sous volume constant, soit sous pression constante) correspond à une valeur μ de m, valeur indépendante de la température.

Dans ces conditions, on peut énoncer la loi suivante:

Toutes choses égales d'ailleurs et, en particulier, la composition du système correspondant à une même valeur de m, *la vitesse* v *de la combinaison est d'autant plus grande que la température est plus élevée.*

Cette loi est vraie à *fortiori* si la valeur μ de m qui limite la combinaison s'élève avec la température. Elle peut, au contraire, devenir inexacte si la valeur μ diminue, tandis que croît la température T.

Imaginons, en effet, qu'aux températures T et T', cette dernière plus élevée que la première, correspondent deux valeurs limites μ et μ' de m, et que μ' soit inférieur à μ. A la température T, un système où m est égal à μ' est le siège d'une certaine réaction dont la vitesse n'est pas nulle; au contraire, à la température T', un système où m a la valeur μ' est en équilibre et la réaction y a une vitesse nulle.

313. Exemple: Phénomènes d'éthérification. — De la loi que nous venons d'énoncer, on pourrait citer une foule d'exemples; les nombreuses études, qualitatives ou quantitatives, que l'on a faites sur la vitesse des réactions, confirment toutes cette loi; nous ne citerons qu'un exemple particulièrement saisissant:

L'éthérification d'un alcool par un acide, en vase clos, partant sous volume constant, atteint une limite qui est un état de véritable équilibre; cette limite correspond (n° **179**) à une proportion d'éther formé qui est indépendante de la température, en sorte que l'exemple considéré se trouve bien dans les conditions où notre loi a été énoncée; or, selon M. Berthelot [1], la vitesse de cette réaction est 22000 fois plus grande à + 200° C. qu'au voisinage de + 7° C.

[1] Berthelot, *Essai de Mécanique chimique fondée sur la Thermochimie*, t. II, p. 93.

314. Variation de la vitesse par suite d'un petit changement de composition et de température. — Soit v la vitesse de la réaction que l'on considère, lorsque la masse du corps ou de l'ensemble de corps auquel cette réaction donne naissance a la valeur m et lorsque la température a la valeur T. Si la masse m subissait seule une petite variation $(m' - m)$, la vitesse subirait une augmentation A $(m' - m)$, A étant un coefficient dont la valeur dépend de la masse m, de la température T et des autres conditions en lesquelles se trouve le système; une augmentation de la masse m produit toujours, toutes choses égales d'ailleurs, une diminution de la vitesse v et inversement; on doit en conclure que *le coefficient* A *est toujours négatif*.

Si la température T subissait seule une petite variation $(T' - T)$, la vitesse subirait un accroissement B $(T' - T)$, B étant un coefficient dont la valeur dépend de la masse m, de la température T et des autres conditions en lesquelles se trouve le système; nous savons que, *si la réaction est illimitée, ou bien encore si la valeur* μ *de* m *qui limite la réaction ne diminue pas lorsque la température croit*, une augmentation de la température produit, toutes chose égales d'ailleurs, une augmentation de la vitesse de réaction; dans ces conditions, *le coefficient* B *est positif*.

Supposons, en particulier, que la réaction étudiée obéisse, comme il arrive si souvent, aux lois dont l'étude (n^{os} **287** à **292**) de la réaction

$$H^2 + S = H^2 S$$

ou de la réaction

$$3 \, Si \, Cl^4 + Si = 2 \, Si^2 \, Cl^6,$$

nous a, en la Leçon précédente, révélé l'existence; tant que la température est inférieure à celle que nous avons désignée par θ, et à partir de laquelle commence la *région des véritables équilibres*, la réaction qui peut se produire dans le système est ou bien limitée par une valeur de μ qui croît avec la température (températures inférieures à τ) ou bien pratiquement illimitée (températures comprises entre τ et θ). Donc, *pour les réactions qui suivent les lois dont la formation de l'hydrogène sulfuré est le type, le coefficient* B *est sûrement positif aux températures inférieures au point* Θ.

Si l'on impose en même temps à la masse m l'accroissement $(m' - m)$ et à la température T l'accroissement $(T' - T)$, la vitesse v subit l'accroissement

$$v' - v = A(m' - m) + B(T' - T), \tag{1}$$

somme des deux accroissements partiels dont nous venons de parler.

315. Retour aux réactions isothermiques. — Supposons d'abord la température maintenue invariable ou la *réaction isothermique;* supposons que T, m, v, se rapportent à l'instant t et T', m', v', à l'instant t', postérieur à t et très voisin de t; nous aurons

$$T' - T = 0.$$

Puis, par définition,

$$m' - m = v(t' - t)$$

et

$$v' - v = \gamma(t' - t).$$

L'égalité (1) deviendra alors

$$\gamma = Av. \tag{2}$$

Nous avons vu que A était toujours négatif; il en est de même de γ, ce que nous avions déjà trouvé directement.

316. Réactions adiabatiques. — Supposons maintenant que, pendant la durée de la réaction, il ne se produise aucun échange de chaleur entre le système et les corps qui l'environnent; *la réaction est alors adiabatique;* cette supposition est approximativement vérifiée par les réactions très rapides; la température T varie d'un instant à l'autre en même temps que la masse m; il est aisé de déterminer la loi de cette variation.

Entre les instants voisins t et t', il se forme dans le système une masse $(m' - m) = v(t' - t)$ du corps ou de l'ensemble de corps que produit la réaction ; si cette formation se faisait à température invariable, elle entraînerait un *dégagement* de chaleur

$$L(m' - m) = Lv(t' - t),$$

L étant la *chaleur mise en jeu par la réaction qui, dans les conditions où le système se trouve placé, transformerait 1 gramme de matière.*

D'autre part, la température du système passe de T à T' ; si cette modification se produisait seule, elle *absorberait* une quantité de chaleur C (T' — T), C étant la *capacité calorifique totale du système dans les conditions où il est placé.*

La chaleur totale dégagée par le système a pour valeur

$$Lv(t' - t) - C(T' - T).$$

Ce dégagement devant se réduire à 0 en une modification adiabatique, on a :

$$T' - T = \frac{L}{C} v (t' - t). \tag{3}$$

Si l'on reporte cette valeur de (T' — T) dans l'égalité (1), et si l'on observe encore que l'on a, par définition,

$$m' - m = v(t' - t), \qquad v' - v = \gamma(t' - t),$$

on trouve

$$\gamma = \left(A + \frac{BL}{C}\right) v. \tag{4}$$

Le rapport de l'accélération à la vitesse n'a plus la même valeur en une réaction adiabatique qu'en une réaction isothermique.

317. Une réaction adiabatique peut avoir une accélération positive. — *Il peut même arriver que l'accélération de la réaction, nécessairement négative en une réaction isothermique, soit positive en une réaction adiabatique.*

Considérons, en particulier une réaction soumise à la loi dont la formation de l'acide sulfhydrique, étudiée en la Leçon précédente, est le type, et supposons que la température soit inférieure à la température θ à partir de laquelle on peut observer des états de véritable équilibre.

Selon ce que nous avons remarqué tout à l'heure, B est alors positif; comme nous l'avons déjà indiqué en la Leçon précédente (n° **293**), la seule réaction que l'on puisse observer est exothermique, en sorte que L est positif; C est, d'ailleurs, positif, en sorte que le rapport $\frac{BL}{C}$ est assurément positif. Le rapport $\frac{\gamma}{v}$ a, en une modification adiabatique une valeur $\left(A + \frac{BL}{C}\right)$ qui est assurément plus grande que la valeur A du même rapport en une modification isothermique; celle-ci est forcément négative, mais il peut arriver que la première soit positive.

318. Réactions à accélération positive et réactions explosives. — Quelles seront les propriétés de cette réaction si $\left(A + \frac{BL}{C}\right)$ est positif?

L'accélération étant positive, la vitesse de la réaction croîtra avec le temps; selon le mot souvent employé dans les laboratoires de chimie, *la réaction s'emballera;* en même temps, en vertu de l'égalité (3), où L et C sont positifs, *la température s'élèvera d'un instant à l'autre.*

On peut dire que ces deux propriétés sont les caractères auxquels on reconnait une *réaction explosive;* ou plutôt, les chimistes nomment, en général, réaction explosive une réaction qui présente ces deux caractères *à un très haut degré;* mais, pour donner de ce terme : *réaction explosive* une définition nette, nous conviendrons dorénavant qu'il désigne une *réaction dont l'accélération est positive et qui est accompagnée d'une élévation de température du système.*

Nous pourrons alors énoncer la proposition suivante :

Tandis qu'une réaction isothermique est forcément une réaction modérée; une réaction adiabatique peut être explosive.

319. Condition pour qu'une réaction adiabatique soit explosive. — En particulier, *une réaction du type*

$$H^2 + S = H^2S,$$

adiabatique et produite à une température inférieure au point Θ *où commencent à se manifester les états de véritable équilibre; est explosive si le rapport essentiellement positif* $\frac{BL}{C}$ *est supérieur à la valeur absolue du coefficient négatif* A.

320. Indétermination de la température qui rend une réaction explosive. — On voit par là que, pour décider si une réaction est ou non explosive, il ne suffit pas d'indiquer la composition du système, la température, la pression (ou le volume); toutes ces conditions demeurant les mêmes, il peut se faire que la même réaction soit ou ne soit pas explosive, selon la loi qui régit les variations de la température; une réaction, explosive si le système est enfermé dans une enceinte imperméable à la chaleur, deviendra modérée si on la rend isothermique.

On comprend, dès lors, que des auteurs divers, opérant par des procédés différents, puissent donner des indications très différentes touchant les conditions en lesquelles une réaction devient explosive; Mitscherlich a trouvé que la combinaison de l'oxygène et de l'hydrogène devenait explosive à 674°; MM. Mallard et H. Le Châtelier ont indiqué, pour ce phénomène, la température de 550° environ; MM. Armand Gautier et H. Hélier, en chauffant le mélange d'oxygène et d'hydrogène dans un vase de porcelaine encombré de fragments de porcelaine qui augmentaient la surface de chauffe et rendaient la réaction presque isothermique, ont pu reculer jusqu'à 845° la température où la formation de l'eau devient explosive.

Dorénavant, lorsque nous parlerons des conditions dans lesquelles une réaction devient explosive, nous supposerons toujours que le système est placé en un vase imperméable à la chaleur, en sorte que la réaction soit adiabatique.

321. Stabilité et instabilité des faux équilibres limites. — Aux questions que nous venons d'examiner se relie, on va le voir, l'étude de la *stabilité des faux équilibres limites*. Cette question peut être traitée d'une manière entièrement générale; mais, en vue des applications que nous en voulons faire, il nous suffira de discuter une réaction du type

$$H^2 + S = H^2S.$$

Pour fixer les idées, nous supposerons qu'il s'agisse d'une *combi-*

naison. Le système sera, par exemple, chauffé sous pression constante.

Prenons pour abscisse la température T (*fig.* 134) et pour ordonnée le rapport x entre la masse m du composé que renferme le

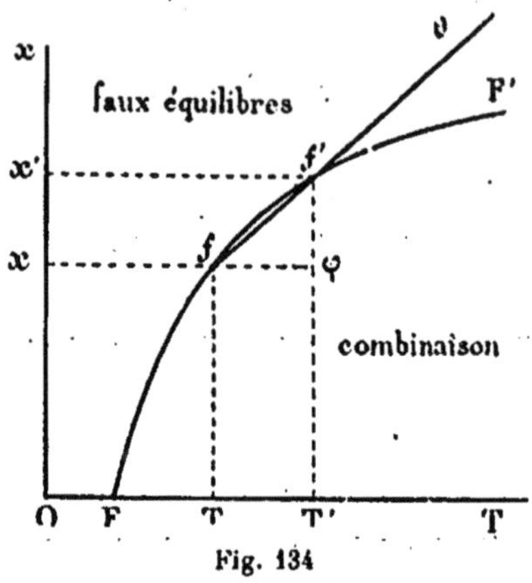

Fig. 134

système et la masse M du même composé qu'il renfermerait si la combinaison était poussée aussi loin que possible. D'après cette définition,

$$m = Mx.$$

La région des faux équilibres est séparée de la région de combinaison par une ligne FF', qui monte de gauche à droite ; les divers points de cette ligne représentent les états limites de faux équilibre du système.

Soient f, f' deux points extrêmement voisins pris sur la ligne FF'; T, x, sont les coordonnées du premier, T', x', les coordonnées du second. La vitesse v de la combinaison tend vers 0 lorsque le système tend vers l'état représenté par le point f; elle tend encore vers 0 lorsque le système tend vers l'état représenté par le point f' ; la différence $(v' - v)$ relative à ces deux états doit donc être égale à 0, ce qui peut s'écrire, en vertu de l'égalité (1),

$$A\,(m' - m) + B\,(T' - T) = 0$$

ou bien, puisque

$$m = \mathrm{M}x, \qquad m' = \mathrm{M}x',$$

$$\mathrm{AM}(x' - x) + \mathrm{B}(\mathrm{T}' - \mathrm{T}) = 0.$$

Or, dans le triangle rectangle $f\varphi f'$, on a

$$f\varphi = \mathrm{T}' - \mathrm{T}, \qquad \varphi f' = x' - x$$

et, par conséquent,

$$\operatorname{tang} f'f\varphi = \frac{x' - x}{\mathrm{T}' - \mathrm{T}}.$$

En vertu de l'égalité précédente, celle-ci devient

$$(5) \qquad \operatorname{tang} f'f\varphi = -\frac{\mathrm{B}}{\mathrm{AM}}.$$

Or, le point f' étant extrêmement voisin du point f, la ligne ff' se confond avec la droite $f\theta$ qui touche en f la ligne FF′, et tang $f'f\varphi$ est ce que nous avons nommé (n° **146**) *le coefficient angulaire de la tangente en* f *à la ligne* FF′ ; on voit que *ce coefficient angulaire a pour valeur* $-\frac{\mathrm{B}}{\mathrm{AM}}$. Ce résultat nous sera utile tout à l'heure.

322. Tout état de faux équilibre non limite est indifférent. — Prenons un état de faux équilibre et demandons-nous si cet état de faux équilibre est stable, indifférent ou instable.

Supposons d'abord que l'état de faux équilibre considéré ne soit pas un état de faux équilibre limite ; le point qui le figure se trouve à l'intérieur de la région des faux équilibres et non point sur la ligne limite ; donnons au système un petit dérangement, correspondant à de petites variations de T et de x ; nous pourrons toujours prendre ces variations assez petites pour que l'état du système dérangé soit encore représenté par un point de la région des faux équilibres, cas auquel le système dérangé sera encore en équilibre ; nous pouvons donc énoncer la proposition suivante :

Tout état de faux équilibre qui n'est pas un état de faux équilibre limite, est un état d'équilibre indifférent.

323. Si la température est invariable, tout faux équilibre limite est stable. — Prenons maintenant un état limite de faux équilibre, représenté par un point f de la ligne FF', et imposons au système un petit dérangement ; il peut arriver que ce dérangement fasse pénétrer le point figuratif de l'état du système à l'intérieur de la région des faux équilibres; pour un tel dérangement, le système est assurément à l'état d'équilibre indifférent et nous

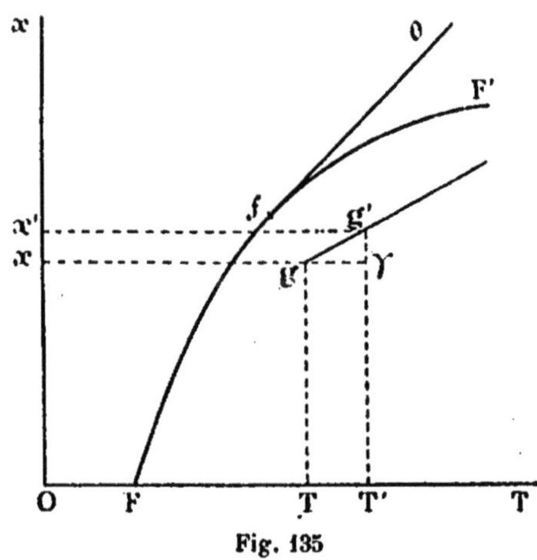

Fig. 135

n'avons pas à nous occuper plus longtemps d'un tel dérangement ; il peut arriver, au contraire, que ce dérangement amène le point figuratif de l'état du système en g (*fig.* 135), dans la région de combinaison, et c'est ce cas que nous allons discuter.

Supposons, en premier lieu, qu'après avoir légèrement dérangé le système, on le place dans des conditions telles qu'il ne puisse plus subir que des modifications isothermiques ; le point figuratif g de l'état du système étant dans la région de combinaison, x va croître sans que T varie ; le point figuratif va s'élever sur une parallèle à Ox menée par le point g et, comme ce dernier point est assurément au dessous de la ligne FF', le point figuratif de l'état du système va se rapprocher de cette ligne; la réaction tendra à ramener le système à l'état d'équilibre. *Un état de faux équilibre limite est un état d'équilibre stable pour un système qui, une fois dérangé, ne peut plus subir que des modifications isothermiques.*

324. Si les réactions sont toutes adiabatiques, les faux équilibres limites peuvent être stables ou instables. — Supposons, au contraire, que le système, une fois dérangé, ne puisse subir que des modifications adiabatiques. Le point figuratif est en g à l'instant t ; soit g' la position qu'il occupe à l'instant t', voisin de t, mais postérieur à t ; soient T, x, les coordonnées du point g et T', x', les coordonnées du point g'.

Nous aurons

$$m' - m = M(x' - x)$$

et comme

$$m' - m = v\,(t' - t),$$

nous aurons

$$x' - x = \frac{v}{M}\,(t' - t).$$

D'autre part, la modification étant adiabatique, (T' — T) est donné par l'égalité (3) :

$$\text{(3)} \qquad T' - T = \frac{L}{C}\,v\,(t' - t).$$

Dans le triangle $g\gamma g'$, on a

$$g\gamma = T' - T, \qquad \gamma g' = - x\,x'$$

et, par conséquent,

$$\text{tang}\, g'g\gamma = \text{tang}\,(gg', OT) = \frac{x' - x}{T' - T}.$$

On peut donc écrire l'égalité suivante :

$$\text{tang}\,(gg', OT) = \frac{C}{LM}.$$

Soit $f\theta$ la tangente en f à la ligne ff' ; nous avons vu que l'on avait

$$\text{(5)} \qquad \text{tang}\,(f\theta, OT) = -\frac{B}{AM}.$$

Ces deux résultats nous permettent de discuter la stabilité ou l'instabilité de notre état d'équilibre.

D'après l'égalité (3), où L, C, v, $(t' - t)$ sont des quantités positives, $(T' - T)$ est positif ; le point g' est à droite du point g sur la ligne dont le coefficient angulaire est donné par l'égalité (6) ; dès lors, deux cas principaux sont à distinguer :

1° On a l'inégalité

$$\frac{C}{LM} > -\frac{B}{AM}. \tag{7}$$

La ligne gg' monte de gauche à droite plus rapidement que la ligne $f\theta$; le point figuratif du système qui, par suite de la réaction, se déplace de gauche à droite sur la ligne gg', se rapproche de la ligne $f\theta$, tangente à la ligne FF' ; et comme, sur une petite étendue, une ligne peut être confondue avec sa tangente, le point figuratif de l'état du système se rapproche de la ligne limite des faux équilibres ; le système tend à reprendre un état d'équilibre.

Un système assujetti, après dérangement, à n'éprouver que des modifications adiabatiques, est en équilibre stable en un faux équilibre limite où est vérifiée la condition (7).

2° On a l'inégalité

$$\frac{C}{LM} < -\frac{AM}{B}. \tag{8}$$

En raisonnant de même, on trouve que la réaction adiabatique a pour effet d'éloigner le point figuratif de la ligne FF'. *Un système assujetti, après dérangement, à n'éprouver que des modifications adiabatiques est en équilibre instable dans un état de faux équilibre limite où est vérifiée la condition* (8).

La ligne FF' monte de gauche à droite (*fig.* 136) d'abord rapidement, puis de plus en plus lentement ; à la température qu'en la Leçon précédente (n° **288**) nous avons désignée par τ, elle devient sensiblement tangente en P à la droite AA', parallèle à OT, et dont l'ordonnée constante est égale à 1. A ce moment, son coefficient angulaire est extrêmement voisin de 0 ; donc, pour les faux équilibres limites relatifs aux températures voisines de τ, mais inférieures à τ. $-\frac{B}{AM}$ a des valeurs positives très petites.

D'autre part, il n'y a aucune raison pour que le rapport positif $\frac{C}{LM}$ prenne, au voisinage des états de faux équilibre en question une très petite valeur ; l'inégalité (7) sera donc vérifiée pour ces états de

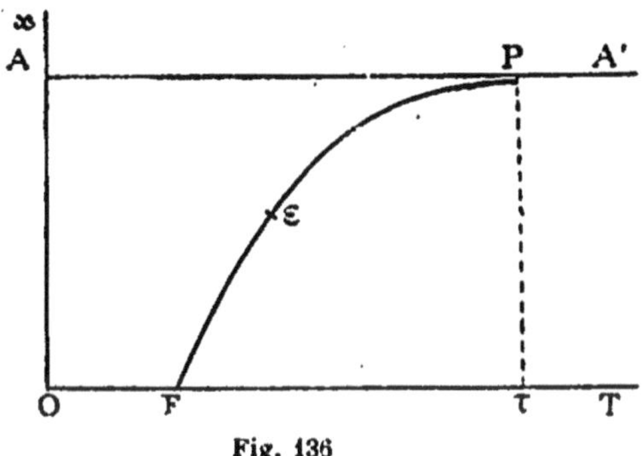

Fig. 136

faux équilibre ; *les états de faux équilibres limites qui sont suffisamment voisins du point* P *sont assurément stables, même pour un système enfermé dans une enceinte imperméable à la chaleur.*

En est-il de même de tous les états limites de faux équilibre, représentés par les divers points de la ligne FF' ? Il se peut qu'il en soit ainsi ; il se peut, au contraire, qu'il existe sur la ligne FF' un point ε où l'on ait l'égalité

$$\frac{C}{LM} = -\frac{B}{AM}. \tag{9}$$

Dans ce cas, les faux équilibres limites représentés par les divers points de la ligne εP *seraient stables en un système maintenu dans une enceinte imperméable à la chaleur, tandis que, dans les mêmes circonstances, les faux équilibres limites représentés par les divers points de la ligne* Fε *seraient instables.*

325. Relation entre les faux équilibres limites qui sont instables et les réactions explosives. — La lettre A qui figure dans les conditions (7) et (8), représente une quantité négative ; au contraire, pour les réactions que nous étudions, B est positif ; quant aux lettres M, C, L, elles représentent des quantités essentiellement positives ; on voit alors sans peine que la condition (7) peut s'écrire

$$(7^{bis}) \qquad A + \frac{BL}{C} < 0,$$

tandis que la condition (8) peut s'écrire

$$(8^{bis}) \qquad A + \frac{BL}{C} > 0.$$

Nous voici donc conduits à la conséquence suivante :

Un système est maintenu dans une enceinte imperméable à la chaleur ; tout point situé dans la région de combinaison et voisin d'une partie de la ligne FF' *qui représente des états limites stables figure un état où le système est le siège d'une combinaison modérée ; tout point situé dans la région de combinaison et voisin d'un point de la ligne* FF' *qui représente des états instables figure un état où le système est le siège d'une combinaison explosive.*

326. Trois cas à distinguer. — Considérons d'abord le cas où, sur la ligne FF' (*fig.* 137), existe un point ε séparant les états

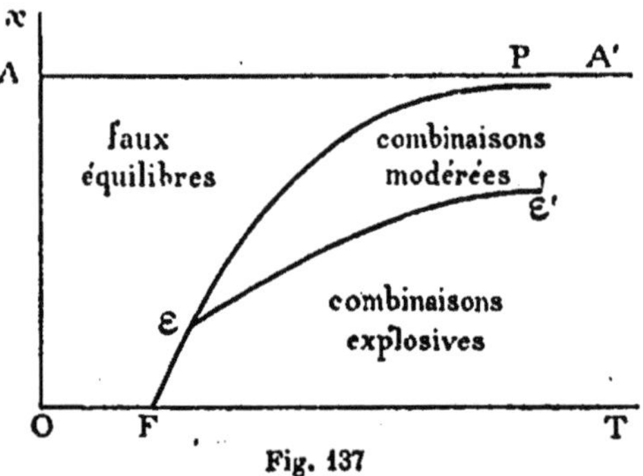

Fig. 137

limites stables, figurés par les divers points de εP, des états limites instables, figurés par les divers points de Fε. Dans ce cas, il existe assurément une ligne εε', issue du point ε, et partageant la région de combinaison en deux sous-régions. Tout point de la sous-région situé au-dessus de εε' représente un état où le système, enfermé dans une enveloppe imperméable à la chaleur, est le siège d'une combinaison modérée ; tout point de la sous-région située au-dessous de $\epsilon\epsilon'$ représente un état où, dans les mêmes circonstances, le système est le siège d'une combinaison explosive.

Si, au contraire, la ligne FF' ne porte aucun point tel que ϵ, tous les états de cette ligne représentent des états d'équilibre limites qui sont stables si le système se trouve dans une enceinte imperméable à la chaleur; cette ligne confine donc en tous ses points à la région de combinaison modérée.

Deux cas sont alors à distinguer :

Dans le premiers cas (*fig.* 138), il existe une ligne $\eta\eta'$ qui partage la région de combinaison en deux sous-régions: une sous-région de

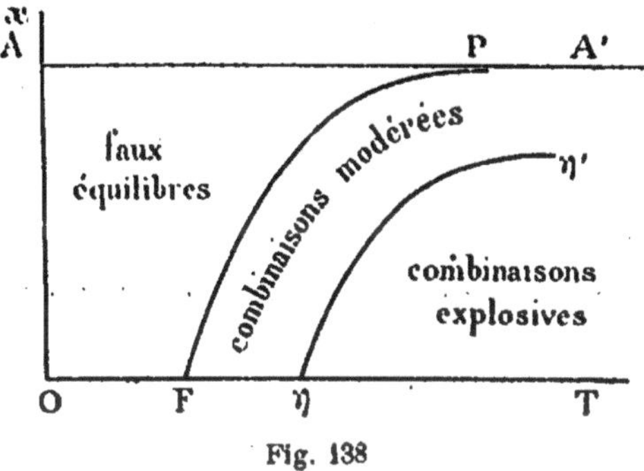

Fig. 138

combinaison modérée, située entre $\eta\eta'$ et FP, et une sous-région de combinaison explosive, située au-dessous de $\eta\eta'$.

Dans le second cas, toute combinaison produite au sein du système enfermé dans une enceinte imperméable à la chaleur est une combinaison modérée.

Revenons au cas que caractérise la *fig.* 137.

Prenons, dans ce cas, un système qui renferme les éléments propres à former le composé, mais qui ne contient pas trace du composé; x est égal à 0 et le point figuratif de l'état du système se trouve sur la droite OT.

Tant que la température est inférieure à OF, le système est à l'état de faux équilibre; au moment où la température atteint la valeur OF, qui est le *point de réaction* du système, une combinaison se produit; *si le système se trouve en une enceinte imperméable à la chaleur, cette combinaison est, de suite, explosive.*

327. Le point de réaction d'un mélange est, en en général, inférieur au point d'explosion. — On ne peut citer avec certitude aucun système homogène qui présente ces propriétés; pour tous, la température du point de réaction est bien inférieure à celle pour laquelle la réaction peut devenir explosive; ainsi, selon MM. Armand Gautier et Hélier, le point de réaction du mélange oxygène et hydrogène n'excède pas 180°, tandis qu'on n'a jamais observé la formation explosive de vapeur d'eau à une température inférieure à 500°. D'ailleurs, on sait depuis longtemps (1) que les mélanges de formène et d'oxygène, de sulfure de carbone et d'oxygène, de chlore et d'hydrogène, aux températures comprises entre 350° et 500°, s'unissent lentement et sans explosion; ce sont donc là autant de mélanges pour lesquels le point ε n'existe pas.

Ces divers mélanges forment donc des systèmes pour lesquels il

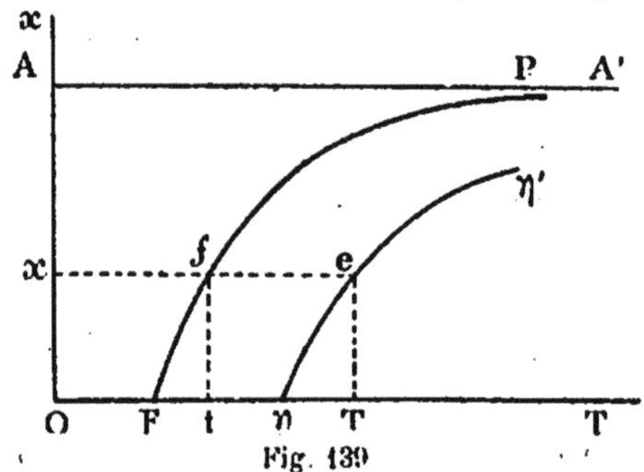

Fig. 139

convient d'employer la *fig.* 138 ou, ce qui revient au même, la *fig.* 139.

Donnons nous la composition x d'un tel système; menons une parallèle à OT dont $Ox = x$ soit l'ordonnée constante; cette droite rencontre la ligne FP en un point f, d'abcisse t, et la ligne $\eta\eta'$ en un point e, d'abscisse T.

(1) ARMAND GAUTIER, *Bulletin de la Société chimique de Paris*, t. XIII, p. 1; 1869. — M. J.-H. Van't Hoff et M. Victor Meyer ont confirmé postérieurement ces observations.

Aux températures inférieures à t, le mélange de composition x est à l'état de faux équilibre.

Aux températures supérieures à t, *point de réaction* du mélange, une combinaison se produit. Si la température est comprise entre t et T, la combinaison est modérée, même si le système est enfermé dans une enceinte imperméable à la chaleur. Aux températures supérieures à T, la combinaison est explosive, pourvu que le système soit enfermé dans une enceinte imperméable à la chaleur; la température T peut être nommée *température d'explosion* du mélange qui renferme une proportion x du corps composé; la ligne $\tau\tau_1$ est la *ligne des températures d'explosion* du système pris dans les conditions (volume constant ou pression constante) où on l'étudie.

328. L'intervalle entre ces deux points et les explosifs de sûreté. — La température d'explosion T d'un mélange surpasse le point de réaction t du même mélange; l'intervalle entre ces deux températures peut être très grand; c'est ce qui a lieu, selon MM. Mallard et Le Chatelier [1], pour les mélanges d'oxygène et de méthane; aussi peut-on, dans les mines de houille employer des explosifs qui produisent une température supérieure, il est vrai, au point de réaction de ces mélanges, mais inférieure à leur température d'explosion; ces explosifs ne peuvent faire détoner les mélanges grisouteux.

329. Mélanges qui ne sont jamais détonants. — Il peut arriver que le système étudié n'admette pas de ligne des températures d'explosion et que la combinaison y soit toujours modérée, même en une enveloppe imperméable à la chaleur; c'est, par exemple, le cas de la combinaison de l'hydrogène et du soufre, dont nous avons longuement parlé en la Leçon précédente (n° **287**).

330. Combinaisons explosives. — Tout ce que nous venons de dire au sujet d'un système où se forme un composé exothermique, selon les lois dont la réaction

$$H^2 + S = H^2S$$

(1) *Commission des Substances explosives : Sous-commission spéciale* (E. Mallard, rapporteur), (*Annales des Mines*, 8e Série, t. XIV, p. 197; 1888).

nous a donné l'exemple, peut se répéter, *mutatis mutandis*, au sujet d'un système où se détruit un composé endothermique, selon les lois dont la réaction

$$2\,Si^2Cl^6 = 3\,SiCl^4 + Si$$

nous a fourni le type (18e Leçon, n° **202**).

Ici encore, tous les cas expérimentalement étudiés semblent pouvoir se ranger en deux catégories.

En certains systèmes, la destruction du corps composé est toujours une réaction modérée, même lorsque cette réaction est adiabatique.

En d'autres, au contraire, il existe une ligne $\eta\eta'$ (*fig.* 140) des

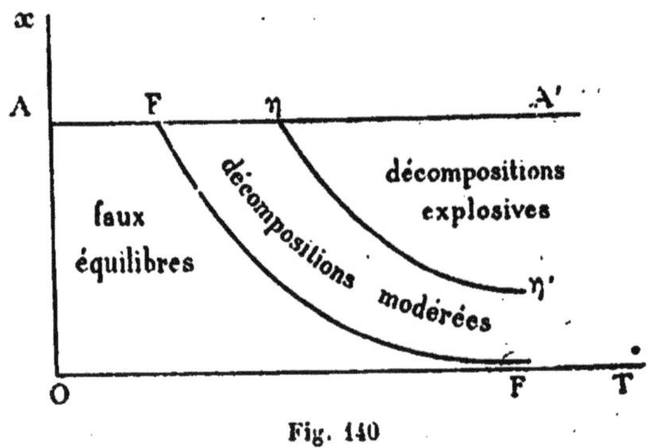

Fig. 140

températures d'explosion qui partage la région de décomposition en deux sous régions :

1° Une région de décomposition modérée ayant la forme d'une bande plus ou moins large comprise entre les lignes $\eta\eta'$ et FP ;

2° Une région de décomposition explosive, située au-dessus de $\eta\eta'$.

Qu'une telle disposition soit bien celle qui convient à la plupart des substances explosives, c'est ce qu'ont constaté les chimistes qui ont longuement manipulé ces substances. « Au-dessous de la température à laquelle elles deviennent explosives, dit M. Berthelot [1], et pendant

[1] Berthelot, *Essai de Mécanique chimique, fondée sur la Thermochimie* t. II, p. 66.

un intervalle de température plus ou moins étendu, toutes les décompositions exothermiques doivent se produire d'une manière progressive. » « Certaines matières explosives (¹) se décomposent parfois avec une grande lenteur, dès la température ordinaire, et ne produisent de détonations que si la température vient à être élevée par intention ou par accident. »

331. Influence de la pression sur le point d'explosion. — Tout ce que nous avons dit, toutes les figures que nous avons tracées supposent que le système est chauffé soit sous pression constante, soit sous volume constant ; pour fixer les idées, supposons qu'il s'agisse d'un système chauffé sous pression constante ; la forme et la position des lignes FP, $\eta_1\eta_1'$ dépendent de la valeur de cette pression constante et changent avec cette valeur ; en particulier, il peut arriver que la ligne $\eta_1\eta_1'$ existe lorsque la valeur de la pression est prise dans un certain intervalle et n'existe plus lorsqu'elle est prise dans un autre intervalle ; sous toutes les pressions du premier intervalle, le système pourra être le siège d'une réaction explosive ; au contraire, sous les pressions appartenant au second intervalle, il ne présentera jamais qu'une réaction modérée.

Au sein de l'oxygène ozonisé, sous la pression ordinaire, l'ozone subit la décomposition modérée dès la température du laboratoire ; mais à aucune température, cette décomposition ne devient explosive ; lorsqu'au contraire, l'oxygène ozonisé est fortement comprimé, l'ozone peut s'y décomposer avec explosion (²).

L'hydrogène arsénié est un composé endothermique qui se détruit lentement à la température ordinaire et qui, sous la pression atmosphérique, ne devient détonant à aucune température, pas même celle que développe l'étincelle électrique ; si l'on fait détoner, au sein de l'hydrogène arsénié, une capsule de fulminate de mercure, le gaz subit non seulement une forte élévation de température, mais encore une compression énergique et il se décompose avec explosion (³).

Cette influence de la pression sur la possibilité de l'explosion a été

(¹) BERTHELOT, *Sur la force des matières explosives*, t. II, p. 71.
(²) P. HAUTEFEUILLE et J. CHAPPUIS, *Comptes rendus* t. XCI, p. 522 ; 1880.
(³) BERTHELOT, *Sur la force des matières explosives* t. I, p. 114.

nettement constatée par MM. Berthelot et Vieille(¹) dans leurs études sur l'acétylène.

L'acétylène est une combinaison endothermique qui, selon le principe du déplacement de l'équilibre par variation de la température, se forme directement à la température très élevée de l'arc électrique (n° **177**).

L'acétylène liquide est une combinaison explosive dont les effets sont voisins de ceux que produit le fulmi-coton.

Il n'en est pas de même de l'acétylène pris à l'état de gaz sous la pression atmosphérique; dans ces conditions, ce gaz ne détone ni par l'action d'un fil de platine porté au rouge, ni par une étincelle électrique, ni même par l'explosion d'une amorce au fulminate de mercure.

Au contraire, sous la pression de 2 atmosphères, l'acétylène gazeux se comporte comme une combinaison explosive; il se décompose avec détonation sous l'action des divers moyens que nous venons d'énumérer.

MM. Berthelot et Vieille ont constaté que, pour que l'acétylène fît explosion au contact d'un fil de platine porté à l'incandescence, il était nécessaire de soumettre le gaz à une pression initiale mesurée par 137 centimètres de mercure. Au contraire, l'acétylène détone par l'explosion d'une amorce renfermant $0^{gr},1$ de fulminate de mercure, aussitôt que la pression initiale est mesurée par 100 centimètres de mercure.

Nous arrêterons là ces indications sur la dynamique chimique et les explosions.

Tandis que la statique chimique des équilibres véritables est déjà fort avancée, qu'elle fournit un grand nombre de théorèmes précis, qu'elle trouve dans l'expérience des confirmations nombreuses, variées et exactes, la statique chimique des faux équilibres et la dynamique chimique sont encore à l'état d'ébauche. Déjà, cependant, elles

(¹) Berthelot et Vieille, *Annales de Chimie et de Physique*, 7e série, t. XI; 1897. — On trouvera un excellent résumé des propriétés explosives de l'acétylène dans: L. Marchis, *Leçons sur les machines thermiques : Moteurs à gaz et à pétrole*, professées à l'Université de Bordeaux en 1899-1900 (Feuilles autographiées).

permettent de classer la plupart des réactions que l'on observe lorsqu'on fait varier, en un système chimique, la température et la pression ; jusqu'à ces dernières années, cette étude était demeurée un véritable chaos.

FIN

LISTE DES AUTEURS

CITÉS EN CET OUVRAGE

Pages

F

G

H

I

J

Pages

K

L

M

N

INDEX ALPHABÉTIQUE

DES SUBSTANCES CHIMIQUES ÉTUDIÉES EN CET OUVRAGE

Le nom d'un sel doit être cherché au nom du radical métallique

---

TABLE DES MATIÈRES

TROISIEME LEÇON

QUATRIÈME LEÇON

CINQUIÈME LEÇON

SIXIÈME LEÇON

SEPTIÈME LEÇON

HUITIÈME LEÇON

NEUVIÈME LEÇON

DIXIÈME LEÇON

ONZIÈME LEÇON

DOUZIÈME LEÇON

TREIZIÈME LEÇON

QUATORZIÈME LEÇON

QUINZIÈME LEÇON

SEIZIÈME LEÇON

DIX-SEPTIÈME LEÇON

DIX-HUITIÈME LEÇON

DIX-NEUVIÈME LEÇON

VINGTIÈME LEÇON

SAINT-AMAND (CHER). — IMPRIMERIE SCIENTIFIQUE BUSSIÈRE.

Documents manquants (pages, cahiers...)

NF Z 43-120-13

www.ingramcontent.com/pod-product-compliance
Ingram Content Group UK Ltd.
Pitfield, Milton Keynes, MK11 3LW, UK
UKHW020609230726
13926UKWH00005B/2296

9 782016 204870